生成式人工智能前沿丛书

现代人工智能通识教程

总主编 焦李成

编 著　　焦李成　赵嘉璇　李玲玲　陈璞花　刘　旭
　　　　　刘　芳　马文萍　杨淑媛　李卫斌　祖岩岩

西安电子科技大学出版社

内 容 简 介

本书系统梳理了人工智能的发展历史、基础理论、核心技术与前沿应用。全书共9章,从人工智能的起源与发展脉络讲起,逐步展开对现代人工智能技术的系统阐述,涵盖了神经网络、卷积神经网络、循环神经网络、图神经网络、Transformer网络、生成式学习网络以及以GPT为代表的大规模预训练模型等关键技术。各章不仅详细讲解了相关技术的基本原理与架构,还结合最新的技术进展和应用场景进行了深入分析,展示了人工智能技术在自然语言处理、计算机视觉、图像生成等多个领域的广泛应用。

本书适合作为高年级本科生和研究生的通识教材,也可供相关领域从业者、科研人员以及企业工作人员参考。

图书在版编目(CIP)数据

现代人工智能通识教程 / 焦李成等编著. -- 西安 :西安电子科技大学出版社,2025. 9. -- ISBN 978-7-5606-7754-5

Ⅰ. TP18

中国国家版本馆 CIP 数据核字第 2025DA3814 号

书　　名	现代人工智能通识教程	
	XIANDAI RENGONGZHINENG TONGSHI JIAOCHENG	
策　　划	刘芳芳	
责任编辑	宁晓蓉	
出版发行	西安电子科技大学出版社(西安市太白南路 2 号)	
电　　话	(029) 88202421　88201467	邮　　编　710071
网　　址	www. xduph. com	电子邮箱　xdupfxb001@163. com
经　　销	新华书店	
印刷单位	陕西博文印务有限责任公司	
版　　次	2025 年 9 月第 1 版	2025 年 9 月第 1 次印刷
开　　本	787 毫米×960 毫米　1/16	印　　张　22　彩插　4
字　　数	453 千字	
定　　价	69.00 元	

ISBN 978-7-5606-7754-5

XDUP 8055001-1

＊＊＊如有印装问题可调换＊＊＊

PREFACE 前 言

随着信息技术的飞速发展，人工智能（Artificial Intelligence，AI）已经成为当今时代科技进步的核心引擎。作为一门交叉学科，人工智能融合了计算机科学、数学、统计学和认知科学等多学科的思想与方法。人工智能概念自 20 世纪初提出以来，经历了从理论探索到广泛应用的波澜壮阔的发展历程，深刻改变了人类社会的生产和生活方式。在自动驾驶、智能翻译、个性化推荐和疾病预测等领域，人工智能不仅推动了产业升级，也引领了一场全新的科技革命。如今，人工智能已广泛渗透至经济、医疗、教育和制造等多个领域，深刻影响着社会结构和人类的认知方式。

人工智能的发展历程是一部技术演进与思想创新的交响曲。从早期符号主义的理性思辨，到连接主义神经网络的兴起，再到如今深度学习的蓬勃发展，人工智能的核心范式经历了数次重要的转变。传统的人工智能，尤其是符号主义和规则驱动的方法，依赖明确的知识表示和人工编码规则，强调逻辑推理和系统建模。这些方法在面对复杂、模糊且变化迅速的现实问题时，往往显得力不从心。

随着计算机硬件性能的飞跃式提升以及海量数据的涌现，人工智能迎来了新的发展契机，逐渐从人工设定规则、逻辑推理转向依靠数据和计算实现自主学习与模式识别。这种转变能够更好地处理不确定性和复杂性，为现代人工智能的崛起奠定了基础。这一转变的核心驱动力来自"Science for AI"（以科学驱动人工智能发展）的理念。该理念强调以数据科学、数学和计算理论等学科的发展为人工智能技术进步提供理论支撑。图灵奖得主等一批人工智能领域的先驱学者，通过对算法和计算理论的深入研究——从深度神经网络到优化算法的构建，为现代人工智能的蓬勃发展奠定了坚实的理论基础，催生了以深度学习为代表的新技术浪潮。特别是近年来，以大规模预训练模型为代表的深度学习技术取得了突破性进展，在自然语言处理和计算机视觉等领域成绩斐然，并催生了广泛的实际应用。这一切都标志着现代人工智能发展进入了一个前所未有的高峰期。

随着技术的日益成熟，人工智能进入了一个新的发展阶段——"AI for Science"（人工智能赋能科学研究）。人工智能强大的计算和模式识别能力被应用于材料科学、生命科学和天文学等领域，加速药物发现、预测气候变化、分析基因组数据，解决了一系列关键科学问题，推动了许多领域的前沿突破。2024 年诺贝尔物理学奖和化学奖的颁发，再次印证了人工智能在科学研究中的巨大潜力和推动作用，进一步凸显其对技术进步和人类社会的深远贡献。

然而，面对庞大且复杂的技术体系，初学者常常感到迷茫，不知如何高效、系统地入门，并跟上现代人工智能技术进步的步伐。为此，我们编写了本书，旨在为读者铺设一条清晰、系统的学习路径，帮助他们在快速发展的人工智能领域夯实根基、抢占先机。

本书依托团队在人工智能领域的深厚研究积累和丰富教学经验，既系统梳理了人工智能领域的核心理论，又深入探讨了前沿技术与实际应用的结合。通过丰富的案例分析与实践操作，本书不仅能够帮助读者牢固掌握基础知识，更鼓励他们在实践中培养解决实际问题的能力，真正实现理论与应用的双向提升。

本书的主要特点包括：

（1）通识性强，广泛适用。本书采用简明易懂的语言，系统介绍了人工智能的基础理论与核心技术，避免使用过于复杂的数学公式，使本科生、研究生以及从业者都能够轻松理解和快速掌握相关概念。书中详细阐述了机器学习、深度学习、神经网络等关键技术，并通过具体案例帮助读者理解其应用场景。

（2）立足先进技术，洞见未来。本书紧跟人工智能领域的最新进展，深入分析了人工智能技术在各行业的应用现状与未来趋势。通过对 Transformer 模型等大规模预训练模型、扩散模型等生成式模型，以及强化学习等前沿技术的解析，结合具体的行业案例，帮助读者了解人工智能在医疗、金融、教育等领域的应用前景和挑战。

（3）理论与实践并重，强化应用导向。本书不仅深入探讨了人工智能的核心基础理论，如卷积神经网络（CNN）、循环神经网络（RNN）、图神经网络（GNN）等，还结合丰富的实际应用案例，涉足了图像识别、自然语言处理等多个前沿领域。书中给出了详细的代码示例与项目实操，帮助读者将理论知识转化为实际问题的解决方案，提升读者的创新思维和实践能力，做到理论与实践的有机结合。

（4）紧密结合行业发展需求和趋势。本书充分反映了人工智能领域的最新技术进展，详细介绍了各类基础模型及其实际应用，涵盖了多模态学习、深度强化学习、生物医学、遥感等多个前沿领域。本书提供丰富的实用案例和操作技巧，可帮助读者深入理解这些前沿技术并灵活应用。同时，本书还对下一代人工智能技术的发展趋势进行了前瞻性分析，帮助读者洞察技术的演进方向，为未来的学术研究或行业应用奠定坚实的基础。

本书内容安排如下：

第 1 至第 5 章聚焦人工智能的基础理论与经典技术，从人工智能的历史与三大学派的演进，到深度学习中的神经网络、卷积神经网络、循环神经网络以及图神经网络，系统讲解其基本原理、经典模型及实践案例。第 6 章阐释了 Transformer 架构的革命性影响，展示其在语言建模与视觉任务中的多样化应用。第 7 章介绍生成式学习网络，包括自编码器、生成对抗网络模型和扩散模型，解析其在生成任务中的独特优势。第 8 章全面解读以 GPT 为代表的大规模预训练模型的原理与演化，并拓展其在视觉、多模态、生物医学、材料科学、遥感等领域的实际应用，体现人工智能在推动行业发展方面的巨大潜力。第 9 章展望了深度学习的未来发展趋势，探讨其潜在的应用场景及研究挑战。

本书的编写得到了西安电子科技大学人工智能学院、人工智能研究院、计算机科学与技术学部、智能感知与图像理解教育部重点实验室、智能感知与计算国际联合实验室、智能感知与计算国际联合研究中心的大力支持。感谢团队中侯彪、刘静、公茂果、王爽、张向荣、缑水平、李阳阳、尚荣华、王晗丁、刘若辰、白静、冯婕、田小林、慕彩虹、唐旭等教授，马晶晶、冯志玺、郭雨薇、任博、张梦璇、丁静怡、毛莎莎、权豆等副教授，以及张丹、黄思婧老师等对本书编写工作的关心与支持。特别感谢高新波、石光明、张艳宁、陈莉、王磊教授对本书的指导和宝贵建议，他们深厚的学识和严谨的治学精神为本书的完成提供了重要帮助。

在本书出版之际，特别要感谢中国人工智能学会、西安电子科技大学以及人工智能学院领导的支持与关怀；感谢国家自然科学基金重点研发计划、双一流高校建设项目以及西安电子科技大学教材建设基金资助项目的支持；感谢西安电子科技大学"西电学术库"资金的大力支持。同时，还要感谢西安电子科技大学出版社为本书的出版所做的努力。最后，要感谢书中所有被引用文献的作者。

自 20 世纪 90 年代初，我们相继撰写了《现代神经网络教程》《简明人工智能》《深度学习、优化与识别》《智能机器人导论》《深度学习基础理论与核心算法》《人工智能创新实验教程》等人工智能前沿技术著作，并依托实验室资源搭建了多个深度学习应用平台，在深度学习理论、应用及实现等方面取得了突破性进展。本书立足于人工智能领域已有的知识积累，对其发展现状、技术原理及未来趋势进行了全方位、多层次的梳理。书中内容基于著者的偏好，水平有限，可能存在不足之处，恳请广大读者批评指正。

人工智能的发展之路依然漫长而充满未知，愿本书能够变身为一盏明灯，为读者照亮探索之路。让我们共同迎接人工智能时代的无限可能吧！

编　者
2025 年 1 月
于西安电子科技大学

CONTENTS 目　录

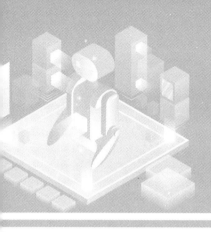

第 1 章
人工智能的前世今生

本章回顾了人工智能（AI）的发展历史，聚焦重要里程碑与技术变革，随后重点介绍人工智能的三大学派——符号主义、连接主义与行为主义，以及它们对人工智能发展的贡献，旨在帮助读者建立人工智能领域的整体认知与理论框架，为后续学习奠定坚实基础。

1.1 人工智能的发展历史

人工智能是研究并开发能够模拟、扩展和延伸人类智能的理论与方法的学科。

人工智能在过去数十年间实现了跨越式发展，从一个理论概念演进为影响社会各领域的技术。本章将追溯人工智能发展史上的关键里程碑、有影响力的人物以及推动其发展的社会经济背景。

1. 早期基础（1940—1950 年）

人工智能的起源可以追溯到 20 世纪中期。当时，早期计算机先驱们开始探索机器模拟人类智能的可能性。1943 年，神经生理学家沃伦·麦卡洛克（Warren McCulloch）和逻辑学家沃尔特·皮茨（Walter Pitts）共同构建了 McCulloch-Pitts（MCP）模型，旨在模拟神经元的工作原理。MCP 模型利用简单的逻辑单元来描述神经元的激活和信号传递，成为后续人工神经网络研究的基石。这些早期的理论探索与实践，使人工智能的基本概念和研究方向逐渐明确，为后来的技术进步与应用铺平了道路。1949 年，唐纳德·赫布（Donald Hebb）提出了 Hebbian 学习规则，描述了神经元的行为如何影响神经元之间的连接强度，揭示了神经元之间连接强度的变化规律。

1950 年，艾伦·图灵（Alan Turing）提出了图灵测试（Turing Test），现在，这一测试已成为判断机器是否能够表现出与人类难以区分的智能行为的标准。在这一测试中，如果一台机器能够通过电传打字机与人类展开对话，并且对话者无法确定与自己交谈的是人类还是机器，那么这台机器就被视为通过了测试，具有人类水平的智能。这一开创性的工作为后续的人工智能研究奠定了坚实基础,引发了关于机器认知及智能本质的广泛讨论。1953年,B. F. 斯金纳(Burrhus Frederic Skinner)撰写的《科学与人类行为》(*Science and Human Behavior*)一书出版,书中系统阐述了强化学习的理论,强调奖励和惩罚对行为的影响。

1956年,达特茅斯会议(Dartmouth Conference)的召开标志着人工智能作为独立学术领域的正式诞生。该会议的组织者包括约翰·麦卡锡(John McCarthy)、马文·明斯基(Marvin Minsky)、纳撒尼尔·罗切斯特(Nathaniel Rochester)和克劳德·香农(Claude Shannon)等人。他们提出了"思考机器"的设想,并为开发智能系统设定了雄心勃勃的目标。"思考机器"是指能够模拟或再现人类智能行为的计算机系统或程序。这一设想强调机器不仅能处理信息,还能进行学习、推理和决策,为后来的人工智能发展奠定了基础,并影响了智能算法和机器学习的研究方向。达特茅斯会议不仅推动了后续的研究和资金投入,还促使各大高校纷纷设立人工智能项目,为技术进步与应用铺平了道路。

2. 人工智能的黄金年代(1956—1973年)

20世纪50年代末至70年代初常被称为人工智能的"黄金年代"。在这一时期,研究人员积极探索和开发基础算法与技术,特别是在符号推理和问题解决方法方面取得了显著进展。其中,赫伯特·西蒙(Herbert Simon)和艾伦·纽厄尔(Allen Newell)在1955年推出的逻辑理论家(Logic Theorist),被认为是第一个成功模拟人类推理能力的程序。该程序能够证明数学定理,标志着计算机在复杂推理任务中具有潜力。紧接着,1957年他们又开发了通用问题求解器(General Problem Solver,GPS),旨在模拟人类解决各类问题的能力,进一步推动了人工智能在推理和决策领域的应用。

1958年,John McCarthy引入了表处理(LISt Processor,LISP)编程语言,为人工智能研究提供了一种强大的工具。LISP语言的设计专注于处理复杂的数据结构和符号操作,使研究人员能够更有效地开发和实现复杂的算法与推理模型。这一编程语言的出现,促进了理论研究的发展,该语言也成为人工智能领域的重要标准之一。同年,弗兰克·罗森布拉特(Frank Rosenblatt)提出了"感知机"(Perceptron)模型,这是早期的神经网络模型之一,标志着机器学习领域的初步探索。感知机的基本结构包括输入层、权重和一个激活函数。它接收多个输入信号(特征),每个输入都有一个对应的权重。模型对这些输入信号加权求和,并通过激活函数(通常是阶跃函数)决定输出。这一模型可以用于二分类任务,例如判断某个输入是否属于特定类别。

感知机的重要性在于它是神经网络研究的基础,为后续更复杂的网络模型(如多层感知机和深度神经网络)奠定了理论基础。同时,尽管感知机在处理线性可分问题上表现良好,但其对非线性问题的局限性也促使研究者探索更复杂的学习模型。1969年,马文·明斯基(Marvin Minsky)和西摩·佩珀特(Seymour Papert)撰写的《感知机:计算几何引论》(*Perceptrons：An Introduction to Computational Geometry*)一书出版,书中指出了神经网络的两个关键缺陷:

- 当时的感知机无法处理 XOR(异或)问题;
- 当时的计算机不具备处理大型神经网络所需要的计算能力。

这一批评引发了神经网络研究的寒冬。

3. 人工智能的第一次寒冬(1973—1980 年)

尽管在早期阶段取得了显著成就,但人工智能的局限性逐渐显现出来,尤其是在可扩展性和实际应用方面。许多系统在处理复杂问题时显得力不从心,这导致研究人员和资助机构对人工智能的期望逐渐降低。因此,从 20 世纪 70 年代中期到 80 年代初,这一时期被称为"人工智能的第一次寒冬",其特征为投入资金的减少和对人工智能研究兴趣的减弱。

批评者指出,人工智能在多个关键领域面临挑战,包括自然语言理解、不确定性推理以及从经验中学习等。尽管早期的系统在某些特定任务中表现出色,如逻辑推理和问题求解,但它们往往缺乏适应复杂、动态环境的能力。这种局限性促使研究者开始重新评估人工智能的研究方法,许多传统的符号推理技术的实际应用价值受到质疑。在此背景下,许多资助机构撤回了对人工智能项目的支持,导致相关研究面临资金短缺的困境。这一时期虽然技术进展缓慢,但也催生了研究人员对机器学习和神经网络等新方向的探索。

在这一阶段尽管面临诸多挑战,但依然出现了一些重要的里程碑。例如,1974 年,Paul J. Werbos 提出的反向传播算法(Backpropagation,BP)重新激发了人们对神经网络的兴趣。这一算法为神经网络的训练提供了一种有效的方法,使得深度学习的基础理论逐渐成形。此外,1989 年,克里斯托弗·沃特金斯(Christopher Watkins)提出了 Q 学习(Q-Learning)算法,标志着行为主义在人工智能中的具体应用。该算法利用奖励反馈调整智能体行为,体现了行为主义的强化机制。

尽管这一时期的研究环境艰难,但它为后来的复兴埋下了重要的伏笔,为人工智能的再次崛起奠定了基础。

4. 专家系统的崛起与人工智能的复兴(1980—1987 年)

20 世纪 80 年代初,人工智能迎来重要的复兴,主要得益于专家系统的开发。这些计算机程序模拟人类专家的决策过程,能够在特定领域内提供专业知识和建议。专家系统的成功标志着人工智能在实际应用中的可行性,成为推动这一领域发展的重要力量。在这一时期,一些著名的专家系统如 MYCIN 和 XCON 脱颖而出。MYCIN 用于医学诊断,能够分析病人的症状并提供治疗建议,引起了医学界的广泛关注。XCON 则用于配置计算机系统,帮助企业有效管理复杂的流程。专家系统通常使用规则(rules)或知识库(knowledge base)来表示专家的知识。每条规则可以形式化为

$$IF（条件）THEN（结论）$$

例如，在 MYCIN 系统中，可能有如下规则：

$$IF（病人有发烧）AND（有咳嗽）THEN（可能是肺炎）$$

专家系统使用推理引擎（inference engine）来处理知识库中的规则，进行推理和决策。推理过程可以通过前向推理（forward chaining）或后向推理（backward chaining）来实现。

- 前向推理：从已知事实出发，通过规则推导出新的结论。
- 后向推理：从目标结论出发，逐步查找支持该结论的事实。

专家系统为用户提供建议或决策，形式上可以表示为

$$决策＝f（输入症状，规则集）$$

例如，XCON 系统通过分析输入的需求，生成计算机配置方案，从而能够有效管理复杂的系统配置。这些成果不仅展示了人工智能在特定领域的实用价值，还激励了其他行业对人工智能技术的探索与应用。

随着专家系统的广泛采用，人工智能技术逐渐商业化，各行业开始利用这些系统获得决策支持。这一趋势吸引了更多的投资与研究资源，推动了人工智能的进一步发展。同时，学术界也重新聚焦于机器学习和知识表示等基础课题，实现了理论与应用的相互融合。

此外，20 世纪 80 年代也见证了 Neocognitron 和 Hopfield 等早期神经网络模型的诞生。Neocognitron 是由福岛邦彦（Kunihiko Fukushima）提出的一种多层卷积神经网络，旨在模拟人类视觉系统的处理机制。该模型通过局部感受野和权重共享的方式，有效提取图像特征，为后来的深度学习奠定了基础。Hopfield 网络由约翰·霍普菲尔德（John Hopfield）在 1982 年提出，是一种递归神经网络，能够在不完整信息的情况下进行模式识别和存储。Hopfield 网络通过能量最小化原理，实现了自我组织和记忆存储，进一步拓展了神经网络的应用场景。与此同时，1985 年，杰弗里·辛顿（Geoffrey Hinton）等人提出了玻尔兹曼机（Boltzmann Machines）及其学习算法。他们详细讨论了如何训练这种随机神经网络，并利用能量函数定义状态的概率分布。这一模型为后续的随机生成模型和概率推理的发展奠定了基础。1986 年，杰弗里·辛顿等人进一步提出了适用于多层感知机（Multilayer Perceptron，MLP）的反向传播（BP）算法，解决了神经网络训练中的关键问题。该算法通过计算梯度并逐层更新权重，使得多层神经网络能够有效学习复杂的特征表示。

这些技术的发展，不仅丰富了人工智能的理论基础，也为后续的研究和应用提供了新的视角和动力，使得人工智能逐步走向成熟与广泛应用。

5. 人工智能的第二次寒冬（1987—1990 年）

尽管专家系统在 20 世纪 80 年代初期大获成功，但随着时间的推移，其僵化性以及无法从新数据中学习的缺陷日益凸显，难以适应快速变化的环境，业界和学术界对人工智能

的信心再度动摇。

1987 年，资金投入开始减少，许多人工智能项目被迫缩减甚至停滞。"人工智能的第二次寒冬"的到来不仅使研究者面临资金短缺的困境，也使得许多学术机构和企业对人工智能的投资意愿大幅下降。在此背景下，研究的重点开始转向改进基础技术，尤其是机器学习和神经网络。这些技术在专家系统繁荣时期曾被忽视，如今受到越来越多的关注。

1989 年，Yann LeCun 等人在论文"Backpropagation Applied to Handwritten Zip Code Recognition"中首次使用反向传播(BP)算法训练卷积神经网络(CNN)，用于识别手写的邮政编码。这项工作被认为是计算机视觉和深度学习领域的一个重要里程碑，标志着深度学习技术的成功应用，极大地推动了图像识别技术的发展。

尽管挑战重重，但这些技术突破为人工智能的再次崛起埋下了种子，为后续的发展奠定了重要的理论和实践基础。

6. 人工智能中的深度学习的形成与复兴(1990—2010 年)

1990 年至 2010 年是深度学习形成与复兴的关键时期。在这一阶段，许多基础理论和重要技术相继问世，为后来深度学习的发展奠定了坚实的基础。

1990 年，杰弗里·埃尔曼(Jeffrey Elman)提出了简单循环网络(Simple Recurrent Network，SRN)。该网络引入了隐状态的概念，使得模型能够处理序列数据。这是循环神经网络(Recurrent Neural Network，RNN)早期的重要研究之一，显著推动了时序信息建模的发展，并为后来的自然语言处理和时序分析打下了基础。1993 年，杰弗里·辛顿(Geoffrey Hinton)在前人研究的基础上进一步探讨了自编码器(Autoencoders)的概念，拓展了这一理论框架。自编码器不仅在无监督学习和特征表示中发挥了重要作用，还为数据压缩和降维提供了有效工具，加深了对深度学习模型的理解。1997 年，塞普·霍赫赖特(Sepp Hochreiter)和于尔根·施密德胡伯(Jürgen Schmidhuber)提出了长短期记忆网络(Long Short-Term Memory，LSTM)，旨在解决传统 RNN 中的梯度消失问题。LSTM 通过引入记忆单元和门控机制，能够有效处理长序列依赖，成为序列数据建模的关键技术。1998 年，Yann LeCun 等人提出了 LeNet-5，该网络专为手写数字识别(MNIST 数据集)而设计，系统地引入了卷积、池化和激活函数等关键概念。这些技术奠定了现代深度学习的基础，并对计算机视觉产生了深远的影响。

2003 年，约书亚·本吉奥(Yoshua Bengio)等人提出了神经概率语言模型，将神经网络与概率语言模型相结合，为现代语言模型的建立奠定了基础。这一研究对后来的词嵌入技术(如 Word2Vec)及更复杂的语言模型(如 BERT 和 GPT)具有深远的影响。同年，杰弗里·辛顿等人提出的深度信念网络(Deep Belief Networks，DBN)和深度自编码器(Deep Autoencoder)通过逐层贪婪预训练，进一步推动了深度学习模型的训练效率和表现。

2009 年，李飞飞等人提出了 ImageNet 数据集，这是一个大规模的图像数据集，为计算机视觉领域提供了宝贵的资源。在 ImageNet 数据集的基础上，ImageNet 大规模视觉识别挑战赛（ILSVRC）应运而生，成为衡量计算机视觉算法性能的标准测试基准。它不仅为算法评估提供了标准化基准，还极大地推动了深度学习的发展，促进了计算机视觉研究和应用的进步。

1990 年至 2010 年间的诸多重要研究和技术突破，不仅塑造了深度学习的发展轨迹，也为未来的人工智能研究奠定了基础。这一时期的成果至今仍在深度学习和人工智能的多个领域中发挥着重要作用。

7. 人工智能的突破与普及（2010—2020 年）

2010 年至 2015 年，深度学习在多个领域取得了突破性进展，显著推动了人工智能技术的发展和应用。

2012 年，亚历克斯·克里泽夫斯基（Alex Krizhevsky）、伊尔亚·苏茨克维（Ilya Sutskever）和 Geoffrey Hinton 提出的 AlexNet 在 ImageNet 大规模视觉识别挑战赛中取得了巨大的成功。该模型首次采用 ReLU 激活函数，有效解决了梯度消失问题，并通过有监督训练展示了卷积神经网络（CNN）的强大功能。这一突破被视为计算机视觉领域的转折点，推动了深度学习技术的广泛普及。2013 年，Google DeepMind 的弗拉迪米尔·米尼赫（Volodymyr Mnih）等人提出了深度 Q 网络（Deep Q-Network，DQN），将深度学习与强化学习相结合。DQN 通过卷积神经网络估计 Q 值，在 Atari 游戏中超越了人类的表现，对人工智能和自动化控制系统产生了深远的影响，展现了深度学习在复杂环境中的应用潜力。

2013 年，迪德利克·金马（Diederik Kingma）和马克思·威灵（Max Welling）提出了变分自编码器（Variational Autoencoder，VAE），将贝叶斯推理与深度学习结合，构建了一种强大的生成模型。VAE 的提出显著推动了深度学习在生成任务中的应用与发展，拓宽了生成模型的研究领域。2014 年，Ian Goodfellow 等人提出了生成对抗网络（Generative Adversarial Network，GAN），在图像生成、图像修复和超分辨率等领域取得了显著成果。GAN 的出现为生成模型开辟了新的研究方向，并对计算机视觉和生成任务的发展产生了重要影响。同年 6 月，Volodymyr Mnih 等人利用循环神经网络（RNN）和注意力机制（Attention Mechanism）处理图像分类任务，进一步引发了学者对深度学习在序列数据处理方面的关注。

2015 年，DeepMind 首次发布 AlphaGo，这是一个基于深度学习和强化学习的围棋 AI。AlphaGo 结合了卷积神经网络和蒙特卡罗树搜索（Monte Carlo Tree Search，MCTS）算法，能够有效评估棋局并选择最佳的落子。2016 年，AlphaGo 与韩国围棋九段棋手李世石进行了五局对战,最终 AlphaGo 以 4 比 1 获胜,成为首个在围棋比赛中击败人类顶尖职业棋手的 AI。这一胜利引发了全球对人工智能潜力的广泛关注。

2017 年,Google Brain 提出了 Transformer 架构,革新了自然语言处理领域。该架构完全基于注意力机制,避免了传统 RNN 和 CNN 的限制,对后续的 BERT、GPT 等模型产生了深远影响。2018 年,OpenAI 提出了 GPT,同年,Google 提出了 BERT,这两种模型都使用了 Transformer 框架,分别使用自回归语言建模和自编码语言建模作为预训练目标。Transtormer 架构为自然语言处理领域带来了革命性的变化,并为后续的大规模预训练模型提供了重要的参考和基础。

这一系列创新不仅推动了深度学习的理论研究,也促进了其在实际应用中的落地,标志着深度学习进入了一个崭新的发展阶段。

8. 人工智能的扩展与应用(2020 年之后)

近年来,深度学习技术的迅速发展引领了多个研究方向,尤其是在视觉识别和多模态学习领域。视觉变换器(Vision Transformer,ViT)和对比性语言-图像预测训练(Contrastive Language-Image Pretraining,CLIP)等模型显著提升了模型性能和应用广度,为深度学习技术的发展注入了新的活力。

2020 年 10 月,Google 团队提出了 ViT,成功将 Transformer 架构引入图像识别任务。ViT 将图像划分为 16×16 的图像块(patch),将每个块视为“单词”进行处理。虽然 ViT 并非首个将 Transformer 应用于视觉任务的模型,但其出色的性能和简洁的设计在计算机视觉领域引发了广泛的关注和研究热潮。

2021 年 2 月,OpenAI 团队推出了 CLIP。CLIP 通过对比学习方法将图像与自然语言文本进行配对,实现了多模态学习。该模型使用大规模的图像-文本对进行训练,并具备零样本学习能力。CLIP 在多模态任务中的优异表现,为实际应用提供了广泛前景,例如图像检索和图像描述生成等。同年 7 月,DeepMind 发布了 AlphaFold2,这一模型能够根据蛋白质的氨基酸序列预测其三维结构。在第十四届国际蛋白质结构预测竞赛(CASP)中,AlphaFold2 展现了惊人的准确度,其多数预测结果与实验测得的蛋白质结构模型高度一致,引起了科学界的广泛关注。

自 2019 年以来,以 ChatGPT 为代表的大语言模型的出现,掀起了全球人工智能领域的热潮,标志着大语言模型的发展进入了新阶段,如图 1.1 所示。2022 年,Stable Diffusion 和 Midjourney AI 的推出,推动了图像生成技术的革新,为 AI 在艺术和创意领域创造了新的可能性。2023 年 12 月,Albert Gu 和 Tri Dao 提出的 Mamba 架构,通过引入选择性状态空间的方法,显著提高了序列建模的计算效率,进一步推动了深度学习技术的进步。

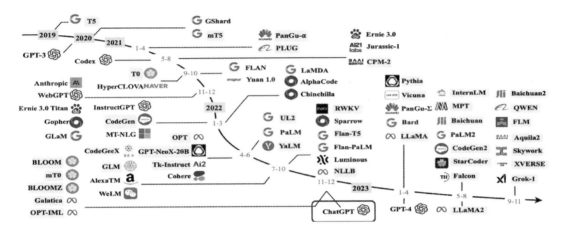

图 1.1　2019 年以后自然语言处理(NLP)大模型的迅速发展

综上所述,深度学习领域的最新进展不仅展示了技术的快速演变,也为多种应用场景提供了新的解决方案,极大地丰富了人工智能的应用潜力。

1.2　人工智能的三大学派

人工智能(AI)在其发展历程中形成了三个主要的学派:符号主义(Symbolism)、连接主义(Connectionism)和行为主义(Behaviorism)。这三大学派相互补充,共同推动了人工智能的演进。符号主义强调知识表示和推理能力,连接主义专注于模拟生物神经网络的学习机制,行为主义则关注智能体的外在行为和学习能力。在当今的人工智能研究中,许多新兴的方法都结合了这三种思想,形成了更为复杂和高效的智能系统。

1. 符号主义

符号主义是人工智能的早期学派,强调使用符号表示知识和逻辑推理,核心理念是通过规则和符号操作来模拟人类的思维过程。符号主义认为,智能行为可以被分解为一系列符号操作,通过对符号进行组合和操作,就可以实现智能。它强调知识表示的重要性,认为知识是智能的基础。

符号主义的主要特征包括:① 使用符号(如逻辑命题、图形等)来表示事实和知识,利用规则进行推理;② 运用逻辑推理(如演绎推理和归纳推理)进行决策和问题解决。

符号主义的局限性是在处理不确定性、模糊性以及常识推理方面存在困难。

2. 连接主义

连接主义学派主要关注通过模拟人脑的神经网络来理解智能。连接主义认为,智能是通过大量简单单元(神经元)之间的连接和相互作用产生的。该学派强调并行处理和学习能力，以适应复杂的模式识别和数据驱动的任务。

连接主义的主要特征包括：① 使用人工神经网络来模拟生物神经元之间的连接和互动；② 依赖数据驱动的方法，通过训练过程(如反向传播算法)来调整网络权重，实现自我学习。

连接主义的局限性是需要大量数据、解释性较差。

3. 行为主义

行为主义学派关注智能体的行为表现，而不是其内部状态或思维过程。该学派强调通过学习和适应环境来形成智能，重点关注的是输入和输出之间的关系，而不是内部的心理过程。

行为主义的主要特征包括：① 侧重于研究智能体的行为和环境交互，而非其内部机制；② 通过奖励和惩罚机制使智能体学习最优行为策略。

行为主义的局限性是忽视了内部心理过程。

本 章 小 结

本章全面回顾了人工智能的历史发展，并探讨了这一领域的核心思想和技术演变。首先，通过梳理人工智能的发展历史，追溯了从早期的符号主义到现代深度学习的演变过程，揭示了人工智能从理论构想到实际应用的跨越。接着，详细阐述了人工智能的三大学派——符号主义、连接主义和行为主义，分析了它们各自的理论基础、方法论及对 AI 技术发展的深远影响。通过本章的学习，读者不仅能够掌握人工智能的基本理论框架，也为后续深入研究 AI 技术奠定了扎实的基础。

第 2 章
人工智能核心基础

　　本章从机器学习的基本概念和经典算法入手，逐步深入介绍深度学习的核心原理，重点探讨神经网络的构造与优化方法。通过对监督学习、无监督学习、强化学习等不同学习范式的讲解，以及对卷积神经网络(CNN)的结构与实践应用的剖析，旨在为读者奠定坚实的理论基础，并提供实践指导。本章内容涵盖数据集与标签的解析、反向传播与优化算法的实现，为探索人工智能的复杂应用提供有力支撑。

2.1　机器学习及其经典算法

　　机器学习是人工智能的一个子集，专注于让计算机从数据中学习和改进，而无须显式编程。深度学习则是机器学习的一个子集。图 2.1 所示为人工智能、机器学习和深度学习的关系示意图。设计机器学习算法的目的是识别模式并进行预测。机器学习主要可以分为监督学习、无监督学习、半监督学习、自监督学习和强化学习。监督学习使用标记数据进行训练，无监督学习处理未标记数据，半监督学习结合少量标注数据和大量未标记数据提升模型性能，自监督学习通过数据自身的结构生成监督信号，强化学习则通过与环境的互动进行学习。

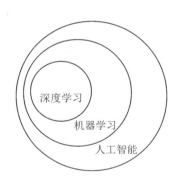

图 2.1　人工智能、机器学习以及
深度学习的关系

2.1.1　数据集、样本及标签

　　在机器学习领域，数据集、样本和标签是三个重要的概念。为了更好地理解这些概念，我们可以用日常生活中的一些例子来解释。

1. 数据集 (Dataset)

数据集是所有用于训练、验证或测试的数据的集合。你可以把它想象成一本书，书中的每一页都包含了一些信息。书中的所有页（即所有的数据）共同构成了这本书。对于深度学习来说，这些数据可以是图片、文本、音频等形式的原始数据。例如，假设我们正在做一个图片分类任务，数据集就是所有的图片数据，包含了各种类别的图片（如猫、狗、车等）。这些图片将用于训练模型，帮助模型学习如何从图片中识别不同的物体。

2. 样本 (Sample)

样本是数据集中具体的一条数据，或者说，是数据集中的一个"实例"。每一个样本通常由输入数据和标签组成。

继续以图片分类为例，数据集中的每一张图片都是一个样本。每个样本由两部分组成：① 输入数据（如图像、文本、声音等），它是模型需要学习和理解的内容；② 标签，它是样本的"答案"，告诉模型正确的输出是什么。例如，如果数据集中包含猫的图片，那么每张猫的图片就是一个样本，输入数据就是这张猫的图片，标签就是"猫"。

3. 标签 (Label)

标签是每个样本的目标答案，表示样本的真实类别或目标值。对于分类任务，标签通常是一个类别名称或数字；对于回归任务，标签是一个数值。举个具体的例子：在图像分类中，标签可以是图片所代表的物体类别（如猫、狗）；在语音识别中，标签可能是该语音片段对应的文字（如"你好"）；在回归问题中，标签可能是某个物体的价格、温度等连续数值。

2.1.2　训练集、验证集和测试集

在数据集中训练集、验证集和测试集也是三个非常重要的概念，它们帮助我们评估和优化模型的性能。为了更好地理解这些概念，我们可以通过一个生活中的类比来解释。假设你准备参加一场考试，你有很多练习题和参考资料来帮助你准备。这时，你会将这些资料分成几类以便更有效地学习：① 训练集（Training Set）：用来练习的题目和资料；② 验证集（Validation Set）：用来检测自己学习效果的模拟试题；③ 测试集（Test Set）：最终考试的题目，用来测试学习的结果。具体而言，每个部分的介绍如下。

1. 训练集

训练集是用来"训练"模型的数据。训练集是从数据集中划分出来的一个部分。训练集中的数据会被用来让模型学习，从而调整其参数，使模型能够尽可能准确地预测输出。模型会从训练集中的数据中学习规律，从而学会如何做出预测或决策。训练集的核心任务是帮助模型找到输入数据与标签之间的关系。

2. 验证集

验证集是用来调节模型参数的一个数据集。验证集也是从数据集中划分出来的一个部分。它的作用是帮助我们评估模型的性能,同时调整训练过程中使用的超参数(例如学习率、网络结构等)。验证集的数据不会参与训练,但它会被用来进行中间评估,帮助我们选择最佳的模型配置。在训练过程中,模型会定期在验证集上测试,以检查当前的模型是否过拟合(即只记住了训练集的数据)或者是否存在欠拟合(即模型学习不到足够的规律)。通过验证集,我们可以判断模型的泛化能力,也就是它在新数据上的表现。

3. 测试集

测试集是用来评估模型最终性能的数据集。测试集是从数据集中划分出来的最终一部分。它是模型训练过程的"最终考核",并且模型在测试集上的表现通常被作为衡量其最终能力的标准。与训练集和验证集不同,测试集的数据在整个训练过程中没有被使用过,也没有被模型"见过"。测试集帮助我们判断训练完成后的模型是否对现实世界中的新数据有同样的表现。通过测试集的表现,我们才能确定模型是否成功地学会了任务,并能在实际应用中保持稳定的表现。

为了确保模型能够很好地泛化到新的数据上,通常会将数据集分成训练集、验证集和测试集。常见的划分比例为:

训练集:通常占数据集的 $60\%\sim80\%$。

验证集:通常占数据集的 $10\%\sim20\%$。

测试集:通常占数据集的 $10\%\sim20\%$。

这样划分的目的是确保每个数据集都有不同的用途,且彼此之间不重叠,避免数据泄漏(即训练数据出现在测试过程中)。

总体而言,这三个子集(训练集、验证集、测试集)分别在不同阶段起着不同的作用,它们确保模型不仅能在训练数据上表现好,也能在实际应用中处理未见过的数据。

2.1.3 监督学习

监督学习(Supervised Learning)是机器学习中的一种常见学习方式。如图 2.2 所示,在监督学习中,输入训练数据和对应的标签,建立模型并选取相应的损失函数(Loss Function)。损失函数用来衡量模型预测和真实标签之间的差距。通过最小化损失函数的方法得到最优模型参数,最小化损失函数的过程就是训练过程。

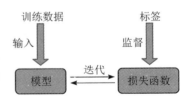

图 2.2 监督学习

在这个过程中,机器学习算法通过学习标注好的数据集,构建一个从输入到输出的映射关系,以便对未知输入进行预测和分类。

　　具体而言，监督学习通过"示范教学"的方式来训练模型。数据集中每个样本都有一个输入和对应的正确答案（标签）。模型的目标是学会根据输入预测正确答案。在监督学习任务中，训练数据的每个样本由输入和标签组成，形式为 (x, y)，其中 x 为输入特征（如图片、文本、数字），y 为标签（如类别、数值）。监督学习的目标是训练一个函数 $f(x)$，使得 $f(x) \approx y$。通过最小化预测值 $f(x)$ 和实际值 y 之间的误差（称为损失函数）来改进模型。

　　监督学习可以类比为教师课堂教学。学生可以被视作监督学习模型，教材可以被视作带标签的数据集，教学过程可以认为是教师（算法）告诉学生每道题的正确答案，学生通过练习（优化过程）逐渐学会正确解答新题目。

　　监督学习主要解决以下问题：

　　（1）分类问题（Classification）：目标为预测输入属于哪个类别（离散标签）。例如根据图片判断是猫还是狗，或者根据邮件内容判断是否为垃圾邮件。该方法主要包括支持向量机（Support Vector Machine，SVM）和决策树。

　　（2）回归问题（Regression）：目标为预测输入的连续值（数值标签）。例如根据房屋特征预测房价、根据历史数据预测股票价格。该方法主要包括线性回归和随机森林回归。

　　接下来以经典的支持向量机（SVM）为例，对监督学习方法在分类任务中的应用进行解释。SVM 专注于分类问题（离散标签）和回归问题（连续标签）。与其他监督学习方法一样，SVM 的核心是利用带标签的数据构建一个能有效进行预测的模型。

　　假设我们有一个带标签的训练数据集 $D = \{(x_1, y_1), (x_2, y_2), \cdots, (x_n, y_n)\}$，其中，$x_i$ 是数据样本的特征向量（如图片的像素、文本的词频向量）；y_i 是对应的标签，通常为二分类问题中的 $y_i \in \{-1, +1\}$。训练过程是 SVM 的核心，涉及以下步骤：

　　（1）寻找最优超平面。SVM 假设数据可以通过一个超平面分开，如图 2.3 所示，该超平面定义为

$$wx + b = 0 \tag{2-1}$$

其中 w 是超平面的法向量，表示超平面的方向；b 为偏置，决定超平面的位置。

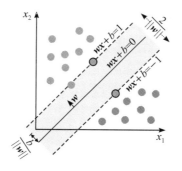

图 2.3　SVM 示意图

超平面的方程 $wx+b=0$ 将特征空间分为两部分：如果 $wx+b>0$，数据点位于超平面的一侧；如果 $wx+b<0$，数据点位于超平面的另一侧。

对于任意数据点 x_i，SVM 要求：如果 $y_i=+1$（正类），则 $wx+b>0$，如果 $y_i=-1$（负类），则 $wx+b<0$。可以统一写成：$y_i(wx_i+b)>0$。

（2）最大化分类间隔。SVM 的目标是找到一个超平面，使得分类间隔（margin）最大化。如 2.3 图所示，超平面间隔的大小为 $\dfrac{2}{\|w\|}$，为了最大化分类间隔，SVM 不仅要求数据点被正确分类，还希望数据点到超平面的距离满足一个最小值，因此，训练目标是最小化 $\|w\|^2$ 来最大化间隔。同时，SVM 将分类条件加上间隔约束：对于正类数据（$y_i=+1$），要求 $wx_i+b\geqslant1$；对于负类数据（$y_i=-1$），要求 $wx_i+b\leqslant-1$。

这两种情况统一写成

$$y_i(wx_i+b)\geqslant1,\ \forall i \tag{2-2}$$

在这种情况下，对于正类数据（$y_i=+1$），分类器的输出 wx_i+b 必须大于等于 1，表示正确分类且离超平面有一定距离；对于负类数据（$y_i=-1$），分类器的输出 wx_i+b 必须小于等于 -1。

（3）允许误差（软间隔）。对于线性不可分的数据，SVM 引入松弛变量 ξ_i 来允许部分样本被误分类，同时加入惩罚项 C 控制对误分类的容忍程度：

$$\min_{w,b}\ \frac{1}{2}\|w\|^2+C\sum_{i=1}^{n}\xi_i \tag{2-3}$$

其中 C 是超参数，用于权衡间隔的大小和误分类样本的数量。

（4）非线性数据的核函数。如果数据在当前特征空间中不可线性分隔，SVM 使用核函数将数据映射到高维空间，使其线性可分

$$K(x_i,x_j)=\phi(x_i)\phi(x_j) \tag{2-4}$$

核函数的引入使得 SVM 可以处理复杂的非线性问题。

完成训练后，SVM 学到的模型表示为

$$f(x)=\mathrm{sign}(wx+b) \tag{2-5}$$

对于新的数据点 x，根据预测值的正负判断其类别：$f(x)>0$ 属于正类，$f(x)<0$ 属于负类。

总体而言，支持向量机（SVM）是监督学习的核心方法之一，它需要带标签的数据通过最大化分类间隔找到最优超平面。它能有效处理高维数据，而且对于小样本数据，SVM 通常表现优异。

2.1.4　无监督学习

无监督学习是另一种机器学习的常见方法，其主要特点是在没有明确的标签或目标函

数的情况下进行学习。相比监督学习需要提供标注数据作为学习的输入，无监督学习更加灵活，可以在数据集中发现潜在的模式和结构，从而为后续的任务提供基础。表 2.1 所示为监督学习和无监督学习的区别。无监督学习的目标是通过对数据集进行聚类、降维、特征提取、密度估计等一系列操作，使得数据集中的样本能够在某种意义上进行划分或转换，让模型提取有意义的特征或模式。无监督学习通过"自学成才"的方式来训练模型，数据集中只有输入 x，没有标签 y。模型的目标是通过数据本身的结构和特性，发现隐藏的模式。

表 2.1　监督学习和无监督学习的区别

项　目	不同类型机器学习方法的特性	
	监督学习	无监督学习
数据	需要带标签数据（输入＋输出）	只需要输入数据
目标	学习输入与输出之间的映射关系	发现数据的隐藏模式
任务类型	分类和回归任务	聚类、降维、异常检测
评价标准	基于标签计算准确率或误差	难以直接评价，依赖可解释性
优势	精度高，任务目标明确	数据依赖少，发现潜在规律
劣势	标注成本高，难以处理新任务	结果可能难以解释或评估

无监督学习可以类比为"学生自学"的过程。每个学生可以看作一个无监督学习模型，教材则是无标签的数据集。自学过程则是学生通过观察、对比和总结，自己归纳出知识点。

无监督学习主要解决以下问题：

（1）聚类任务：目标是将数据分成若干组，每组中的样本具有相似性。例如，根据客户行为将客户分组（市场细分）、将图片聚类为不同的主题。主要方法包括 K 均值（K-Means）聚类、层次聚类和密度聚类（DBSCAN）。

（2）降维任务：目标是将高维数据投影到低维空间，同时保留重要信息。例如，在二维平面上可视化高维数据、提取文本或图像的主要特征。主要方法包括主成分分析（Principal Component Analysis，PCA）和奇异值分解（Singular Value Decomposition，SVD）。

（3）异常检测：目标是发现数据中与大多数样本不一样的异常点。例如，银行交易中的欺诈检测、工厂设备中的故障检测。主要方法包括：高斯混合模型（Gaussian Mixture Model，GMM）和孤立森林（Isolation Forest）。

接下来以 K-Means 聚类方法为例说明无监督学习算法。如图 2.4 所示，K-Means 聚类将数据集分为 K 个不同的组（簇），它通过不断迭代，让数据点和它们所属的簇中心更接近，直到获得理想的聚类效果。

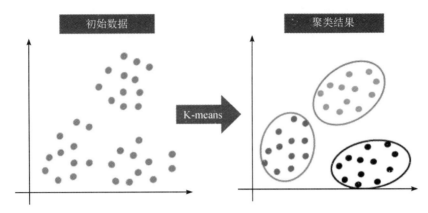

图 2.4　K-means 聚类示意图

聚类的核心目标是将相似的数据点归为一组，让每组（簇）内部的点彼此相似，而不同组之间差异尽可能大。例如，假设您是一名图书管理员，需要对一堆书籍进行归类，比如按题材（如科幻、历史、传记等）进行分类，尽管书上没有标注类别，但可以通过观察书名、内容等特征，把它们分组。

K-Means 是一种快速高效的聚类算法，适合处理大量数据。该算法简单直观，计算开销较低，对于球形分布的数据聚类效果较好。

K-Means 的核心思想包括以下几步：

（1）在数据中随机选择 K 个点作为初始"簇中心"。

（2）将每个数据点分配到离它最近的簇中心。

（3）更新簇中心的位置为分配到该簇的所有数据点的均值。

（4）不断重复第（2）和第（3）步，直到簇中心的位置不再变化或达到预定的停止条件。

2.1.5　半监督学习

半监督学习（Semi-Supervised Learning）是一种介于监督学习和无监督学习之间的机器学习方法。它利用大量未标注的数据和少量标注的数据一起训练模型，特别适合标注成本高昂但未标注数据丰富的场景。

通常，监督学习需要大量标注数据，而标注数据往往难以获取。例如，在医疗领域，医生标注一张医学影像需要具备专业知识并投入大量时间。在自然语言处理任务中，为文本标注语义或情感类别也需要大量人力。而半监督学习的核心思想是：虽然标注数据稀缺，但未标注数据通常较多。通过利用未标注数据中的隐藏模式和结构，可以提高模型的性能，减少对标注数据的依赖。

半监督学习利用以下假设，借助未标注数据提升模型性能：

（1）平滑性假设（Smoothness Assumption）：如果两个样本在特征空间中足够接近，它们的标签也应该相同。例如，在图像分类中，相邻像素组成的图像块通常属于同一类别。

（2）簇假设（Cluster Assumption）：数据点在特征空间中通常形成簇（cluster），簇内数据点具有相同的标签。例如：在客户分群中，同一类客户的行为模式相似。

（3）低维流形假设（Low-Dimensional Manifold Assumption）：高维数据实际上分布在低维的流形（manifold）上，通过学习这些流形结构，可以更好地分配标签。例如：人脸图像可能有数百万像素，但它们的主要变化（如角度、表情）只存在于一个低维空间中。

半监督学习的方法多种多样，以下是最常见的几种：

（1）自训练（Self-Training）：先用标注数据训练一个初始模型，用该模型预测未标注数据的标签，将置信度高的预测结果加入标注数据中，重复训练。该方法的优点在于简单直观，但如果初始模型不够准确，可能引入错误标签，从而影响后续训练。

（2）一致性正则化（Consistency Regularization）：利用未标注数据的假设，对一个样本稍作修改（如加入噪声、数据增强等），模型的预测应该保持一致。例如，在图像分类中，对同一张图片进行旋转或裁剪后，分类结果应该一致。该方法的优点是提高了模型对未标注数据的鲁棒性。

（3）图方法（Graph-Based Methods）：将数据建模为图结构，其中节点表示数据点，边表示数据点之间的相似性；利用标注数据的标签，通过图的传播机制，将标签扩展到未标注数据。该方法的优点是适合特征具有强邻域关系的数据。

（4）对比学习（Contrastive Learning）：利用未标注数据，通过学习数据点之间的相似性，构建良好的表示。例如，将具有相似特征的数据点拉近，而将特征不同的数据点拉远。该方法的优点是能学习到强大的数据表示，适用于分类、回归等任务。

（5）半监督生成模型：利用生成模型（如自编码器、生成对抗网络（GAN））生成未标注数据的潜在分布，从而为模型提供更全面的结构信息。常用方法包括半监督变分自编码器（VAE）和半监督生成对抗网络（Semi-Supervised GAN）。

2.1.6　自监督学习

1. 概述

自监督学习（Self-Supervised Learning，SSL）是一种新兴的机器学习方法，是无监督学习的扩展和增强版。它通过设计任务让模型从未标注数据中生成伪标签（pseudo-labels），从而学习有意义的特征表示，而无需大量人工标注的数据。

自监督学习的核心思想是：模型通过从未标注数据中生成伪标签，自己设计问题并学习答案。这些伪标签是由数据本身产生的，不需要人工标注。自监督学习的核心逻辑是：设计任务，让模型从未标注数据中提取有意义的模式。

为了更好地理解，可以将自监督学习想象成拼图游戏。假设您教一个小孩观察图形模式，但没有提供标准答案。您可以将一张图片剪成若干块拼图，然后让小孩尝试将这些拼图重新拼接起来。孩子在拼图过程中学会了识别图片中不同部分的形状、颜色和位置关系。这里的图片本身生成了"拼图任务"(伪标签)。通过完成这个任务,小孩能够理解图片中各个部分是如何组合在一起的。

2. 自监督学习的工作流程

自监督学习的工作流程包括以下三个步骤:

(1)创建预训练任务。自监督学习通过数据本身生成"伪标签"来构建预训练任务。常见的方法包括:预测数据的某一部分,如填补缺失的像素、预测遮盖的文字;对比学习任务,如区分不同数据点是否来自同一类。

(2)模型学习特征。模型利用这些预训练任务,学习数据的结构、模式或分布特性。这一阶段的目标是生成一个通用的特征表示。

(3)将特征迁移到下游任务中。学习到的特征可以被迁移到下游任务(如分类、检测、分割)中,通过微调(fine-tuning)实现特定目标。

3. 自监督学习的主要任务

自监督学习最主流的任务为生成类任务和对比类任务。接下来将对这两种任务进行简单介绍。

1)生成类任务

生成类任务通过隐藏数据的一部分,要求模型预测被隐藏的信息,从而迫使模型学习有意义的特征。例如,BERT 和 GPT 模型就是通过这类方法进行训练的。具体方法有以下三种:

(1)遮挡预测(Masked Prediction):对数据的某一部分进行遮挡,要求模型恢复被遮挡的部分。例如,在图像中遮挡部分像素,要求模型预测被遮挡的像素值;在文本中遮住部分单词,要求模型预测这些单词。示例:

——输入:'I love [MASK] learning.'

——输出:'deep'

即在文本中使用遮盖[MASK]。

(2)时序预测:在时间序列数据中,要求模型预测未来值或重建过去值。这类方法常被应用在视频补帧、音频预测等任务中。

(3)旋转预测:对图片随机旋转 $0°$、$90°$、$180°$、$270°$,要求模型预测旋转角度,让模型理解图像的整体结构和方向。

2)对比类任务

对比学习通过构造"正样本对"(类似数据)和"负样本对"(不同数据),让模型学会区分相似和不相似的数据。具体方法有以下两种:

(1)SimCLR(Simple Framework for Contrastive Learning of Visual Representations):从同一数据点生成多个视图(如对图片进行随机裁剪、旋转、颜色增强),然后要求模型将

相同数据点的不同视图拉近，而将不同数据点的表示拉远。SimCLR 无需复杂的结构信息，能够学习到通用特征。

SimCLR 是一种自监督学习方法，由谷歌研究团队提出，旨在通过对比学习(Contrastive Learning)从未标注数据中学习有意义的特征表示。它通过简单而高效的架构，不依赖人工标注数据即可实现与监督学习方法相当的性能。

对比学习的核心思想是学会区分相似的数据(正样本对)和不相似的数据(负样本对)。通过优化模型，让相似的数据点在特征空间中更接近，而让不相似的数据点离得更远。

总体而言，SimCLR 完全基于未标注数据，显著降低了人工标注的成本。预训练的模型可以迁移到下游任务(如图像分类、目标检测)中，通过微调达到与监督学习模型相当的性能。在标准数据集(如 ImageNet)上，SimCLR 的表现接近甚至超过监督学习方法。SimCLR 可以应用于图像分类、目标检测等任务中。

但是，SimCLR 仍需要大批量训练(如每次迭代中处理 4096 个数据样本)和大规模计算资源(如 TPU 或高性能 GPU)。另外，数据增强的质量直接影响模型性能。如果增强方式不适合特定任务，可能导致特征学习失败。此外，如果批量太小，负样本对的数量不足，模型可能无法学习到有效的特征。

(2) MoCo(Momentum Contrast)：通过构建一个动态的对比样本池，保证模型能高效处理大规模数据。MoCo 主要应用于图像分类任务中。

MoCo 是 Facebook AI 提出的对比学习方法，与 SimCLR 类似，它通过对比学习从未标注数据中学习有意义的特征表示。MoCo 的核心创新是引入了动态字典(dictionary)机制，使其能够高效地构建大量负样本对，从而解决批量大小受限的问题。

在对比学习中大量负样本对于模型的学习至关重要。然而，批量较小时，负样本对的数量有限，会导致学习效果下降。SimCLR 使用大批量训练来生成足够多的负样本，但这对计算资源的要求极高。因此，MoCo 提出了一种创新的动态字典机制，能够在更小的批量下生成丰富的负样本。

MoCo 的核心是构建一个动态更新的对比学习字典，用于存储大量负样本。该字典通过动量更新(Momentum Update)机制保持一致性，使得模型在训练过程中能够稳定地学习特征表示。具体来说，动态字典用来存储编码后的负样本特征。通过动量更新的编码器不断生成新的特征并加入字典，同时移除最早的特征(队列机制)。

MoCo 通过队列机制存储大量负样本，突破了批量大小的限制，显著提升了负样本的多样性，从而提高了对比学习的效率。此外，键编码器的参数通过动量更新机制进行更新，使字典中的特征具有一致性，避免了频繁更新导致的表示不稳定问题。MoCo 的动态字典和动量更新机制使其能够适应各种模型架构和任务。

表 2.2 展示了 MoCo 与 SimCLR 的区别。MoCo 的负样本生成高效，具有稳定的特征表示，可应用于多种任务(如分类、检测等)，适应性强。然而，MoCo 也面临一些挑战，例

如动量更新和动态字典的实现增加了训练的复杂度，如果字典中的负样本质量较低，可能影响学习效果。

表 2.2　MoCo 与 SimCLR 的区别

项　目	不同对比学习方法的特性	
	MoCo	SimCLR
负样本生成	动态字典，队列机制，数量更多	依赖大批量训练，受批量大小限制
训练资源需求	资源需求较低	需要大批量训练（如 4096 批量）
模型一致性	动量更新保持负样本特征稳定	不使用动量更新，特征不稳定
实现复杂度	较高，需要动量编码器和队列机制	较低，直接依赖大批量

4. 自监督学习的优势

自监督学习通过数据生成伪标签，学习有意义的特征表示，适用于未标注数据丰富的场景。它广泛应用于图像、文本、音频、多模态等领域，降低了对标注数据的依赖程度，提升了特征迁移能力，是未来机器学习的重要方向。自监督学习正在推动深度学习进入一个更智能、更高效的阶段，为解决数据标注的瓶颈问题提供了强有力的工具。

不同学习方法的特点如表 2.3 所示。监督学习专注于从带标签的数据中学习明确的输入-输出映射，适用于分类和回归等具体问题。无监督学习探索数据的潜在模式和结构，无需标签数据，适用于聚类、降维等任务。二者在实际应用中常常结合使用，共同解决复杂的机器学习问题。例如，无监督学习可以用于数据预处理或特征提取，提升监督学习的性能。例如，通过 PCA 提取图像的主要特征，再用监督学习分类。此外，在半监督学习中，无监督方法用于标注部分数据，生成伪标签，再结合监督学习进行训练。自监督学习是一种结合无监督和监督学习思想的方法，它通过从未标注数据中生成标签（如旋转预测任务），利用监督学习训练模型。

表 2.3　不同学习方法的特点

项　目	不同学习方法的特点			
	监督学习	无监督学习	半监督学习	自监督学习
数据需求	需要大量标注数据	不需要标注数据	少量标注数据＋大量未标注数据	无标注数据＋伪标签
目标	学习输入和标签的映射关系	发现数据的隐藏模式	同时利用标注数据和未标注数据	学习特征表示，生成有意义的特征
适用场景	分类、回归等任务	聚类、降维等任务	分类、回归＋提升性能	分类、回归＋提升性能
标注成本	高	无	中等	无

2.1.7　强化学习

1. 概述

强化学习（Reinforcement Learning，RL）是机器学习领域之一，受到行为心理学的启发，主要关注智能体如何在环境中采取不同的行动，以最大限度地提高累积奖励。通俗地说，强化学习指智能体（Agent）以"试错"的方式进行学习，通过与环境进行交互获得的奖励来指导行为，目标是使智能体获得最大的奖励。

图 2.5 给出了强化学习的结构框架。强化学习主要由智能体（Agent）、环境（Environment）、状态（State）、动作（Action）和奖励（Reward）组成。智能体依靠某一策略（Policy）和环境交互，每次交互时通过观察得到当前的环境状态，根据这一状态选择某一动作，并获得相应的奖励或收益。通过多次交互，智能体即可学习到在特定环境下选择合适动作的优化策略（Optimal Policy），使得总体回报（Return）最大化。

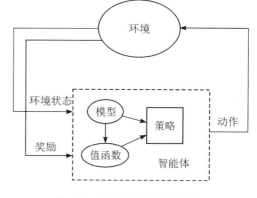

图 2.5　强化学习的结构框架

可以把强化学习想象成教小孩骑自行车：

- 环境：自行车、路面、障碍物等。
- 状态：当前的位置、速度、姿势。
- 行动：转弯、加速、减速等操作。
- 奖励或收益：保持平衡获得正奖励，摔倒获得负奖励。
- 目标：通过试错，让小孩学会如何在不摔倒的情况下骑车，并最终成为一名熟练的骑手。

2. 强化学习的几个核心要素

1）策略

策略是决定智能体行为的机制，是状态到行为的映射，用 $\pi(a|s)$ 表示，其中 a 表示动作，s 表示状态。策略定义了智能体在各个状态下的各种可能的行为及概率：

$$\pi(a \mid s) = P(A_t = a \mid S_t = s) \tag{2-6}$$

其中，S_t 和 A_t 分别表示在 t 时刻所处的状态和采取的动作。上式意味着该策略是不变的，即在任何时刻，只要系统处在 s 状态，其采取的动作符合同一分布 $\pi(a|s)$。

2）值函数

值函数代表智能体在给定状态下的表现，或者给定状态下采取某个行为的好坏程度。

这里的好坏用未来的期望回报表示，而回报和采取的策略相关。所有值函数的估计都是基于给定的策略进行的。

回报 G_t 为从 t 时刻开始往后所有的回报的有衰减的总和，也称"收益"或"奖励"。公式如下：

$$G_t = R_{t+1} + \gamma R_{t+2} + \cdots = \sum_{k=0}^{\infty} \gamma^k R_{t+k+1} \tag{2-7}$$

其中 γ 是折扣因子（也称为衰减系数），体现了未来的回报在当前时刻的价值比例。R_{t+1} 表示在 $t+1$ 时刻获得的回报。

状态值函数 $V_\pi(s)$ 表示从状态 s 开始，遵循当前策略 π 所获得的期望回报，或者说在执行当前策略 π 时，衡量智能体所处状态 s 时的价值大小。这个值可用来评价一个状态的好坏，指导智能体选择动作，使得其转移到具有较大值函数的状态上去。数学表示如下：

$$V_\pi(s) = \mathbb{E}_\pi[G_t \mid S_t = s] = \mathbb{E}_\pi[R_{t+1} + \gamma R_{t+2} + \cdots \mid S_t = s] \tag{2-8}$$

值函数还有另外一个类别，即状态行为值函数 $Q_\pi(s, a)$，简称行为值函数。该指标表示针对当前状态 s 执行某一具体行为 a 后，继续执行策略 π 所获得的期望回报，也表示遵循策略 π 时，对当前状态 s 执行行为 a 的价值大小。公式描述如下：

$$\begin{aligned} Q_\pi(s, a) &= \mathbb{E}_\pi[G_t \mid S_t = s, A_t = a] \\ &= \mathbb{E}_\pi[R_{t+1} + \gamma R_{t+2} + \cdots \mid S_t = s, A_t = a] \end{aligned} \tag{2-9}$$

3. 模型

模型是智能体对环境的一个建模，用于预测环境下一步的变化。当给定一个状态和行为时，该环境模型能够预测下一个状态和立即回报。对应的数学表达式如下：

$$P_{ss'}^a = P(S_{t+1} = s' \mid S_t = s, A_t = a) \tag{2-10}$$

$$R_s^a = \mathbb{E}[R_{t+1} \mid S_t = s, A_t = a] \tag{2-11}$$

其中，$P_{ss'}^a$ 为状态转换概率，用来预测在状态 s 处采取行为 a 后，下一个状态 s' 的概率分布；R_s^a 表征在状态 s 处采取行为 a 后得到的回报。

4. 强化学习算法的分类

由于强化学习算法众多，且每种算法的假设条件与求解角度也不尽相同，因此很难对所有强化学习算法进行精确归类。这里我们介绍三种常见的分类方法。

1）基于模型与无模型的强化学习

我们可以将强化学习分为基于模型的强化学习（Model-Based RL）和无模型的强化学习（Model-Free RL）。具体来说，如果状态转移函数和奖励函数已知，就可以认为此时强化学习求解的条件中已经包含了对环境的建模，这便是基于模型的强化学习；反之，如果这二者均不可知，此时的强化学习就属于无模型的强化学习。图 2.6 展示了强化学习的基本分类。

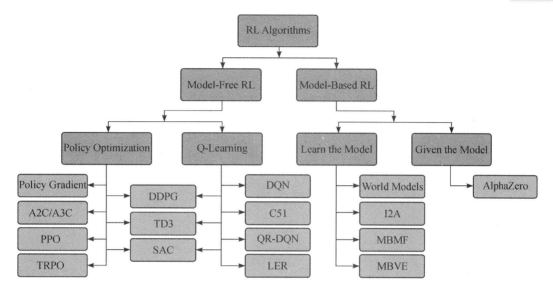

图 2.6　强化学习的分类

基于模型的强化学习可以让智能体根据环境以及未来的选择找到当前状态下的最优解。然而，当智能体面对一个新的环境时，它只能够从已经学习到的模型中寻找当前新环境中的最优解，所以很容易在当前环境中作出错误的选择。另一方面，因为状态转移函数和奖励函数在实际应用中很难定义，需要智能体自己与环境进行交互来感知，所以与基于模型的强化学习方法相比，无模型方法得到了更广泛的开发和测试。虽然无模型的强化学习方法没有对环境建模，但它能够动态调整，因此往往更实用。

2）基于策略与基于值的强化学习

根据强化学习方法是以策略为中心还是以值函数为中心，我们可以将强化学习分为基于策略的强化学习（Policy-Based RL）和基于值的强化学习（Value-Based RL）两大类。

基于策略的强化学习方法直接输出下一步动作的概率，但是在选择动作时，并不会根据概率的高低来选取，它会从整体进行考虑，适用于连续的动作。基于值的强化学习方法输出的则是动作值，采用值最高的动作作为下一步的动作，适用于非连续的动作。

3）同策略和异策略的强化学习

根据更新 Q 值时是沿用既定的策略还是使用新的策略，可以将强化学习方法分为同策略的强化学习（on-policy RL）和异策略的强化学习（off-policy RL）。在同策略强化学习中，智能体必须参与学习的过程；而在异策略的强化学习中，智能体可以参与学习的过程，也可以学习他人的经验。

在无模型的强化学习中，Q-Learning 是一种经典的异策略算法。在 Q-Learning 算法中,通过学习 Q 函数(行为值函数),智能体能够评估每个状态处采取不同动作时的累积奖励期望,从而选择最优动作。其更新公式为

$$Q(s, a) \leftarrow Q(s, a) + \alpha\left[r + \gamma \max_{a'} Q(s', a') - Q(s, a)\right] \tag{2-12}$$

其中 α 是学习率;r 是即时奖励;γ 是折扣因子;s' 表示当前状态 s 执行动作 a 后,智能体转移到的下一个状态;$Q(s', a')$ 表示在状态 s' 采取动作 a' 的动作价值(action value);$\max\limits_{a'} Q(s', a')$ 表示在状态 s' 处智能体选择最优动作时的最大预期回报。

总体而言,强化学习是一种通过试错优化策略的强大方法,其核心是让智能体通过与环境交互,在复杂动态环境中找到最佳的行动策略。无论是 Q-Learning 还是其他强化学习算法,都为动态决策问题提供了灵活的解决方案,在多个领域(从游戏到机器人控制)展现了非凡的能力。

2.2 深度学习简介

深度学习是机器学习的一个子集,专注于使用人工神经网络,尤其是深层神经网络来进行学习。深度学习能够处理复杂的数据表示和模式识别,利用多层神经元的结构,通过层层抽象从原始数据中提取特征。这使得深度学习在图像识别、自然语言处理和语音识别等任务中表现出色。深度学习在大规模数据集上的表现优于传统机器学习方法,特别是在处理高维数据时,如图像和视频。

神经网络是深度学习的核心结构,模仿了生物神经网络的工作原理,通过多层神经结构从低级到高级层次逐步提取信息。神经网络的训练过程依赖于反向传播算法和梯度下降法,这些方法用于计算并优化模型的参数。接下来将详细介绍神经网络的基本原理。

2.3 神经网络的基本原理

2.3.1 生物神经元模型

首先,我们可以把神经元想象成一个复杂的通信站,它接收信息、处理信息并将其传递出去。接下来,我们一步步探讨这个通信站的各个"部件"以及它们是如何协同工作的。

1. 神经元的基本结构

神经元(又叫神经细胞)是大脑中的核心单位,负责接收和传递信号。它的主要组成部分如图 2.7 所示。

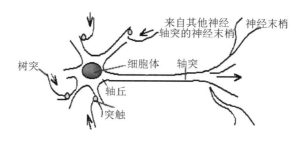

图 2.7　神经元

各组成部分详细介绍如下：

（1）细胞体（Soma）。这是神经元的"主体"，里面有细胞核，像是控制室。细胞核包含DNA，是神经元的"指挥中心"，负责管理细胞的各项活动。

（2）树突（Dendrite）。可以把树突想象成神经元的"接收天线"，它们的工作是从其他神经元那里接收信号。树突通常看起来像很多不规则的分支，向外延伸，就像树枝一样。

（3）轴突（Axon）。轴突是神经元的"发送线"，通过它，神经元把信息传递到下一个神经元或者目标细胞。你可以把它想象成一个电缆，专门用来发送电信号。

（4）轴丘（Hillock）。轴丘是连接细胞体和轴突的地方，是"信息处理站"。一旦信号从树突被接收到，它们在这里进行汇总，如果信号足够强，轴丘会产生一个新的信号，准备通过轴突传递出去。

（5）突触（Synapse）。突触是神经元与其他神经元连接的地方，它们通过化学或电信号来完成信息的传递。突触是通信网络的"交汇点"，信息在这里从一个神经元传递到下一个。

2. 生物神经系统

人类大脑是一个庞大的神经网络，由大约 1000 亿到 1 万亿个神经元组成。这些神经元通过复杂的连接方式，形成了一个巨大的信息处理系统。人类大脑可以类比为一个超级大城市，城市中每一个神经元都是一个小型的通信节点，这些节点通过电信号和化学信号相互交流，最终形成了大脑的认知、记忆和学习能力。

神经元有不同的外部形态（就像不同大小和形状的建筑物），但是它们的功能是相似的——接收、处理和传递信息。即使神经元的形状不同，它们的工作原理是相同的。

神经元的工作原理可以理解为电信号的传递。神经元在静息状态（没有接收到任何信号时）是"极化"的，细胞膜外的电压比膜内的高，可以理解为神经元处于待机状态。

当神经元受到足够强的刺激时（比如接收到其他神经元传来的信息），这个刺激会导致膜内外的电压发生快速变化。这个过程称为去极化，类似于突然按下了一个"开关"，使得电信号在神经元内部启动。一旦去极化发生，电信号就开始沿着轴突传播，这称为动作电位。这个电信号像波一样，从一个细胞区域传到下一个区域，直至到达神经元的末端，也就是突触。在突触处，神经元将通过化学信号或电信号将信息传递给下一个神经元，继续这一过程。

神经元具有可塑性，这是因为神经元之间的连接不是固定不变的。神经可塑性是指大脑的神经元可以通过学习和经验不断改变它们的连接方式。这是我们能够通过学习新技能、积累记忆以及提高认知能力的原因。大脑中的神经元可以不断调整它们之间的连接，从而使得信息的传递更加高效。

简而言之，神经元是大脑中的"通信站"，每个神经元负责接收信号、处理信息并传递给其他神经元。神经元的各个部分像是通信站的各个组件，树突接收信号，细胞本体处理信号，轴突将信号传递出去，而突触是神经元之间信息交换的节点。通过这样的工作方式，神经元组成了大脑庞大的神经网络，使我们能够学习、记忆和进行各种认知活动。

2.3.2　人工神经元

人工神经元模型是深度学习的基础，它模仿了生物神经元的工作原理，帮助计算机进行复杂的计算和信息处理。为了更好地理解这个概念，我们可以用 MP 神经元模型（McCulloch-Pitts 模型）为例进行介绍。

1. 人工神经元的基本结构

我们可以将人工神经元想象成一个小型的计算单元，它接受输入，经过一定的计算处理后，输出结果。这个过程类似于生物神经元接收、处理和传递信号的过程。MP 神经元模型是人工神经网络最早的模型之一，虽然结构简单，但它奠定了现代神经网络的理论基础。

MP 神经元模型的组成部分如图 2.8 所示。

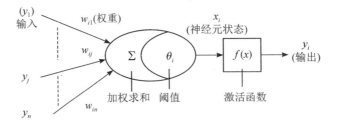

图 2.8　MP 神经元模型的组成

输入（Input）：神经元会接收到来自外部的若干输入信号，通常是一些数值（可以理解为代表数据的特征）。我们可以将这些输入看作多个电信号传输到一个神经元的树突。

权重（Weights）：每个输入都会被乘以一个"权重"值，类似于对每个信号的"重要性"进行打分。如果某个信号对结果的影响很大，它的权重就会较高；反之则较低。权重的作用是调整每个输入在总和中的贡献。

加权和（Weighted Sum）：所有的输入信号都会乘以对应的权重，然后将它们相加，得到一个加权总和。这一步类似于神经元接收到的多个信号在细胞体中进行整合和处理。

阈值（Threshold）：MP 神经元模型会设定一个阈值（可以看作触发点）。如果加权和超过了这个阈值，神经元就会"激活"，产生一个输出信号；如果加权和未达到阈值，神经元将不会激活，输出为 0。这个过程类似于生物神经元中的"去极化"——只有当电压变化足够大时，神经元才会传递信号。

输出（Output）：当神经元激活后，它会产生一个输出信号，通常是 1 或 0，这代表了神经元是否"点亮"（激活）。这个输出信号可以进一步传递到下一个神经元，类似于生物神经元之间通过突触传递信号。

我们可以用简单的公式表示 MP 神经元的工作过程：

$$\text{Output} = \begin{cases} 1 & \text{如果} \sum_{i=1}^{n}(w_i \times x_i) \geqslant \text{阈值} \\ 0 & \text{否则} \end{cases} \tag{2-13}$$

其中：x_i 代表第 i 个输入信号，w_i 是对应的权重，阈值是神经元激活的门槛。

假设有 3 个输入 x_1、x_2、x_3，对应的权重是 w_1、w_2、w_3，MP 神经元会计算加权和：$w_1 \times x_1 + w_2 \times x_2 + w_3 \times x_3$。如果这个结果大于等于阈值，神经元就输出 1；否则，输出 0。

为了更形象地说明这个过程，假设有以下具体数值：

- 输入：$x_1 = 1$，$x_2 = 0$，$x_3 = 1$
- 权重：$w_1 = 0.5$，$w_2 = 0.3$，$w_3 = 0.7$
- 阈值：0.8

现在，我们将计算加权和：

$$(1 \times 0.5) + (0 \times 0.3) + (1 \times 0.7) = 0.5 + 0 + 0.7 = 1.2 \tag{2-14}$$

因为 1.2 大于阈值 0.8，神经元会激活，输出 1。

MP 神经元模型虽然非常简单，但它提供了深度学习中人工神经网络的基本架构，展示了神经元如何通过输入信号和权重进行计算。尽管 MP 神经元无法处理复杂的非线性问题，但它为后续更复杂的神经网络模型设计打下了基础。然而，MP 神经元模型的局限性也很明显：① 它只能处理简单的线性分类问题，而现实中大多数问题都是非线性的；② 它只能输出 0 或 1，缺乏连续性，这使得它在处理复杂问题时表现不足。

尽管如此，MP 神经元模型的简单性也是它的优势，它帮助人们理解人工神经元的基本构造和工作机制，为更复杂的神经网络设计提供了理论基础。

2. 通用人工神经元

通用人工神经元的数学模型可以表示为

$$y = f(s) = f\left(\sum_{i=1}^{n}(w_i \times x_i) - \theta\right) \tag{2-15}$$

其中 y 是神经元的输出，$\sum_{i=1}^{n}(w_i \times x_i)$ 是神经元的净输入，即所有加权输入的累加值，θ 是神经元的阈值，$f(s)$ 是激活函数，用于将净输入转换为输出。接下来对每个部分进行详细的介绍。

（1）输入信号：输入信号（记作 $(x_1, x_2, \cdots, x_n)$）是人工神经元接收到的信息，类似于生物神经元接收到的外部信号。在实际的神经网络中，这些输入信号可以是图像的像素、音频数据、文本特征等。例如，接收到多个不同的传感器数据（如温度、湿度、亮度等），这些数据都是原始的输入。

（2）连接权重：每个输入信号都会通过一个权重 $(w_1, w_2, \cdots, w_n)$ 进行调整。权重的作用类似于一个调节旋钮，决定输入信号的重要性。较大的权重表示输入信号对最终结果影响较大，而较小的权重表示输入的影响较小。例如，如果温度传感器的权重较大，说明温度对于这个系统的决策影响大，而其他传感器的影响较小。

（3）神经元的净输入：所有输入信号 $(x_1, x_2, \cdots, x_n)$ 在通过各自的权重 $(w_1, w_2, \cdots, w_n)$ 调整后，会进行累加，得到神经元的净输入，通常记作 s。这个累加过程可以表示为

$$s = \sum_{i=1}^{n}(w_i \times x_i) \qquad (2-16)$$

这是所有输入信号经过加权后的总和。就像多个传感器的数据汇总成一个总和，作为智能系统的参考信号。

（4）神经元的阈值：神经元还设有一个阈值 θ，它类似于系统的触发点 s。当净输入超过这个阈值时，神经元会"激活"并产生输出；如果净输入小于阈值，神经元不会激活，输出为零。类似于设置一个开关阈值，只有当传感器的总信号大于设定值时，开关才会打开。例如，如果温度超过 30℃，系统才会启动空调。

（5）激活函数：激活函数 $f(s)$ 是神经元的核心，它决定了神经元在不同输入下的输出形式。激活函数会将净输入 s 转换成神经元的输出 y。通常，激活函数的作用包括以下几点：

- 控制输入对输出的影响：激活函数决定了输入信号如何映射到输出。
- 输入输出的转换：将可能无限范围的输入转换为有限范围的输出。
- 非线性转换：使神经网络能够处理复杂的非线性关系。

激活函数可以理解为将传感器数据的信号进行适当的调整或转换。例如，当数据超出某个范围时，系统将输出结果限制在设定范围内，以防止过大的输出值破坏系统的稳定性。

（6）神经元的输出：最终，经过激活函数处理后的输出 y 就是神经元的结果。输出会传递到下一个神经元或系统的其他部分，作为进一步计算的输入。这个过程在多层神经网络中不断重复。输出就像智能开关的最终决策结果，决定了系统是否需要打开某个设备（如空调、加湿器等）。

这种基本的人工神经元模型模仿了生物神经元的一阶特性,即它接受外界的输入,通过权重调整后进行累加,与阈值比较后通过激活函数产生输出。以下是它的几个关键点:

- 输入信号是可以调节的:不同输入信号通过权重调整影响输出。
- 由阈值控制是否激活:只有当累加的信号超过一定值时,神经元才会激活。
- 非线性输出:激活函数为系统提供了非线性处理能力,使得神经网络能够处理复杂的模式和关系。

通用人工神经元模型简化了生物神经元的工作原理。该模型主要包括输入信号、权重、加权和、阈值、激活函数和输出等元素,能够有效处理复杂的输入信号,生成有用的输出。深度学习的强大之处在于成千上万个这样的神经元在多个层次上共同工作,从而能够从数据中提取有意义的特征,并完成各种复杂任务。

在现代深度学习中,神经元不仅会输出 0 或 1,还会通过一些激活函数(如 ReLU 或 Sigmoid)输出连续的数值,这使得神经网络可以更灵活地处理各种类型的数据。此外,现代神经网络中常常包含多个神经元、层级结构以及复杂的反馈机制,这远比单独的人工神经元模型更为复杂,但核心原理仍是相同的。

人工神经元模型是人工神经网络的基础,它通过接收输入信号、加权求和、与阈值比较等步骤来决定神经元是否激活。虽然结构简单,但它阐明了神经网络如何进行信息处理的核心原理。这一模型启发了后续的深度学习算法,并成为现代神经网络复杂运算的基础。

2.3.3　感知机

感知机(Perceptron)由 Frank Rosenblatt 在 1958 年提出。感知机的目标不仅仅是模仿生物神经元的行为,还希望能通过数据进行学习。感知机被设计为一个能够通过算法自动调整权重的模型,以便对新数据进行分类。这标志着机器学习的开端,感知机比 MP 神经元更关注模型的训练和分类性能。

感知机引入了学习算法,尤其是"感知机学习规则"。该算法能够根据错误的分类结果调整每个输入的权重,从而随着时间不断优化模型的性能。通过反复更新权重,感知机具备了学习新任务的能力。感知机的数学表达式与 MP 神经元模型相似,但感知机学习规则算法非常简单,它基于误差纠正机制来调整权重。具体来说,感知机的权重更新规则如下:

预测输出错误时,感知机会根据预测结果与真实标签之间的差距来调整权重。具体的更新公式是

$$w_i \leftarrow w_i + \eta \times (y_{\text{true}} - y_{\text{pred}}) \times x_i \tag{2-17}$$

其中 w_i 是第 i 个输入的权重;η 是学习率,控制更新步长;y_{true} 是真实标签;y_{pred} 是模型的预测输出;x_i 是第 i 个输入。

通过这个公式,感知机会根据错误的预测逐步调整权重,使模型不断改进,直到错误最小或收敛为止。

感知机虽然简单有效，但它只能解决线性可分的问题，也就是说，如果数据可以通过一条直线分隔成两类，感知机可以有效工作。然而，对于更复杂的非线性数据，感知机无能为力。

为了克服单层感知机的局限性，多层感知机（Multilayer Perceptron，MLP）被提出。如果把单个感知机比作一个简单的决策者，那么 MLP 就像是一个"专家小组"，每一层都对数据进行独立分析并逐步提取有用的信息，最终由输出层给出决策。如图 2.9 所示，MLP 是一个由多个感知机层级组成的神经网络，其中每一层的输出作为下一层的输入。

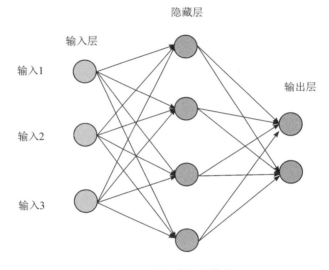

图 2.9　多层感知机模型

MLP 的基本结构包括以下组件：

（1）输入层。输入层接收数据，例如图片、文本等。

（2）隐藏层。MLP 的关键部分是隐藏层。每个隐藏层都包含多个感知机，这些感知机通过复杂的非线性激活函数来处理输入信号，并生成更高层次的特征。隐藏层的作用是提取数据中的隐含特征，这些特征对于分类任务非常重要。

（3）输出层。输出层将隐藏层的结果转换为最终的预测值。对于二分类任务，输出层通常使用 Sigmoid 函数；对于多分类任务，则会使用 Softmax 函数来输出每个类别的概率。

2.4　卷积神经网络基础

在深度学习领域中卷积神经网络（Convolutional Neural Network，CNN）尤其擅长图像处理。CNN 的灵感来自生物视觉系统的结构和功能，而卷积运算则是其核心计算方式。为了更好地理解卷积神经网络，我们先从其生物学机理讲起，再一步步深入理解卷积神经网络的原理和卷积运算的具体过程。

2.4.1 卷积网络的生物学机理

卷积神经网络的设计灵感源自生物学家对动物视觉系统的研究。20 世纪 60 年代，神经生物学家 Hubel 和 Wiesel 研究了猫的视觉皮层，发现其视觉皮层中包含两种关键神经元：简单细胞和复杂细胞。

简单细胞对图像中特定位置的简单边缘和线条非常敏感。当视觉信息进入视觉皮层时，简单细胞会响应特定方向的边缘。这些细胞充当视觉信号的基础探测器。

复杂细胞不只响应特定的边缘，还能够整合更多的信息。这些细胞会对特定形状、纹理、运动等更复杂的视觉特征产生反应。

Hubel 和 Wiesel 因发现了视觉系统的信息处理机制获得了 1981 年的诺贝尔生理学或医学奖。他们揭示了生物视觉系统通过层层检测、层层整合的方式，识别不同层次的图像特征——从简单的边缘到更复杂的对象和场景。

图 2.10 清晰地展示了生物视觉系统如何通过层层递进的特征提取实现图像识别，卷积神经网络正是通过模拟这一过程来提高图像处理的准确性和效率。图 2.10 左边显示了大脑皮层中不同的视觉区域，从视网膜输入到外侧膝状体（Lateral Geniculate Nucleus，LGN）。LGN 接收来自视网膜的信号，将其整合并传递给大脑皮层。它起到了视觉信号"中转站"的作用，将信息从视网膜转送到更高级的视觉处理区域。然后，信息依次输入初级视觉皮层（V1），再到更高层的视觉区域（V2、V4、IT）。

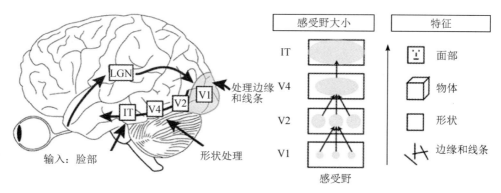

图 2.10 大视觉系统的信息处理流程

接下来对 V1、V2、V4 和 IT 分别进行介绍。

V1 区域（初级视觉皮层）：V1 是视觉系统的第一个处理区域，对图像中的简单特征（如边缘、线条、方向等）非常敏感。V1 相当于 CNN 的第一层卷积层，在这里卷积核提取图像中的低层次特征，如水平线和垂直线。这样，视觉系统能够识别出图像的基本轮廓和边界。

V2 区域：V2 在 V1 的基础上处理更复杂的形状特征。通过组合边缘和线条，V2 可以识别出基本的形状。对应到 CNN 中，V2 可以理解为中间卷积层，它们开始整合多层的简单特征，形成更复杂的形状信息，例如角和曲线。

V4 区域：V4 在前两层的基础上处理更复杂的形状和颜色等高阶特征。V4 区域对应 CNN 中更深层的卷积层，这些层将更多的局部特征整合起来，从而形成了物体的一些高级特征。此时，模型能够识别出物体的大致形状轮廓和颜色信息。

IT 区域（下颞叶皮层）：IT 区域位于视觉通路的末端，用于识别复杂的物体和面孔。IT 相当于 CNN 的高层特征表示层，类似于卷积网络的全连接层，在这一层，所有的特征被整合起来，系统能够识别出具体的对象和面孔。

在图 2.10 右侧的"感受野大小"中，每一层的感受野逐渐增大。感受野是指视觉神经元能够"看到"的图像区域大小。类似地，在卷积神经网络中，低层卷积层的卷积核只能关注图像的局部区域，而高层卷积层可以通过组合低层特征来获得更大的视野。V1 的神经元只能"看到"图像的局部区域，这样能够提取出细微的边缘和线条。随着视觉信息在层层传递中被整合，V2、V4 的感受野逐渐增大，每一层的神经元能够"看到"更大的区域，识别更复杂的形状和轮廓。到了 IT 层，神经元可以"看到"整个物体，感受野最大，具备了识别复杂对象和面孔的能力。

在卷积神经网络中，这种感受野的扩大通过卷积核和池化层的组合来实现，逐层的卷积和池化使得网络能够从小的局部特征过渡到大范围的复杂特征。在图 2.10 右侧的"特征"中，我们看到每一层负责提取不同层次的特征，从简单的"边缘和线条"到"形状""物体"和"面部"。这种特征的分层提取也是卷积神经网络模仿生物视觉系统的关键点，具体来说：

低层特征（边缘和线条）：CNN 的第一层卷积层类似于 V1，只能检测简单的边缘和线条等低级特征。

中层特征（形状和物体）：中间的卷积层（V2、V4）开始组合简单特征形成复杂的形状，能够识别出局部结构和纹理。

高层特征（面部和物体）：CNN 的深层卷积层则类似于 IT，可以识别出具体的对象，如面部、物体等。这个过程类似于大脑将边缘、形状等特征逐层汇总，形成对物体的完整理解。

综上所述，卷积神经网络正是通过模仿生物视觉系统的分层结构，逐层提取特征来实现图像识别，具体表现为以下几点：

（1）层次结构：生物视觉系统和 CNN 都采用分层结构，信息逐层传递和整合。

（2）特征提取：低层提取简单特征，高层提取复杂特征。

（3）感受野的扩大：随着信息传递，神经元（卷积核）的感受野逐渐扩大，能够从局部到整体理解图像。

（4）与生物系统功能相似性：V1、V2、V4、IT 对应 CNN 的不同卷积层和全连接层，从边缘检测到复杂物体识别，模拟了生物视觉的处理过程。

这种设计使卷积神经网络通过卷积运算实现了从低级特征到高级特征的提取，为解决复杂的图像识别任务提供了强大的工具。

2.4.2　卷积神经网络的构造

卷积神经网络的结构由多个层组成，每一层负责从输入数据中提取不同的特征。以图像分类任务为例（如图 2.11 所示），典型的 CNN 包括以下层次结构：

（1）卷积层（Convolutional Layer）。卷积层是 CNN 的核心，用于从输入数据中提取特征。输入数据通常以四维张量的形式表示，包含批量（Batch）、通道（Channel）和空间维度（Height 和 Width）。例如，对于彩色图像，每张图像有三个通道（红、绿、蓝）。批量是指模型处理的样本数量。卷积层通过多个卷积核（滤波器）在输入数据上滑动进行卷积操作，每个卷积核提取特定的特征，如边缘、纹理、线条或颜色。卷积操作会在输入的通道上独立或联合进行，生成特征图（Feature Map），这些特征图为后续层次提供丰富的语义信息。

（2）激活函数层。卷积后的特征图通常经过非线性激活函数进行映射。常用的激活函数是 ReLU（Rectified Linear Unit），它将负值置为零，保留正值。这种非线性映射使得模型可以处理更复杂的非线性数据模式，从而提升表达能力。

（3）池化层（Pooling Layer）。池化层用于降低特征图的空间维度，减少计算量，同时保留重要的特征。常用的池化操作包括最大池化和平均池化。

（4）全连接层（Fully Connected Layer）。全连接层位于 CNN 的末端，负责将卷积层提取的高维特征压缩到固定的输出格式，例如分类任务中的类别概率分布。输入全连接层的特征通常是经过展平（Flatten）操作的特征图，通过全连接层，模型对特征进行加权组合，最终输出各类别的概率，常用的激活函数是 Softmax，用于计算每个类别的归一化概率。

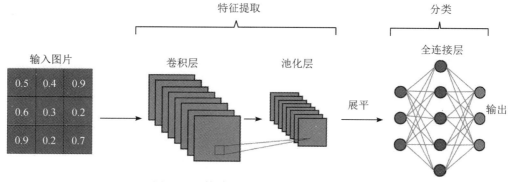

图 2.11　简单分类卷积神经网络的图示

接下来逐一对上述每个部分进行详细介绍。

2.4.3 卷积层

卷积层的工作原理类似于一个放大镜，卷积核在图像上滑动（卷积运算），从不同位置提取重要的局部信息（特征）。卷积运算、偏置项、填充（Padding）、步长（Stride）和感受野（Receptive Field）是卷积层的重要概念，它们决定了卷积操作的输出大小、特征捕捉范围和模型的表达能力。

1. 卷积运算

卷积运算是卷积层的基本操作。卷积运算的目标是让网络能够通过局部的特征提取，将空间关系编码到特征图中。下面详细说明卷积运算的过程。

假设有一张黑白图片（图像矩阵），它的大小是 3×3：$\begin{bmatrix} 1 & 2 & 3 \\ 4 & 5 & 6 \\ 7 & 8 & 9 \end{bmatrix}$。在卷积运算中，我们会使用一个小的卷积核（kernel）（也称为滤波器（filter））来处理矩阵，例如用一个 2×2 的卷积核 $\begin{bmatrix} 0 & 1 \\ 2 & 3 \end{bmatrix}$ 来处理上述矩阵。卷积运算的基本过程是：

（1）放置卷积核：将卷积核放置在图像的左上角。

（2）计算加权和：卷积核的每个元素与图像中对应位置的元素相乘，然后将这些乘积求和。假设卷积核对准图像矩阵左上角的 2×2 区域，我们计算得到第一个结果。

（3）滑动卷积核：将卷积核向右滑动一个步长，重复计算加权和，直到扫描完整个图像。

卷积计算的过程如图 2.6 所示。如图 2.6(a)所示，先将卷积核的左上角与输入数据的左上角（即输入数据的(0,0)位置）对齐，把卷积核的每个元素与输入数据中的对应位置的元素相乘，再把所有乘积相加，得到卷积输出的第一个结果：

$$0\times1+1\times2+2\times4+3\times5=25 \tag{2-18}$$

如图 2.12(b)所示，将卷积核向右滑动一个步长，让卷积核左上角与输入数据中的(0,1)位置对齐，同样将卷积核的每个元素与输入数据中对应位置的元素相乘，再把这 4 个乘积相加，得到卷积输出的第二个结果：

$$0\times2+1\times3+2\times5+3\times6=31 \tag{2-19}$$

如图 2.12(c)所示，将卷积核向下滑动一个步长，让卷积核左上角与输入数据中的(1,0)位置对齐，可以计算得到卷积输出的第三个结果：

$$0\times4+1\times5+2\times7+3\times8=43 \tag{2-20}$$

如图 2.12(d)所示，将卷积核向右滑动一个步长，让卷积核左上角与输入数据中的 (1,1)位置对齐，可以计算得到卷积输出的第四个结果：

$$0 \times 5 + 1 \times 6 + 2 \times 8 + 3 \times 9 = 49 \tag{2-21}$$

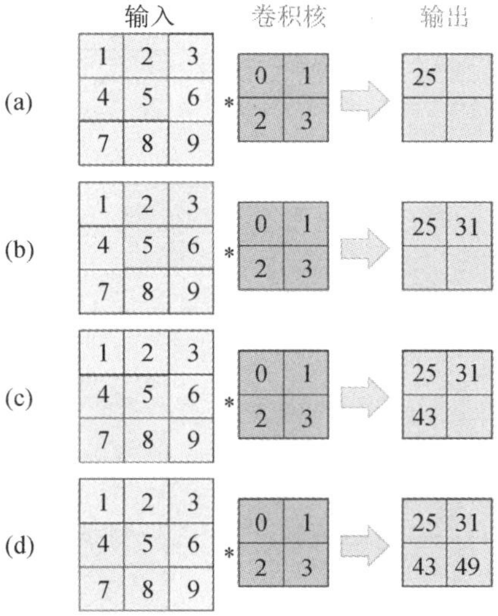

图 2.12　卷积计算过程

卷积运算最终会生成一个较小的输出矩阵(称为特征图)，如图 2.12 右侧所示，它总结了图像中的特定特征。在上述例子中，卷积核在图像上滑动，探测某些特征模式(如垂直边缘)，并将结果存储在特征图中。

卷积运算的公式可以写成

$$y(i,j) = \sum_{m} \sum_{n} x(i+m, j+n) \cdot w(m,n) \tag{2-22}$$

其中，$y(i,j)$是输出特征图的值，$x(i+m,j+n)$是输入图像的像素值，$w(m,n)$是卷积核的权重。$\sum_{m} \sum_{n}$ 表示对卷积核参数进行遍历并求和。

图 2.12 中卷积核大小是 2×2，则 m 和 n 分别可以取 0 和 1，也就是说：

$$\begin{aligned}
y[i,j] &= x[i+0, j+0] \cdot w[0,0] + a[i+0, j+1] \cdot w[0,1] + \\
&\quad a[i+1, j+0] \cdot w[1,0] + a[i+1, j+1] \cdot w[1,1]
\end{aligned} \tag{2-23}$$

卷积运算具备局部连接和参数共享两个特性，能够有效提取图像的空间特征。具体解释如下：

(1)**局部连接**。卷积核在图像上滑动时，每次仅关注一个小的局部区域，这种局部连接帮助模型关注到细节特征。

(2)**参数共享**。同一个卷积核在整个图像上重复使用，相同的卷积核参数被共享，不同位置的图像信息得到一致的处理。这大大减少了参数量，使得模型更易于训练，并降低了计算成本。

2. 偏置项(bias)

为了能够更好地拟合数据，在卷积神经网络中，一个卷积算子由卷积运算和偏置项相加组成。如图 2.13 所示，假设偏置为 2，则上面卷积计算的结果为

$$0\times1+1\times2+2\times4+3\times5+\mathbf{2}=27$$
$$0\times2+1\times3+2\times5+3\times6+\mathbf{2}=33$$
$$0\times4+1\times5+2\times7+3\times8+\mathbf{2}=45$$
$$0\times5+1\times6+2\times8+3\times9+\mathbf{2}=51$$

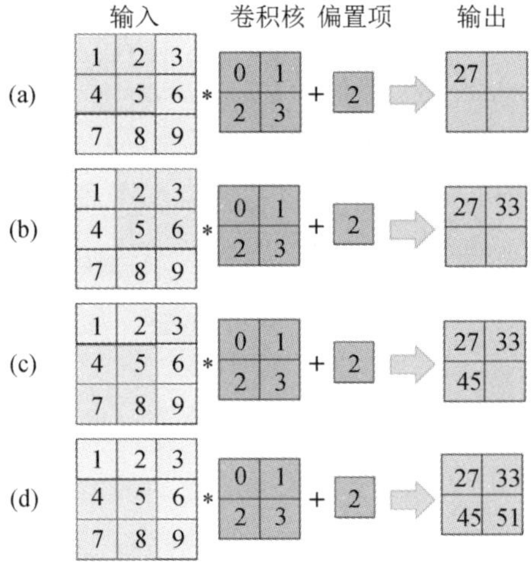

图 2.13 卷积与偏置处理过程

输入图像边缘位置的像素点通常无法进行卷积滤波，为了使边缘像素也参与卷积滤波，填充技术应运而生。填充是指在输入图像的边缘像素点周围填充"0"(即 0 填充)，使得输入图像的边缘像素也可以参与卷积计算。注意，在这种填充机制下，卷积后的图像分辨率将与卷积前图像分辨率一致，不存在下采样。

3. 填充(Padding)

填充是指在输入张量的边缘补充额外的值以控制卷积后的输出大小。填充技术具有以下三点优势：

(1) 避免尺寸缩减。每次卷积操作都会缩小输入的空间尺寸(宽、高)。例如，对于一个 2×2 的卷积核，输出的宽和高比输入的宽和高少 1。卷积输出特征图的尺寸计算方法如下：

$$H_{\text{out}}=H_{\text{in}}-k_{\text{h}}+1,\ W_{\text{out}}=W_{\text{in}}-k_{\text{w}}+1 \tag{2-24}$$

其中 H_{out} 和 W_{out} 分别为卷积操作输出特征的高和宽，H_{in} 和 W_{in} 分别为输入特征的高和宽，k_h 和 k_w 分别为卷积核的高和宽。

（2）保留边缘信息。如果不进行填充，边缘的像素点会参与较少的卷积运算，导致边缘信息被弱化甚至丢失。

（3）对齐输出尺寸。在某些网络结构中，需要控制输出的尺寸与输入相同，以方便后续操作（如残差网络中的跳跃连接）。

图 2.14 展示了常见的填充方式，从左到右依次为：

（1）零填充（Zero Padding）：在输入张量边缘补充全为 0 的值。零填充是最常用的填充方式。图 2.14(a) 展示了在边缘填充 0 的情况。

（2）镜像填充（Reflect Padding）：使用输入边缘的镜像值进行填充。图 2.14(b) 展示了使用镜像值进行填充的情况。

（3）常数填充（Constant Padding）：使用某个固定的常数值进行填充。图 2.14(c) 展示了使用常数 6 进行填充的情况。

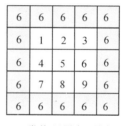

(a) 零填充　　　　　(b) 镜像填充　　　　　(c) 常数(设置为6)填充

图 2.14　不同的填充方式

填充模式分为两种：无填充（Valid Padding）和填充使输出大小与输入相同（Same Padding）。无填充即不对输入进行填充，卷积操作仅在输入的有效区域内进行。这种情况下，输出尺寸会减小。填充使输出大小与输入相同则会动态调整填充大小（p_h 和 p_w），通常情况会在高度或者宽度的两侧采取等量填充，使输出的宽和高等于输入的宽和高：

$$p_h = \frac{k_h - 1}{2}, \ p_w = \frac{w_h - 1}{2} \tag{2-25}$$

输出特征图的尺寸计算方法也发生了改变，变为

$$H_{out} = H_{in} + 2p_h - k_h + 1, \ W_{out} = W_{in} + 2p_w - k_w + 1 \tag{2-26}$$

为了便于填充，卷积核大小通常使用 1、3、5、7 这样的奇数。例如，当卷积核大小为 3 时，填充大小为 1，卷积之后图像尺寸不变；同理，如果卷积核大小为 5，填充大小为 2，也能保持图像尺寸不变。

4. 步长(Stride)

步长是指卷积核在输入张量上滑动的步幅,即每次移动的像素数量。步长决定了输出的空间分辨率(宽、高)。

当步长＝1时,卷积核每次移动1个像素,这是最基本的单步滑动,也是标准的卷积模式。当步长＝k时,卷积核每次移动k个像素。图2.15所示为步长为2的卷积过程,卷积核在图片上移动时,每次移动2个像素点,输出特征图的宽度和高度相对于输入特征图减半。

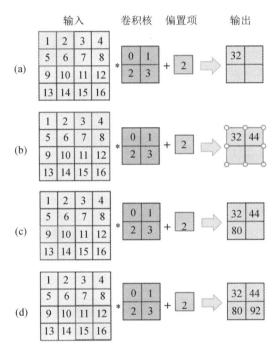

图2.15　步长为2的卷积过程

当高和宽方向的步长分别为s_h和s_w时,输出特征图尺寸的计算公式是

$$H_{out} = \left\lfloor \frac{H_{in} + 2p_h - k_h}{s_h} + 1 \right\rfloor, \quad W_{out} = \left\lfloor \frac{W_{in} + 2p_w - k_w}{s_w} + 1 \right\rfloor \quad (2-27)$$

5. 感受野(Receptive Field)

感受野是指卷积网络某一层的一个神经元对应到输入图像的区域大小。感受野反映了神经元能够捕捉到的输入信息范围。例如,3×3卷积核对应的感受野大小就是3×3,如图2.16所示。

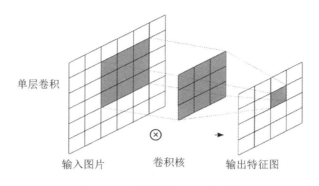

单层卷积

输入图片　　　　　卷积核　　　输出特征图

图 2.16　感受野为 3×3 的卷积

感受野越大，网络能够捕捉到的全局信息越多，有助于识别复杂的模式；感受野越小，网络更注重局部信息。感受野类似于人的视野范围：局部感受野像聚焦于物体的局部细节，全局感受野则像整体观察场景的全貌。

通过逐层叠加卷积，网络的感受野会逐渐扩大，从而实现对全局特征的提取。例如，通过两层 3×3 的卷积之后，感受野的大小将会增加到 5×5，如图 2.17 所示。

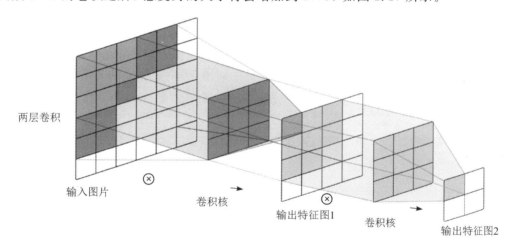

两层卷积

输入图片　　　　卷积核　　　　　输出特征图1　　卷积核　　　输出特征图2

图 2.17　感受野为 5×5 的卷积

在多层卷积中，感受野 r 随着网络的深度成倍扩大，具体计算公式为

$$r = r_{-1} + (k-1) \times s \tag{2-28}$$

其中，r_{-1} 表示前一层感受野大小，k 为卷积核大小，s 为步长。

6. 多输入通道、多输出通道和批量操作

前面介绍的卷积计算过程较为简单，但在实际应用中，特征通常更为复杂。例如，对于彩色图像（如 RGB 图像），输入数据通常具有多个通道（RGB 三个通道分别代表红、绿、蓝）。同时，输出的特征图往往也会有多个通道。此外，在深度学习中，通常会将一个批次的样本同时进行计算，因此卷积操作需要支持批量处理的能力，同时能够处理多输入通道和多输出通道的数据。

1) 多输入通道的场景

当输入包含多个通道时，卷积核个数也需要与输入通道数一致，以确保每个输入通道都能进行卷积计算。

假设输入图片有 C_{in} 个通道，则输入数据的形状为 $C_{in} \times H_{in} \times W_{in}$，其中 H_{in} 和 W_{in} 是输入的高度和宽度。需要为每个输入通道分别设计一个 $k_h \times k_w$ 的卷积核数组，整体卷积核的形状为 $C_{in} \times k_h \times k_w$，以适配所有输入通道。然后经过逐通道卷积和结果相加来生成最终的输出特征图。

（1）逐通道卷积：对于任意一个输入通道 $c \in [0, C_{in})$，使用一个大小为 $k_h \times k_w$ 的卷积核对该通道进行卷积运算。

（2）结果相加：将 C_{in} 个通道的卷积结果逐点相加，得到一个大小为 $H_{out} \times W_{out}$ 的二维数组，表示当前卷积核对应的输出特征图。

接下来以具体示例说明多通道的场景。请注意，该示例中步长设置为 1，不考虑偏置，并采用无填充。假设输入图片的通道数为 3，输入数据的形状是 $3 \times H_{in} \times W_{in}$，计算过程如图 2.18 所示。首先，为每个通道分别设计一个 2 维数组作为卷积核，卷积核数组的形状是 $3 \times k_h \times k_w$。然后，对任一通道 $c \in [0, 3)$，分别用大小为 $k_h \times k_w$ 的卷积核在大小为 $H_{in} \times W_{in}$ 的二维数组上进行卷积运算。最后，将这 3 个通道的计算结果相加，得到一个形状为 $H_{out} \times W_{out}$ 的二维数组。这种方法不仅支持多输入通道，还可以通过设置多个卷积核生成多输出通道的特征图。每个输出通道对应一组独立的 C_{in} 个卷积核，通过逐通道计算和累加得到最终的输出特征。

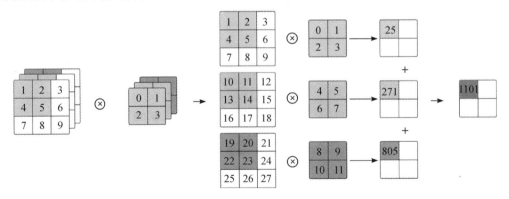

图 2.18　多输入通道计算过程

2）多输出通道的场景

在实际应用中，经过卷积处理的输出通道往往不是 1，这有助于提取输入图片的多种特征。通常，卷积操作的输出特征图会包含多个通道 C_{out}，每个通道对应一种特征类型。为了实现这一目标，需要设计 C_{out} 个卷积核，每个卷积核的维度为 $C_{in} \times k_h \times k_w$。整个卷积核数组的维度为 $C_{out} \times C_{in} \times k_h \times k_w$。卷积过程包括以下两个步骤：

（1）逐通道卷积。对于任意一个输出通道 $c_{out} \in [0, C_{out})$，使用形状为 $C_{in} \times k_h \times k_w$ 的卷积核对输入图片进行卷积运算。具体来说，每个输出通道对应 C_{in} 个单通道卷积核，这些卷积核分别作用于输入的每个通道，然后将结果累加，得到一个大小为 $H_{out} \times W_{out}$ 的二维特征图。

（2）拼接输出。计算完成后，将 C_{out} 个形状为 $H_{out} \times W_{out}$ 的二维特征图拼接在一起，形成一个大小为 $C_{out} \times H_{out} \times W_{out}$ 的三维特征图。

图 2.19 所示为一个简单的实例，说明多输出通道的情况。请注意，该示例中步长设置为 1，不考虑偏置，并采用无填充。假设输入图片有 3 个通道（例如 RGB 图片），我们希望提取 2 种类型的特征 $3 \times k_h \times k_w$。因此，设计 2 个卷积核，每个卷积核的维度为 $3 \times 3 \times k_h \times k_w$。整个卷积核数组的维度为 $2 \times 3 \times k_h \times k_w$（即 2 个输出通道，每个输出通道有 3 个输入通道的卷积核）。图 2.19 中红绿蓝代表第 1 个卷积核的 3 个输入通道；浅红浅绿浅蓝代表第 2 个卷积核的 3 个输入通道。然后对每个输出通道 c_{out} 分别进行卷积操作，每个 c_{out} 生成一个大小为 $H_{out} \times W_{out}$ 的二维特征图。最终，将 2 个大小为 $H_{out} \times W_{out}$ 的二维特征图拼接在一起，形成一个三维特征图，维度为 $2 \times H_{out} \times W_{out}$。

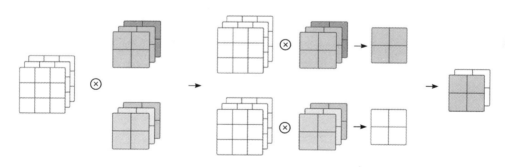

图 2.19　多输出通道计算过程

3）批量操作

在卷积神经网络中，通常将多个样本组合在一起，形成一个 mini-batch 以进行批量计算。输入数据的维度为 $N \times C_{in} \times H_{in} \times W_{in}$，其中 N 表示批量大小（即样本的数量）。C_{in} 表示输入通道数（例如彩色图片有 3 个通道：RGB）。H_{in} 和 W_{in} 分别对应输入图片的高度和宽度。

假设输出通道定义为 C_{out}，则对于每个样本，卷积操作会使用同样的一组卷积核。卷积核的维度为 $C_{out} \times C_{in} \times k_h \times k_w$，其中 k_h 和 k_w 分别表示卷积核的高度和宽度。卷积操作后，输出特征图的维度为 $N \times C_{out} \times H_{out} \times W_{out}$，其中 H_{out} 和 W_{out} 分别是卷积后特征图的高度和宽度。

接下来是一个简单的应用示例。请注意，该示例中步长设置为1，不考虑偏置，并采用无填充。如图 2.20 所示，假设我们输入的 mini-batch 数据的维度是 $2 \times 3 \times H_{in} \times W_{in}$，表示批量大小为2，每个样本有3个通道(RGB图像)。卷积核的维度为 $2 \times 3 \times k_h \times k_w$，与多输出通道的场景相同，其中 $C_{in} = 3$ 表示输入有3个通道，$C_{out} = 2$ 表示希望生成2个输出通道。经过卷积运算后，输出特征图的维度为 $2 \times 2 \times H_{out} \times W_{out}$，表示有2张样本，每张样本有2个输出通道，特征图大小为 $H_{out} \times W_{out}$。

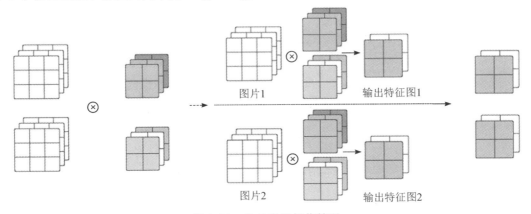

图 2.20　批量卷积操作情况

卷积神经网络(CNN)的这种分层特征提取能力，使得它在处理视觉任务时极具优势。CNN 已经在多个领域取得了突破性进展，如图像分类、物体检测、面部识别和医学图像分析等。这种多层的网络结构使得 CNN 可以从图像中自动学习不同层次的特征(边缘、纹理、复杂图形等)，并逐层汇总，最终实现精确的图像识别和分类。

7. 应用案例

接下来提供一段简单的 Python 代码，用于说明神经网络卷积操作的实际应用。

示例：使用 Conv2D 算子完成一个图像边界检测的任务。图像左边为光亮部分，右边为黑暗部分，需要检测出光亮与黑暗的分界处。

代码示例如下：

```
import torch
import torch.nn as nn
import matplotlib.pyplot as plt
```

```
# 定义一个简单的黑白图像,左边亮(值高),右边暗(值低)
image = torch.tensor([[255,255,255,0,0],
                       [255,255,255,0,0],
                       [255,255,255,0,0],
                       [255,255,255,0,0],
                       [255,255,255,0,0]], dtype=torch.float32)


# 调整图像为适合 PyTorch Conv2D 的 4D 张量 (N,C,H,W)
image = image.unsqueeze(0).unsqueeze(0)    # 变为(1,1,H,W)
# 定义卷积层,卷积核大小为 1×1×3,用于检测水平边界
conv = nn.Conv2d(in_channels=1, out_channels=1, kernel_size=(1,3), stride=1, padding=(0,1),
bias=False)
# 设置卷积核权重为[1,0,-1]
conv.weight.data = torch.tensor([[[[1,0,-1]]]], dtype=torch.float32)
# 执行卷积操作
output = conv(image)
# 可视化输入和输出
plt.figure(figsize=(10,5))
# 输入图像
plt.subplot(1,2,1)
plt.title("Input Image")
plt.imshow(image.squeeze().numpy(), cmap='gray')
plt.axis("off")


# 输出图像(边界检测结果)
plt.subplot(1,2,2)
plt.title("Edge Detection Output")
plt.imshow(output.squeeze().detach().numpy(), cmap='gray')
plt.axis("off")


plt.show()
```

在该代码中,输入为一个简单的 5×5 黑白图像,左侧像素值为 255(光亮部分),右侧像素值为 0(黑暗部分)。通过 unsqueeze 操作将二维张量调整为 PyTorch 的 4D 格式 (1, 1, 5, 5)。

nn.Conv2d 为通常使用的二维卷积层。其原型如下:

```
nn.Conv2d(in_channels, out_channels, kernel_size, stride=1, padding=0, bias=True)
```

其中，in_channels 代表输入通道，out_channels 代表输出通道，kernel_size 为卷积核大小，通常情况下并不需要输入具体的卷积核数值，该函数会随机产生卷积核数值。stride 代表步长，padding 代表填充，bias 代表偏置。

在本例中，输入的通道数为 1，表示输入为单通道图像，输出的通道数为 1，表示输出结果为单通道特征图。卷积核的大小 1×3，表示卷积核的高度为 1，宽度为 3，这种形状的卷积核专注于捕捉宽度方向（水平）的变化信息。步长设置为 1，padding＝(0，1)表示在输入图像的边缘添加额外像素。具体来说，高度方向不填充(0)，宽度方向左右各填充 1 列像素。同时，不使用偏置项，仅使用卷积核进行计算。

2.4.4　非线性激活函数

激活函数是一种添加到人工神经网络中的函数，即在神经元网络中加入非线性操作，这样神经元就可以处理非线性问题了。因为卷积操作本身是线性的，但输入图像的信息往往不是线性可分的，所以通过激活函数来进行非线性操作，能够更好地映射特征去除数据中的冗余，以增强卷积神经网络的表达能力，帮助网络学习数据中的复杂模式。卷积神经网络中常用的激活函数有 Sigmoid 激活函数、Tanh 激活函数和 ReLU 激活函数等。激活函数是神经网络中的关键组件，它决定了每个神经元的输出形态，将输入数据转换为神经元的输出信号。不同的激活函数适用于不同类型的任务和模型。为了更通俗易懂地介绍常见的十种激活函数，下面将逐一介绍它们的特点、用途和工作原理。

1. Sigmoid 激活函数

Sigmoid 将输入值压缩到 0 到 1 之间，输出是一条平滑的 S 形曲线。图 2.21 所示为 Sigmoid 激活函数的曲线。Sigmoid 激活函数的表达如下：

$$f(x) = \frac{1}{1 + e^{-s}} \tag{2-29}$$

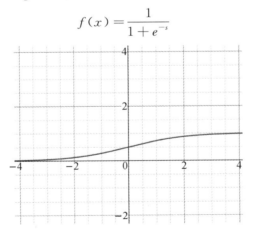

图 2.21　Sigmoid 激活函数

Sigmoid 激活函数的优点在于特别适合处理概率输出，例如二分类问题中输出为 0 或 1 的场景。缺点在于它可能导致梯度消失问题。当输入值接近极值（接近 0 或 1）时，梯度变得非常小，导致反向传播的学习速度变慢。可以将其想象为一个调节器，当输入信号太小（接近 0）时输出会趋于 0；当输入信号太大时输出趋于 1。

2. Tanh（双曲正切）激活函数

Tanh 函数将输入值映射到 -1 到 1 之间，其曲线形状与 Sigmoid 相似，但对称于原点。图 2.22 所示为 Tanh 激活函数的曲线图。Tanh 激活函数的表达式如下：

$$f(x) = \frac{2}{1 + e^{-2s}} - 1 \tag{2-30}$$

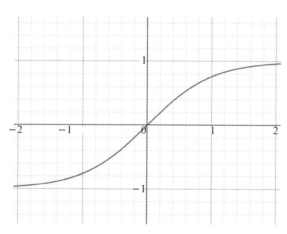

图 2.22　Tanh 激活函数的曲线图

Tanh 激活函数比 Sigmoid 更适合处理零中心化的数据，因为输出值既可以是正的也可以是负的。但它同样会遇到梯度消失问题。Tanh 激活函数像一个更平衡的调节器，输入信号可以有正值和负值。当输入信号为正值且较大时，输出接近 1；当输入信号为负值且较小时，输出接近 -1。

3. ReLU（Rectified Linear Unit）激活函数

ReLU 是最常用的激活函数之一。它的定义非常简单，当输入大于 0 时，输出为输入值本身；当输入小于 0 时，输出为 0。图 2.23 所示为 ReLU 激活函数的曲线图，其表达式如下：

$$f(s) = \max(0, s) \tag{2-31}$$

ReLU 激活函数计算简单且高效，避免了梯度消失问题，适用于大多数深度神经网络。

然而，ReLU 可能会出现神经元死亡问题，即在训练过程中某些神经元永远输出 0，无法恢复。就像一个单向开关，输入信号如果小于 0，输出关闭（为 0）；如果输入信号大于 0，输出信号原样传递。

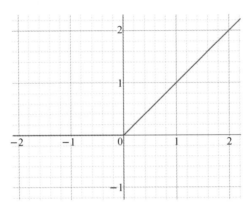

图 2.23　ReLU 激活函数的曲线图

4. Leaky ReLU 激活函数

Leaky ReLU 是 ReLU 的改进版本。当输入小于 0 时，它不会完全输出 0，而是输出一个非常小的负数，其值通常是输入值的 1%（0.01 倍）。图 2.24 所示为 Leaky ReLU 激活函数的曲线图，其表达式为

$$f(x) = \begin{cases} x, & s > 0 \\ \alpha x, & s \leqslant 0 \end{cases} \tag{2-32}$$

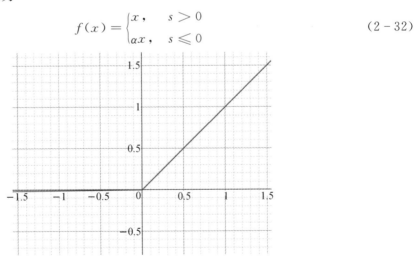

图 2.24　Leaky ReLU 激活函数的曲线图

Leaky ReLU 激活函数可以减轻神经元死亡问题,让小于 0 的输入也能产生一些输出。然而,Leaky ReLU 仍然可能在某些情况下遇到学习速度较慢的问题。类似于一个有小故障的开关,虽然输入信号很小,输出仍有微弱的信号(不是完全关闭)。

5. Softmax 激活函数

Softmax 激活函数常用于神经网络的最后一层,特别是在多分类问题中。它将输出值转换为一组概率,这些概率的总和为 1。其表达式为

$$f(s_i) = \frac{e^{s_i}}{\sum_{j=1}^{n} e^{s_j}} \tag{2-33}$$

其中,s_i 是输入向量的第 i 个元素,通常是神经网络的输出;n 表示类别个数。

Softmax 非常适合用于分类任务,能够明确表示每个类别的概率。但它只适用于单一输出层,计算稍复杂。Softmax 类似于一个评分系统,根据输入值的相对大小分配概率,并将输出归一化成 0 到 1 之间的数值,并确保输出值的总和为 1。

2.4.5　池化

池化(Pooling)层的主要作用是对特征图进行下采样,主要目的是在降低数据维度的同时,保持原有的特征。在数据减少后,能够有效地减少神经网络的计算量,防止参数过多导致过拟合。池化层通常连接在卷积层之后,因为在卷积层之后会得到维度很高的特征。池化层会将特征划分成几个区域,取其最大值或平均值,得到新的、维度较低的特征。

池化操作首先需要定义一个池化窗口,其大小为 $k_h \times k_w$。然后,将这个窗口在输入特征图(大小为 $H_{in} \times W_{in}$)上进行滑动,与卷积操作滑动窗口类似。接着,设置高和宽方向的步长分别为 s_h 和 s_w,填充大小为 p_h 和 p_w,则输出特征图的高度 H_{out} 和宽度 W_{out} 的计算公式是

$$H_{out} = \left\lfloor \frac{H_{in} + 2p_h - k_h}{s_h} + 1 \right\rfloor, \qquad W_{out} = \left\lfloor \frac{W_{in} + 2p_w - k_w}{s_w} + 1 \right\rfloor \tag{2-34}$$

池化操作的作用包括:① 降维:通过缩小特征图的宽度和高度,减少数据量,从而减轻计算负担;② 增强特征鲁棒性:提取更抽象的特征,减少对细微噪声和位移的敏感性;③ 防止过拟合:降低网络的参数量,减少过拟合的风险。

常用的池化操作包括最大池化(Max Pooling)、平均池化(Average Pool)、全局池化(Global Pooling)、随机池化(Stochastic Pooling)和 K-max 池化(K-max Pooling)。每种池化操作的特点和适用场景如表 2.4 所示。接下来对每个池化操作进行介绍。

表 2.4 不同池化操作的特点和适用场景

池化类型	特 点	适 用 场 景
最大池化	只选择每个池化窗口内的最大值	提取显著特征，降维，用于图像和序列处理
平均池化	计算池化窗口内所有值的平均值	平滑特征，用于背景特征保留
全局池化	对整个输入取最大值或平均值	最后一层特征归纳，如分类任务
K-max 池化	选择前 K 个最大值，保留更多显著信息和位置信息	适用于自然语言输入特征提取，如文本和句子建模

1. 最大池化(Max Pooling)

最大池化在池化窗口中选择最大值作为输出。它将局部区域中最显著的特征保留，忽略较小的数值。最大池化强调显著特征(如边缘、亮点)，增加特征的鲁棒性，减少对噪声的敏感性。

最大池化操作首先定义一个固定大小的窗口，然后利用这个窗口对输入特征图进行划分。在每个窗口内，找到最大值，将其作为该区域的输出值。图 2.25 为最大池化的例子。这里使用大小为 2×2 的池化窗口，每次移动的步长为 2，不加以填充。对于池化窗口覆盖的区域，取其中的最大值作为输出特征图的相应像素值。在卷积神经网络中，用得比较多的是窗口大小为 2×2，步长为 2 的池化操作。

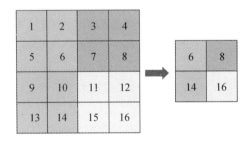

图 2.25 最大池化的示例

在代码实践中，最大池化通常利用 nn.MaxPool2d(kernel_size, stride)来实现，其中 kernel_size 代表窗口大小，stride 代表步长。下面为最大池化的示例代码：

```
import torch
import torch.nn as nn

#输入数据 (1, 1, 4, 4):批量大小为 1,通道数为 1,高度和宽度均为 4
```

```
input_tensor=torch.tensor([[[[1,3,2,1],
                            [4,6,5,3],
                            [7,8,9,6],
                            [5,2,1,4]]]],dtype=torch.float32)

#最大池化层(窗口大小 2×2,步幅为 2)
max_pool=nn.MaxPool2d(kernel_size=2,stride=2)

#应用最大池化
output_max=max_pool(input_tensor)

print("Max Pooling Output:")
print(output_max)
```

2. 平均池化(Average Pool)

平均池化在池化窗口中计算所有值的平均值。它保留了局部区域的整体信息，而不是强调最大值。平均池化会得到更平滑的特征表示，不会过度强调局部极端值。

在平均池化中，输入特征图被划分为固定大小的窗口。在每个窗口内，计算所有值的平均值，将其作为该区域的输出值。图 2.26 所示为平均池化的例子。这里使用大小为 2×2 的池化窗口，每次移动的步长为 2，不加以填充，对池化窗口覆盖的区域，取其中所有值的平均值作为输出特征图的相应像素值。

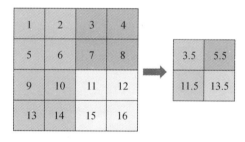

图 2.26　平均池化的示例

在代码实践中，平均池化通常利用 nn.AvgPool2(kernel_size,stride)来实现，其中 kernel_size 代表窗口大小，stride 代表步长。下面为平均池化的示例代码：

```
import torch
import torch.nn as nn

#输入数据 (1,1,4,4):批量大小为 1,通道数为 1,高度和宽度均为 4
```

```
input_tensor=torch.tensor([[[[1,3,2,1],
                             [4,6,5,3],
                             [7,8,9,6],
                             [5,2,1,4]]]],dtype=torch.float32)

# 平均池化层（窗口大小 2×2，步幅为 2）
avg_pool=nn.AvgPool2d(kernel_size=2,stride=2)

# 应用平均池化
output_avg=avg_pool(input_tensor)

print("Average Pooling Output: ")
print(output_avg)
```

3. 全局池化(Global Pooling)

全局池化是特定形式的池化，作用于整个特征图，将其缩减为一个值。全局池化具有两种常见形式：全局最大池化和全局平均池化。在全局最大池化中，取整个特征图的最大值作为输出。在全局平均池化中，计算整个特征图所有值的平均值作为输出。全局池化可以替代全连接层，可以减少参数量。

图 2.27 所示为全局最大池化和全局平均池化的例子，对于输入特征图，全局最大池化的结果为 16，全局平均池化的结果为 8.5。

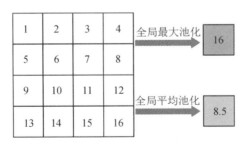

图 2.27　全局最大池化和全局平均池化的示例

在代码实践中，全局最大池化通常利用 nn.AdaptiveMaxPool2d(kernel_size, stride)来实现，其中 kernel_size 代表窗口大小，stride 代表步长。下面为全局最大池化的示例代码：

```
import torch
import torch.nn as nn
```

```
# 输入数据 (1,1,4,4):批量大小为 1,通道数为 1,高度和宽度均为 4
input_tensor = torch.tensor([[[[1,3,2,1],
                               [4,6,5,3],
                               [7,8,9,6],
                               [5,2,1,4]]]], dtype = torch.float32)


# 全局最大池化 (将特征图变为 1×1)
global_max_pool = nn.AdaptiveMaxPool2d((1,1))

# 应用全局最大池化
output_global_max = global_max_pool(input_tensor)

print("Global Max Pooling Output: ")
print(output_global_max)
```

在代码实践中,全局平均池化通常利用 nn.AdaptiveAvgPool2d (kernel_size,stride) 来实现,其中 kernel_size 代表窗口大小,stride 代表步长。下面为全局平均池化的示例代码:

```
import torch
import torch.nn as nn

# 输入数据(1,1,4,4):批量大小为 1,通道数为 1,高度和宽度均为 4
input_tensor = torch.tensor([[[[1,3,2,1],
                               [4,6,5,3],
                               [7,8,9,6],
                               [5,2,1,4]]]], dtype = torch.float32)


# 全局平均池化(将特征图变为 1×1)
global_avg_pool = nn.AdaptiveAvgPool2d((1,1))

# 应用全局平均池化
output_global_avg = global_avg_pool(input_tensor)

print("Global Average Pooling Output: ")
print(output_global_avg)
```

2.4.6　全连接层

全连接层(Fully Connected Layer,FC 层)是神经网络中的重要组成部分,通常用于连接神经网络的最后几层。全连接层是一种线性变换层,其本质是将输入特征与神经元完全连接,即每个输入节点与每个输出节点都有一个连接权重,完成特征的重新组合。

假设输入特征为 $x \in \mathbb{R}^n$,即有 n 个输入节点。输出特征为 $y \in \mathbb{R}^m$,即有 m 个输出节点。权重矩阵为 $W \in \mathbb{R}^{m \times n}$,每个元素 W_{ij} 表示输入节点 i 与输出节点 j 的连接权重。偏置为 $b \in \mathbb{R}^m$,每个输出节点都有一个偏置值。全连接层的计算公式为

$$y = W \cdot x + b \tag{2-35}$$

对于输入向量 $x \in \mathbb{R}^n$,每个输出节点 $y_j \in y$ 计算所有输入的加权和,即

$$y_j = \sum_{i=1}^{n} W_{ji} \cdot x_i + b_j, \quad j = 1, 2, \cdots, m \tag{2-36}$$

全连接层通过线性变换将输入特征重新组合,为下一层网络提供新的特征表示。在分类任务中,全连接层常用于将特征映射到类别概率,例如通过 Softmax 激活函数输出分类结果。与卷积层不同,全连接层整合了输入的全局信息。然而,对于高维输入,全连接层的参数量非常大,具体为 $n \times m$,增加了计算复杂度。此外全连接层不利用数据的空间结构(如图像的局部关系),因此在图像任务中通常结合卷积层使用。

总体而言,全连接层是神经网络中对特征进行线性变换的重要模块,通常用于任务的最后阶段。它的主要优点是灵活性和强大的表达能力,但需要控制参数量以避免过拟合。在实际应用中,全连接层常与卷积层、池化层等结合使用,以兼顾特征提取和全局信息整合。

2.4.7　归一化层

在深度学习中,归一化层(Normalization Layer)是一种常用的层,用于调整网络中数据的分布,解决梯度消失或爆炸问题,并加速训练过程。

为什么需要归一化? 在神经网络中,每一层的输入数据分布可能会随着训练动态变化,这种现象称为内部协变量偏移(Internal Covariate Shift)。它可能导致以下问题:

(1) 训练不稳定。数据分布的变化会影响每一层参数的更新,使训练过程变得困难。

(2) 梯度消失或爆炸。数据分布不当可能导致激活函数(如 Sigmoid)进入饱和区,从而使梯度变得极小或极大。

归一化层的作用:加速收敛,将数据标准化为较好的分布,使训练更高效;减轻超参数调节难度,使模型对学习率等超参数的选择不再那么敏感;防止过拟合,即某些归一化层(如批归一化)具有轻微的正则化效果。

表 2.5 所示为常见归一化层的特性总结。接下来对前两种方法进行详细介绍。

表 2.5　常见归一化层类型的对比

方　　法	归一化范围	依赖批次大小	应用场景
批归一化	当前批次的每个通道	是	通用深度学习任务
层归一化	当前样本的所有特征	否	NLP 和序列任务
实例归一化	当前样本的每个通道	否	图像生成任务
群归一化	当前样本的每组通道	否	小批量任务或检测、分割任务
局部响应归一化	局部邻域	否	AlexNet 等早期卷积网络

1. 批归一化（Batch Normalization，BN）

批归一化是最常用的归一化方法，作用于每个小批量数据。核心思想为对每个 mini-batch 的激活值按通道计算均值和标准差，将其标准化。对于输入特征 x，批归一化后得到 y 的计算过程为

$$\hat{x} = \frac{x - \mu_{\text{batch}}}{\sqrt{\sigma_{\text{batch}}^2 + \epsilon}} \tag{2-37}$$

$$y = \gamma \hat{x} + \beta \tag{2-38}$$

其中，μ_{batch} 为当前 batch 的均值，σ_{batch}^2 为当前 batch 的方差，γ 和 β 为可学习的缩放和偏移参数，ϵ 为防止除零的值。

批归一化可以加速收敛，可以减轻梯度消失或爆炸问题，并具有轻微的正则化效果。然而，批归一化对 batch size 较小的任务效果较差。此外，训练时需要统计每个 batch 的均值和方差，推理时使用全局统计量。

归一化一般在卷积操作之后，在 Pytorch 框架中，通过以下方式调用批归一化：

```python
import torch.nn as nn

bn = nn.BatchNorm2d(num_features=16)    # 对 16 个通道进行批归一化

```

2. 层归一化（Layer Normalization，LN）

层归一化作用于每个样本 x 的所有特征，而不是整个 batch，归一化后得到 y 的计算过程为

$$\hat{x} = \frac{x - \mu_{\text{layer}}}{\sqrt{\sigma_{\text{layer}}^2 + \epsilon}} \tag{2-39}$$

$$y = \gamma \hat{x} + \beta \tag{2-40}$$

其中，μ_{layer} 为当前样本 x 所有特征的均值，σ^2_{layer} 为当前样本 x 所有特征的方差。

层归一化不依赖 batch size，适合小批量或单样本训练任务，在序列任务（如自然语言处理）中表现良好。在 Pytorch 框架中，通过以下方式调用层归一化：

```python
import torch.nn as nn

bn = nn.LayerNorm(normalized_shape=[10])   #输入特征维度为10进行层归一化

```

2.4.8　前向传播与神经网络初始化

前向传播（Forward Propagation）是神经网络中输入数据通过各层计算并产生输出的过程，而网络初始化是指为神经网络的权重和偏置分配初始值的过程，以确保训练的有效性和收敛性。

1. 前向传播

前向传播是神经网络的核心计算过程之一，是指输入数据依次通过神经网络的每一层，经过一系列运算（如线性变换、非线性激活、卷积等），逐步生成网络的输出。神经网络的每层都由权重来连接。权重是连接神经网络中不同层之间的参数。在每一层中，输入与权重相乘并相加后形成线性变换结果。权重可以类比为一套调节输入信号强弱的"开关"，一个权重较大的连接表示输入对输出的影响更大，而一个权重较小甚至为零的连接表示输入对输出几乎没有影响。

假设有一个简单的神经网络，包含全连接层和一个激活函数，如图 2.28 所示。在该网络中，输入为一个 3 维向量 $x \in \mathbb{R}^3$。

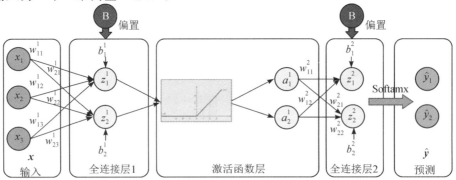

图 2.28　前向传播示例

接下来对输入在该网络中的网络参数进行详细描述。

首先，对于该网络而言，第一个全连接层的权重矩阵为 $W_1 \in \mathbb{R}^{2 \times 3}$，是一个 2×3 的矩阵，表示有 2 个输出节点（全连接层的神经元），每个输出节点与 3 个输入节点（特征）相连。$W_1 \in \mathbb{R}^{2 \times 3}$ 可以表示为

$$W_1 = \begin{bmatrix} w_{11}^1 & w_{12}^1 & w_{13}^1 \\ w_{21}^1 & w_{22}^1 & w_{23}^1 \end{bmatrix} \tag{2-41}$$

其中 w_{ij} 表示第 i 个输出神经元与第 j 个输入神经元之间的权重。例如，w_{11} 表示输入层第一个神经元与全连接层第一个神经元相关的权重。

全连接层的偏置向量 $b_1 \in \mathbb{R}^2$ 为长度为 2 的列向量，用于为每个输出节点添加独立的偏置。$b_1 \in \mathbb{R}^2$ 可以表示为

$$b_1 = \begin{bmatrix} b_1^1 \\ b_2^1 \end{bmatrix} \tag{2-42}$$

第二个全连接层的权重矩阵 $W_2 \in \mathbb{R}^{2 \times 2}$ 是一个 2×2 的矩阵，表示有 2 个输出节点，每个输出节点与 2 个输入节点相连。$W_2 \in \mathbb{R}^{2 \times 2}$ 可以表示为

$$W_2 = \begin{bmatrix} w_{11}^2 & w_{12}^2 \\ w_{21}^2 & w_{22}^2 \end{bmatrix} \tag{2-43}$$

偏置向量 $b_2 \in \mathbb{R}^2$ 是长度为 2 的列向量。$b_2 \in \mathbb{R}^2$ 可以表示为

$$b_2 = \begin{bmatrix} b_1^2 \\ b_2^2 \end{bmatrix} \tag{2-44}$$

接下来通过一个简单的案例来说明网络的前向传播过程。假设输入 $x=[1, 0.5, -0.5]$（3 维向量），对应的真实标签为两类（$t=[1, 0]$），其中 1 代表输出为 1，0 代表不是 1。第一层全连接层的权重矩阵为 $W_1 = \begin{bmatrix} 0.2 & -0.1 & 0.4 \\ -0.3 & 0.8 & 0.1 \end{bmatrix}$，偏置为 $b_1 = \begin{bmatrix} 0.1 \\ -0.2 \end{bmatrix}$，激活函数为 ReLU。第二层全连接层的权重矩阵为 $W_2 = \begin{bmatrix} 0.5 & -0.3 \\ 0.2 & 0.7 \end{bmatrix}$，偏置为 $b_2 = \begin{bmatrix} 0.1 \\ -0.1 \end{bmatrix}$，最后利用 Softmax 激活函数进行分类。接下来逐层进行计算。

（1）第一层全连接层的线性变换可以表示为 $z_1 = W_1 \cdot x + b_1$ 计算过程如下：

$$\begin{aligned} z_1 &= \begin{bmatrix} 0.2 & -0.1 & 0.4 \\ -0.3 & 0.8 & 0.1 \end{bmatrix} \cdot \begin{bmatrix} 1 \\ 0.5 \\ -0.5 \end{bmatrix} + \begin{bmatrix} 0.1 \\ -0.2 \end{bmatrix} \\ &= \begin{bmatrix} 0.2 \cdot 1 + (-0.1) \cdot 0.5 + 0.4 \cdot (-0.5) \\ -0.3 \cdot 1 + 0.8 \cdot 0.5 + 0.1 \cdot (-0.5) \end{bmatrix} + \begin{bmatrix} 0.1 \\ -0.2 \end{bmatrix} \\ &= \begin{bmatrix} 0.05 \\ 0.15 \end{bmatrix} \end{aligned} \tag{2-45}$$

（2）通过 ReLU 激活函数 $a_1 = \mathrm{ReLU}(z_1)$ 进行非线性激活：

$$a_1 = \mathrm{ReLU}(z_1) = \begin{bmatrix} \max(0,\ 0.05) \\ \max(0,\ 0.15) \end{bmatrix} = \begin{bmatrix} 0.05 \\ 0 \end{bmatrix} \tag{2-46}$$

（3）第二层全连接层的线性变换可以表示为 $z_2 = W_2 \cdot a_1 + b_2$，计算过程如下：

$$
\begin{aligned}
z_2 &= W_2 \cdot a_1 + b_2 \\
&= \begin{bmatrix} 0.5 & -0.3 \\ 0.2 & 0.7 \end{bmatrix} \cdot \begin{bmatrix} 0.05 \\ 0 \end{bmatrix} + \begin{bmatrix} 0.1 \\ -0.1 \end{bmatrix} \\
&= \begin{bmatrix} 0.5 \cdot 0.05 + (-0.3) \cdot 0 \\ 0.2 \cdot 0.05 + 0.7 \cdot 0 \end{bmatrix} + \begin{bmatrix} 0.1 \\ -0.1 \end{bmatrix} \\
&= \begin{bmatrix} 0.125 \\ -0.09 \end{bmatrix}
\end{aligned}
\tag{2-47}
$$

（4）通过 Softmax 函数对 z_2 进行处理得到 y 输出为

$$e^{z_2} = \begin{bmatrix} e^{0.125} \\ e^{-0.09} \end{bmatrix} \approx \begin{bmatrix} 1.1331 \\ 0.9139 \end{bmatrix} \tag{2-48}$$

$$\hat{y} = \begin{bmatrix} \dfrac{1.1331}{1.1331 + 0.9139} \\ \dfrac{0.9139}{1.1331 + 0.9139} \end{bmatrix} \approx \begin{bmatrix} 0.5535 \\ 0.4465 \end{bmatrix} \tag{2-49}$$

下面是该示例的代码。通常情况下我们在 PyTorch 框架中定义一个 class 来构造网络。在该代码中，上述网络被定义为 SimpleNN。其中 __init__ 用于初始化网络的组件，包括全连接层 nn. Linear。forward 里则实现了对输入 x 的前向传播过程。

```python
import torch
import torch. nn as nn
import torch. nn. functional as F

#定义网络结构
class SimpleNN(nn. Module):
    def __init__(self):
        super(SimpleNN, self). __init__()
        self. fc1 = nn. Linear(3,5)    #第一层全连接:3 维输入—>5 维输出
        self. fc2 = nn. Linear(5,2)    #第二层全连接:5 维输入—>2 维输出
    def forward(self, x):
        x = F. relu(self. fc1(x))      #第一层计算＋ReLU 激活
```

```
        x=self.fc2(x)              # 第二层计算
        x=F.softmax(x, dim=1)  # Softmax 输出概率
        return x


# 初始化网络
model=SimpleNN( )


# 示例输入
input_tensor=torch.tensor([[1.0, 0.5, −0.5]])


# 前向传播
output=model(input_tensor)


print("Input Tensor: ", input_tensor)
print("Output Probabilities: ", output)
```

2. 神经网络初始化

1) 初始化的定义与重要性

神经网络初始化是训练神经网络时的关键步骤。合适的初始化方法可以加速收敛并提高模型性能,而不当的初始化可能导致训练不稳定甚至失败。

什么是神经网络初始化? 在神经网络中,权重 W 和偏置 b 是需要学习的参数。初始化就是在训练开始之前,为这些参数赋予初始值。

为什么初始化重要?

(1) 避免梯度消失或爆炸。如果初始化值过大或过小,梯度可能在传播中逐渐变成 0(梯度消失)或无限大(梯度爆炸),导致训练失败。

(2) 促进收敛。良好的初始化可以使模型更快地找到损失函数的最小值。

(3) 保持对称性破除。如果所有参数初始化相同(如全为 0),神经元将学习相同的特征,无法捕获复杂的模式。

2) 常见的权重初始化方法

常见的权重 W 初始化方法包括以下几种:

(1) 随机初始化。随机初始化通过随机分布(均匀分布、正态分布)初始化参数,使每个权重不同,从而避免对称性问题。均匀分布初始化可表示为

$$W \sim \text{Uniform}(-a, a) \tag{2-50}$$

其中 a 是超参数,通常与网络的层数或神经元数量相关。

正态分布初始化则表示权重从一个正态分布中采样：

$$W \sim \mathcal{N}(\mu, \sigma^2) \tag{2-51}$$

通常设置均值 $\mu=0$，方差 σ^2 与层大小相关。

（2）Xavier 初始化。Xavier 初始化由 Xavier Glorot 提出，适用于 Sigmoid 或 Tanh 激活函数的神经网络。

Xavier 初始化的核心思想是使得输入与输出的方差保持一致，从而避免梯度消失或爆炸。对于每个神经元：

$$W \sim \text{Uniform}\left(-\sqrt{\frac{6}{n_{\text{in}}+n_{\text{out}}}}, \sqrt{\frac{6}{n_{\text{in}}+n_{\text{out}}}}\right) \text{ 或 } W \sim \mathcal{N}\left(0, \frac{2}{n_{\text{in}}+n_{\text{out}}}\right) \tag{2-52}$$

其中，n_{in} 表示当前层的输入神经元数，n_{out} 表示当前层的输出神经元数。

（3）Kaiming 初始化。Kaiming 初始化由何凯明等人提出，适用于 ReLU 及其变种激活函数（如 Leaky ReLU）的网络。其核心思想是考虑到 ReLU 的非对称性，权重的方差应与输入神经元数量相关。计算方法为

$$W \sim \mathcal{N}\left(0, \frac{2}{n_{\text{in}}}\right) \text{ 或 } W \sim \text{Uniform}\left(-\sqrt{\frac{6}{n_{\text{in}}}}, \sqrt{\frac{6}{n_{\text{in}}}}\right) \tag{2-53}$$

Kaiming 初始化适用于深层网络（如深度较大的 CNN 或 DNN）以及使用 ReLU 及其变种激活函数的网络。

（4）Orthogonal 初始化。Orthogonal 初始化的核心思想是将权重矩阵 W 初始化为一个正交矩阵，以保持输入信号的方向性。通常从正态分布中随机采样一个矩阵，对其进行奇异值分解（SVD）得到一个正交矩阵。Orthogonal 初始化在深层网络中能有效缓解梯度消失或爆炸问题，特别适合循环神经网络（RNN）。

3）偏置的初始化

偏置 b 的初始化通常更简单。由于偏置不参与对称性破除，因此可以设为 0 或小值。偏置初始化方法通常包括以下两种：

（1）常数初始化：$b=0$。

（2）小值初始化：$b \sim \text{Uniform}(0, 0.01)$。

4）在 PyTorch 框架中的实现

在 PyTorch 框架中，可以通过以下方式实现权重和偏置的初始化，其中 layer.weight 表示权重矩阵 W，layer.bias 表示偏置 b：

```python
import torch
import torch.nn as nn

#定义一个简单的线性层
layer=nn.Linear(10,5)
```

```
# Xavier 初始化
nn.init.xavier_uniform_(layer.weight)
print("Xavier 初始化:",layer.weight)


# Kaiming 初始化
nn.init.kaiming_normal_(layer.weight,mode='fan_in',nonlinearity='relu')
print("He 初始化:",layer.weight)


# 常数初始化
nn.init.constant_(layer.bias,0)
print("常数初始化:",layer.bias)
"""
```

初始化虽然只是神经网络的一部分，但其重要性不可忽视。合适的初始化方法可以让模型快速稳定地获得良好的性能，是深度学习训练中关键的一环。

2.4.9　损失函数与代价函数

1. 损失函数与代价函数的定义

在深度学习中，损失函数(Loss Function)和代价函数(Cost Function)是衡量模型预测性能的重要工具。它们告诉我们模型当前的表现，并通过梯度下降等优化算法指导模型改进。

损失函数是针对单个样本的误差度量，用于衡量模型预测与真实值之间的差异。其核心目的在于为每个样本计算一个误差值，提供一个衡量模型表现的指标。假设预测值为 $\hat{y}$，真实值为 y，则损失函数定义为 $\text{Loss}(\hat{y},y)$，即预测值和真实值之间的某种差异。

代价函数是针对整个数据集的误差度量，通常是所有样本损失的平均值或总和。其核心目的是为整个数据集计算一个整体的误差值，用于优化模型。假设数据集中有 N 个样本，第 i 个样本的损失函数为 Loss_i，则代价函数 Cost 定义为

$$\text{Cost} = \frac{1}{N}\sum_{i=1}^{N}\text{Loss}_i$$

损失函数像是学生单次考试的分数，代价函数像是整个班级的平均分数。

2. 常用的损失函数

在深度学习中常用的损失函数包括以下几种：

(1) 均方误差(Mean Squared Error，MSE)又称 L2 损失，用于回归问题。其公式为

$$\text{MSE} = \frac{1}{N}\sum_{i=1}^{N}(\hat{y}_i - y_i)^2 \tag{2-54}$$

其中 N 为样本数，第 i 个样本的预测值为 $\hat{y}_i$，第 i 个样本的真实值为 y_i。

均方误差函数用于计算预测值和真实值之间的平方误差，对大误差敏感，但容易受到异常值影响。

通常情况下，在 PyTorch 框架中可以通过直接调用 mse_loss＝nn. MSELoss()来使用均方误差损失函数。具体实现如下：

```python
import numpy as np
import torch. nn asnn

# 创建 MSELoss 对象
mse_loss＝nn. MSELoss()

# 示例数据
y_true＝np. array([1.5,2.0,3.5])
y_pred＝np. array([1.4,2.1,3.2])
# MSE 计算
mse＝mse_loss(predictions,targets)
print("Mean Squared Error (MSE):",mse)
```

（2）均绝对误差（Mean Absolute Error，MAE）又称 L1 损失，用于回归问题。其公式为

$$MAE = \frac{1}{N} \sum_{i=1}^{N} \left| \hat{y}_i - y_i \right|$$ （2－55）

均绝对误差函数用于计算预测值和真实值之间的绝对误差，相对于均方误差，它对异常值不敏感。图 2.29 展示了 L1 损失（均绝对误差损失）和 L2 损失（均方误差损失）随预测误差变化的情况。L1 损失在误差为零的地方形成了一个角点，其余部分是线性的。L2 损失在误差为零时更加平滑，但随着误差的增大，损失的增速比 L1 损失快得多。

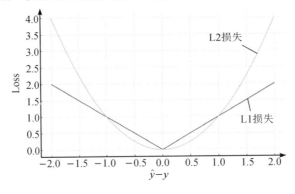

图 2.29　L1 损失和 L2 损失的图示

（3）交叉熵损失（Cross-Entropy Loss）适用于多分类任务，能够衡量真实标签和预测概率分布之间的差异。其公式为

$$\text{Cross-Entropy Loss} = -\sum_{i=1}^{C} t_i \log(\hat{y}_i) \tag{2-56}$$

其中 C 为类别数，t_i 为真实标签的独热编码（one-hot encoding），$\hat{y}_i$ 表示第 i 类的预测概率。

什么是独热编码？独热编码是一种将分类数据（类别或标签）转换为计算机易于处理的数值格式的方法。在独热编码中，每个类别被表示为一个向量，其中只有一个元素为 1（表示该类别），其他元素全为 0。直观理解为类别用一个"热"的位置（值为 1）来表示，其他位置"冷"（值为 0）。它是一种稀疏表示，只有一个元素有效。

为什么需要独热编码？机器学习模型和深度学习网络通常只接受数值型数据作为输入。如果数据是类别型（如颜色、城市名称、动物种类），我们无法直接使用这些非数值型数据。因此，需要将类别型数据转换为数值型表示，而独热编码是一种常用且简单的方法。

假设有一个分类数据列，类别为"猫""狗"和"兔子"。每个类别分配一个唯一的索引："猫"→0，"狗"→1，"兔子"→2。然后将每个类别用一个向量表示，其中只有索引对应的元素为 1，其他为 0，则：

"猫"的独热向量为 [1, 0, 0]

"狗"的独热向量为 [0, 1, 0]

"兔子"的独热向量为 [0, 0, 1]

独热编码简单明了，易于实现和理解。它适合分类任务，能直接处理离散分类数据。对于大多数机器学习模型，独热编码可以提供有意义的表示。

然而，当类别数量较多时，独热编码会导致向量维度过高，增加计算开销和存储成本。例如，有 10 000 个类别时，每个类别的独热向量需要 10 000 个元素。此外，独热编码假设类别之间没有任何内在关系，无法捕捉顺序或大小关系。

此外，还有两种常用的替代独热编码的方法：① 标签编码（Label Encoding），即直接用数字代替类别，如"猫"→0，"狗"→1，"兔子"→2，这种方式简单，但引入了类别的隐含顺序关系，不适合分类任务；② 嵌入向量（Embedding），即将类别映射到一个低维稠密向量空间，常用于深度学习模型（如 Word2Vec、Glove）。

通常情况下，在 PyTorch 框架中可以通过直接调用 nn. CrossEntropyLoss( ) 来使用交叉熵损失。具体实现如下：

```python
import numpy as np
```

```
import torch.nn as nn

# 示例数据
y_true = np.array([1, 0, 0])        # 独热编码的真实值
y_pred = np.array([0.7, 0.2, 0.1])  # 预测概率

# Cross-Entropy Loss
entroy = nn.CrossEntropyLoss()
cross_entropy = entroy(input, target)
print("Cross-Entropy Loss: ", cross_entropy)
```

（4）KL 散度（Kullback-Leibler Divergence）用于衡量两个概率分布 P 和 Q 之间的差异。其公式为

$$D_{\mathrm{KL}}(P \parallel Q) = \sum_i P(i) \log \frac{P(i)}{Q(i)} \tag{2-57}$$

其中，P 为真实分布，Q 为预测分布。KL 散度常用于深度生成模型中。

总体而言，在深度学习中，我们需要根据不同的任务类型（回归、分类）选择合适的损失函数，确保损失函数与任务目标一致。

2.5　基础卷积神经网络实践

接下来，我们通过设计一个简单的神经网络（包含卷积层、激活函数层、池化层和全连接层），来说明卷积神经网络是如何对输入进行处理的，还将说明该网络如何进行初始化以及训练的过程。

1. 神经网络设计和参数量、计算量

所设计的网络如图 2.30 所示，每层的作用如下：

卷积层：提取局部特征，如边缘、纹理。

激活函数层：为网络引入非线性，增强表达能力。

池化层：缩小特征图尺寸，保留重要信息。

全连接层：将提取的特征映射到具体的类别。

所设计的神经网络对输入的一张图片（28×28 的手写数字图片）进行特征提取和分类，输出预测的类别（数字 0 到 9）。整体网络结构和代码如图 2.30 所示。详细步骤如下：

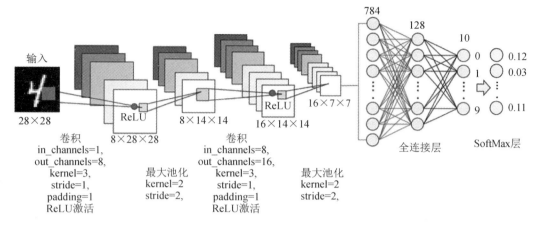

图 2.30　整体网络结构示意图

（1）输入图片尺寸为 28×28，单通道（灰度图），首先将其转换为张量，形状为 $(1, 28, 28)$，其中 1 表示输入图片的通道为 1，28 表示图片的高度和宽度。

（2）将其经过卷积层和激活函数层。在卷积层中，卷积核大小为 3×3，卷积操作的输入通道数为 1（灰度图），输出通道数为 9（提取 8 个特征）。步长为 1，填充为 1（保持尺寸不变）。则经过卷积处理的输出尺寸高和宽为 $\frac{28 + 2 \times 1 - 3}{1} + 1 = 28$。输出张量形状为 $(8, 28, 28)$。再对特征图应用激活函数 ReLU 进行处理，输出尺寸不变，大小仍为 $(8, 28, 28)$。

（3）将第（2）步得到的特征输入至池化层。采用最大池化方式，池化窗口大小为 2×2，步长设置为 2。则经过池化处理后，输出特征图的高和宽为 $\frac{28 - 2}{2} + 1 = 14$。输出张量的形状为 $(8, 14, 14)$。

（4）将第（3）步得到的特征输入至第二个卷积层和激活函数层。在第二个卷积层中，卷积核大小为 3×3，卷积操作的输入通道数为 8，输出通道数为 16。步长为 1，填充为 1（保持尺寸不变）。则经过卷积处理后，输出特征图的高和宽为 $\frac{14 + 2 \times 1 - 3}{1} + 1 = 14$。输出张量的形状为 $(16, 14, 14)$。再对特征图应用激活函数 ReLU 进行处理，输出尺寸不变，大小仍为 $(16, 14, 14)$。

（5）将第（4）步得到的特征输入至第二个池化层。采用最大池化方式，池化窗口大小为 2×2，步长设置为 2。则经过池化处理后，输出特征图的高和宽为 $\frac{14 - 2}{2} + 1 = 7$。输出张量的形状为 $(16, 7, 7)$。

(6) 将第(5)步得到的张量(16,7,7)展平为一维向量,展平后的张量形状为(16×7×7)=784。接下来,将784维张量输入第一层全连接层,设置输出为128维张量。然后再将128维张量输入第二层全连接层(分类层),输出张量的尺寸为10(对应10个类别)。

(7) 对第(6)步得到的张量使用Softmax激活函数将输出转化为概率分布。输出大小为10,每个值表示属于某一类别的概率。

在实际运行代码时,通常通过定义一个类来构建神经网络。在这个类中,__init__(self)方法用于初始化网络的各个组件,例如,将卷积层定义为self.conv1。这些组件会在实例化时被固定下来。forward(self,x)方法则定义了前向传播的过程,其中self代表网络本身(包含已初始化的组件),而x是输入数据,例如本例中的输入图片。这种结构化的设计使得网络的定义和前向计算过程清晰分离,便于理解和维护代码。

```python
import torch
import torch.nn as nn
import torch.nn.functional as F
#定义简单的CNN网络
class SimpleCNN(nn.Module):
    def __init__(self):
        super(SimpleCNN,self).__init__()
        #第一层卷积
        self.conv1 = nn.Conv2d(in_channels=1,out_channels=8,kernel_size=3,stride=1,padding=1)
        #第二层卷积
        self.conv2 = nn.Conv2d(in_channels=8,out_channels=16,kernel_size=3,stride=1,padding=1)
        #全连接层
        self.fc1 = nn.Linear(16 * 7 * 7,128)
        self.fc2 = nn.Linear(128,10)

    def forward(self,x):
        #第一层卷积+激活+池化
        x = F.relu(self.conv1(x))
        x = F.max_pool2d(x,kernel_size=2,stride=2)
        #第二层卷积+激活+池化
        x = F.relu(self.conv2(x))
        x = F.max_pool2d(x,kernel_size=2,stride=2)
        #展平
```

```
x=x.view(-1, 16 * 7 * 7)
# 全连接层
x=F.relu(self.fc1(x))
x=self.fc2(x)
return F.scftmax(x, dim=1)
...
```

整体网络结构和参数量如表 2.6 所示。通常情况下，卷积层、全连接层和池化层的参数量计算方式为：

卷积层参数量=（卷积核宽×卷积核高×输入通道数）×输出通道数+输出通道数（偏置项）

全连接层参数量=输入神经元数×输出神经元数+输出神经元数（偏置项）

池化层参数量=池化窗口宽×池化窗口高

计算量即浮点运算次数（Floating Point Operations，FLOPs），是衡量模型在执行过程中所需计算复杂度的指标，特别是在深度学习中用来评估网络的计算开销。计算量的单位通常是亿次（GigaFLOPs）或万亿次（TeraFLOPs）。计算量越大，模型运行所需的时间和硬件资源通常也越多。接下来对卷积层、全连接层和池化层的计算量进行描述。

卷积层计算量=卷积核宽度×卷积核高度×输入通道数×输出通道数×输出宽度×输出高度

全连接层计算量=输入神经元数×输出神经元数

池化层本身通常不包含可训练的参数，计算量只是由池化窗口的尺寸决定：

池化层计算量=池化窗口宽度×池化窗口高度×输出宽度×输出高度×输出通道数

表 2.6　网络结构与参数量

层类型	参数	输出形状
输入层	28×28	(28, 28)
卷积层 1	(3×3, 8)	(8, 28, 28)
池化层 1	(2×2)	(8, 14, 14)
卷积层 2	(3×3, 16)	(16, 14, 14)
池化层 2	(2×2)	(16, 7, 7)
全连接层 1	输入 784，输出 128	128
全连接层 2	输入 128，输出 10	10
输出层	Softmax	类别概率分布

2. 网络初始化

定义完网络后，我们可以使用 PyTorch 提供的初始化方法来初始化卷积层和全连接层的权重。下面为使用 Kaiming 初始化以及常数初始化的示例。

```python
import torch.nn as nn

# 初始化网络参数
def initialize_weights(model):
    for layer in model.modules():
        if isinstance(layer, nn.Conv2d):      # 卷积层
            nn.init.kaiming_normal_(layer.weight, mode='fan_out', nonlinearity='relu')
            if layer.bias is not None:
                nn.init.constant_(layer.bias, 0)
        elif isinstance(layer, nn.Linear):      # 全连接层
            nn.init.xavier_normal_(layer.weight)
            nn.init.constant_(layer.bias, 0)

# 初始化网络权重
initialize_weights(model)
```

3. 准备数据

加载训练和测试数据是深度学习中的重要步骤。本例使用 torchvision. datasets. MNIST 加载 MNIST 数据集（假设该数据集已经下载并存储在"./data"目录下）。MNIST 数据集包含手写数字图片。数据加载的代码如下：

```python
from torchvision import datasets, transforms
from torch.utils.data import DataLoader

# 数据加载
transform = transforms.Compose([
    transforms.RandomRotation(10),              # 随机旋转 [−10°, 10°]
    transforms.ToTensor(),                       # 转换为张量
    transforms.Normalize((0.5,), (0.5,))])       # 归一化到 [−1, 1]])

train_dataset = datasets.MNIST(root="./data", train=True, transform=transform, download=True)
test_dataset = datasets.MNIST(root="./data", train=False, transform=transform, download=True)

train_loader = DataLoader(train_dataset, batch_size=64, shuffle=True)
test_loader = DataLoader(test_dataset, batch_size=64, shuffle=False)
```

然后，使用 datasets. MNIST 对数据集进行读取。训练集为 train_dataset（当 train=

True)，测试集为 test_dataset(当 train=False)。其中，transform 为定义的一些数据增强操作，ToTensor()表示将输入数据从 PIL 格式(像素值为 0—255)转换为 PyTorch 的张量格式(像素值为 0—1 的浮点数)，Normalize(mean,std)表示对图像进行标准化，在此例中，mean=0.5，std=0.5，即将输入像素值从 [0,1] 映射到[−1,1]。数据增强可以用来提升模型的泛化能力，常见的数据增强操作包括：

- RandomRotation：随机旋转图像。
- RandomCrop：随机裁剪图像。
- RandomHorizontalFlip：随机水平翻转图像。

最后，再将数据输入 DataLoader 中。DataLoader 是一个非常重要的工具，用于处理数据加载的相关工作。它可以高效地加载数据、打乱数据顺序、分批次(batch)处理数据，同时支持多线程并行读取数据。其中 batch_size 定义了每个批次加载的样本数量，本例中 batch_size 设置为 64。shuffle 表示是否打乱数据集，num_workers 表示数据加载使用的线程数。

4. 定义损失函数

选择适合任务的损失函数(如分类问题使用交叉熵损失)是深度学习的关键。本例使用 CrossEntropyLoss 计算分类任务的损失，然后定义使用 Adam 优化器进行后续优化，其中学习率设置为 lr=0.001，权重衰减设置为 weight_decay=1e−4。

```
import torch.optim as optim
import torch.nn as nn


# 定义损失函数和优化器
criterion=nn.CrossEntropyLoss()    # 分类任务使用交叉熵损失
optimizer=optim.Adam(model.parameters(),lr=0.001,weight_decay=1e−4)         # Adam 优化器
```

5. 训练和测试过程

如下述代码所述，训练过程首先需要确定训练迭代(epoch)次数，本例设置训练为 5 代(num_epochs=5)。在每个训练循环中，计算前向传播损失(loss)，然后执行反向传播计算梯度(loss.backward())，再更新模型参数(optimizer.step())。

在对模型进行训练之后，将模型设置为评估模式(model.eval())，不进行梯度计算(使用 torch.no_grad())，通过比较预测类别和真实类别计算准确率。

训练和测试过程的代码如下：

```
# 训练模型
num_epochs=5
```

```python
for epoch in range(num_epochs):
    model.train()    # 设置为训练模式
    total_loss = 0

    for batch_idx, (data, target) in enumerate(train_loader):
        # 数据和标签送入设备
        data, target = data, target
        # 梯度清零
        optimizer.zero_grad()
        # 前向传播
        output = model(data)
        # 计算损失
        loss = criterion(output, target)
        # 反向传播
        loss.backward()
        # 更新参数
        optimizer.step()
        total_loss += loss.item()

    print(f"Epoch {epoch+1}/{num_epochs}, Loss: {total_loss/len(train_loader)}")

# 测试模型
model.eval()    # 设置为评估模式
correct = 0
total = 0

with torch.no_grad():
    for data, target in test_loader:
        data, target = data, target
        output = model(data)
        pred = output.argmax(dim=1)    # 取概率最大的类别
        correct += (pred == target).sum().item()
        total += target.size(0)

print(f"Test Accuracy: {correct / total:.2%}")
```

2.6 深度学习优化方法

深度学习的核心在于训练神经网络，而训练的两个关键环节是反向传播和优化算法。这两者共同作用，使神经网络从随机初始化的状态逐步学习到更优的参数，从而在任务中表现更好。

2.6.1 反向传播算法

1. 反向传播算法的原理

反向传播算法（Backpropagation Algorithm）是深度学习中最重要的优化算法之一，它被用于训练多层神经网络，帮助模型通过不断调整权重来最小化预测误差。尽管听起来复杂，但反向传播算法的基本原理其实可以通俗易懂地解释为一种"反馈纠正"过程，类似于我们在现实中不断改进自己行为的方式。

我们可以将神经网络看作一个复杂的决策系统，每一层都是一个决策节点，它根据上一层的输入做出某种判断，最终得到一个输出。而反向传播的目的是通过计算输出与期望结果之间的误差，逐层修正这些决策节点中的"错误"，从而不断改善整个系统的性能。

反向传播的核心思路是：从输出层开始，计算网络的预测值与真实值之间的误差，然后逐层向后传播误差，并通过梯度下降法调整每一层的权重，使误差最小化。反向传播的示意图如图 2.31 所示。

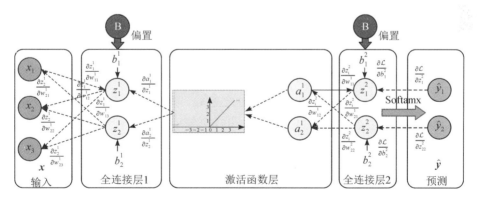

图 2.31 反向传播

一旦有了前向传播的结果，我们就可以计算预测输出 $\hat{y}$ 与真实标签 y 之间的误差，通常通过损失函数来度量这种差距。反向传播基于计算出的误差，从输出层逐层向后计算。然后利用反向传播误差，通过梯度下降法调整每一层的权重，使得误差最小化。调整网络权重的方法多种多样，这些方法将在后面的小节进行介绍。

2. 反向传播的具体步骤

（1）计算输出层的误差。输出层的误差 δ 即模型预测值 $\hat{y}$ 与真实值 y 之间的差异。对于均方误差损失函数，输出层的误差可以表示为

$$\delta_{\text{output}} = \hat{y} - y \qquad (2-58)$$

（2）反向传播误差。通过链式法则（Chain Rule），将输出层的误差逐层反向传播至隐藏层。

假设我们想要计算损失函数对某层权重的导数，可以利用链式法则将其分解为多个小部分：

$$\frac{\partial \mathcal{L}}{\partial w_i} = \frac{\partial \mathcal{L}}{\partial z_i} \cdot \frac{\partial z_i}{\partial w_i} \qquad (2-59)$$

其中：$\frac{\partial \mathcal{L}}{\partial z_i}$ 表示损失函数对该层输出的影响，$\frac{\partial z_i}{\partial w_i}$ 表示该层输出对该层权重的影响。通过链式法则，误差信号可以逐层传播，从而更新每一层的权重。

链式法则在反向传播中的应用是整个算法的核心，它使我们能够通过一层一层地传播误差来更新每一层的权重。链式法则的作用在于，能够将复杂的导数问题分解成一系列简单的部分，从而帮助我们计算每一层的权重对损失函数的影响。

在反向传播中，我们需要计算损失函数 $\mathcal{L}$ 对每个网络层权重 w 的偏导数 $\frac{\partial \mathcal{L}}{\partial w}$。由于每一层的输出都是下一层的输入，因此这个导数是一个嵌套的复合函数。链式法则让我们能够层层展开并计算这个导数。

总体而言，反向传播使用链式法则，从损失函数开始逐层向前计算梯度，其过程可分为两个步骤：① 计算损失函数对当前层输出的梯度；② 计算当前层输出对权重和偏置的梯度。将上述梯度传递给优化算法，用于更新权重和偏置，优化模型的性能。

反向传播算法看似复杂，但其本质上就是一个"反馈纠正"过程，帮助神经网络不断改进并优化预测效果。这一算法为现代深度学习的发展奠定了坚实的基础，推动了神经网络在各个领域的广泛应用。

3. 反向传播算法的优势和面临的挑战

反向传播算法的优势：

（1）有效训练多层神经网络。反向传播通过逐层调整权重，使得多层神经网络能够处理复杂的非线性问题。

（2）广泛的适用性。反向传播是几乎所有深度学习模型训练的基础，从图像识别到自然语言处理，均依赖反向传播进行优化。

反向传播算法面临的挑战：

（1）梯度消失或爆炸。在深层的神经网络中，反向传播可能面临梯度变得非常小（梯度消失）或非常大（梯度爆炸）的困境，导致训练变得困难。解决这一问题的常见方法包括使用 ReLU 激活函数、批归一化（Batch Normalization）技术等。

（2）需要大量数据和计算资源。反向传播需要大量的计算资源和大规模数据集来实现良好的训练效果，尤其是在深度神经网络中。

2.6.2　随机梯度下降算法

随机梯度下降算法（Stochastic Gradient Descent，SGD）是机器学习和深度学习中最常用的优化算法之一。它通过逐步调整模型的参数（如神经网络中的权重），使得损失函数的值逐渐减小，最终找到一个近似的最优解。为了更好地理解它，我们从梯度下降的基本思想开始，逐步讲解随机梯度下降的核心概念和具体示例。

1. 梯度下降

梯度下降是一种利用数学上的梯度信息来寻找损失函数最小值的算法。假设我们有一个目标函数 $\mathcal{L}(\theta)$（例如损失函数），它表示模型的预测误差，我们希望通过不断调整参数 θ，找到使损失函数 $\mathcal{L}(\theta)$ 最小化的参数值 $\mathcal{L}_{\min}(\theta)$。梯度下降的示意图如图 2.32 所示。

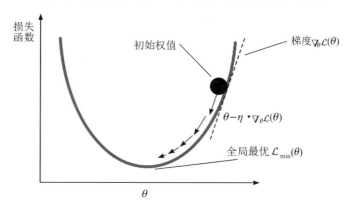

图 2.32　梯度下降示意图

梯度下降的基本步骤如下：

（1）计算梯度。梯度是目标函数对参数 θ 的导数 $\nabla_{\theta}\mathcal{L}(\theta)$，表示函数在当前点的变化方向。

（2）更新参数。沿着梯度的反方向更新参数（因为梯度的方向是函数增大的方向，反方向则是减小的方向），更新公式为

$$\theta \leftarrow \theta - \eta \cdot \nabla_{\theta}\mathcal{L}(\theta) \tag{2-60}$$

其中，η 是学习率(Learning Rate)，控制更新的步长大小；$\nabla_\theta \mathcal{L}(\theta) = \dfrac{\partial \mathcal{L}}{\partial \theta}$ 表示反向传播梯度，即当前参数对损失函数的影响。不同的学习率会对训练过程和结果产生显著的影响，如图 2.33 所示。

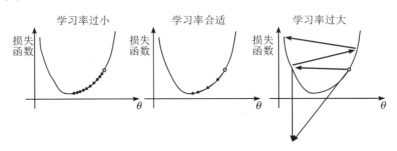

图 2.33 不同的学习率的影响示意图

学习率过大时，更新步长会过长，可能导致以下问题：

① 参数的更新幅度太大，导致错过最优解(最小损失值)，损失值在优化过程中可能会不断振荡，而不能收敛；② 更新幅度过大可能会使损失函数值不断增大，甚至完全发散。

学习率较小时，更新步长会过短，可能导致以下问题：① 参数每次只更新很小的幅度，导致收敛过程变得非常缓慢，可能陷入局部极小值；② 因为每次更新幅度小，在实际网络优化过程中，可能导致网络陷入局部极小值而难以逃离，如图 2.34 所示。因此，一个合适的学习率应当能够使模型稳定而快速地收敛到最优值。

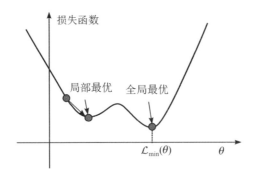

图 2.34 全局最优与局部最优示意图

2. 随机梯度下降

为什么需要给梯度下降算法引入"**随机**"？在实际应用中，目标函数 $\mathcal{L}(\theta)$ 通常是整个数据集所有样本损失的平均值(称为"经验风险")：

$$\mathcal{L}(\theta) = \frac{1}{N} \sum_{i=1}^{N} \mathcal{L}_i(\theta) \qquad (2-61)$$

其中，$\mathcal{L}_i(\theta)$ 是第 i 个样本的损失，N 是样本总数。

如果数据量 N 很大，每次更新参数都需要计算整个数据集的梯度，这会非常耗时。因此，**随机梯度下降(SGD)** 提出了一种高效的方法，通过随机抽取一个样本或小批量样本来近似计算梯度，从而降低计算成本。在每次迭代中，SGD 不计算整个数据集的损失，而是随机选取一个样本 (x_i, y_i) 来近似目标函数的梯度。参数更新公式为

$$\theta \leftarrow \theta - \eta \cdot \nabla_\theta \mathcal{L}_i(\theta) \qquad (2-62)$$

其中 $\nabla_\theta L_i(\theta)$ 是第 i 个样本的梯度。

为了平衡计算效率和梯度估计的准确性，实际中常用**小批量随机梯度下降(Mini-batch SGD)**，即每次更新时随机选取一个小批量样本(batch size 通常是 32、64、128 等)来计算梯度：

$$\theta \leftarrow \theta - \eta \cdot \frac{1}{m} \sum_{j=1}^{m} \nabla_\theta L_j(\theta) \qquad (2-63)$$

其中 m 是批量大小。

可以将梯度下降类比为"下山"的过程。假设你在一座山的顶部，周围被云雾环绕，因此你无法看到整座山的全貌(即目标函数的全局形状)。你的目标是找到山脚(损失函数的最小值)。梯度下降提供了"下山的方向"，通过计算当前坡度的方向，告诉你下一步该往哪里走。

普通的梯度下降(GD)就好比每次都需要观察整座山的地形(整个数据集)，才能确定最陡的下坡方向，这很费时。随机梯度下降(SGD)则像是只基于脚下的一小片区域(一个或一小批样本)来估计下坡的方向，然后快速迈出一步。这虽然不如观察整座山的地形那么准确，但它速度快，并且经常能找到合适的下山路径。

随机梯度下降(SGD)是通过每次使用一个或一小批样本计算梯度并更新参数的优化算法。相比普通梯度下降，它具有以下特点：

(1) 计算效率高：不需要对整个数据集进行完整计算。

(2) 适用于大规模数据集：尤其是在深度学习中，数据集往往非常庞大。

(3) 易于跳出局部最优解：由于其随机性，SGD 可以避免陷入次优解。

然而，由于梯度是基于随机样本计算的，因此可能会出现波动(不是沿着最陡的路径下降)。

2.6.3　动量梯度下降算法

虽然 SGD 简单高效，但其随机性可能导致收敛不稳定或收敛速度慢。为了克服这些问题，有许多改进版本的 SGD 被提出。其中较为经典的方法为动量法。动量法通过为 SGD 引

入"动量"概念，让参数更新不仅依赖当前的梯度，还考虑之前更新的方向，从而减少振荡并加速收敛。更新公式为

$$v_t = \gamma v_{t-1} + \eta \, \nabla_\theta L_i(\theta) \tag{2-64}$$

$$\theta \leftarrow \theta - v_t \tag{2-65}$$

其中，v_t 是更新的速度，类似于物理中的动量；γ 是动量系数，通常取 0.9；η 是学习率；$\nabla_\theta L_i(\theta)$ 是在参数 θ 处的梯度。

在优化深度学习模型时，AdaGrad 和 Adam 是两种常用的自适应优化算法。它们的目标是通过动态调整每个参数的学习率，使训练过程更高效、收敛更快。下面我们用通俗易懂的方式详细介绍这两种算法的原理、优点以及如何实际应用。

1. AdaGrad(Adaptive Gradient Algorithm)

AdaGrad 的名字来源于"自适应梯度"，它的核心思想是：针对每个参数，动态调整学习率。对于变化较快的参数，AdaGrad 会降低其学习率，从而避免更新过大；对于变化较慢的参数，则保持较高的学习率以更快地优化。

假设你是一位登山者，山的不同区域坡度不同。AdaGrad 就像是一个聪明的登山者，记住了哪些区域的坡度变化较大。对于坡度陡峭的地方（梯度较大），它会小心翼翼地迈小步（减小学习率）；对于坡度平缓的地方，它会迈更大的步伐（保持较高学习率）。

AdaGrad 的工作原理如下：

（1）计算累积梯度平方和。对于每个参数 θ_j，AdaGrad 会记录从训练开始到当前为止所有梯度平方的累积值：

$$G_j^t = \sum_{i=1}^t (g_j^i)^2 \tag{2-66}$$

其中 g_j^i 是第 i 次迭代时 θ_j 的梯度。

（2）调整学习率。学习率会随着梯度平方和的增大而减小，更新公式为

$$\theta_j^{t+1} = \theta_j^t - \frac{\eta}{\sqrt{G_j^t + \epsilon}} g_j^t \tag{2-67}$$

其中，η 是全局学习率；G_j^t 是梯度平方的累积；ϵ 是防止除零的极小值（如 10^{-8}）。

如果某个参数的梯度较大，则 G_j^t 增长较快，导致该参数的学习率减小，从而避免了过大的更新。对于梯度较小的参数，学习率衰减较慢，确保优化的进程。

AdaGrad 能够对每个参数分配自适应的学习率，非常适合稀疏数据（如文本分类或推荐系统），因为它会对重要的稀疏特征分配更大的学习率。但由于梯度平方和 G_j^t 是不断累积的，随着训练的进行，学习率会逐渐减小，甚至变得过小，导致训练过程过早停止。

2. (Adaptive Moment Estimation, Adam)

Adam 是对 SGD 的一种增强，它结合了两种思路：① 动量法（Momentum）——利用梯

度的历史一阶动量(均值)来平滑更新方向；② AdaGrad——利用梯度的二阶动量(方差)动态调整学习率。

Adam 就像一位经验丰富的登山者。它不仅考虑当前的坡度(梯度)，还记住了以往坡度变化的平均值(动量)，并结合当前坡度调整步伐。更重要的是，它还会根据不同方向的地形特性动态调整步长，快速又稳定地接近目标(损失函数最小值)。Adam 的目标是通过一阶动量和二阶动量的结合，提供更平滑、更稳定的参数更新，同时避免学习率过早减小的问题。

Adam 的参数更新基于两个核心动量：① 一阶动量(梯度均值)，提供方向信息，使更新更加平滑；② 二阶动量(梯度方差)，控制学习率大小，避免参数更新过大或过小。具体计算方式如下：

一阶动量：梯度的指数加权移动平均(类似于梯度的"平均值")：

$$m_t = \beta_1 m_{t-1} + (1 - \beta_1) g_t \tag{2-68}$$

其中，m_t 是一阶动量；β_1 是一阶动量的衰减率(通常取 0.9)；g_t 是当前梯度。

二阶动量：梯度平方的指数加权移动平均(类似于梯度的"方差")：

$$v_t = \beta_2 v_{t-1} + (1 - \beta_2) g_t^2 \tag{2-69}$$

其中，v_t 是二阶动量；β_2 是二阶动量的衰减率(通常取 0.999)。

Adam 在初始时动量较小，因此会对 m_t 和 v_t 进行偏差修正：

$$\hat{m}_t = \frac{m_t}{1 - \beta_1^t}, \quad \hat{v}_t = \frac{v_t}{1 - \beta_2^t} \tag{2-70}$$

然后使用校正后的动量值更新参数：

$$\theta_t = \theta_t - \frac{\eta}{\sqrt{\hat{v}_t} + \epsilon} \cdot \hat{m}_t \tag{2-71}$$

Adam 融合了动量法和自适应学习率的优点，在大多数任务中表现优异，是深度学习中最常用的优化算法之一。其主要优势如下：

(1) 学习率动态调整：借鉴了 AdaGrad 的自适应学习率机制，避免了学习率过早减小。

(2) 适合非平稳目标：能够应对梯度噪声较大的情况，优化路径更加稳定。

(3) 通用性强：几乎适用于所有深度学习模型，成为默认优化算法。

然而，Adam 也存在一些缺点，主要体现在超参数敏感和过度适应性。具体而言，Adam 依赖于多个超参数(如 β_1、β_2、η)，需要在不同任务中调试，可能导致训练不充分(这一问题已被 AdamW 等改进版本解决)。

3. AdamW(Adam with Weight Decay)

AdamW 是一种改进的优化算法，它在标准 Adam 的基础上引入了更好的权重衰减机制(Weight Decay)。AdamW 的主要目的是解决 Adam 优化器在某些场景下导致的模型过拟合问题，并提升泛化性能。

AdamW 是由 Ilya Loshchilov 和 Frank Hutter 在 2017 年提出的，被广泛应用于现代深度学习模型，尤其是在训练大型神经网络（如 Transformer）时非常有效。

为什么需要 AdamW？这是因为 Adam 优化器虽然在许多任务中表现出色，但它存在一个显著的问题：L2 正则化（权重衰减）与动量更新的结合不理想。Adam 在更新权重时，默认使用动量法（Momentum）和自适应学习率，这种方式可能导致 L2 正则化的作用被稀释。在标准的 Adam 中，如果我们通过在损失函数中加入 L2 正则化项来实现权重衰减，实际上并不能很好地限制权重的增长，可能会导致模型的泛化性能变差。

因此，AdamW 将权重衰减从梯度计算中分离出来，直接在每次权重更新时添加一个显式的衰减项。这样可以更有效地控制模型参数的大小，从而提升模型的泛化能力。AdamW 的关键在于显式地在更新权重时加入一个正则化项，而不是像传统方法那样将权重衰减融入梯度计算中。

如果使用 L2 正则化直接对 Adam 进行修改，传统做法是将正则化项加入损失函数，最终会对梯度产生影响：

$$\nabla\mathcal{L}(\theta) = \nabla\mathcal{L}_{\text{original}}(\theta) + \lambda\theta \qquad (2-72)$$

其中，$\lambda\theta$ 是 L2 正则化项。这种方式可能与动量更新相互干扰，从而削弱正则化效果。

而 AdamW 将权重衰减独立出来，直接在参数更新时进行显式衰减：

$$\theta_t = \theta_{t-1} - \eta\frac{m_t}{\sqrt{v_t} + \epsilon} - \eta\lambda\theta_{t-1} \qquad (2-73)$$

其中，λ 是权重衰减系数；$\eta\lambda\theta_{t-1}$ 是显式的权重衰减项。这种方式将权重衰减与梯度计算分开，从而避免了正则化效果被稀释。

可以把 AdamW 的改进比作健康管理中的"体重控制"：Adam 的问题在于想要通过运动（梯度下降）来控制体重（权重），但同时每天的饮食习惯（正则化）没有单独管理，这可能导致体重过高而影响整体健康。而 AdamW 除了通过运动来减重（梯度更新），还专门设置了饮食管理规则（显式权重衰减），直接限制摄入热量（权重大小）。这种方式可以更精准地将体重保持在健康范围内。

AdamW 的优点如下所述：

（1）更好的泛化能力。AdamW 的显式权重衰减有效控制了模型参数的增长，从而在测试集上表现出更好的性能（泛化能力），避免过拟合。

（2）与正则化目标一致。由于权重衰减独立于梯度计算，AdamW 更准确地实现了权重正则化的目的，不会因动量或自适应学习率的干扰而削弱效果。

（3）高效且易用。AdamW 的计算复杂度与 Adam 基本相同，但显式地引入了权重衰减项，使正则化变得更加明确。

（4）适用于现代深度学习任务。AdamW 在 Transformer、BERT 等大规模模型的训练中表现非常出色，几乎成为这些任务的默认优化算法。

实际应用中 AdamW 的超参数配置通常如下所述：

- 学习率 η：通常取 10^{-3} 或根据任务调整。
- 权重衰减系数 λ：通常取 10^{-4} 或 10^{-5}，具体视任务而定。
- 动量参数 β_1 和 β_2：通常分别取 0.9 和 0.999。

假设我们使用 AdamW 优化器训练一个深度学习模型。以下是 PyTorch 中的代码示例：

```python
import torch
import torch.nn as nn
import torch.optim as optim

# 假设有一个模型和数据
model = nn.Linear(10, 2)
criterion = nn.CrossEntropyLoss()
optimizer = optim.AdamW(model.parameters(), lr=1e-3, weight_decay=1e-4)

# 训练循环
for epoch in range(100):
    for inputs, labels in dataloader:
        outputs = model(inputs)
        loss = criterion(outputs, labels)

        optimizer.zero_grad()
        loss.backward()
        optimizer.step()
...
```

在这个实例中，weight_decay 是 AdamW 显式权重衰减的实现机制，通过优化器直接对权重进行衰减，而不是通过损失函数计算的梯度来影响权重。

2.6.4　牛顿法和拟牛顿法

牛顿法（Newton's Method）和拟牛顿法（Quasi-Newton Methods）是优化领域的重要算法，广泛用于求解非线性优化问题。它们被应用于深度学习、机器学习和科学计算中，用于最小化损失函数或优化其他目标函数。

1. 牛顿法(Newton's Method)

牛顿法的目标是找到函数的最小值或最大值,具体来说是找到目标函数 $f(x)$ 的驻点(梯度为零的点)。它通过利用函数的二阶导数(Hessian 矩阵),沿着函数曲率的最陡方向快速收敛。

牛顿法基于泰勒展开公式,假设函数 $f(x)$ 在点 x_k 处可以用二阶近似表示:

$$f(x) \approx f(x_k) + \nabla f(x_k)^\top (x - x_k) + \frac{1}{2}(x - x_k)^\top H(x_k)(x - x_k) \qquad (2-74)$$

其中,$\nabla f(x_k)$ 为在 x_k 点处的梯度(导数);$H(x_k)$ 为在 x_k 点处的 Hessian 矩阵(函数的二阶导数矩阵)。牛顿法的核心思想是找到函数在二阶近似下的最优点,通过以下公式更新:

$$x_{k+1} = x_k - H(x_k)^{-1} \nabla f(x_k) \qquad (2-75)$$

其中,$H(x_k)^{-1}$ 为 Hessian 矩阵的逆,用于修正梯度下降的方向和步长。$-H(x_k)^{-1} \nabla f(x_k)$ 为更新方向,称为牛顿方向。

可以将牛顿法想象成爬山或下山的过程。梯度 $-\nabla f(x_k)$ 告诉我们下山的方向,Hessian 矩阵 $H(x_k)$ 则提供了函数曲率的信息。对于曲率陡峭的方向,步长会自动缩短;对于曲率平缓的方向,步长会拉长,从而优化速度更快。

牛顿法具有的主要优势如下:

(1) 收敛速度快。牛顿法是二阶优化方法,在函数光滑的情况下具有二次收敛性(每次迭代误差的平方会缩小)。

(2) 步长自动调整。通过 Hessian 矩阵调整不同方向的更新幅度,步长优化更智能。

牛顿法具有的主要缺点如下:

(1) 计算代价高。需要计算 Hessian 矩阵及其逆矩阵,对于 n 维参数,计算其逆矩阵的复杂度为 $O(n^3)$。当参数维度 n 较大时,计算成本极高。

(2) 不适用于非凸函数。如果 Hessian 矩阵不正定,牛顿法可能无法找到最小值,甚至导致发散。

2. 拟牛顿法(Quasi-Newton Methods)

拟牛顿法是对牛顿法的一种改进,它通过构造一个近似的 Hessian 矩阵来避免直接计算 Hessian 矩阵(计算代价过高),从而保留牛顿法的优点,同时降低计算成本。

拟牛顿法的 Hessian 矩阵更新公式可以表示为

$$x_{k+1} = x_k - B_k^{-1} \nabla f(x_k) \qquad (2-76)$$

其中,B_k 是对真实 Hessian 矩阵 $H(x_k)$ 的近似。通过迭代更新 B_k,逐步接近真实的 Hessian 矩阵。那么拟牛顿法如何更新 Hessian 矩阵?

拟牛顿法中最常用的算法是 BFGS(Broyden-Fletcher-Goldfarb-Shanno)算法,它通过以下公式更新 B_k:

$$B_{k+1} = B_k + \frac{y_k y_k^{\top}}{y_k^{\top} s_k} - \frac{B_k s_k s_k^{\top} B_k}{s_k^{\top} B_k s_k} \tag{2-77}$$

其中，$s_k = x_{k+1} - x_k$ 表示当前和上一次迭代之间的参数变化；$y_k = \nabla f(x_{k+1}) - \nabla f(x_k)$ 表示当前和上一次迭代之间的梯度变化。通过这种方式，拟牛顿法无需计算 Hessian 矩阵的显式形式，而是通过历史梯度和参数变化信息近似得到 B_k。

拟牛顿法具有的主要优势如下：

（1）降低计算复杂度。拟牛顿法不需要计算 Hessian 矩阵，只需要存储和更新近似矩阵 B_k，计算复杂度为 $O(n^2)$。

（2）广泛适用。拟牛顿法适合大多数光滑目标函数的优化，尤其在参数维度较高时非常高效。

（3）保留牛顿法的优点。拟牛顿法仍然可以根据曲率信息调整更新方向和步长。

拟牛顿法具有的主要缺点如下：

（1）近似精度有限。B_k 是 Hessian 矩阵的近似，因此可能会导致优化精度降低。

（2）需要更多存储。拟牛顿法需要存储 B_k 矩阵，会占用较多内存。

想象你在山地徒步，牛顿法带着"全景地图"（Hessian 矩阵），不仅知道当前的下坡方向（梯度），还知道地形的坡度和曲率（曲率信息）。它能智能地选择最优路径，但绘制这张地图需要耗费大量时间。拟牛顿法不需要全景地图，而是根据不断走过的路径（历史梯度和参数变化），逐步绘制一张近似地图。虽然不如牛顿法那么精准，但它足够快速且高效，适合大范围探索。

在深度学习中，由于牛顿法计算复杂度较高，尤其是深度学习中的参数数量通常以百万计，因此牛顿法很少直接用于深度学习。拟牛顿法（如 BFGS）在机器学习中的一些中小规模优化任务中被广泛应用，例如训练支持向量机（SVM）或对数回归模型。但在深度学习中，由于需要处理大规模数据，基于梯度的优化方法（如 SGD 和 Adam）仍是主流。

2.6.5　启发式学习优化算法

启发式学习优化算法是一类基于自然界灵感设计的全局优化算法，适合求解复杂的、非凸的、高维的多目标优化问题。这些算法通过模拟自然界中的某些现象（如进化、觅食、群体行为）或物理过程，提供一种在未知搜索空间中寻找最优解的方法。启发式学习优化算法主要分为基于进化、基于生物行为、基于社会文化以及基于科学的算法四类。其中，遗传算法是启发式学习优化算法中最为经典的算法。接下来以遗传算法为例进行详细的介绍。

1. 遗传算法简介

遗传算法是一类基于达尔文进化论在计算机上模拟人工生命进化的自然启发式优化算法。它由 John Holland 在 1975 年首次提出，灵感来源于自然界中生物的遗传和进化机制。

遗传算法通过模拟生物进化中的"自然选择"和"遗传"过程,寻找问题的最优解。遗传算法广泛应用于复杂优化问题,包括函数优化、特征选择、路径规划等。

遗传算法模仿了生物进化的以下几个核心过程:

(1) 自然选择:适应环境的个体更容易存活并繁殖("优胜劣汰")。

(2) 交叉(重组):父母的遗传信息通过交叉产生后代。

(3) 变异:基因在复制过程中可能发生随机突变,带来新的特性。

2. 遗传算法的基本术语

以下首先给出基本遗传算法的相关术语介绍。

(1) **种群**。与传统优化方法从一个随机的初始候选解出发不同,遗传算法从多个初始候选解开始。每个初始候选解被称为一个个体或染色体,所有个体组成一个种群。种群大小是影响遗传算法性能的重要参数之一。较小的种群可能导致"早熟",即算法过早收敛;较大的种群则会浪费额外的计算资源。

(2) **适应度函数**。为了进化出优秀的解,需要根据实际问题制定选择候选解的标准。通常给每个个体赋予一个适应度值。适应度往往通过数学模型、人为设计或者计算机仿真等手段给出,用于衡量每个解的优劣程度。

(3) **编码**:实际问题中的优化变量往往是复杂且非线性的。为了便于处理,遗传算法会对优化问题的变量进行编码。在基本的遗传算法中,个体或染色体由一定长度的字符串组成,其中每个字符被称为基因。

3. 遗传算法的整体流程

遗传算法通过选择、交叉和变异等进化过程,使种群逐代优化,逐渐逼近最优解。基本遗传算法的流程如图 2.35 所示。

接下来结合具体的例子来说明遗传算法的工作流程。

1) 编码和解码

遗传算法需要将问题的变量(如 x)转换为计算机能够处理的编码形式(通常是二进制串或实数向量)。编码和解码的过程确保遗传算法可以在离散的二进制空间中操作,同时对应连续变量的求解。

例子:

假设我们要最大化函数 $f(x)=-x^2+10x$,将变量 x 用二进制表示。假设使用 5 位二进制编码,则 $[0,10]$ 的范围可表示为 $2^5=32$ 个值;定义每个二进制编码对应一个 x 值:

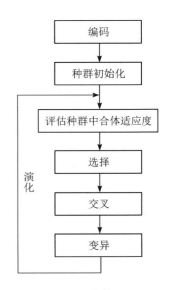

图 2.35 基本遗传算法的流程图

$$x = \frac{编码}{解码} = \frac{整数值}{31} \times 10$$

例如，二进制串 00000 表示 $x = 0$；二进制串 11111 表示 $x = 10$。

2）种群初始化

随机生成初始种群，每个个体（解）通常用一个染色体（编码的字符串或数组）表示。染色体可以是二进制串、实数向量或其他形式，具体取决于问题。

例子：

假设种群大小为 4，随机生成一组初始种群，每个个体为一个 5 位二进制串，代表可能的解：

$$种群 = \{00011, 10100, 01101, 11010\}$$

解码为对应的 x 值：

$$00011 \rightarrow x = \frac{3}{31} \times 10 \approx 0.97$$

$$10100 \rightarrow x = \frac{20}{31} \times 10 \approx 6.45$$

$$01101 \rightarrow x = \frac{13}{31} \times 10 \approx 4.19$$

$$11010 \rightarrow x = \frac{26}{31} \times 10 \approx 8.39$$

3）适应度评估

使用适应度函数（Fitness Function）评价每个个体的优劣。适应度函数根据目标问题定义，适应度越高的个体其解越优。

> 例子：
>
> 对于函数 $f(x) = -x^2 + 10x$，我们计算种群每个个体的适应度：
>
> $f(00011) = f(0.97) = -0.97^2 + 10 \cdot 0.97 \approx 9.04$
>
> $f(10100) = f(6.45) = -6.45^2 + 10 \cdot 6.45 \approx 20.85$
>
> $f(01101) = f(4.19) = -4.19^2 + 10 \cdot 4.19 \approx 24.35$
>
> $f(11010) = f(8.39) = -8.39^2 + 10 \cdot 8.39 \approx 13.86$
>
> 当前适应度最高的个体为 01101（对应 $x \approx 4.19$），适应度 24.35。

4）选择（Selection）

根据适应度选择"优秀个体"作为父母，传递基因给下一代。选择策略通常包括以下几种方式：

- 轮盘赌选择(Roulette Wheel Selection)：概率与适应度成正比，适应度高的个体更可能被选中。
- 锦标赛选择(Tournament Selection)：随机选择几个个体，选出最优者。
- 随机选择(Random Selection)：适当保留一些低适应度的个体以增加多样性。

例子：

根据轮盘赌选择，适应度高的个体被选为父母的概率更大。计算每个个体的选择概率：

$$总体适应度 = 9.04 + 20.85 + 24.35 + 13.86 = 68.1$$

$$P(00011) = \frac{9.04}{68.1} \approx 0.13, \quad P(10100) = \frac{20.85}{68.1} \approx 0.31$$

$$P(01101) = \frac{24.35}{68.1} \approx 0.36, \quad P(11010) = \frac{13.86}{68.1} \approx 0.20$$

则选择 01101 和 10100 作为父母。

5) 交叉(Crossover)

从两个父母中随机组合基因，产生新的个体(后代)。交叉方法通常包括以下几种：

- 单点交叉：随机选择一个交叉点，将两个父母的染色体部分交换。
- 多点交叉：选择多个交叉点，交换染色体片段。
- 均匀交叉：随机选择每个位点的来源。

例子：

使用单点交叉方法进行交叉，随机选择一个交叉点(如第3位)，交换父母的部分基因，生成两个后代。

父母：父母1——01101，父母2——10100

交叉：子代1——011**00**，子代2——101**01**

解码后代为

$$01100 \rightarrow x = \frac{12}{31} \times 10 \approx 3.87$$

$$10101 \rightarrow x = \frac{21}{31} \times 10 \approx 6.77$$

6) 变异(Mutation)

在一定概率下，对个体的基因进行随机修改，模拟生物的基因突变。变异方法通常包括以下两种：

- 对二进制串随机翻转某个位(如 0 变成 1)。
- 对实数向量添加一个小随机值。

> **例子**
>
> 随机选择某个位进行变异，模拟生物遗传中的随机突变。假设对后代 01100 的第 4 位进行变异：
>
> $$01100 \rightarrow 01110$$
>
> 解码后：
>
> $$01110 \rightarrow x = \frac{14}{31} \times 10 \approx 4.52$$

7) 生成新种群

通过选择、交叉和变异产生下一代个体，替换旧的种群。

> **例子**
>
> 新种群由变异和交叉产生的后代组成：
> $$新种群 = \{01110, 10101, \cdots\}$$

重复上述步骤，不断进化，直到满足以下任一停止条件：

(1) 达到最大代数：例如，设置为 100 代。

(2) 适应度达到目标值：例如，发现某个解的适应度超过了预设阈值。

(3) 种群收敛：种群中的个体几乎一致。

可以把遗传算法的主要步骤类比为生物界的进化过程，具体对应关系如表 2.7 所示。

表 2.7　遗传算法主要步骤与生物学原理的对应

遗传算法机制	生物学原理
种群初始化	大自然中生物的随机繁衍，产生多样性
适应度评估	个体的生存能力由其适应环境的能力(适应度)决定
选择	优胜劣汰，适应度高的个体更可能存活和繁衍
交叉与变异	通过遗传和突变，产生具有新特性的后代，增强种群多样性

4. 遗传算法的优势与局限性

遗传进化算法具有以下优势：

(1) 全局搜索能力强。遗传算法通过种群搜索和随机变异，能跳出局部最优解，寻找全局最优解。

(2) 适用性广。遗传算法无需目标函数的梯度信息，适用于非线性、非凸、离散等复杂问题。

(3) 鲁棒性高。遗传算法对噪声和非连续空间等有较强的适应能力。

(4) 并行性好。遗传算法的种群个体可以并行评估，计算效率高。

遗传算法具有以下缺点：

(1) 计算成本高。种群规模较大时，评估每代个体的适应度需要较多计算资源。

(2) 收敛速度慢。遗传算法可能需要很多代才能逼近最优解。

(3) 参数敏感性。选择、交叉、变异的参数（如交叉率、变异率）需要仔细调试。

以遗传算法为代表的启发式学习优化算法主要用于函数优化、路径规划和参数调优问题，以及结构优化（如飞机翼型设计、机器人结构优化）、资源分配（如多任务调度、能源优化）和工程设计问题。

遗传算法通过模拟自然界的进化机制，提供了一种强大的全局优化工具。尽管遗传算法的计算代价较高，但在许多复杂优化问题中表现优异，尤其适用于梯度信息不可得或搜索空间复杂的场景。遗传算法的灵活性和通用性使其成为经典的启发式学习优化算法之一。

本 章 小 结

本章详细介绍了神经网络的基本原理及其核心构成元素，为理解深度学习的核心技术奠定了基础。本章首先简述了机器学习及其经典算法，然后回顾了生物神经元模型的基本结构与功能，进而引出了人工神经元的概念和工作原理，明确了通用人工神经元的设计与实现方式。基于这些基础知识，介绍了感知机模型及其在早期神经网络中的应用。

在卷积神经网络（CNN）基础部分，本章从生物学的角度解析了卷积神经网络的机制，进而详细讲解了卷积层的工作原理，以及卷积操作、偏置项、填充、步长、感受野等重要概念。同时，本章还涵盖了常见的非线性激活函数（如 Sigmoid、ReLU、GELU 等），解释了它们在神经网络中如何引入非线性特性，从而提升模型的表达能力。

针对神经网络训练过程，本章介绍了池化层的不同类型（最大池化、平均池化、全局池化等），以及全连接层和归一化层的设计与作用。在前向传播与网络初始化部分，详细讲解了网络的初始化策略以及如何有效进行前向传播。

在深度学习优化方法部分，本章重点介绍了反向传播算法和随机梯度下降（SGD）等优化算法，并对更先进的优化方法（如 Adam、AdaGrad 等）进行了讨论。

本章为后续深入学习神经网络架构设计及相关深度学习技术打下了坚实的理论基础和实践框架。

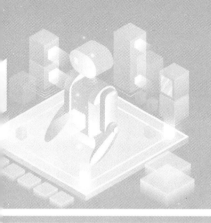

第 3 章
卷积神经网络

本章深入探讨了卷积神经网络(CNN)的核心原理与应用,重点介绍了经典和新颖的 CNN 架构。开篇回顾了经典的卷积神经网络架构,如 LeNet、AlexNet 和 VGG 等,分析了它们的设计思想与广泛应用。接着,探讨了 ResNet、DenseNet 等创新 CNN 架构,它们通过深度连接和更高效的特征传递机制,提升了网络的性能和可扩展性。此外,还介绍了新型卷积方法,如深度可分离卷积和空洞卷积,强调其在提高计算效率和增强模型表现上的重要作用。通过图像分类实际案例与实践,帮助读者理解 CNN 的应用场景,掌握如何将这些模型应用于现实问题的解决。

3.1   经典 CNN 架构

本节将介绍几种经典的卷积神经网络(CNN)架构,它们为深度学习的发展奠定了基础,并在多个计算机视觉任务中表现出色。首先,我们将回顾 LeNet-5。LeNet-5 的网络架构虽然相对简单,但开创了卷积神经网络在手写数字识别中的应用,为后来的深度学习研究提供了重要的启示。接着,将介绍 AlexNet。AlexNet 的出现标志着深度学习在图像分类领域的突破。它通过引入更深的网络结构、更复杂的卷积层设计以及 GPU 加速训练,大大提高了图像分类的准确性。最后介绍 VGG 网络。它通过使用简单且一致的卷积层设计,展示了网络深度对性能的影响,成为深度学习模型设计中的经典示范。这些经典架构不仅推动了卷积神经网络的发展,也为后来更复杂和更具创新性的模型奠定了基础。

3.1.1   LeNet-5

LeNet-5 是由 Yann LeCun 等人在 1998 年提出的,用于手写数字识别任务(MNIST 数据集)。它是现代卷积神经网络(CNN)的开创性成果,也是第一个成功应用于实际任务的 CNN。

如图 3.1 所示,LeNet-5 的结构可以分为七层(不包括输入层),每一层都包括可学习参数。

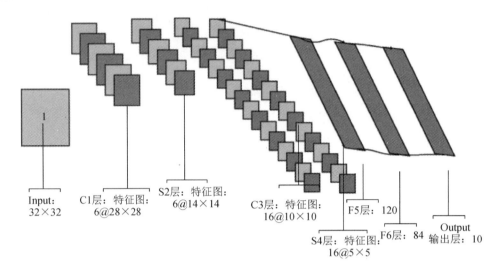

Input:
32×32

C1层：特征图：
6@28×28

S2层：特征图：
6@14×14

C3层：特征图：
16@10×10

F5层：120

S4层：特征图：
16@5×5

F6层：84

Output
输出层：10

图 3.1　LeNet-5 网络结构

接下来对 LeNet-5 的流程进行简单介绍。

首先，输入层输入大小为 $1×32×32$ 的灰度图像。为什么输入是高 H_{in}×宽 W_{in}（$32×32$），而不是我们常见的手写体数据集 MNIST 的尺寸 $28×28$？这是因为 LeNet-5 是为手写字符数据设计的，原始的 MNIST 数据集图像尺寸（$28×28$）会通过零填充（Padding）调整为 $32×32$。

然后，将 $1×32×32$ 的灰度图像输入第一层（卷积层 C1）。该层使用 6 个卷积核，每个卷积核大小（用 K 表示）为 $5×5$，同时每个卷积核有一个偏置，步长为 1，无填充。因此，输出特征尺寸为 $H_{C1}×W_{C1}×6$。H_{C1} 和 W_{C1} 计算方式如下：

$$H_{C1} = H_{in} - K + 1 = 32 - 5 + 1 = 28$$
$$W_{C1} = W_{in} - K + 1 = 32 - 5 + 1 = 28 \tag{3-1}$$

然后再利用 Sigmoid 函数对卷积操作过后的特征进行处理。

第二层（下采样层 S2）对尺寸为 $28×28×6$ 的输入特征进行平均池化操作，池化窗口 K_{S2} 为 $2×2$，步长 S_{S2} 为 2，每个通道有一个可学习偏置。输出特征尺寸为 $H_{S2}×W_{S2}×6$，H_{S2} 和 W_{S2} 计算方式如下：

$$H_{S2} = \frac{H_{C1} - K_{S2}}{S_{S2}} + 1 = \frac{28-2}{2} + 1 = 14$$
$$W_{S2} = \frac{W_{C1} - K_{S2}}{S_{S2}} + 1 = \frac{28-2}{2} + 1 = 14 \tag{3-2}$$

第三层（卷积层 C3）对尺寸为 $14×14×6$ 的输入特征使用 16 个卷积核进行卷积运算，卷积核大小 K 为 $5×5$，步长为 1，同时每个卷积核有一个偏置。输出特征尺寸为

$H_{C2} \times W_{C2} \times 16$，$H_{C2}$ 和 W_{C2} 计算方式如下：

$$H_{C2} = H_{S2} - K + 1 = 14 - 5 + 1 = 10$$
$$W_{C2} = W_{S2} - K + 1 = 14 - 5 + 1 = 10 \tag{3-3}$$

然后再利用 Sigmoid 函数对卷积操作过后的特征进行处理。

第四层(下采样层 S4)对尺寸为 $10 \times 10 \times 16$ 的输入特征进行平均池化操作，池化窗口 K_{S4} 为 2×2，步长 S_{S4} 为 2，每个通道有一个可学习偏置。输出特征尺寸为 $H_{S4} \times W_{S4} \times 16$，$H_{S4}$ 和 W_{S4} 计算方式如下：

$$H_{S4} = \frac{H_{C2} - K_{S4}}{S_{S4}} + 1 = \frac{10 - 2}{2} + 1 = 5$$
$$W_{S4} = \frac{W_{C2} - K_{S4}}{S_{S4}} + 1 = \frac{10 - 2}{2} + 1 = 5 \tag{3-4}$$

第五层(全连接层 F5)将输入尺寸为 $5 \times 5 \times 16$ 的特征展平为 400 维($5 \times 5 \times 16 = 400$)的特征进行全连接层处理，同时每个输出有一个偏置。最终输出 120 维的特征，然后再利用 Sigmoid 函数对特征进行处理。

第六层(全连接层 F6)对输入的 120 维特征再次进行全连接层处理，同时每个输出有一个偏置。最终输出 84 维特征，然后再利用 Sigmoid 函数对特征进行处理。

第七层(输出层)对输入的 84 维特征再次进行全连接层处理，输出 10 维特征(对应 10 个类别)，同时每个输出有一个偏置。最后利用 Softmax 函数对特征进行处理。

如表 3.1 所示，LeNet-5 的网络结构总参数量约为 60 000。LeNet-5 首次系统性地提出了卷积、池化与全连接结合的网络框架，这种设计层次结构明确，使用分层提取特征的方法。然而，在当时的硬件条件下，LeNet-5 只能处理较简单的任务(如手写数字识别)，不适合处理高分辨率或更复杂的任务。

表 3.1 LeNet-5 的结构概览

层级	类 型	输入大小	输出大小	参 数 量
1	卷积层 C1	$32 \times 32 \times 1$	$28 \times 28 \times 6$	$6 \times (5 \times 5) + 6 = 156$
2	池化层 S2	$28 \times 28 \times 6$	$14 \times 14 \times 6$	6
3	卷积层 C3	$14 \times 14 \times 6$	$10 \times 10 \times 16$	$16 \times 6 \times (5 \times 5) + 16 = 2416$
4	池化层 S4	$10 \times 10 \times 16$	$5 \times 5 \times 16$	16
5	全连接层 F5	400	120	$400 \times 120 + 120 = 48\ 120$
6	全连接层 F6	120	84	$120 \times 84 + 84 = 10\ 164$
7	输出层	84	10	$84 \times 10 + 10 = 850$

使用 PyTorch 框架实现 LeNet-5 的代码如下：

```python
import torch
import torch.nn as nn
import torch.nn.functional as F

class LeNet5(nn.Module):
    def __init__(self):
        super(LeNet5, self).__init__()
        self.conv1 = nn.Conv2d(1, 6, kernel_size=5)
        self.conv2 = nn.Conv2d(6, 16, kernel_size=5)
        self.fc1 = nn.Linear(16 * 5 * 5, 120)
        self.fc2 = nn.Linear(120, 84)
        self.fc3 = nn.Linear(84, 10)

    def forward(self, x):
        x = F.sigmoid(self.conv1(x))
        x = F.avg_pool2d(x, 2)
        x = F.sigmoid(self.conv2(x))
        x = F.avg_pool2d(x, 2)
        x = x.view(-1, 16 * 5 * 5)
        x = F.sigmoid(self.fc1(x))
        x = F.sigmoid(self.fc2(x))
        x = F.softmax(self.fc3(x), dim=1)
        return x

# 测试
model = LeNet5()
```

3.1.2 AlexNet 和 Dropout

AlexNet 是由 Alex Krizhevsky 等人在 2012 年提出的卷积神经网络模型，标志着深度学习在计算机视觉领域的一个重大突破。AlexNet 在 ILSVRC 2012 图像分类比赛中以巨大的优势赢得冠军（将错误率从 26% 降至 15%），推动了深度学习从学术研究迈向实际应用。

1. AlexNet

AlexNet 的设计受到 LeNet-5 的启发，但网络的层次更多、每一层的神经元或特征图数量更多、更复杂，同时借助 GPU 的计算能力，能处理大规模数据集（如 ImageNet）。如图 3.2 所示，AlexNet 的结构可以分为八层（不包括输入层），每一层都包括可学习参数。

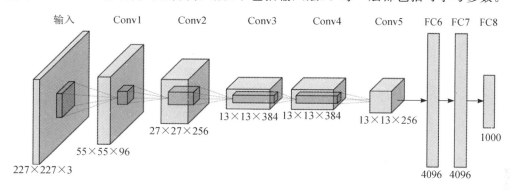

图 3.2　AlexNet 网络结构

接下来对 AlexNet 的流程进行简单介绍。

输入层输入 $227 \times 227 \times 3$ 的彩色图片。

第一层（卷积层 Conv1）使用 96 个大小为 11×11 的卷积核对输入图片（尺寸为 $227 \times 227 \times 3$）进行卷积操作，步长为 4，填充为 0。经过卷积处理后得到尺寸为 $55 \times 55 \times 96$ 的特征。然后对该特征使用 ReLU 激活函数（首次在 CNN 中使用 ReLU 替代 Sigmoid 以提高收敛速度）。紧接着使用局部响应归一化（LRN）增强局部信息。最后接一个 3×3 的最大池化层，步长为 2，输出特征尺寸为 $27 \times 27 \times 96$。

第二层（卷积层 Conv2）的输入特征尺寸为 $27 \times 27 \times 96$，首先使用 256 个 5×5 的卷积核（步长为 1，填充为 2）进行卷积运算，保持输出尺寸与输入相同，得到尺寸为 $27 \times 27 \times 256$ 的特征。进一步对该特征进行 ReLU 激活和局部响应归一化（LRN）处理。最后通过 3×3 的最大池化层（步长为 2），输出尺寸为 $13 \times 13 \times 256$。

第三层（卷积层 Conv3）的输入特征尺寸为 $13 \times 13 \times 256$，首先使用 384 个 3×3 的卷积核（步长为 1，填充为 1）进行卷积运算，保持输出尺寸与输入相同，得到尺寸为 $13 \times 13 \times 384$ 的特征。进一步对该特征进行 ReLU 激活，输出尺寸为 $13 \times 13 \times 384$。

第四层（卷积层 Conv4）的输入特征尺寸为 $13 \times 13 \times 384$，首先使用 384 个 3×3 的卷积核（步长为 1，填充为 1）进行卷积运算，保持输出尺寸与输入相同，得到尺寸为 $13 \times 13 \times 384$ 的特征。进一步对该特征进行 ReLU 激活，输出尺寸为 $13 \times 13 \times 384$。

第五层（卷积层 Conv5）的输入特征尺寸为 $13 \times 13 \times 384$，首先使用 256 个 3×3 的卷积核（步长为 1，填充为 1）进行卷积运算，得到尺寸为 $13 \times 13 \times 256$ 的特征。进一步对该特征进行 ReLU 激活。最后通过一个 3×3 的最大池化层(步长为 2),输出尺寸为 6×6×256。

第六层(全连接层 FC1)将输入尺寸为 6×6×256 的特征展平为 9216 维的(6×5×256＝9216)特征进行全连接层处理,同时每个输出有一个偏置。输出 4096 维的特征,然后再利用 ReLU 函数对特征进行处理。为了防止过拟合,加入了 Dropout(丢弃率设置为 50%)。

第七层(全连接层 FC2)对输入的维度为 4096 的特征进行全连接层处理,同时每个输出有一个偏置。输出 4096 维特征,然后再利用 ReLU 函数对特征进行处理。为了防止过拟合,加入了 Dropout(丢弃率设置为 50%)。

第八层(输出层 FC3)对输入的维度为 4096 的特征进行全连接层处理,同时每个输出有一个偏置。输出 1000 维特征,然后再利用 Softmax 函数对特征进行处理。

如表 3.2 所示,AlexNet 的网络结构总参数量约为 6000 万。AlexNet 用 ReLU 替代传统的 Sigmoid 和 Tanh 激活函数,解决了梯度消失问题,加速了训练。同时在全连接层中加入 Dropout,有效防止过拟合。此外,还使用随机裁剪、水平翻转等方法对训练数据进行扩充,提升泛化能力。受限于当时的硬件条件,AlexNet 使用两块 GPU 并行训练,合理分配计算任务。此外,AlexNet 提出了局部响应归一化(Local Response Normalization,LRN),提升了 ReLU 的表现。

表 3.2　AlexNet 网络的结构总览

层级	类　型	输入大小	输出大小	参　数　量
Conv1	卷积＋池化	227×227×3	27×27×96	(11×11×3)×96＋96＝34 944
Conv2	卷积＋池化	27×27×96	13×13×256	(5×5×96)×256＋256＝614 656
Conv3	卷积	13×13×256	13×13×384	(3×3×256)×384＋384＝885 120
Conv4	卷积	13×13×384	13×13×384	(3×3×384)×384＋384＝1 327 488
Conv5	卷积＋池化	13×13×384	6×6×256	(3×3×384)×256＋256＝884 992
FC1	全连接＋Dropout	9216	4096	9216×4096＋4096＝37 752 832
FC2	全连接＋Dropout	4096	4096	4096×4096＋4096＝16 781 312
FC3	全连接＋Softmax	4096	1000	4096×1000＋1000＝4 097 000

在 2012 年的 ImageNet 竞赛中,AlexNet 将 Top-5 错误率降低了 11%(从 26% 降到 15%),展现了深层神经网络的潜力,使得深度学习成为人工智能领域的主流方向。

使用 PyTorch 框架实现 AlexNet 的代码如下:

```
import torch
import torch.nn as nn
```

```python
import torch.nn.functional as F

class AlexNet(nn.Module):
    def __init__(self):
        super(AlexNet, self).__init__()
        self.conv1 = nn.Conv2d(3, 96, kernel_size=11, stride=4, padding=0)
        self.lrn1 = nn.LocalResponseNorm(size=5, alpha=1e-4, beta=0.75, k=2)
        self.pool1 = nn.MaxPool2d(kernel_size=3, stride=2)

        self.conv2 = nn.Conv2d(96, 256, kernel_size=5, stride=1, padding=2)
        self.lrn2 = nn.LocalResponseNorm(size=5, alpha=1e-4, beta=0.75, k=2)
        self.pool2 = nn.MaxPool2d(kernel_size=3, stride=2)

        self.conv3 = nn.Conv2d(256, 384, kernel_size=3, stride=1, padding=1)
        self.conv4 = nn.Conv2d(384, 384, kernel_size=3, stride=1, padding=1)
        self.conv5 = nn.Conv2d(384, 256, kernel_size=3, stride=1, padding=1)
        self.pool3 = nn.MaxPool2d(kernel_size=3, stride=2)

        self.fc1 = nn.Linear(256 * 6 * 6, 4096)
        self.dropout1 = nn.Dropout(0.5)
        self.fc2 = nn.Linear(4096, 4096)
        self.dropout2 = nn.Dropout(0.5)
        self.fc3 = nn.Linear(4096, 1000)

    def forward(self, x):
        x = F.relu(self.conv1(x))
        x = self.lrn1(x)    # LRN after Conv1
        x = self.pool1(x)
        x = F.relu(self.conv2(x))
        x = self.lrn2(x)    # LRN after Conv2
        x = self.pool2(x)
        x = F.relu(self.conv3(x))
        x = F.relu(self.conv4(x))
        x = F.relu(self.conv5(x))
        x = self.pool3(x)
        x = x.view(-1, 256 * 6 * 6)
```

```
        x = F. relu(self. fc1(x))
        x = self. dropout1(x)
        x = F. relu(self. fc2(x))
        x = self. dropout2(x)
        x = self. fc3(x)
        return x
# 测试模型
model = AlexNetWithLRN()
print(model)
```

总体而言，AlexNet 在现代卷积神经网络的发展历程中具有里程碑意义。通过深层网络结构、高效的激活函数、数据增强和 Dropout 技术，AlexNet 显著提升了图像分类的性能，为深度学习的发展奠定了基础。

2. Dropout

AlexNet 中采用的 Dropout 是一种在训练神经网络时防止过拟合（Overfitting）的正则化技术。它通过随机地"丢弃"一部分神经元，使模型在训练时不会过度依赖某些特定神经元，从而增强模型的泛化能力。

Dropout 技术最早由 Hinton 等人在 2012 年提出，是现代深度学习中广泛应用的一种方法。其核心思想是：在每次训练的前向传播中，随机地将某些神经元的输出置为 0（即"丢弃"），不参与后续的计算。这些被丢弃的神经元不再传播信息，但仍保留其权重，下一次训练时可能被激活。可以将 Dropout 类比为团队合作：在一个团队中，每个成员（神经元）都有自己的任务。假设随机让某些成员（神经元）缺席（即 Dropout），团队就必须依靠其他成员完成所有任务。通过这样的训练，团队中的每个成员都掌握了更加全面的技能，从而增强了团队的整体能力。

在网络训练阶段，对于每个神经元，以概率 p 将其"丢弃"，丢弃意味着该神经元的输出被置为 0。未被丢弃的神经元，其输出会除以 $1-p$，以保持整体输出的期望不变。在推理阶段，不再丢弃神经元，而是使用完整的网络（即 Dropout 被关闭）。同时，不需要对激活值进行缩放。Dropout 示意图如图 3.3 所示。

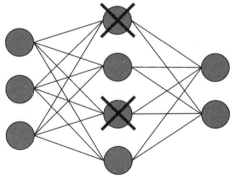

图 3.3 Dropout 示意图，p=0.5 时的网络连接状态

Dropout 的数学表示如下：

假设某一层的输入是 $x = [x_1, x_2, \cdots, x_n]$，其对应的输出是 $y = [y_1, y_2, \cdots, y_m]$，权重矩阵

是 W，偏置是 b，激活函数为 $f(\cdot)$。

（1）训练阶段：对每个输入神经元 x_i，生成一个随机变量 r_i：$r_i \sim \text{Bernoulli}(1-p)$。其中，$p$ 是 Dropout 的丢弃概率，$r_i = 0$ 表示被丢弃的神经元。最终输出为

$$y = f(W(x \odot r) + b) \tag{3-5}$$

其中 $\odot$ 表示逐元素乘法，r 是与输入相同维度的随机掩码。

（2）推理阶段：Dropout 被关闭，输出为

$$y = f(Wx + b) \tag{3-6}$$

Dropout 具有以下优势：

（1）防止过拟合。通过随机丢弃神经元，迫使网络学习更鲁棒的特征，减少了神经元之间的协同依赖（Co-adaptation），增强了模型的泛化能力。

（2）提高泛化性。Dropout 可以被认为是在训练过程中训练了多个子网络（由不同的神经元组成）。在推理阶段，这些子网络的效果被"平均"，从而提升了模型的泛化能力。

（3）实现简单。Dropout 的实现非常简单，仅需在网络中插入随机丢弃的操作即可。

Dropout 的适用场景如下：

（1）全连接层。Dropout 通常应用于全连接层，尤其是靠近输出的层，因为这些层的参数较多，更容易过拟合。

（2）稀疏数据和小数据集。Dropout 对于稀疏数据或小数据集的任务尤为有效，因为它能通过增加模型的鲁棒性防止过拟合。

3.1.3　VGG

VGG（Visual Geometry Group）网络是由牛津大学的 VGG 团队在 2014 年提出的一种深度卷积神经网络架构。VGG 在 ILSVRC 2014（ImageNet 大规模视觉识别挑战赛）中取得了亚军，并为后续深度网络的发展奠定了基础。其提出者 K. Simonyan 和 A. Zisserman 强调了通过堆叠小卷积核来构建深层网络的重要性。

VGG 的核心思想包括：小卷积核的堆叠；网络更深、更规则；固定的卷积核大小和池化策略。接下来逐一进行解释：

（1）小卷积核的堆叠。VGG 的核心思想是使用多个小卷积核代替较大的卷积核（如使用两个或三个 3×3 的卷积核代替一个 5×5 或 7×7 的卷积核）。具体而言，堆叠两个 3×3 卷积核可以覆盖与一个 5×5 卷积核相同的感受野，但参数更少：两个 3×3 卷积核的参数量为 $3 \times 3 + 3 \times 3 = 18$，而一个 5×5 卷积核的参数量为 $5 \times 5 = 25$。

小卷积核的堆叠可以增加网络深度，提升表达能力，同时也减少参数量，使模型更易训练。

（2）网络更深、更规则。VGG 系列的模型使用了一种高度规则化的网络架构，通过逐层堆叠卷积层和池化层，使网络深度从 11 层（VGG11）增加到 19 层（VGG19）。每个卷积层

的输出通道数逐渐增多(从 64 到 512),从而增强了特征提取能力。

(3) 固定的卷积核大小和池化策略。VGG 网络中所有卷积核的大小均为 3×3,步长为 1,填充为 1(保持输入尺寸不变)。所有池化层均采用 2×2 最大池化,步长为 2(使特征图尺寸减半)。

VGG 的不同版本包括 VGG11、VGG13、VGG16、VGG19,数字表示网络的层数(仅统计有权重的卷积层和全连接层)。以下以 VGG16 为代表进行介绍。

如表 3.3 所示,VGG16 的网络总参数量约为 138M(138 357 544),主要集中在全连接层。

表 3.3   VGG16 网络结构总览

层 级	类 型	输入大小	输出大小
Conv1_1	卷积层	224×224×3	224×224×64
Conv1_2	卷积层	224×224×64	224×224×64
Pool1	最大池化	224×224×64	112×112×64
Conv2_1	卷积层	112×112×64	112×112×128
Conv2_2	卷积层	112×112×128	112×112×128
Pool2	最大池化	112×112×128	56×56×128
Conv3_1	卷积层	56×56×128	56×56×128
Conv3_2	卷积层	56×56×256	56×56×128
Conv3_3	卷积层	56×56×256	56×56×128
Pool3	最大池化	56×56×256	28×28×256
Conv4_1	卷积层	28×28×256	28×28×256
Conv4_2	卷积层	28×28×256	28×28×256
Conv4_3	卷积层	28×28×256	28×28×256
Pool4	最大池化	28×28×256	14×14×512
Conv5_1	卷积层	14×14×512	14×14×512
Conv5_2	卷积层	14×14×512	14×14×512
Conv5_3	卷积层	14×14×512	14×14×512
Pool5	最大池化	14×14×512	7×7×512
FC6	全连接层	7×7×512＝25 088	4096
FC7	全连接层	4096	4096
FC8	全连接层	4096	1000

如图 3.4 所示，VGG 通过更深的网络结构捕获更复杂的特征，带来了强大的表达能力。它统一使用 3×3 卷积核和 2×2 池化层，结构清晰且易于理解。然而，这种结构也存在一些缺点。由于卷积层较深，全连接层的参数量巨大，所以存储和计算成本较高。大量参数还使得训练速度较慢，对硬件的要求较高。

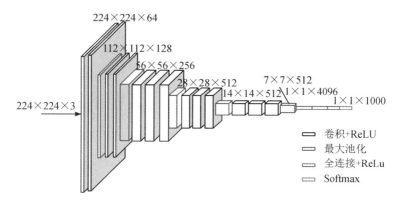

图 3.4　VGG 结构示意图

总体而言，VGG 网络采用小卷积核的堆叠和统一结构设计，其深层网络显著提高了图像分类性能。

3.2　新颖的 CNN 架构

本节将介绍几种新颖的卷积神经网络(CNN)架构。它们在传统 CNN 基础上进行了创新，显著提升了模型的性能和效率。这些架构不仅解决了深度学习中的梯度消失、计算复杂度和内存占用等问题，还在多个视觉任务中取得了突破性的进展。首先，将讨论 Network in Network(NIN)，该架构通过引入更深层次的非线性变换，改善了网络的表达能力。接下来是 ResNet，它通过引入残差连接解决了深度网络训练中的梯度消失问题，开创了极深网络的训练方法。Inception 架构则通过并行化不同规模的卷积操作，提升了计算效率和模型的灵活性。DenseNet 通过层与层之间的密集连接，增强了特征的传递和重用。MobileNet 和 EfficientNet 则分别针对移动设备和高效计算进行了优化，提供了轻量级的解决方案。最后，ConvNext 作为一种现代化的卷积架构，通过结合 Transformer 的设计思想，进一步提升了模型的表现。通过对这些创新架构的介绍，可以更好地理解如何利用现代 CNN 架构提升模型的性能和应用范围。

3.2.1　Network in Network(NIN)

Network in Network(NIN)是由 Lin Min 等人在 2013 年提出的一种创新卷积神经网络结构,主要发表在论文"Network In Network"中。NIN 提出了一种全新的卷积层设计方式,目的是提高神经网络的表达能力,解决传统卷积网络在特征表示上的局限性。

在传统卷积神经网络(如 LeNet 和 AlexNet)中,卷积层的作用是通过卷积核(Filter)提取特征。每个卷积核学习一个特定的线性特征表示,输出的特征图是卷积操作的结果。但卷积核存在以下局限:

(1) 卷积核本质上是一个线性变换,无法有效捕获复杂的非线性特征。

(2) 卷积核只能学习到局部区域的线性组合特征,无法对局部特征进行充分的非线性建模。

由于这种线性约束,传统卷积网络在提取深度特征时的表达能力受到限制。

为了提高卷积网络的表达能力,NIN 提出了一种新的卷积层结构,称为MLPConv(Multi-Layer Perceptron Convolution)层。MLPConv 层的核心思想是在卷积操作后引入多层感知机(MLP),对局部区域的特征进行非线性变换。MLPConv 层与传统卷积操作的对比如图 3.5 所示。

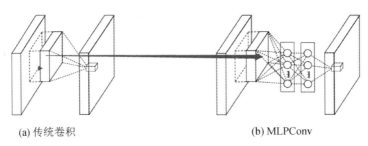

(a) 传统卷积　　　　　　　　　　　　(b) MLPConv

图 3.5　传统卷积与 MLPConv 层的对比

具体而言,MLPConv 层包含以下几个流程:

(1) 传统卷积操作。使用卷积核对输入特征图进行卷积,得到初步的线性特征。

(2) 多层感知机(MLP)。在每个卷积核的输出上堆叠多个 1×1 卷积层,形成一个小型的全连接网络(即 MLP)。通过多层非线性变换,对每个局部区域的特征进行更复杂的映射。

(3) 非线性激活。每个 1×1 卷积层后面接一个非线性激活函数(如 ReLU),引入非线性表达能力。

总体而言,MLPConv 层具有以下优势:

(1) 引入非线性映射。通过在每个局部区域使用多层感知机进行非线性变换,MLPConv 提高了网络的表达能力。

（2）参数量少。MLPConv 层中 1×1 卷积核的参数量很少，但通过多层堆叠，可以有效学习通道间的特征关系。

（3）提升特征提取能力。通过多层非线性变换，MLPConv 层可以更好地捕获复杂的局部特征。

（4）减少全连接层的依赖。NIN 网络的整体结构包括多个 MLPConv 层和全局平均池化层，在最后的分类阶段使用全局平均池化代替传统的全连接层，进一步减少了参数量。将全局平均池化的结果输入到 Softmax 层，输出最终的分类概率。

下面是在 PyTorch 框架下实现 MLPConv 的示例代码：

```python
import torch
import torch.nn as nn

class MLPConv(nn.Module):
    def __init__(self, in_channels, out_channels):
        super(MLPConv, self).__init__()
        self.conv1 = nn.Conv2d(in_channels, out_channels, kernel_size=3, padding=1)
        self.relu1 = nn.ReLU(inplace=True)
        self.conv2 = nn.Conv2d(out_channels, out_channels, kernel_size=1)      #1×1 卷积
        self.relu2 = nn.ReLU(inplace=True)
        self.conv3 = nn.Conv2d(out_channels, out_channels, kernel_size=1)      #1×1 卷积
        self.relu3 = nn.ReLU(inplace=True)

    def forward(self, x):
        x = self.relu1(self.conv1(x))
        x = self.relu2(self.conv2(x))
        x = self.relu3(self.conv3(x))
        return x
```

3.2.2　ResNet

ResNet(Residual Network)是由微软研究院的何恺明等人于 2015 年提出的一种深度卷积神经网络架构。它在 ILSVRC 2015(ImageNet 大规模视觉识别挑战赛)中夺得了冠军，标志着深度学习领域的一次重大突破。ResNet 解决了深层网络训练困难的问题，使得构建非常深(甚至超过 1000 层)的神经网络结构成为可能，极大地提高了模型的性能和表达能力。

1. 背景与挑战

在 ResNet 提出之前，人们普遍认为更深的网络可以提取更复杂的特征，从而提高性能。然而，随着网络加深，训练时会遇到以下问题：

（1）梯度消失和梯度爆炸：当网络层数增加时，反向传播是通过链式法则计算梯度的。网络越深，梯度在逐层反向传播的过程中会发生**累乘**，这会导致两个主要问题：梯度逐渐减小（梯度消失）或增大（梯度爆炸）。这使得网络难以学习到有效的特征。

梯度消失：当网络每一层反向传播时，梯度的值会与前一层的权重相乘。如果权重的数值较小（例如小于 0.1），多个小数相乘会导致梯度逐渐趋近于 **0**。当梯度变得非常小的时候，参数更新几乎停止，网络无法有效训练。

梯度爆炸：与梯度消失相反，如果权重的数值较大，多个大数相乘会导致梯度呈指数增长，变得非常大。梯度过大导致权重更新幅度过大，参数剧烈波动，训练过程变得不稳定，甚至发散。

（2）退化问题：即使采用适当的初始化和归一化技巧，网络越深，性能可能反而变差。性能下降并不是因为网络过拟合，而是由于训练难度的增加。

2. ResNet 的核心解决方案

面对以上问题，ResNet 提出的核心解决方案是引入残差块（Residual Block），通过跳跃连接（Shortcut Connection）来解决网络加深时的退化问题。

在普通的深度网络中，层与层之间直接连接，如图 3.6(a)所示，表示为

$$y = \mathcal{F}(x, W) \quad \text{（普通映射）} \tag{3-7}$$

其中 x 为输入特征。$\mathcal{F}(x, W)$ 表示对输入的变换，通常是卷积操作和激活函数。

在 ResNet 中，如图 3.6(b)所示，残差块的输出通过跳跃连接变为

$$y = \mathcal{F}(x, W) + x \quad \text{（残差映射）} \tag{3-8}$$

其中 x 是跳跃连接中的输入。$\mathcal{F}(x, W)$ 表示对输入的变换。

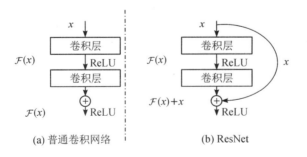

图 3.6　普通卷积网络与 ResNet 的图示

这种跳跃连接的优势在于：

（1）降低学习难度。网络只需学习输入与输出之间的残差，而非直接学习复杂的映射函数。

（2）梯度更易传播。跳跃连接使得梯度可以直接通过残差块向前传播，减轻了梯度消失问题。

具体而言，残差块在反向传播过程中，梯度可以通过跳跃连接**直接流向前面的层**，即

$$\frac{\partial \mathcal{L}}{\partial \boldsymbol{x}} = \frac{\partial \mathcal{L}}{\partial \mathcal{F}(\boldsymbol{x})} + 1 \qquad (3-9)$$

这里的"＋1"确保了梯度不会消失，因为它为梯度提供了一条稳定的通道。此外，跳跃连接使得每一层学习的是输入与输出之间的"残差"（即变化量），而不是复杂的映射。这使得权重的学习更加稳定，减少了梯度爆炸的风险。

3. ResNet 系列架构

ResNet 系列有多种深度版本，包括 ResNet-18、ResNet-34、ResNet-50、ResNet-101 和 ResNet-152。每个版本的具体信息如表 3.4 所示，其中输入网络的图像尺寸为 $224 \times 224 \times 3$。

表 3.4　ResNet 系列不同版本的结构

层级	输出尺寸	ResNet-18	ResNet-34	ResNet-50	ResNet-101	ResNet-152
卷积	112×112	7×7, 64, 步长为 2				
残差块	56×56	3×3 最大池化，步长为 2				
残差块	56×56	$\begin{bmatrix} 3 \times 3, 64 \\ 3 \times 3, 64 \end{bmatrix} \times 2$	$\begin{bmatrix} 3 \times 3, 64 \\ 3 \times 3, 64 \end{bmatrix} \times 3$	$\begin{bmatrix} 1 \times 1, 64 \\ 3 \times 3, 64 \\ 1 \times 1, 256 \end{bmatrix} \times 3$	$\begin{bmatrix} 1 \times 1, 64 \\ 3 \times 3, 64 \\ 1 \times 1, 256 \end{bmatrix} \times 3$	$\begin{bmatrix} 1 \times 1, 64 \\ 3 \times 3, 64 \\ 1 \times 1, 256 \end{bmatrix} \times 3$
残差块	28×28	$\begin{bmatrix} 3 \times 3, 128 \\ 3 \times 3, 128 \end{bmatrix} \times 2$	$\begin{bmatrix} 3 \times 3, 128 \\ 3 \times 3, 128 \end{bmatrix} \times 4$	$\begin{bmatrix} 1 \times 1, 128 \\ 3 \times 3, 128 \\ 1 \times 1, 512 \end{bmatrix} \times 4$	$\begin{bmatrix} 1 \times 1, 128 \\ 3 \times 3, 128 \\ 1 \times 1, 512 \end{bmatrix} \times 4$	$\begin{bmatrix} 1 \times 1, 128 \\ 3 \times 3, 128 \\ 1 \times 1, 512 \end{bmatrix} \times 8$
残差块	14×14	$\begin{bmatrix} 3 \times 3, 256 \\ 3 \times 3, 256 \end{bmatrix} \times 2$	$\begin{bmatrix} 3 \times 3, 256 \\ 3 \times 3, 256 \end{bmatrix} \times 6$	$\begin{bmatrix} 1 \times 1, 256 \\ 3 \times 3, 256 \\ 1 \times 1, 1024 \end{bmatrix} \times 6$	$\begin{bmatrix} 1 \times 1, 256 \\ 3 \times 3, 256 \\ 1 \times 1, 1024 \end{bmatrix} \times 23$	$\begin{bmatrix} 1 \times 1, 256 \\ 3 \times 3, 256 \\ 1 \times 1, 1024 \end{bmatrix} \times 36$
残差块	7×7	$\begin{bmatrix} 3 \times 3, 512 \\ 3 \times 3, 512 \end{bmatrix} \times 2$	$\begin{bmatrix} 3 \times 3, 512 \\ 3 \times 3, 512 \end{bmatrix} \times 3$	$\begin{bmatrix} 1 \times 1, 512 \\ 3 \times 3, 512 \\ 1 \times 1, 2048 \end{bmatrix} \times 3$	$\begin{bmatrix} 1 \times 1, 512 \\ 3 \times 3, 512 \\ 1 \times 1, 2048 \end{bmatrix} \times 3$	$\begin{bmatrix} 1 \times 1, 512 \\ 3 \times 3, 512 \\ 1 \times 1, 2048 \end{bmatrix} \times 3$
	1×1	平均池化、全连接层以及 Softmax				

4. 残差块设计

ResNet 系列的残差块设计包括了两种结构，包括基本残差块与瓶颈残差块，其对比如表 3.5 所示。

表 3.5 基本残差块与瓶颈残差块的对比

项　目	不同类型残差块的特点	
	基本残差块	瓶颈残差块
结构	2 个 3×3 卷积层	1 个 1×1 降维＋1 个 3×3 卷积＋1 个 1×1 升维
计算量	较大	较小（通过降维减少计算）
参数量	较少	较多，但计算效率更高
应用场景	浅层网络（ResNet-18/34）	深层网络（ResNet-50/101/152）
优点	结构简单，易理解	参数量可控，适合构建超深网络

1) 基本残差块

基本残差块用于较浅的网络（如 ResNet-18 和 ResNet-34）。它包含两个 3×3 卷积层，适合较浅的网络。

假设输入特征图为 $x \in \mathbb{R}^{B \times C \times H \times W}$，其中 B 为批次数量大小，H 和 W 分别为特征的高和宽，C 为通道数。基本残差块的处理过程如图 3.7(a) 所示。具体解释如下：

（1）输入 x 经过卷积核大小为 3×3 的卷积操作、批次归一化以及激活函数 ReLU 处理，输出特征图 $x_1 = \mathrm{ReLU}(\mathrm{BN}(\mathrm{Conv}(x)))$，$x_1 \in \mathbb{R}^{C \times H \times W}$。

（2）x_1 经过卷积核大小为 3×3 的卷积操作、批次归一化，输出特征图 $x_2 = \mathrm{BN}(\mathrm{Conv}(x_1))$，$x_2 \in \mathbb{R}^{C \times H \times W}$。

（3）输入 x 与经过两次卷积后的输出 x_2 通过跳跃连接相加，并利用激活函数 ReLU 处理，得到输出 y：

$$y = \mathrm{ReLU}(x + x_2), \quad y \in \mathbb{R}^{C \times H \times W} \tag{3-10}$$

2) 瓶颈残差块

瓶颈残差块用于较深的网络（如 ResNet-50、ResNet-101 和 ResNet-152）。它包含三个卷积层：1×1 卷积用于降低维度，3×3 卷积用于特征提取，1×1 卷积用于恢复维度。在较深的网络中，直接使用基本残差块会导致计算量和参数量过大，训练效率低下。因此，瓶颈结构通过 1×1 卷积进行降维和升维，减少计算量，提升网络的效率，同时保持强大的特征提取能力。

假设输入特征图为 $x \in \mathbb{R}^{B \times C \times H \times W}$，其中 B 为批次数量大小，H 和 W 分别为特征的高和宽，C 为通道数。瓶颈残差块的处理过程如图 3.7(b) 所示，具体解释如下：

（1）输入 x 经过卷积核大小为 1×1 的卷积操作，将通道数从 C 降到一个较小的值 C_{mid}。然后进行批次归一化以及激活函数 ReLU 处理，输出特征图 $x_1 = \mathrm{ReLU}(\mathrm{BN}(\mathrm{Conv}(x)))$，$x_1 \in \mathbb{R}^{C_{\mathrm{mid}} \times H \times W}$。

（2）x_1 经过卷积核大小为 3×3 的卷积操作，用于特征提取。然后进行批次归一化及激活函数 ReLU 处理，输出特征图 $x_2 = \mathrm{ReLU}(\mathrm{BN}(\mathrm{Conv}(x_1)))$，$x_2 \in \mathbb{R}^{C_{\mathrm{mid}} \times H \times W}$。

（3）x_2 经过卷积核大小为 1×1 的卷积操作，将通道数恢复到原始的 C，然后进行批次归一化处理，输出特征图 $x_3 = \mathrm{BN}(\mathrm{Conv}1\times1(x_2))$，$x_3 \in \mathbb{R}^{C \times H \times W}$。

（4）输入 x 与经过三次卷积后的输出 x_3 通过跳跃连接相加，并利用激活函数 ReLU 处理，得到输出 y：

$$y = \mathrm{ReLU}(x + x_3), \quad y \in \mathbb{R}^{C \times H \times W} \tag{3-11}$$

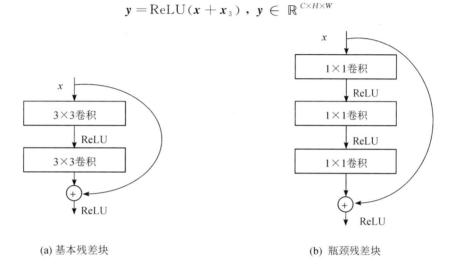

(a) 基本残差块　　　　　　　　　(b) 瓶颈残差块

图 3.7　基本残差块与瓶颈残差块

总体而言，ResNet 通过引入残差连接解决了超深网络训练中的梯度消失问题，可以轻松训练超过 100 层的网络，如 ResNet-152。此外，其瓶颈结构减少了参数量，提高了计算效率。在 ImageNet 大规模视觉识别挑战赛上，ResNet 取得了显著的性能提升，成为计算机视觉领域许多任务的基础网络架构。

3.2.3　Inception

Inception v1 也称为 GoogLeNet，是由 Google 团队在 2014 年提出的一种深度卷积神经网络结构，发表在论文"Going Deeper with Convolutions"中。该网络在 ILSVRC 2014（ImageNet 大规模视觉识别挑战赛）中夺得了冠军，标志着深度学习领域进一步的发展。

在卷积神经网络的发展中，研究者们面临两个主要挑战：如何增加网络深度和宽度来提高性能；如何减少计算量和参数量，使网络可以高效地运行。

Inception v1 通过设计 Inception 模块来解决以上问题。Inception 模块的核心思想是：

并行使用不同大小的卷积核以及池化操作，让网络在不同尺度上同时提取特征。这种设计基于以下几点考虑：

（1）不同大小的卷积核可以捕获不同尺度的特征。小卷积核（如 1×1）可以捕获局部细节，而大卷积核（如 3×3、5×5）可以捕获更大范围的上下文信息。

（2）使用池化操作可以进一步减少计算量，并获取更具鲁棒性的特征。

（3）多路径并行设计。Inception 模块通过并行化不同的卷积核和池化操作，使得网络能够同时学习到丰富的多尺度特征。

Inception 模块的结构如图 3.8 所示。

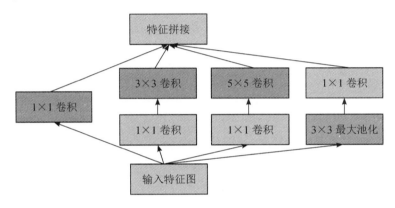

图 3.8　Inception 模块示意图

一个标准的 Inception 模块包括四个分支，具体如下：

分支 1 为 1×1 卷积，用于降维，减少通道数，降低计算复杂度，同时提取局部信息。

分支 2 为 1×1 卷积＋3×3 卷积。先通过 1×1 卷积降维，然后用 3×3 卷积提取中等尺度的特征。

分支 3 为 1×1 卷积＋5×5 卷积。先用 1×1 卷积降维，再用 5×5 卷积提取大尺度的特征。

分支 4 为 3×3 最大池化＋1×1 卷积，使用最大池化减少空间维度，增加特征的鲁棒性。1×1 卷积再进一步压缩通道。

最后，将这四个分支的输出在通道维度上拼接（Concatenate），形成最终的输出特征图。拼接操作是深度学习中一种常用的张量（Tensor）合并方法，主要用于将多个张量（特征图）在指定的维度上组合，形成一个新的张量。拼接操作常用于网络结构中，如 Inception 模块、跳跃连接和一些特殊的网络设计。假设有多个输入张量，A 的形状是 N，C_1，H，W，B 的形状是 N，C_2，H，W。其中 N 是批次大小（Batch Size），C_1 和 C_2 是通道数，H 和 W 是高度和宽度。通道维度拼接就是将 A 和 B 在通道维度上进行合并，形成一个新的张量 C，其形状为

$$C = \mathrm{Concat}(\boldsymbol{A}, \boldsymbol{B}) \Rightarrow (N, C_1 + C_2, H, W) \tag{3-12}$$

　　Inception v1 是基于 Inception 模块构建的深度网络，它包含 22 层(包括卷积层、池化层、全连接层)。Inception v1 通过堆叠多个 Inception 模块逐步提取高层次特征。在最后一层卷积输出后，使用全局平均池化代替传统的全连接层，大大减少了参数量。此外，Inception v1 在中间部分引入了两个辅助分类器具体见论文 "Going Deeper with Convolations"(Christian Szegedy)，帮助解决梯度消失问题，并增强网络的学习能力。在 ImageNet 数据集上，Inception v1 取得了 6.67% 的 Top-5 错误率，优于同期的 AlexNet 和 VGG。

　　在 PyTorch 框架中实现 Inception 模块的代码如下：

```python
import torch
import torch.nn as nn

class InceptionBlock(nn.Module):
    def __init__(self, in_channels, out_1×1, red_3x3, out_3×3, red_5×5, out_5x5, pool_proj):
        super(InceptionBlock, self).__init__()
        # 分支1: 1×1 卷积
        self.branch1 = nn.Conv2d(in_channels, out_1×1, kernel_size=1)

        # 分支2: 1×1 卷积 → 3×3 卷积
        self.branch2 = nn.Sequential(
            nn.Conv2d(in_channels, red_3×3, kernel_size=1),
            nn.Conv2d(red_3×3, out_3×3, kernel_size=3, padding=1)
        )

        # 分支3: 1×1 卷积 → 5×5 卷积
        self.branch3 = nn.Sequential(
            nn.Conv2d(in_channels, red_5×5, kernel_size=1),
            nn.Conv2d(red_5x5, out_5×5, kernel_size=5, padding=2)
        )
        # 分支4: 3×3 最大池化 → 1×1 卷积
        self.branch4 = nn.Sequential(
            nn.MaxPool2d(kernel_size=3, stride=1, padding=1),
            nn.Conv2d(in_channels, pool_proj, kernel_size=1)
        )
```

```
def forward(self, x):
    branch1 = self.branch1(x)
    branch2 = self.branch2(x)
    branch3 = self.branch3(x)
    branch4 = self.branch4(x)
    # 在通道维度上拼接输出
    return torch.cat([branch1, branch2, branch3, branch4], dim=1)
```

Inception v1 引入了基本的 Inception 模块。此后，Inception v2 和 Inception v3 引入批归一化和分解卷积核（即将 5×5 卷积分为 2 个 3×3 卷积）。Inception v4 和 Inception-ResNet 融合了残差连接（ResNet）和 Inception 模块，进一步提升了性能。

3.2.4 DenseNet

DenseNet(Densely Connected Convolutional Networks)是由黄高等人于 2017 年提出的一种创新型深度卷积神经网络，发表在论文"Densely Connected Convolutional Networks"中。DenseNet 通过设计一种密集连接(Dense Connectivity)的结构，解决了深度网络中的信息流动问题，同时减少了参数量，提升了网络的训练效率和准确率。

在深度学习发展过程中，ResNet 提出了残差连接，有效解决了深层网络的梯度消失和梯度爆炸问题，使得超深网络的训练成为可能。然而，ResNet 仍然存在以下局限性：

（1）特征复用不足：不同层之间的信息流动较弱，每一层仅依赖前一层的输出。

（2）冗余的计算：每一层都要重新学习特征，导致参数冗余，计算量较大。

为了解决这些问题，DenseNet 提出了密集连接的思想，进一步优化了信息流动和特征复用，极大地提升了网络的性能。密集连接是指在网络中，任意一层的输入是前面所有层的输出的集合。也就是说，网络中的每一层都与之前的所有层直接相连。DenseNet 的网络由多个 Dense Block(密集块)和过渡层(Transition Layer)组成，如图 3.9 所示。接下来对这两个组件进行详细介绍。

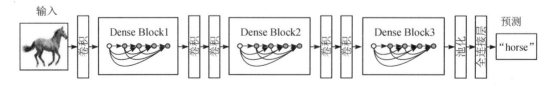

图 3.9　DenseNet 的网络示意图

密集块是 DenseNet 的核心模块，包含多层卷积层，每一层的输入是前面所有层输出的拼接。如图 3.10 所示，在密集块中，每一层输出的通道数增量称为增长率(Growth Rate)，

用 k 表示。假设输入特征图的通道数为 C_{in}，经过 l 层后，输出通道数 $C_{out}=C_{in}+lk$。在密集块中，对于网络中的第 l 层，它的输入不是前一层的输出，而是前面所有层的输出的集合：

$$x_l = H_l([x_0, x_1, \cdots, x_{l-1}]) \tag{3-13}$$

其中，x_l 表示第 l 层的输出，H_l 表示第 l 层的变换函数（如卷积、激活等操作）。$[x_0, x_1, \cdots, x_{l-1}]$ 表示将前 l 层的输出在通道维度上拼接。这种结构保证了信息流动更加顺畅，前面所有层的特征都可以被后面的层使用，实现了特征复用。

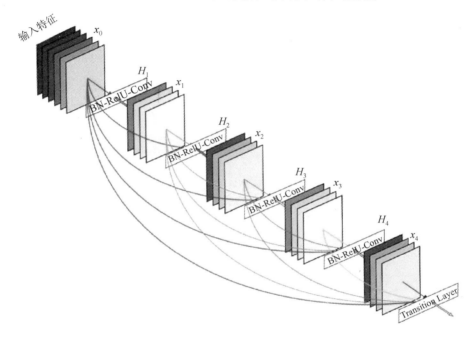

图 3.10　一个 5 层密集块示意图，增长率 $k=4$

为了控制网络的计算复杂度和特征图的尺寸，DenseNet 在密集块之间使用了过渡层（Transition Layer）。如图 3.9 和图 3.10 所示，过渡层主要包含两个关键操作：1×1 卷积用于减少通道数，降低计算量，2×2 平均池化将特征图的尺寸减半。过渡层的作用是连接不同的密集块，同时避免通道数和计算量过大。

DenseNet 的每一层都能直接使用前面所有层的特征，避免了特征的冗余计算，提高了网络的特征表示能力和效率。由于所有层之间都有直接连接，反向传播的梯度可以顺利地流动到前面层，有效缓解了梯度消失问题。同时，由于实现了特征复用，DenseNet 不需要大通道数的特征图，整体参数量比 ResNet 少，但性能更好。此外，密集连接结构增强了信息流动，使网络更容易训练，并具有更好的泛化性能。

下面是 DenseNet 中密集块的 PyTorch 实现代码：

```python
import torch
import torch.nn as nn

# 定义单层 Dense Layer
class DenseLayer(nn.Module):
    def __init__(self, in_channels, growth_rate):
        super(DenseLayer, self).__init__()
        self.bn = nn.BatchNorm2d(in_channels)
        self.relu = nn.ReLU(inplace=True)
        self.conv = nn.Conv2d(in_channels, growth_rate, kernel_size=3, stride=1, padding=1, bias=False)

    def forward(self, x):
        out = self.conv(self.relu(self.bn(x)))
        return torch.cat([x, out], dim=1)   # 将输入和输出拼接在一起

# 定义 Dense Block
class DenseBlock(nn.Module):
    def __init__(self, num_layers, in_channels, growth_rate):
        super(DenseBlock, self).__init__()
        self.layers = nn.ModuleList()
        for i in range(num_layers):
            self.layers.append(DenseLayer(in_channels + i * growth_rate, growth_rate))

    def forward(self, x):
        for layer in self.layers:
            x = layer(x)   # 每一层都与之前的输出拼接
        return x

# 测试 Dense Block
x = torch.randn(1, 64, 32, 32)   # 输入特征图：Batch=1,通道=64,尺寸=32×32
dense_block = DenseBlock(num_layers=4, in_channels=64, growth_rate=32)
output = dense_block(x)
print("输出形状：", output.shape)   # 通道数增加:64+4×32=192
```

总体而言，DenseNet 的核心创新在于引入密集连接，使每一层都直接与之前所有层相连，极大地提升了特征复用和信息流动。DenseNet 也因特征复用、信息流动顺畅、参数量更少、训练效率更高等特点，广泛应用于计算机视觉中的多项任务中。

3.2.5 MobileNet

MobileNet 是由 Google 在 2017 年提出的一种轻量级卷积神经网络，专为移动端设备和嵌入式设备设计，目标是在计算资源有限的情况下实现高效的图像分类、目标检测和语义分割等任务。MobileNet 通过引入深度可分离卷积，大幅减少了参数量和计算量，同时保持较高的性能。

传统的卷积神经网络(如 VGG、ResNet 等)虽然在性能上表现出色，但存在以下问题：

(1) 参数量大。这些网络通常包含大量的参数，导致模型过于庞大。

(2) 计算开销高。移动端或嵌入式设备，因计算资源有限，很难运行大型网络。

(3) 无法实时处理。复杂的网络在部署时会导致推理速度慢，难以满足实时应用需求。

为了解决这些问题，MobileNet 采用了轻量级设计，重点关注网络的高效性和性能的平衡。

MobileNet 的核心创新是引入了深度可分离卷积，将标准卷积操作分解为以下两个独立的步骤：

深度卷积(Depthwise)：每个卷积核在单个输入通道上独立滑动。

逐点卷积(Pointwise)：使用 1×1 卷积将不同通道的信息进行线性组合。

深度可分离卷积的具体流程将在 3.3.3 节进行详细描述。

MobileNet 的网络由一系列深度可分离卷积层组成。网络结构示例如表 3.6 所示。

表 3.6 MobileNet 的网络结构

层 级	输入维度	操 作	输出维度
输 入	$224 \times 224 \times 3$	3×3 卷积	$112 \times 112 \times 32$
深度可分离卷积 1	$112 \times 112 \times 32$	深度卷积＋逐点卷积	$112 \times 112 \times 64$
深度可分离卷积 2	$112 \times 112 \times 64$	深度卷积＋逐点卷积	$56 \times 56 \times 128$
深度可分离卷积 3	$56 \times 56 \times 128$	深度卷积＋逐点卷积	$28 \times 28 \times 256$
深度可分离卷积 4	$28 \times 28 \times 256$	深度卷积＋逐点卷积	$14 \times 14 \times 512$
...	...	...	...
平均池化	$7 \times 7 \times 1024$	全局平均池化	$1 \times 1 \times 1024$
分类	$1 \times 1 \times 1024$	全连接＋Softmax	类别数量

此外，MobileNet 引入了宽度乘子 α 和分辨率乘子 ρ 两个超参数，用于进一步调整网络的大小和计算量。宽度乘子（Width Multiplier），用于控制网络的宽度（通道数）。当 $\alpha < 1$ 时，通道数减少，计算量降低。例如，当 $\alpha = 0.75$ 时，通道数变为原来的 75%。分辨率乘子（Resolution Multiplier），用于控制输入图像的分辨率。输入分辨率越小，计算量越低，但可能会影响性能。

MobileNet 使用深度可分离卷积大幅减少了计算量和参数量，可以在移动设备和嵌入式设备上高效部署，以满足实时应用的需求。宽度乘子和分辨率乘子，可以根据实际应用场景进行权衡（例如在计算资源和精度之间选择）。

在 MobileNet 的基础上，一系列新的 MobileNet 被提出，比如 MobileNetV2 引入了线性瓶颈结构（Linear Bottleneck）和倒残差结构（Inverted Residual），更有效地利用了特征图之间的特征关系，进一步提升了网络性能和效率。MobileNetV3 基于 NAS（神经网络架构搜索）优化设计，引入了 SE 注意力机制和 h-swish 激活函数，进一步减少了计算量并提高了准确率。

在 PyTorch 中实现 MobileNet 示例如下所述，其中"pretrained＝True"表示已经加载了训练过的模型权重。

```python
import torch
import torchvision.models as models

# 加载预训练的 MobileNetV1
model = models.mobilenet_v2(pretrained=True)

# 打印网络结构
print(model)

# 示例输入：一张 224×224 的 RGB 图片
x = torch.randn(1,3,224,224)
output = model(x)
print("输出形状：", output.shape)    # 输出 1000 类的预测分数
```

总体而言，MobileNet 是轻量级网络设计的代表之一，它通过巧妙的结构设计，为资源受限的场景提供了高效且强大的解决方案。

3.2.6　ConvNeXt

ConvNeXt 是由 Facebook AI Research（FAIR）于 2022 年提出的一种新型卷积神经网

络。该网络重新设计了传统卷积神经网络,通过借鉴视觉 Transformer(如 ViT 和 Swin Transformer,见第六章介绍)的结构设计思想,使得网络能够在性能上与视觉 Transformer 相媲美,甚至超越它们。

随着视觉 Transformer 在图像任务中的流行,传统卷积神经网络(如 ResNet、EfficientNet)逐渐面临挑战。这是因为 Transformer 结构灵活,它利用全局注意力机制捕获长距离依赖关系,在高分辨率任务中表现出色;Transformer 结构更容易适应现代硬件(如 GPU 和 TPU),充分发挥其并行计算能力;而传统卷积神经网络的设计(如 ResNet)在灵活性和性能上面临瓶颈。

为此,ConvNeXt 采用了一种现代化的卷积神经网络设计,通过融合 Transformer 的设计理念(如层归一化、GELU 激活函数、深度卷积等),让卷积网络在性能上与 Transformer 竞争。

ConvNeXt 的基本组件是 ConvNeXt 块,其设计核心在于保持了卷积的优势且引入了 Transformer 的优化设计。ConvNeXt 采用标准化操作(如 LayerNorm)和深度可分离卷积(Depthwise Separable Convolution),简化了网络结构,移除了冗余组件,改进了激活函数(GELU)。

在 ResNet 块(如图 3.11(a)所示)的主干网络结构上,ConvNeXt 块(如图 3.11(b)所示)进行了如下优化:

(1)在每个卷积块中,使用层归一化进行归一化(LayerNorm)替代批次归一化,确保网络稳定,并与 Transformer 设计一致。

(2)在每个块中,使用深度可分离卷积替代标准卷积,减少计算量。

(3)使用 GELU(Gaussian Error Linear Unit)激活函数替代传统的 ReLU 激活函数,

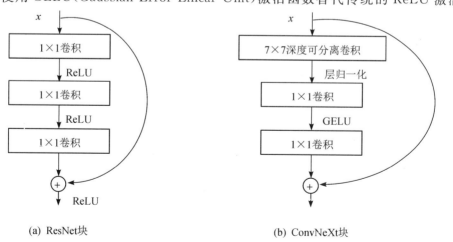

(a) ResNet块　　　　　　　　　　(b) ConvNeXt块

图 3.11　ResNet 块和 ConvNeXt 块对比

提供了更平滑的非线性激活效果。

（4）卷积核的大小增大到 7×7，能够捕获更大范围的上下文信息。

ConvNeXt 的整体架构分为四个阶段（与 Swin Transformer 类似，见第六章介绍），对于输入大小为 $224 \times 224 \times 3$ 的彩色图片，ConvNeXt 的结构如表 3.7 所示。

表 3.7 ConvNeXt 的结构

阶 段	操 作	输出特征图大小
1	卷积和层归一化	56×56
2	多个 ConvNeXt 块操作	28×28
3	多个 ConvNeXt 块操作	14×14
4	多个 ConvNeXt 块操作	7×7
分类	全局平均池化＋全连接	1

ConvNeXt 在 ImageNet 数据集上实现了与 Swin Transformer 相当的性能，甚至在一些任务上超越了 Transformer，并且卷积操作在计算上更高效，且更适合硬件加速（如 GPU 和 TPU）。ConvNeXt 保持了卷积神经网络的易用性，减少了复杂的设计和超参数。

下面是一个简单的 PyTorch 实现 ConvNeXt 块的示例：

```python
import torch
import torch.nn as nn

# 定义 ConvNeXt 块
class ConvNeXtBlock(nn.Module):
    def __init__(self, in_channels):
        super(ConvNeXtBlock, self).__init__()
        self.dwconv = nn.Conv2d(in_channels, in_channels, kernel_size=7, padding=3, groups=in_
            channels)                         # 深度卷积
        self.norm = nn.LayerNorm([in_channels, 1, 1])   # LayerNorm
        self.pwconv1 = nn.Conv2d(in_channels, 4 * in_channels, kernel_size=1)
                                              # Pointwise 卷积（通道扩展）
        self.act = nn.GELU()                  # GELU 激活
        self.pwconv2 = nn.Conv2d(4 * in_channels, in_channels, kernel_size=1)
                                              # 通道压缩

    def forward(self, x):
```

```
        residual = x
        x = self.dwconv(x)              # 深度卷积
        x = self.norm(x)                # LayerNorm
        x = self.pwconv1(x)             # Pointwise 卷积(扩展)
        x = self.act(x)                 # GELU 激活
        x = self.pwconv2(x)             # Pointwise 卷积(压缩)
        return x + residual             # 残差连接

# 测试 ConvNeXt 块
x = torch.randn(1,64,56,56)             # 输入：批次大小=1,通道数=64,特征图大小=56×56
block = ConvNeXtBlock(64)
output = block(x)
print("输出形状：",output.shape)
"""
```

　　总体而言，ConvNeXt 展示了卷积神经网络在与 Transformer 竞争中依然具有很强的生命力，并证明通过现代化的设计，卷积神经网络可以达到更高的性能。

3.3 新 型 卷 积

　　本节将介绍几种新型的卷积方法，如空洞卷积、可变形卷积、深度可分离卷积等。它们在提升卷积神经网络(CNN)性能的同时解决了计算效率、参数量和模型可解释性等问题。空洞卷积(Dilated Convolution)通过在卷积核中引入空隙，扩大了感受野，避免了池化层带来的信息丢失，同时保持了计算效率。可变形卷积(Deformable Convolution)通过将复杂的卷积操作分解成多个较简单的操作，有效减少了计算量。深度可分离卷积(Depthwise Separable Convolution)进一步减少了参数量，降低了计算复杂度，成为轻量级模型(如 MobileNet)的核心技术之一。通过对这些新型卷积方法的了解，我们可以更好地理解卷积操作在不同任务中的优化方向以及如何在保证性能的前提下提升计算效率。

3.3.1 空洞卷积

　　空洞卷积是卷积神经网络(CNN)中一种特殊的卷积操作。它通过在卷积核中插入空隙(或称"膨胀")来扩大感受野，从而捕获更大范围的信息，同时不会增加参数量或降低特征图的分辨率。空洞卷积是由 Liang-Chieh Chen 等人在 2015 年提出的，主要用于图像分割、目标检测等任务，在需要高分辨率输出的场景中表现优异。

在深度卷积网络中，感受野是指网络中某一特征点在输入图像上的覆盖区域。感受野越大，网络能捕获的上下文信息越丰富。但在传统卷积和池化操作中存在两个问题：

（1）扩大感受野的代价高。如果要增大感受野，通常需要增加卷积核的大小（如 $3\times3\to$ $5\times5\to7\times7$）。而卷积核变大导致参数量增加，计算开销也会显著增加。

（2）特征图分辨率降低。使用池化层或步长大于 1 的卷积来扩大感受野，往往会导致特征图的分辨率降低，而分辨率降低会损失特征图的细节信息。这对于任务如语义分割非常不利。

空洞卷积的核心是在卷积核中引入空隙，使卷积核能够覆盖更大范围的输入，而无须增加参数量或降低特征图的分辨率。

在空洞卷积中，膨胀率（记作 d）控制了卷积核中元素之间的间隔。具体来说，当膨胀率 $d=1$ 时，空洞卷积退化为标准卷积。当膨胀率 $d>1$ 时，卷积核中的元素之间插入了空隙。

假设输入特征图的大小为 5×5，卷积核大小为 3×3，下面分析不同膨胀率的空洞卷积的感受野。

当膨胀率 $d=1$（标准卷积）时，如图 3.12(a)所示，卷积核覆盖 3×3 的区域，所有元素是连续的，故感受野大小为 3×3。

当膨胀率 $d=2$ 时，如图 3.12(b)所示，在 3×3 卷积核的每两个元素之间插入一个空隙，故实际感受野大小扩大为 5×5，但参数量不变。

当膨胀率 $d=3$ 时，在 3×3 卷积核的每两个元素之间插入两个空隙，故感受野大小扩大为 7×7。

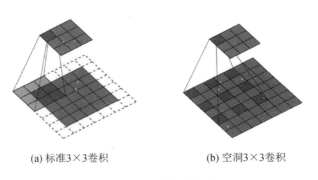

(a) 标准3×3卷积   (b) 空洞3×3卷积

图 3.12　两种卷积核对比

空洞卷积能够在不增加卷积核大小和参数量的情况下有效扩大感受野，从而捕获更多的上下文信息。此外，空洞卷积不会像池化或标准卷积那样降低特征图的分辨率，适用需要高分辨率输出的任务（如语义分割）。相比直接增加卷积核大小（如从 3×3 到 7×7），空洞卷积可以在参数量不变的情况下实现相似的效果。

在 PyTorch 中，可以通过在"nn.Conv2d"中设置"dilation"参数来实现空洞卷积。例如：

```python
#### * * 示例代码 * *

``` python
import torch
import torch.nn as nn

# 定义输入特征图 (Batch=1,Channels=1,H=5,W=5)
x = torch.randn(1,1,5,5)

# 标准卷积 (dilation=1)
conv1 = nn.Conv2d(in_channels=1,out_channels=1,kernel_size=3,dilation=1,padding=1)
output1 = conv1(x)
print("标准卷积输出形状：",output1.shape)

# 空洞卷积 (dilation=2)
conv2 = nn.Conv2d(in_channels=1,out_channels=1,kernel_size=3,dilation=2,padding=2)
output2 = conv2(x)
print("空洞卷积（d=2）输出形状：",output2.shape)

# 空洞卷积 (dilation=3)
conv3 = nn.Conv2d(in_channels=1,out_channels=1,kernel_size=3,dilation=3,padding=3)
output3 = conv3(x)
print("空洞卷积（d=3）输出形状：",output3.shape)
```
```

尽管空洞卷积具有巨大优势，但其仍存在一些限制：① 存在网格效应（Gridding Effect），即当膨胀率较大时，卷积核中的元素会跳过大量位置，可能导致部分输入信息被忽略，此时可以通过多尺度空洞卷积（如不同膨胀率组合）减少信息遗漏；② 空洞卷积的计算较标准卷积复杂，尤其在大尺度任务中需要额外进行优化。

总而言之，空洞卷积是通过在卷积核中插入空隙来扩大感受野的一种卷积操作。其可以扩大感受野，捕获更大范围的上下文信息，同时保持特征图分辨率、参数量和计算量几乎不变。空洞卷积为高分辨率任务提供了强大的特征提取能力，使网络能够在保持计算高效的同时捕获丰富的上下文信息。

3.3.2 可变形卷积

可变形卷积网络（Deformable Convolutional Network）是由微软亚洲研究院于 2017 年在"Deformable Convolutional Networks"论文中提出的一个创新性的卷积神经网络，其核心是可变形卷积。可变形卷积的核心思想是：让卷积的采样位置能够根据输入图像的特征进行自适应调整，从而解决标准卷积在处理几何变化较大任务（如目标检测、语义分割）时的局限性。

在标准卷积操作中，卷积核的采样位置是固定的，如 3×3 卷积核会固定地对输入的 3×3 区域进行采样，如图 3.13(a) 所示。这种固定的采样位置限制了网络对形变物体、不同尺度、复杂几何结构的建模能力。比如现实场景中，物体的形状、姿态和大小可能存在较大变化（如倾斜、弯曲、拉伸），而标准卷积因固定的采样位置，难以灵活地捕捉这些变化。可变形卷积通过引入动态学习的偏移量（Offset），让卷积核的采样点可以根据输入特征进行自适应调整，从而更灵活地捕获更丰富的几何信息，如图 3.13(b) 所示。

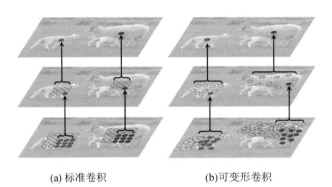

(a) 标准卷积　　　　　　(b)可变形卷积

图 3.13　两种卷积感受野与卷积核采样点的区别

在标准卷积中，对于输入特征图 x，输出 y 的计算公式为

$$y(p_0) = \sum_{p_n \in \mathcal{R}} w(p_n) \cdot x(p_0 + p_n) \tag{3-14}$$

其中，p_0 表示输出特征图的位置，p_n 表示固定的采样位置，$w(p_n)$ 为卷积核的权重，$\mathcal{R}$ 表示卷积核的采样点集合。如图 3.14(a) 所示，3×3 卷积时 $\mathcal{R} = \{(-1, -1), (-1, 0), \cdots, (1, 1)\}$，其中 $(-1, -1)$ 代表 $x(p_0)$ 的左上角。

在可变形卷积中，卷积核的采样位置 p_n 不再固定，而是通过引入一个学习到的偏移量 Δp_n 进行动态调整，其输出 y 的计算公式变为

$$y(p_0) = \sum_{p_n \in \mathcal{R}} w(p_n) \cdot x(p_0 + p_n + \Delta p_n) \tag{3-15}$$

其中 Δp_n 是网络通过学习得到的偏移量。如图 3.14(b)、(c) 和 (d) 所示，$p_n + \Delta p_n$ 表示卷

积核的新采样位置，它是动态可变的。那么偏移量是如何计算的呢？

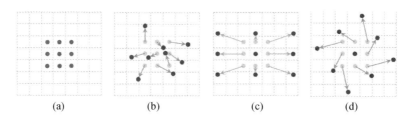

图 3.14　正常 3×3 卷积和可变形卷积的采样方式对比图

　　具体而言，如图 3.15 所示，可变形卷积使用一个额外的 3×3 卷积层来预测每个位置的偏移量 Δp_n，之后根据偏移量 Δp_n 动态调整卷积核的采样位置。由于新的采样位置 $p_n + \Delta p_n$ 可能不是整数坐标，因此需要对输入特征图进行双线性插值来获得采样点的特征值。

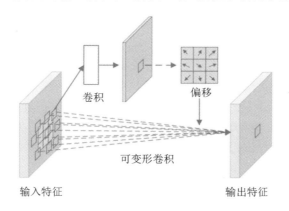

图 3.15　可变形卷积流程

　　可变形卷积可以简单理解为在标准卷积层的基础上增加了一个偏移量预测层。标准卷积层用于学习输入特征图与卷积核的映射；偏移量预测层通过一个额外的卷积层，学习每个位置的偏移量 Δp_n。通过动态调整采样位置，可变形卷积可以适用物体的形变、角度变化和复杂结构。偏移量可以使卷积核在更大范围内灵活地采样，从而有效扩大感受野。可变形卷积虽然引入了偏移量预测层，但偏移量通过简单的卷积层学习得到，故整体参数量的增加很小。在目标检测、语义分割等任务上，可变形卷积有效提升了网络性能。

　　PyTorch 提供了对可变形卷积的支持（需要安装"mmcv"库），示例如下：

```python
import torch
from mmcv.ops import DeformConv2dPack

# 输入特征图：Batch=1,Channels=3,H=32,W=32
```

```
x = torch.randn(1, 3, 32, 32)

# 定义可变形卷积
deform_conv = DeformConv2dPack(
        in_channels = 3,            # 输入通道数
        out_channels = 8,           # 输出通道数
        kernel_size = 3,            # 卷积核大小
        stride = 1,                 # 步长
        padding = 1,                # 填充
        deform_groups = 1           # 可变形卷积分组数
)
# 前向传播
output = deform_conv(x)
print("输出形状: ", output.shape)
```

　　总而言之,可变形卷积通过引入偏移量,使卷积核的采样位置可以动态调整,从而能够捕捉复杂几何结构和形变特征。它有效地解决了传统卷积在处理物体形变时的局限性,特别适用于目标检测、语义分割等任务。通过简单的偏移量学习和双线性插值,可变形卷积在保持高效率的同时极大地提升了网络的灵活性,它是卷积操作的一次重要改进,为深度学习在视觉任务中的性能突破提供了强大的工具。

3.3.3　深度可分离卷积

　　深度可分离卷积是 MobileNet 等轻量级网络的核心组件,特别适合在计算资源受限的设备(如移动设备)上部署深度学习模型。深度可分离卷积是一种高效的卷积操作,主要用于降低卷积神经网络的计算量和参数量。它将标准卷积分解为两步:深度卷积(Depthwise Convolution)和逐点卷积(Pointwise Convolution),从而大幅提高了网络的计算效率,同时保持较高的网络性能。

　　在传统的卷积操作中,计算量非常大,这主要有两个原因:一是每个输出通道都要与所有输入通道的特征图做卷积,导致计算量随着通道数的增加而快速增长;二是每个输出通道的卷积核参数量为 $k \times k \times C_{in}$,其中 k 是卷积核大小,C_{in} 是输入通道数。

　　如图 3.16 所示,深度可分离卷积首先对每个输入通道独立进行卷积,每个通道只使用一个 $k \times k$ 卷积核,不跨通道计算,即进行深度卷积;然后使用 1×1 卷积核,将所有通道的输出线性组合,生成新的通道数,实现特征通道的整合与输出,即进行逐点卷积。

　　接下来我们通过引入计算量的概念来说明深度可分离卷积是如何降低计算量的。

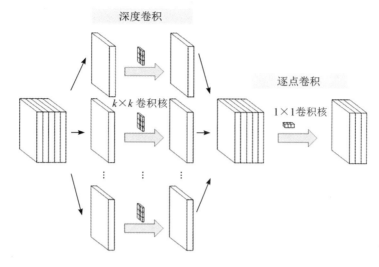

图 3.16　深度可分离卷积图示

假设输入特征图大小为 $H \times W \times C_{\text{in}}$，输出特征图大小为 $H' \times W' \times C_{\text{out}}$，卷积核大小为 $k \times k$。

标准卷积的计算量为

$$\text{FLOPs}_{\text{Standard}} = H' \times W' \times C_{\text{in}} \times C_{\text{out}} \times k^2 \tag{3-16}$$

深度可分离卷积的计算量分为两部分，一是深度卷积的计算量；二是逐点卷积的计算量。

深度卷积由于每个输入通道独立进行 $k \times k$ 卷积，卷积核数量与输入通道数 C_{in} 相同，因此其计算量为

$$\text{FLOPs}_{\text{Depthwise}} = H' \times W' \times C_{\text{in}} \times k^2 \tag{3-17}$$

逐点卷积由于使用 1×1 卷积核将所有通道线性组合，生成 C_{out} 个输出通道，因此其计算量为

$$\text{FLOPs}_{\text{Pointwise}} = H' \times W' \times C_{\text{in}} \times C_{\text{out}} \tag{3-18}$$

深度可分离卷积总计算量为

$$\text{FLOPs}_{\text{Depthwise Separable}} = \text{FLOPs}_{\text{Depthwise}} + \text{FLOPs}_{\text{Pointwise}}$$
$$= H' \times W' \times C_{\text{in}} \times (k^2 + C_{\text{out}}) \tag{3-19}$$

我们比较标准卷积和深度可分离卷积的计算量可以发现，深度可分离卷积的计算量较小。比如当 $k = 3$ 时，深度可分离卷积的计算量约为标准卷积的 $1/8$。

下面是使用 PyTorch 实现深度可分离卷积的代码：

```python
import torch
import torch.nn as nn
```

```
# 定义深度可分离卷积
class DepthwiseSeparableConv(nn. Module):
    def __init__(self, in_channels, out_channels, kernel_size, stride=1, padding=0):
        super(DepthwiseSeparableConv, self).__init__()
        # 深度卷积:对每个输入通道单独卷积
        self. depthwise = nn. Conv2d(in_channels, in_channels, kernel_size = kernel_size, stride =
                        stride, padding = padding, groups = in_channels, bias = False)
        # 逐点卷积:使用1×1卷积组合通道
        self. pointwise = nn. Conv2d(in_channels, out_channels, kernel_size = 1, bias = False)

    def forward(self, x):
        x = self. depthwise(x)
        x = self. pointwise(x)
        return x

# 示例输入
x = torch. randn(1, 32, 224, 224)    # Batch=1,通道数=32,尺寸=224×224
conv = DepthwiseSeparableConv(in_channels = 32, out_channels = 64, kernel_size = 3, padding = 1)
output = conv(x)
print("输出形状:", output. shape)    # 输出特征图的形状
...
```

总体而言,深度可分离卷积通过巧妙的结构设计,在大幅降低计算复杂度的同时,仍然保持了强大的特征提取能力。

3.4 分类案例与实践

分类任务的目标是通过分类模型学习一个网络 f_θ,使得该模型对于任意输入样本 $x \in \mathbb{R}^{B \times C \times H \times W}$ 能够预测其对应的类别 $\mathcal{Y}$,数学上可描述为

$$f_\theta: \mathbb{R}^{B \times C \times H \times W} \to \mathcal{Y} \tag{3-20}$$

其中:B 为批次大小,表示一次输入数据的样本数量;C 为输入样本的通道数,例如灰度图像 $C=1$,彩色图像 $C=3$;H、W 分别表示图像的高度和宽度;$\mathcal{Y}$ 表示类别集合,二分类任务时 $\mathcal{Y}=\{0,1\}$,多分类任务时 $\mathcal{Y}=\{1,2,\cdots,K\}$,$K$ 为类别数量。

具体而言,若训练数据集 $\mathcal{D}$ 包含 N 个样本,则定义为 $\mathcal{D}=\{(x_i, y_i)\}_{i=1}^{N}$。其中 $x_i \in \mathbb{R}^{C \times H \times W}$ 表示第 i 个样本的输入特征,$y_i \in \mathcal{Y}$ 表示第 i 个样本的真实类别标签。当输入

数据以小批次形式输入时，每批次输入数据为 $\boldsymbol{x}\in\mathbb{R}^{B\times C\times H\times W}$，$\boldsymbol{y}\in\mathbb{R}^{B}$。在分类任务中，我们需要得到最终预测 $\hat{\boldsymbol{y}}\in\mathbb{R}^{B}$。

假设分类任务的输入是一个批次图像 $\boldsymbol{x}\in\mathbb{R}^{B\times C\times H\times W}$。对于每个 x_i 输入样本，输出是该样本的类别预测结果，整个批次图像的输出可以表示为 $\hat{\boldsymbol{y}}=\{\hat{y_i}\}_{i=1}^{B}$，$\hat{y_i}\in\mathcal{Y}=\{1,2,\cdots,K\}$，其中 K 是类别数量；$\hat{y_i}$ 表示批量中第 i 个样本的预测类别。分类模型可以表示为一个函数，它将输入数据 $\boldsymbol{x}$ 映射为类别概率分布：

$$f_{\theta}(\boldsymbol{x})=\{P_{\theta}(\hat{y_i}\mid x_i)\}_{i=1}^{B} \tag{3-21}$$

其中 $P_{\theta}(y_i|x_i)$ 表示第 i 个样本的类别概率分布。若类别为 k，对于每个输入样本 x_i，模型的输出是其类别概率分布：

$$P_{\theta}(y_i=k\mid x_i)=\mathrm{Softmax}(z_{i,k})=\frac{\exp(z_{i,k})}{\sum_{k'=1}^{K}\exp(z_{i,k'})} \tag{3-22}$$

其中，$z_{i,k}$ 第 i 个样本属于类别 k 的 logit 值（未归一化分数）；$P_{\theta}(y_i=k|x_i)$ 表示第 i 个样本属于类别 k 的预测概率。最终类别预测为

$$\hat{y_i}=\underset{k\in\{1,2,\cdots,K\}}{\mathrm{argmax}}\,P_{\theta}(y_i=k\mid x_i) \tag{3-23}$$

分类任务的训练目标是最小化交叉熵损失。交叉熵损失可用于衡量模型预测的类别分布 P_{θ} 与真实类别分布之间的差距。

对于第 i 个样本，交叉熵损失定义为

$$\mathcal{L}_{\mathrm{CE}}^{(i)}=-\sum_{k=1}^{K}\mathbb{I}(y_i=k)\cdot\log P_{\theta}(y_i=k\mid x_i) \tag{3-24}$$

其中 $\mathbb{I}(y_i=k)$ 是指示函数，当真实标签 $y_i=k$ 时取值为 1，否则为 0。

对于一个批次样本输入，交叉熵损失是所有样本损失的平均值：

$$\mathcal{L}=\frac{1}{B}\sum_{i=1}^{B}\mathcal{L}_{\mathrm{CE}}^{(i)} \tag{3-25}$$

通过上述描述，分类任务可以被清晰地定义为一个基于批次样本输入的概率分类问题，分类模型通过优化交叉熵损失来学习对每个样本的类别分布从而进行准确预测。

3.4.1　图像分类任务常用数据集

在深度学习领域，图像分类任务是最基础且广泛研究的任务之一。为训练和评估图像分类模型，许多标准数据集被广泛使用。这些数据集在规模、类别数、图像分辨率、任务难度上各不相同，适用于不同的研究需求和应用场景。在深度学习领域，常用的图像分类任务数据集如表 3.8 所示。

表 3.8 深度学习领域常用的图像分类任务数据集

数据集名称	类别数	分辨率	训练集数量	测试集数量	数据集特点
MNIST	10	28×28	60 000	10 000	手写数字，灰度图像，简单易用
CIFAR-10	10	32×32×3	50 000	10 000	小型彩色图像，常用于深度学习的入门与验证
CIFAR-100	100	32×32×3	50 000	10 000	适用于更细粒度分类任务，分类更复杂
ImageNet-1K	1000	224×224	1 281 167	50 000	高分辨率图像，深度学习标准测试集
ImageNet-22K	22 000+	224×(224+)	14 000 000+		大规模数据，适合预训练任务
Fashion-MNIST	10	28×28	60 000	10 000	服饰图像，灰度图像，贴近真实场景
SVHN	10	32×32×3	73 257	26 032	适用于数字识别、场景理解

1. MNIST 数据集

MNIST 是最经典的手写数字识别数据集，由 28×28 的灰度图像组成。如图 3.17 所示，MNIST 数据集包含 10 个类别（数字 0，1，…，9）。MNIST 的训练集有 60 000 张图像，测试集有 10 000 张图像。MNIST 的下载地址为 http：//yann. lecun. com/exdb/mnist/。

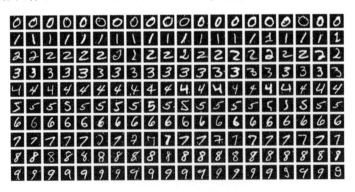

图 3.17 MNIST 数据集示例

MNIST 的数据简单,适合入门深度学习,通常用于验证简单的卷积神经网络(如 LeNet)或新算法的可行性,或应用于手写数字的识别、神经网络结构的验证。

2. CIFAR 数据集

CIFAR 数据集包含彩色自然图像,来源于 80 万张 Tiny Images 数据库。CIFAR 的下载地址为:https://www.cs.toronto.edu/~kriz/cifar.html。

如图 3.18 所示,CIFAR-10 的类别数为 10(如飞机、汽车、鸟、猫等)。每类样本数量均衡,图像大小为 32×32。训练集有 50 000 张图像,测试集有 10 000 张图像。

图 3.18 CIFAR-10 数据集示例

CIFAR-100 的类别有 100 类(每个类别分为 20 个大类,每个大类含 5 个细分类别),每类有 500 张训练图像,100 张测试图像。图像大小为 32×32。总体训练集有 50 000 张图像,测试集有 10 000 张图像。

CIFAR 数据集图像小而多样,适用于验证复杂网络的分类性能。CIFAR-100 比 CIFAR-10 更具挑战性,广泛应用于图像分类、小样本学习、模型优化。

3. ImageNet 数据集

ImageNet 数据集由规模庞大的高分辨率图像组成,广泛用于大规模图像分类任务中。常用的版本包括 ImageNet-1K 和 ImageNet-22K。它们的下载地址为 https://image-net.org/。

ImageNet-1K 的类别数为 1000(ILSVRC 挑战赛版本),如图 3.19 所示。图像大小为 224×224。ImageNet-1K 训练集有超过 128 万张图像,验证集有 50 000 张图像,测试集有 100 000 张图像。ImageNet-1K 的数据规模大,包含自然场景、物体、动物等多种类别。ImageNet 数据集被广泛用于训练深度神经网络(如 AlexNet、VGG、ResNet 等)。

图 3.19 ImageNet-1K 数据集示例

ImageNet-22K 的类别数为 22 000＋。每张图像均为高分辨率图像，通常在训练时调整为 224×224 大小。ImageNet-22K 样本数量约 1400 万。其类别非常丰富，适合细粒度分类任务和大规模预训练任务，用于生成更强大的特征提取器。

4. Fashion-MNIST 数据集

Fashion-MNIST 是 MNIST 的替代版本，包含不同服饰类别的灰度图像，尺寸为 28×28，如图 3.20 所示，其类别有 10 类（如 T 恤、裤子、套头衫等）。Fashion-MNIST 训练集有 60 000 张图像，测试集有 10 000 张图像。Fashion-MNIST 比 MNIST 更贴近实际场景，增加了任务的挑战性。适合轻量级模型验证、快速算法测试。

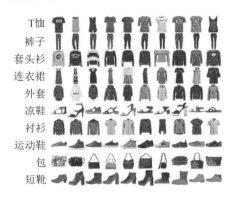

图 3.20 Fashion-MNIST 数据集示例

5. SVHN 数据集

SVHN(Street View House Number)包含自然场景中的数字图像，主要用于多数字字符识别，如图 3.21 所示，其类别数为 10(数字 0，1，…，9)。训练集包含 73 257 张图像，测试集包含 26 032 张图像。SVHN 数据集的图像来源于街景中的门牌号码，数据复杂度较高，具有光照、遮挡等噪声。

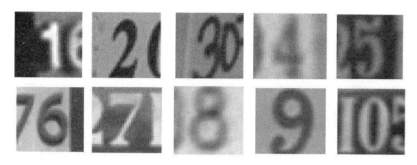

图 3.21　SVHN 数据集图示

3.4.2　分类任务的评价指标

分类模型性能的好坏需要通过一系列的评价指标进行衡量，不同指标适用于不同场景。下面介绍分类任务中常用的评价指标。

1. 混淆矩阵(Confusion Matrix)

混淆矩阵是一个 $C \times C$ 的矩阵，反映分类模型对每个类别的预测情况，C 为类别数。如表 3.9 所示，矩阵的行(实际类别)表示真实标签的类别。矩阵的列(预测类别)表示模型预测得到的类别。矩阵中的每个元素 $M_{i,j}$ 表示真实类别 i 被分类为预测类别 j 的样本数量。对于每一行而言(即每个类别 i) $\sum_{c=1}^{C} M_{i,c}$ 即为该类别样本数量 N_i 总和。

表 3.9　混淆矩阵示例

实际/预测	预测类 0	预测类 1	...	预测类 j	...	预测类 $C-1$
实际类 0	$M_{0,0}$	$M_{0,1}$	...	$M_{0,j}$	...	$M_{0,C-1}$
实际类 1	$M_{1,0}$	$M_{1,1}$	...	$M_{1,j}$	...	$M_{1,C-1}$
...	...	...	...	...	...	...
实际类 i	$M_{i,0}$	$M_{i,1}$	...	$M_{i,j}$	...	$M_{i,C-1}$
...	...	...	...	...	...	...
实际类 $C-1$	$M_{C-1,0}$	$M_{C-1,1}$	...	$M_{C-1,j}$	...	$M_{C-1,C-1}$

下面是 PyTorch 实现混淆矩阵的代码(适用于多类别分类任务)：

****代码实现****

```python
import torch

def confusion_matrix(y_true, y_pred, num_classes):
    """
    计算混淆矩阵
    : param y_true:真实标签, Tensor (batch_size)
    : param y_pred:预测标签, Tensor (batch_size)
    : param num_classes:类别数
    : return:混淆矩阵, Tensor (num_classes, num_classes)
    """
    # 初始化混淆矩阵
    cm = torch.zeros((num_classes, num_classes), dtype=torch.int32)

    # 计算混淆矩阵
    for t, p in zip(y_true, y_pred):    # t:true label, p:predicted label
        cm[t, p] += 1

    return cm

# 示例数据
y_true = torch.tensor([0, 1, 2, 1, 0, 2, 2, 0, 1])    # 真实标签
y_pred = torch.tensor([0, 1, 2, 2, 0, 1, 2, 0, 1])    # 预测标签
num_classes = 3    # 类别数

# 调用函数计算混淆矩阵
cm = confusion_matrix(y_true, y_pred, num_classes)
print("Confusion Matrix: ")
print(cm)
```

上述代码中:"y_true"表示真实标签,形状为"(batch_size,)";"y_pred"表示模型预测的标签,形状与"y_true"相同;"num_classes"为类别数。"cm"表示混淆矩阵,形状为"(num_classes, num_classes)"。该代码计算过程中会遍历真实标签和预测标签,并将对应位置的混淆矩阵元素加1。

假设真实标签类别数为3,真实标签类别和预测标签如下:

真实标签：　　　　　　　　0, 1, 2, 1, 0, 2, 2, 0, 1]
预测标签：　　　　　　　　[0, 1, 2, 2, 0, 1, 2, 0, 1]
输出的混淆矩阵如下：

```
Confusion Matrix:
tensor([[3,0,0],
        [0,2,1],
        [0,1,2]])
```

在上面输出的混淆矩阵中，第一行的 3 表示第 0 类真实标签中有 3 个样本，全部被预测为第 0 类。第二行表示该类真实标签中有 3 个样本，其中 2 个预测正确（第 1 类），1 个被误判为第 2 类。第三行表示第 2 类真实标签中有 3 个样本，其中 2 个预测正确，1 个被误判为第 1 类。

此外，也可以使用 scikit-learn 库中的 confusion_matrix 函数进行混淆矩阵的输出：

```python
from sklearn.metrics import confusion_matrix as sklearn_cm

# 验证结果
sklearn_result=sklearn_cm(y_true.numpy(),y_pred.numpy())
print("Sklearn Confusion Matrix: ")
print(sklearn_result)
```

2. TP、TN、FP、FN

在分类任务中，常使用真正例（TP）、真反例（TN）、假正例（FP）和假反例（FN）这几个指标。

真正例（True Positive，TP）指真实类别为 i，且被正确预测为 i 的样本数，即 $TP=M_{i,i}$。

真反例（True Negative，TN）指真实类别不为 i（负类），且被预测为非 i 的样本数。计算时需排除所有 i 类相关的行和列，$TN = \sum_{k \neq i} \sum_{j \neq i} M_{k,j}$。

假正例（False Positive，FP）指真实类别不为 i，但被错误预测为 i 的样本数，即 $FP = \sum_{k \neq i} M_{k,i}$。

假反例（False Negative，FN）指真实类别为 i，但被错误预测为其他类别的样本数，即

$$FN = \sum_{j \neq i} M_{i,j} \text{。}$$

3. 总体精度(Overall Accuracy, OA)

总体精度(OA)是分类任务中最基本的评价指标,表示分类正确的样本数 $\sum_{i=0}^{C-1} M_{i,i}$ 占总样本数 N 的比例,即

$$OA = \frac{\sum_{i=0}^{C-1} M_{i,i}}{N} \tag{3-26}$$

4. 平均准确率(Average Accuracy, AA)

平均准确率(AA)是指每个类别的分类准确率的平均值,即

$$AA = \frac{1}{C} \sum_{i=0}^{C-1} \text{Accuracy}_i \tag{3-27}$$

其中,Accuracy_i 为单个类别 i 的准确率,且有 $\text{Accuracy}_i = \dfrac{TP_i}{TP_i + FN_i}$。

5. Kappa 系数

Kappa 系数是衡量分类模型性能的一个指标,剔除了"随机猜测"带来的准确性,反映了模型预测结果与随机分类的差异程度。Kappa 系数的计算公式为

$$Kappa = \frac{OA - PE}{1 - PE} \tag{3-28}$$

其中,PE(随机准确率)为基于真实类别分布和预测类别分布计算的"随机"正确概率。PE 的计算公式为

$$PE = \sum_{i=1}^{C} \left(\frac{N_i \times \hat{N}_i}{N^2} \right) \tag{3-29}$$

其中 $\hat{N}_i$ 为预测第 i 类样本数。

Kappa 系数的取值代表着不同的模型性能。

Kappa=1 表示分类模型的预测结果完美。

Kappa=0 表示分类模型的预测结果与随机分类一致。

Kappa<0 表示分类模型的预测结果比随机分类还差。

下面是 PyTorch 和 scikit-learn 的混合实现,用于计算 TP、FP、FN、TN、AA、Kappa 系数这些指标:

```
import torch
from sklearn.metrics import confusion_matrix, cohen_kappa_score
```

```
# 示例数据
y_true = torch.tensor([0,1,2,1,0,2,2,0,1])     # 真实标签
y_pred = torch.tensor([0,1,2,2,0,1,2,0,1])     # 预测标签
num_classes = 3                                  # 类别总数

# 计算混淆矩阵
cm = confusion_matrix(y_true, y_pred)
print("Confusion Matrix:\n", cm)

# 计算 TP, FP, FN, TN
TP = cm.diagonal()                               # 每个类别的真正例
FP = cm.sum(axis=0) - TP                          # 假正例, 即每列之和减去 TP
FN = cm.sum(axis=1) - TP                          # 假反例, 即每行之和减去 TP
TN = cm.sum() - (FP + FN + TP)                    # 总样本数减去 FP、FN 和 TP

print("TP (True Positives): ", TP)
print("FP (False Positives): ", FP)
print("FN (False Negatives): ", FN)
print("TN (True Negatives): ", TN)

# 计算 OA(Overall Accuracy, 总体精度)
OA = TP.sum() / cm.sum()
print("Overall Accuracy (OA): ", OA)

# 计算 AA(Average Accuracy, 平均准确率)
AA = (TP / (TP + FN)).mean()
print("Average Accuracy (AA):", AA)

# 计算 Kappa 系数
kappa = cohen_kappa_score(y_true, y_pred)
print("Kappa Coefficient:", kappa)
```

假设真实标签和预测标签如下:

真实标签: [0, 1, 2, 1, 0, 2, 2, 0, 1]

预测标签: [0, 1, 2, 2, 0, 1, 2, 0, 1]

输出结果可能如下:

```
Confusion Matrix:
[[3 0 0]
 [0 2 1]
 [0 1 2]]

TP (True Positives): [3 2 2]
FP (False Positives): [0 1 1]
FN (False Negatives): [0 1 1]
TN (True Negatives): [6 6 6]

Overall Accuracy (OA): 0.7777777777777778
Average Accuracy (AA): 0.8888888888888888
Kappa Coefficient: 0.6349206349206349
```

6. 精确率(Precision)

精确率是指被模型预测为某一类别中的样本中，实际为该类别样本的比例，即

$$\text{Precision} = \frac{\text{TP}}{\text{TP} + \text{FP}} \tag{3-30}$$

精确率关注预测结果的准确性。当 FP(假正例)的代价较高时(例如疾病诊断中的误诊)，我们更关注精确率。

如果模型预测了 10 个正类样本，其中 8 个是正确的(TP)，2 个是错误的(FP)，则精确率为 $\text{Precision} = \frac{8}{8+2} = 0.8$。

7. 召回率(Recall)

召回率是指真实为某一类别的样本中，被模型正确预测出来的比例，即

$$\text{Recall} = \frac{\text{TP}}{\text{TP} + \text{FN}} \tag{3-31}$$

召回率关注的是对正类样本的覆盖率。当 FN(假反例)的代价较高时(例如癌症检测中的漏诊)，我们更关注召回率。如果真实有 10 个正类样本，模型预测出 8 个正确(TP)，漏掉 2 个(FN)，则召回率为 $\text{Recall} = \frac{8}{8+2} = 0.8$。

8. F1 分数(F1-Score)

F1-Score 是指精确率和召回率的调和平均值，兼顾两者的平衡。F1-Score 的计算公式为

$$\text{F1-Score} = \frac{2 \times \text{Precision} \times \text{Recall}}{\text{Precision} + \text{Recall}} \tag{3-32}$$

F1-Score 综合了精确率和召回率，是一个权衡两者的指标。当精确率和召回率的权重相等时，F1-Score 能很好地评估模型性能。

假设精确率（Precision）为 0.8，召回率（Recall）为 0.6，则 F1-Score 为

$$\text{F1-Score} = \frac{2 \times 0.8 \times 0.6}{0.8 + 0.6} = 0.6857 \tag{3-33}$$

9. AVC（ROC 曲线下面积）

ROC 曲线是指通过改变分类阈值，绘制的以真阳性率（TPR）为横轴、以假阳性率（FPR）为纵轴的关系曲线。

TPR（真阳性率）计算公式为

$$\text{TPR} = \frac{\text{TP}}{\text{TP} + \text{FN}}$$

FPR（假阳性率）计算公式为

$$\text{FPR} = \frac{\text{FP}}{\text{FP} + \text{TN}}$$

AUC（Area Under Curve）表示 ROC 曲线下的面积，反映模型的整体性能。AUC 值越接近 1，表示模型性能越好。

AUC 的几种特殊情况如下：

- AUC=1.0 表示分类模型完美，此时 ROC 曲线与左上角边界重合。
- AUC=0.5 表示分类模型随机猜测，此时 ROC 曲线为对角线。
- AUC<0.5 表示模型性能较差，分类结果可能反向。

10. Top-k 准确率（Top-k Accuracy）和 Top-k 错误率（Top-k Error）

Top-k 准确率是指模型在前 k 个最高概率的预测结果中，与实际标签匹配的样本数 Top-k N_{rs} 占总样本数的比例，即

$$\text{Top-}k \ \text{Accuracy} = \frac{\text{Top-}k \ N_{rs}}{N} \tag{3-34}$$

Top-k Error 是一种用于评估分类任务中模型性能的指标，特别适用在多类别分类任务中。当类别数量较多时，仅仅依赖 Top-1 准确率可能不足以全面评估模型的效果，此时 Top-k Error 和 Top-k Accuracy 就显得尤为重要。

$$\text{Top-}k \ \text{Error} = 1 - \frac{\text{Top-}k \ N_{rs}}{N} \tag{3-35}$$

下面是计算 Top-k 错误率和 Top-k 准确率所有这些指标的代码实现：

```python
import torch

def top_k_error(preds, labels, k=5):
    """
计算 Top-k Error
    : param preds:模型预测结果, Tensor (batch_size, num_classes),通常为 logits
    : param labels:真实标签, Tensor (batch_size, )
    : param k:前 k 个类别
    : return: Top-k Error
    """

    # 获取前 k 个预测类别的索引
    top_k_preds = torch.topk(preds, k, dim=1).indices   # 形状:(batch_size, k)

    # 检查真实标签是否在前 k 个预测中
    correct = torch.any(top_k_preds == labels.unsqueeze(1), dim=1)
                                                        # 形状: (batch_size, )
    top_k_accuracy = correct.float().mean().item()      # 平均正确率

    top_k_error = 1 - top_k_accuracy                    # Top-k 错误率
    return top_k_accuracy, top_k_error
```

3.4.3 基于 ResNet-34 的分类

ResNet(Residual Network)网络如 3.2.2 节所述。ResNet-34 是 ResNet 系列中最简单的一个版本,包含 34 层。以下是一个完整的示例,展示如何使用 ResNet-34 在 ImageNet 数据集上进行训练。

第 1 步:导入库和准备环境。代码如下:

```python
import torch
import torch.nn as nn
import torch.optim as optim
importtorchvision
import torchvision.transforms as transforms
from torchvision import models
from torch.utils.data import DataLoader
```

第 2 步：定义数据预处理和加载器。

ImageNet 是一个大规模数据集，实际操作时需要按照目录结构存放数据。

训练集的存放目录为"/path_to_imagenet/train"。

验证集的存放目录为"/path_to_imagenet/val"。

这里使用 torchvision. transforms 进行数据增强和标准化处理。定义数据预处理和加载器的代码如下：

```python
# 数据预处理
train_transforms = transforms.Compose([
    transforms.RandomResizedCrop(224),      # 随机裁剪到 224×224
    transforms.RandomHorizontalFlip(),       # 随机水平翻转
    transforms.ToTensor(),                   # 转换为 Tensor
    transforms.Normalize(mean=[0.485, 0.456, 0.406], std=[0.229, 0.224, 0.225])
])

val_transforms = transforms.Compose([
    transforms.Resize(256),                  # 调整大小
    transforms.CenterCrop(224),              # 中心裁剪
    transforms.ToTensor(),
    transforms.Normalize(mean=[0.485, 0.456, 0.406], std=[0.229, 0.224, 0.225])
])


# 加载数据
train_dataset = torchvision.datasets.ImageFolder(root='/path_to_imagenet/train', transform=train_transforms)
val_dataset = torchvision.datasets.ImageFolder(root='/path_to_imagenet/val', transform=val_transforms)

train_loader = DataLoader(train_dataset, batch_size=256, shuffle=True, num_workers=8)
val_loader = DataLoader(val_dataset, batch_size=256, shuffle=False, num_workers=8)
```

第 3 步：加载 ResNet-34 模型。

这里使用 torchvision. models 直接加载 ResNet-34 模型，代码如下：

```python
# 使用预训练的 ResNet-34 模型(用于迁移学习)
device = torch.device("cuda" if torch.cuda.is_available() else "cpu")
```

```
model＝models.resnet34(pretrained＝True)　 ＃加载预训练权重
＃修改最后的全连接层以适应 ImageNet 数据集(1000 类)
num_ftrs＝model.fc.in_features
model.fc＝nn.Linear(num_ftrs,1000)

model＝model.to(device)　 ＃将模型放入 GPU/CPU
```
```

第 4 步：定义损失函数和优化器。代码如下：

```
criterion＝nn.CrossEntropyLoss()　　　　　　 ＃交叉熵损失
optimizer＝optim.SGD(model.parameters(),lr＝0.01,momentum＝0.9,weight_decay＝1e－4)
　　　　　　　　　　　　　　　　＃ SGD 优化器
scheduler＝torch.optim.lr_scheduler.StepLR(optimizer,step_size＝30,gamma＝0.1)　 ＃ 学习率衰减
```

第 5 步：定义训练和验证函数。代码如下：

```python
＃训练函数
def train(model,loader,criterion,optimizer,epoch):
    model.train()
    running_loss＝0.0
    for i, (inputs,labels) in enumerate(loader):
        inputs,labels＝inputs.to(device),labels.to(device)

        optimizer.zero_grad()
        outputs＝model(inputs)
        loss＝criterion(outputs, labels)
        loss.backward()
        optimizer.step()

        running_loss＋＝loss.item()
        if i % 100＝＝0:
            print(f"Epoch [{epoch}],Step [{i}],Loss:{loss.item():.4f}")

＃验证函数
def validate(model,loader,criterion):
    model.eval()
```
```

```
    total=0
    correct=0
    val_loss=0.0

    with torch.no_grad():
        for inputs,labels in loader:
            inputs,labels=inputs.to(device),labels.to(device)
            outputs=model(inputs)
            loss=criterion(outputs,labels)
            val_loss+=loss.item()

            _,preds=torch.max(outputs, 1)
            correct+=(preds==labels).sum().item()
            total+=labels.size(0)

    accuracy=100 * correct / total
    print(f"Validation Loss: {val_loss / len(loader):.4f}, Accuracy: {accuracy:.2f}%")
    return accuracy

# 训练过程
num_epochs=50
best_accuracy=0.0

for epoch in range(num_epochs):
    train(model, train_loader, criterion, optimizer, epoch)
    val_accuracy=validate(model, val_loader, criterion)
    scheduler.step()

    # 保存最优模型
    if val_accuracy>best_accuracy:
        best_accuracy=val_accuracy
        torch.save(model.state_dict(), "best_resnet34.pth")
        print("Model saved!")
```

上述示例首先加载了 ImageNet 数据集，进行数据增强和标准化处理，然后加载了预训练的 ResNet-34 模型，并修改最后的全连接层以匹配 1000 类输出。上述示例通过 SGD 优化器和交叉熵损失函数对模型进行训练和验证。当验证准确率提高时，保存模型参数。如果训练正确，模型将在 ImageNet 数据集上逐渐提高准确率。

在提出 ResNet 网络的论文中，其作者的实验结果也表明 ResNet 相对于 VGG 以及 GoogLeNet 在性能上具有优势。表 3.10 示出了网络模型（如 VGG-16 、GoogLeNet 和 ResNet）对 ImageNet 验证集的测试结果。由表也可以看出 ResNet 具有优秀的性能。

表 3.10 几种网络模型对 ImageNet 验证集的测试结果

模 型	Top-1 错误率/%	Top-5 错误率/%
VGG-16	28.07	9.33
GoogLeNet	—	9.15
ResNet-34	24.52	7.46
ResNet-50	22.85	6.71
ResNet-101	21.75	6.05
ResNet-152	21.43	5.71

本 章 小 结

本章深入探讨了卷积神经网络（CNN）的发展、架构创新与实际应用，全面呈现了该领域的核心技术和前沿进展。首先回顾了经典的 CNN 架构，包括 LeNet-5、AlexNet 以及 VGG 等重要模型。通过分析这些经典架构的设计理念及其在计算机视觉中的贡献，帮助读者理解卷积神经网络从简单到复杂的演化过程，以及如何通过设计创新解决实际问题。然后重点介绍了几种新颖的 CNN 架构，包括 Network in Network（NIN）、ResNet、Inception、DenseNet、MobileNet 和 ConvNeXt 等。这些网络架构通过不同的技术手段优化了模型的性能和效率。例如，ResNet 通过引入残差连接解决了深层网络训练中的梯度消失问题；DenseNet 通过密集连接增强了信息流动；MobileNet 采用了高效的轻量化网络设计，满足了移动端和嵌入式设备的需求。接着梳理了几种新型卷积方法，包括空洞卷积、可变形卷积、深度可分离卷积等。最后结合分类任务，通过具体案例详细讲解了卷积神经网络在这些领域中的应用。

总体来说，本章从理论到实践全面介绍了卷积神经网络的基本构建、最新发展以及在不同计算机视觉任务中的应用，为帮助读者深入理解 CNN 及其变种提供了系统的知识框架。

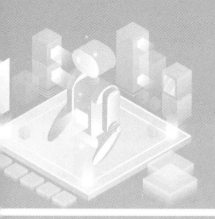

第 4 章
循环神经网络

本章深入探讨了循环神经网络(Recurrent Neural Network，RNN)的核心概念及其在处理时序数据中的应用。首先，介绍循环神经网络的基本结构和原理，阐述了它如何通过内部循环连接处理序列数据；指出了其在语言建模、语音识别等领域中的优势，也指出了传统 RNN 存在梯度消失和爆炸的问题。接着本章探讨了长短时记忆网络(Long Short Term-Memory Network，LSTM)和门控循环单元(Gated Recurrent Unit，GRU)；这两种先进的 RNN 变体通过引入门控机制，解决了长期依赖问题，提升了序列数据建模能力。本章还介绍了双向循环神经网络(Bidirectional Recurrent Neural Network，BiRNN)，它通过同时考虑输入数据的正向和反向信息，进一步增强了模型的上下文理解能力。最后，通过时序数据处理的实际案例与实践，说明如何在实际任务中有效应用这些循环神经网络模型，解决机器翻译等问题。

4.1 循环神经网络的结构、工作原理及应用

RNN 是深度学习中非常重要的一类神经网络，特别擅长处理序列数据，比如文本、语音、时间序列等。与传统的前馈神经网络不同，RNN 可以在处理输入数据时，保留历史信息，也就是说，RNN 能够"记住"之前的输入，从而对当前的输出产生影响。

1. RNN 的结构

RNN 的核心思想是让神经网络具有循环的结构，通过反馈机制将前一时刻的输出传递到当前时刻，形成一个"记忆"或者"状态"。这样，当处理一组数据时，RNN 不仅能考虑当前输入，还能考虑之前的输入信息。

具体来说，RNN 的结构包括：

(1) 输入层。输入层负责接收当前时刻的数据。

(2) 隐藏层。隐藏层负责通过当前输入和上一时刻的隐藏状态计算当前的隐藏状态。

（3）输出层。输出层负责根据隐藏状态产生当前时刻的输出。

RNN 的循环结构意味着它能将前一时刻的隐藏状态作为输入，传递到下一时刻，从而形成信息的传递。简而言之，RNN 就像是一个"时间机器"，它能记住过去的状态并用其影响未来的计算。

如图 4.1 所示为 RNN 的结构示意图，图中 o_t 为 t 时刻的输出。假设我们有一个输入序列 x_1，x_2，$\cdots$，x_t，其中，每个 x_t 代表时间步 t 上的输入。RNN 在每个时间步 t 上的隐藏状态 h_t 是通过上一时间步的隐藏状态 h_{t-1} 和当前输入 x_t 计算得到的。RNN 计算公式如下：

$$h_t = f(W_h h_{t-1} + W_x x_t + b) \tag{4-1}$$

其中，h_t 是当前时刻的隐藏状态，h_{t-1} 是上一时刻的隐藏状态（或初始隐藏状态 h_0），x_t 是当前时刻的输入，W_h 和 W_x 是学习的权重矩阵，b 是偏置项，f 是激活函数，常用的激活函数有 tanh 或 ReLU。

在输出阶段，RNN 根据当前的隐藏状态 h_t 生成预测结果：

$$y_t = W_y h_t + c \tag{4-2}$$

其中，y_t 是当前时刻的输出，W_y 是权重矩阵，c 是偏置项。

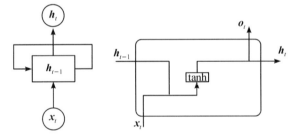

图 4.1 RNN 的结构示意

2. RNN 的工作原理

我们通过一个简单的例子说明循环神经网络的工作原理与流程，并解释其中的基本概念，比如词汇表、维度、时间步 t 与隐藏状态 h_t 等。假设我们想要训练一个 RNN 来完成一个简单的任务：给定一个单词序列，预测下一个最可能出现的单词。本任务中，输入是一个句子的单词序列，输出是预测下一个单词。

1）词汇表

词汇表是指在自然语言处理中，模型可以理解和处理的所有单词、符号、标记等的集合。在模型训练和推理过程中，每个单词或符号都会被分配一个唯一的索引，模型通过这些索引来引用单词或符号。

词汇表的大小通常受到以下因素的影响。

（1）语料的规模。包含更多文本的语料可能会有更大的词汇表。

（2）词频。词汇表中通常包含频繁出现的单词，罕见的单词可能被忽略，或者通过词频阈值被限制加入。

（3）分词方式。在中文中，分词和处理不同的字符（如字、词或子词）会影响词汇表的构建。在英文中，通常按单词来构建词汇表。

（4）特殊符号。词汇表中通常还包含一些特殊符号，例如，\<PAD\>（填充符号）、\<UNK\>（未知词符号）、\<START\>（序列开始符号）、\<END\>（序列结束符号）等。

词汇表的作用包括：

（1）映射输入文本到数值表示。在训练过程中，文本需要被转换为数值输入，以便计算机处理。通过词汇表，每个单词可以被映射到一个唯一的整数或向量表示（通常是词嵌入）。

（2）词汇表大小与模型容量。词汇表越大，模型处理的信息量就越多，但同时也会带来更高的计算复杂度和更大的内存需求。为了减小词汇表大小，通常会采用分词策略或应用词汇裁剪技术。

（3）处理未知词。如果在推理时遇到一个模型未见过的单词，模型可以使用特殊符号\<UNK\>来表示这个未知词。

接下来举例说明词汇表。假设我们有一个非常简单的文本数据集，包括以下句子：

- "我 爱 编程"
- "我 学习 AI"

那么我们构建的词汇表可能是：

- "我"→0
- "爱"→1
- "编程"→2
- "学习"→3
- "AI"→4
- \<UNK\>→5

通过词汇表，句子"我 爱 编程"就可以转化为数字序列：$[0, 1, 2]$。而如果出现一个词汇表中没有的词，比如"机器人"，就会被映射为\<UNK\>（未知词符号），这样模型就能够处理未知词。词汇表是自然语言处理模型的一个核心组件，它将文本中的单词映射到数值表示。创建词汇表的代码如下。

```
import torch
import torch.nn as nn
```

```
import torch.optim as optim

#假设我们有以下文本数据集
sentences=[
    "我 爱 编程",
    "我 学习 AI"
]

#创建词汇表，索引0～4分别为"我""爱""编程""学习""AI"，以及一个未知词符号<UNK>
vocab={
    "我":0,
    "爱":1,
    "编程":2,
    "学习":3,
    "AI":4,
    "<UNK>":5
}

#将句子转化为词索引
defsentence_to_indices(sentence, vocab):
    return [vocab.get(word, vocab["<UNK>"]) for word in sentence.split()]

#例子："我 爱 学习"-->[0, 1, 3]
sequence="我 爱 学习"
sequence_indices=sentence_to_indices(sequence, vocab)
print("文本序列的词索引：", sequence_indices)
```

2）维度

假设我们的任务是处理一个简单的文本序列："我 爱 学习"，并预测下一个单词，首先需要引入具体的维度来表示输入和隐藏状态。

（1）词向量维度（输入维度）。我们将每个单词表示为一个词向量，假设词向量的维度为 $d=3$，即每个单词将用一个 3 维向量来表示。

在本例中，每个单词向量为 $\boldsymbol{x}_t \in \mathbb{R}^d$，其中，$d=3$，表示每个单词是一个 3 维向量：

$\boldsymbol{x}_1 = [x_{1,1}, x_{1,2}, x_{1,3}]$ 对应"我"，是一个 3 维向量。

$\boldsymbol{x}_2 = [x_{2,1}, x_{2,2}, x_{2,3}]$ 对应"爱"，是一个 3 维向量。

$\boldsymbol{x}_3 = [x_{3,1}, x_{3,2}, x_{3,3}]$ 对应"学习"，是一个 3 维向量。

（2）隐藏状态维度。假设隐藏层的维度为 h，$h=4$ 表示每个时间步的隐藏状态是一个 4 维向量。

每个时间步的隐藏状态 $\boldsymbol{h}_t$ 是一个 4 维向量（假设隐藏状态维度为 4）。因此，$\boldsymbol{h}_t \in \mathbb{R}^h$，其中，$h=4$。初始隐藏状态 $\boldsymbol{h}_0$ 通常初始化为零向量：$\boldsymbol{h}_0 = [0, 0, 0, 0]$，这是一个 4 维零向量。

（3）输出维度。我们假设输出的维度为 o，假设输出是预测下一个单词的概率分布，输出维度是词汇表（Vocabulary）的大小。如果词汇表中有 5 个单词，那么输出的维度 $o=5$。

3）时间步 t 与隐藏状态 $\boldsymbol{h}_t$

RNN 的工作流程如图 4.2 所示，在每个时间步上，RNN 根据当前输入 $\boldsymbol{x}_t$ 和上一时刻的隐藏状态 $\boldsymbol{h}_{t-1}$ 来更新当前的隐藏状态 $\boldsymbol{h}_t$。

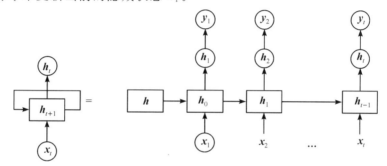

图 4.2　RNN 的工作流程

在时间步 1（$t=1$）上，输入 $\boldsymbol{x}_1 \in \mathbb{R}^3$（"我"对应的词向量），上一时刻的隐藏状态为 $h_0 \in \mathbb{R}^4$（初始化为零向量）。RNN 通过以下公式计算新的隐藏状态 $\boldsymbol{h}_1$：

$$\boldsymbol{h}_1 = f(\boldsymbol{W}_h \boldsymbol{h}_0 + \boldsymbol{W}_x \boldsymbol{x}_1 + b) \tag{4-3}$$

其中，$\boldsymbol{W}_h \in \mathbb{R}^{4 \times 4}$ 是从前一隐藏状态到当前隐藏状态的权重矩阵，维度是 4；$\boldsymbol{W}_x \in \mathbb{R}^{3 \times 4}$ 是从输入到隐藏状态的权重矩阵，维度是 3×4；$b \in \mathbb{R}^4$ 是偏置项，维度是 4；f 是激活函数（例如 tanh）。计算时，假设 $\boldsymbol{W}_h \boldsymbol{h}_0$ 和 $\boldsymbol{W}_x \boldsymbol{x}_1$ 的维度匹配，然后通过激活函数 f 得到 $\boldsymbol{h}_1$，它是一个 4 维向量。

在时间步 2（$t=2$）上，输入 $\boldsymbol{x}_2 \in \mathbb{R}^3$（"爱"对应的词向量），上一时刻的隐藏状态为 $\boldsymbol{h}_1 \in \mathbb{R}^4$（由时间步 1 计算得到）。计算新的隐藏状态 $\boldsymbol{h}_2$：

$$\boldsymbol{h}_2 = f(\boldsymbol{W}_h \boldsymbol{h}_1 + \boldsymbol{W}_x \boldsymbol{x}_2 + b) \tag{4-4}$$

此时，$\boldsymbol{W}_h \boldsymbol{h}_1$ 和 $\boldsymbol{W}_x \boldsymbol{x}_2$ 的维度匹配，最终通过激活函数计算得到新的隐藏状态 $\boldsymbol{h}_2$，它仍然是一个 4 维向量。

在时间步 3（$t=3$）上，输入 $\boldsymbol{x}_3 \in \mathbb{R}^3$（"学习"对应的词向量），上一时刻的隐藏状态为 $\boldsymbol{h}_2 \in \mathbb{R}^4$。计算新的隐藏状态 $\boldsymbol{h}_3$：

$$\boldsymbol{h}_3 = f(\boldsymbol{W}_h \boldsymbol{h}_2 + \boldsymbol{W}_x \boldsymbol{x}_3 + b) \tag{4-5}$$

最终得到的隐藏状态 $\boldsymbol{h}_3$ 仍然是一个 4 维向量。

每个时间步的输出 $\boldsymbol{y}_t$ 是由当前时刻的隐藏状态 $\boldsymbol{h}_t$ 计算出来的。假设我们使用一个线性变换将隐藏状态 $\boldsymbol{h}_t$ 映射到输出空间：

$$\boldsymbol{y}_t = \boldsymbol{W}_y \boldsymbol{h}_t + c \tag{4-6}$$

其中，$\boldsymbol{W}_y \in \mathbb{R}^{5 \times 4}$ 是从隐藏状态到输出的权重矩阵，维度是 5×4（假设词汇表大小为 5）；$c \in \mathbb{R}^5$ 是偏置项，维度是 5。

对于每个时间步 t，输出 $\boldsymbol{y}_t$ 是一个 5 维向量，表示每个单词在词汇表中出现的概率分布。例如，在时间步 $t=3$ 时，模型可能预测下一个单词的概率分布（"编程""学习""爱""我""有"）。该 RNN 模型的实现代码如下所述。首先，nn. Embedding 将输入进行编码，PyTorch 框架也已经将 RNN 模型封装在 nn. RNN 中。nn. RNN 会产生 output 和 hidden，分别表示最后输出和最后一个时间步的隐藏状态。

```
#定义一个简单的 RNN 模型
class SimpleRNN(nn.Module):
    def __init__(self, vocab_size, embed_size, hidden_size):
        super(SimpleRNN, self).__init__()
        self.embedding = nn.Embedding(vocab_size, embed_size)   #词嵌入层
        self.rnn = nn.RNN(embed_size, hidden_size, batch_first=True)   # RNN 层
        self.fc = nn.Linear(hidden_size, vocab_size)   #全连接层,用于预测下一个单词

    def forward(self, x):
        # x.shape = (batch_size, seq_len)
        embedded = self.embedding(x)   #词嵌入
        output, hidden = self.rnn(embedded)   # RNN 处理
        logits = self.fc(output[:, -1, :])   #预测下一个单词
        return logits


#参数设置
vocab_size = len(vocab)   #词汇表大小
embed_size = 3   #词嵌入维度
hidden_size = 5   # RNN 隐藏层大小


#初始化模型
model = SimpleRNN(vocab_size, embed_size, hidden_size)
print(model)
```

随着时间步的推进，RNN 通过不断更新隐藏状态，能够"记住"之前的输入信息，并将其用于预测下一个单词或做出其他决策。

3. RNN 的应用

由于 RNN 能够处理序列数据，因此它广泛应用于以下几个领域。

（1）自然语言处理。RNN 能够处理文本中的上下文关系，比如机器翻译、语音识别、情感分析等。

（2）时间序列预测。RNN 可被用来分析股票价格、天气预报、传感器数据等时间序列数据。

（3）语音识别。RNN 在语音信号的处理过程中，能够记住过去的语音信息，从而更好地识别连续语音。

尽管 RNN 很强大，但它在训练过程中存在一些问题，最常见的是梯度消失和梯度爆炸。具体而言，随着时间步的增加，梯度在反向传播时会不断减小，导致模型无法有效学习到长期的依赖关系。这意味着 RNN 在处理长序列时效果较差。相反，梯度可能在反向传播过程中变得非常大，导致模型训练不稳定。

RNN 是处理序列数据的强大工具，特别适用于自然语言处理、时间序列分析和语音识别等任务。尽管传统的 RNN 存在梯度消失和爆炸问题，但通过 LSTM 和 GRU 等改进方法，RNN 在很多实际应用中取得了显著的成果。总的来说，RNN 像是一种"记忆机器"，能够通过循环结构捕捉时间序列中的动态信息。而 LSTM 和 GRU 等变种则在此基础上进一步优化了长期依赖问题，让 RNN 能够发挥更大的作用。

4.2　长短时记忆网络

LSTM 是一种特别的 RNN 结构，旨在解决标准 RNN 在处理长序列时遇到的梯度消失和梯度爆炸问题。LSTM 通过引入一种称为"记忆单元"（memory cell）的机制，成功地解决了梯度消失问题，能够捕捉长时间的依赖关系。它在序列数据的学习上非常有效，尤其是在需要保持长时间记忆的任务中。

LSTM 的处理流程如图 4.3 所示，对于 LSTM，每一时间步 t 的隐藏状态 $\boldsymbol{h}_t$ 是通过上一时间步的隐藏状态 $\boldsymbol{h}_{t-1}$ 和当前输入 $\boldsymbol{x}_t$ 在记忆单元里计算得到的。LSTM 的关键在于其门控机制：遗忘门（Forget Gate）、输入门（Input Gate）和输出门（Output Gate）。这些门控制着记忆单元状态（Cell State），决定了哪些信息应该被记住，哪些应该被遗忘，哪些应该被更新。

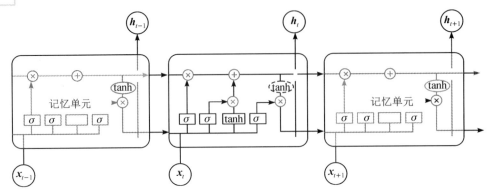

图 4.3　LSTM 的处理流程

LSTM 的结构主要包含以下几个部分。

（1）记忆单元状态。记忆单元状态是 LSTM 的核心部分，类似于"长时记忆"，它在不同时间步之间传递信息，通过门控机制（遗忘门和输入门）来控制信息的更新，从而决定保留哪些信息与丢弃哪些信息。

（2）遗忘门。遗忘门决定了当前记忆单元中哪些信息需要被丢弃。

（3）输入门。输入门决定了哪些新的信息需要加入记忆单元。

（4）输出门。输出门决定了当前时刻的输出值，基于当前记忆单元和输入数据。

LSTM 的工作顺序为遗忘门、输入门、更新记忆单元、输出门。

1. 遗忘门

遗忘门工作示意如图 4.4 所示，它通过当前时间步的输入 x_t 和前一时间步的隐藏状态 h_{t-1} 计算一个值，输出一个介于 0 和 1 之间的向量，表示应该丢弃多少记忆。其计算公式如下：

$$f_t = \sigma(W_f \cdot [h_{t-1}, x_t] + b_f) \tag{4-7}$$

其中，σ 是 Sigmoid 激活函数，输出在 0 到 1 之间。W_f 和 b_f 是权重矩阵和偏置项。$[h_{t-1}, x_t]$ 是前一隐藏状态和当前输入的拼接。f_t 是遗忘门的输出，决定了记忆单元状态 C_{t-1} 中的信息保留多少。

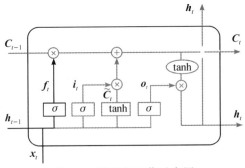

图 4.4　遗忘门工作示意图

2. 输入门

输入门工作示意如图 4.5 所示，它由两部分组成：Sigmoid 层决定哪些值需要更新（类似于遗忘门的操作），tanh 层生成一个候选记忆值，表示可以添加到记忆单元状态的新信息。其计算公式如下：

$$i_t = \sigma(W_i \cdot [h_{t-1}, x_t] + b_i) \tag{4-8}$$

$$\widetilde{C}_t = \tanh(W_C \cdot [h_{t-1}, x_t] + b_C) \tag{4-9}$$

i_t 是输入门的输出，$\widetilde{C}_t$ 是候选记忆值，代表要添加的新信息。

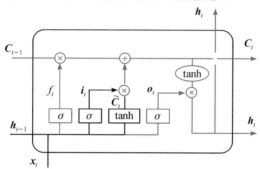

图 4.5　输入门工作示意图

3. 更新记忆单元状态

更新记忆单元工作示意如图 4.6 所示，我们将前一时刻的记忆单元状态 C_{t-1} 和已得到的输入门与遗忘门的输出结合起来，更新当前时刻的记忆单元状态。其计算公式如下：

$$C_t = f_t \cdot C_{t-1} + i_t \cdot \widetilde{C}_t \tag{4-10}$$

其中，$f_t \cdot C_{t-1}$ 为保留遗忘门控制的信息，$i_t \cdot \widetilde{C}_t$ 为添加输入门控制的新信息，输出 C_t 是更新后的记忆单元状态。

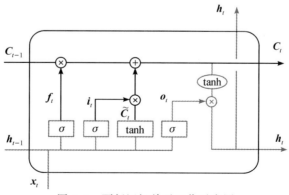

图 4.6　更新记忆单元工作示意图

4. 输出门

输出门工作示意如图 4.7 所示，输出门决定当前时刻的隐藏状态 $\boldsymbol{h}_t$，它是基于更新后的记忆单元状态 $\boldsymbol{C}_t$ 和当前输入 $\boldsymbol{x}_t$ 计算的。其计算公式如下：

$$\boldsymbol{o}_t = \sigma(\boldsymbol{W}_o \cdot [\boldsymbol{h}_{t-1}, \boldsymbol{x}_t] + b_o) \tag{4-11}$$

$$\boldsymbol{h}_t = \boldsymbol{o}_t \cdot \tanh(\boldsymbol{C}_t) \tag{4-12}$$

式(4-11)、式(4-12)中，$\boldsymbol{o}_t$ 是输出门的控制信号，决定了记忆单元状态中哪些部分会影响最终输出；$\boldsymbol{h}_t$ 是当前时刻的隐藏状态，表示模型的输出。

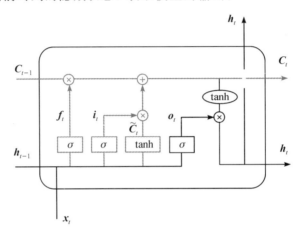

图 4.7　输出门工作示意图

下面是一个简单的 LSTM 网络的代码示例，在 PyTorch 框架中，LSTM 已经被封装为"nn. LSTM"。"nn. LSTM"返回两个值：lstm_out(每个时间步的输出)和(h_n, c_n)(最后的隐藏状态和细胞状态)，其中，h_n 是最终的隐藏状态，c_n 是最终的细胞状态。

```python
import torch
import torch.nn as nn


#定义一个简单的 LSTM 模型
class SimpleLSTM(nn.Module):
    def __init__(self, vocab_size, embed_size, hidden_size):
        super(SimpleLSTM, self).__init__()
        self.embedding = nn.Embedding(vocab_size, embed_size)    #词嵌入层
        self.lstm = nn.LSTM(embed_size, hidden_size, batch_first=True)    # LSTM 层
        self.fc = nn.Linear(hidden_size, vocab_size)    #全连接层,用于预测下一个单词

    def forward(self, x, hidden_state=None):
```

```
# x.shape=(batch_size, seq_len)
embedded=self.embedding(x)    # 词嵌入


# LSTM 处理
# lstm_out.shape=(batch_size, seq_len, hidden_size)
# (h_n, c_n)=hidden_state
lstm_out, (h_n, c_n)=self.lstm(embedded, hidden_state)


# 使用最后一个时间步的隐藏状态进行预测
logits=self.fc(lstm_out[:, −1, :])    # 预测下一个单词


return logits, (h_n, c_n)
```

LSTM 的主要优势如下。

（1）可以捕捉长期依赖关系。LSTM 通过其记忆单元和门控机制，能够有效地存储和更新信息，从而捕捉到长期依赖关系。

（2）能够避免解决梯度消失问题。LSTM 在训练时，特别是在处理长序列时有效地防止了梯度消失问题。

（3）具备灵活性。LSTM 可以灵活地在时间序列中"记住"有用的信息，并忘记无用的信息，因此适用于各种序列数据的任务，如机器翻译、文本生成、时间序列预测等。

LSTM 是一种强大的序列建模工具，特别适合处理存在长期依赖关系的任务。它通过复杂的门控机制，使模型能够在长时间跨度内记住有用的信息，并有效地避免传统 RNN 的梯度消失问题。LSTM 在许多领域都取得了优异的表现，尤其是在自然语言处理和时间序列预测等任务中。

4.3　门控循环单元

GRU 是一种 RNN 的变体，由 Cho 等人于 2014 年提出。GRU 的设计目标是简化比 LSTM 复杂的结构，同时保持或接近其性能。它保留了 LSTM 的核心思想，通过"门控机制"来控制信息流动，解决 RNN 的梯度消失问题，但使用了更简单的结构，更适合一些对计算资源要求较高的任务。

1. GRU 的更新过程

不同于 LSTM，GRU 没有单独的记忆单元。它直接将隐藏状态 h_t 用于存储和传递信息。GRU 使用两个门，重置门（Reset Gate，控制遗忘过去的信息）和更新门（Update Gate，

控制保留多少过去的信息，并决定当前时刻的信息如何更新到隐藏状态。而 LSTM 使用三个门和一个记忆单元，因此，GRU 的计算复杂度更低，训练速度更快。

重置门和更新门共同参与隐藏状态进行更新。图 4.8 所示为 GRU 的更新过程示意图。对于当前输入 $\boldsymbol{x}_t$ 和上一时刻的隐藏状态 $\boldsymbol{h}_{t-1}$，GRU 的更新过程包括以下几个步骤。

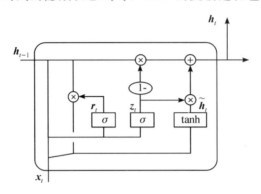

图 4.8　GRU 的更新过程示意图

（1）重置门对信息进行选择。重置门的作用是决定遗忘多少过去的信息。它通过当前输入 $\boldsymbol{x}_t$ 和上一时刻的隐藏状态 $\boldsymbol{h}_{t-1}$ 来计算一个值，范围在 0 到 1 之间：

$$\boldsymbol{r}_t = \sigma(\boldsymbol{W}_r \cdot [\boldsymbol{h}_{t-1}, \boldsymbol{x}_t] + b_r) \tag{4-13}$$

其中，$\boldsymbol{r}_t$ 是重置门的输出，表示遗忘程度。$\boldsymbol{r}_t$ 值越接近 0，表示遗忘得越多；$\boldsymbol{r}_t$ 值越接近 1，表示保留更多的过去信息。$\boldsymbol{W}_r$ 和 b_r 分别表示权重矩阵和偏置项。σ 是 Sigmoid 函数，将输出限制在 [0, 1]。重置门的意义是，它决定了上一时刻的隐藏状态 $\boldsymbol{h}_{t-1}$ 中哪些信息对当前时刻是无用的，减少不必要的信息干扰。

（2）更新门对状态进行更新。更新门的作用是控制隐藏状态的更新，决定当前时刻的隐藏状态 $\boldsymbol{h}_t$ 中有多少信息来自上一时刻，以及多少信息来自当前时刻。

$$\boldsymbol{z}_t = \sigma(\boldsymbol{W}_z \cdot [\boldsymbol{h}_{t-1}, \boldsymbol{x}_t] + b_z) \tag{4-14}$$

其中，$\boldsymbol{z}_t$ 是更新门的输出，表示信息更新程度。$\boldsymbol{z}_t$ 值越接近 0，表示更倾向保留旧信息；$\boldsymbol{z}_t$ 值越接近 1，表示更倾向引入新信息。$\boldsymbol{W}_z$ 和 b_z 是权重矩阵和偏置项。更新门控制了信息的"平衡"，帮助网络在需要时记住长期依赖关系，同时允许加入新信息。

（3）生成候选隐藏状态。候选隐藏状态是（Candidate Hidden State，CHS）在当前时刻计算的潜在信息，它通过重置门 $\boldsymbol{r}_t$ 的控制，将上一时刻的隐藏状态 $\boldsymbol{h}_{t-1}$ 和当前输入 $\boldsymbol{x}_t$ 结合，生成一个新的候选信息，为

$$\tilde{\boldsymbol{h}}_t = \tanh(\boldsymbol{W}_h \cdot [\boldsymbol{r}_t \cdot \boldsymbol{h}_{t-1}, \boldsymbol{x}_t] + b_h) \tag{4-15}$$

其中，$\tilde{\boldsymbol{h}}_t$ 是候选隐藏状态，表示在当前时刻网络希望引入的新信息。$\boldsymbol{r}_t \cdot \boldsymbol{h}_{t-1}$ 是通过重置门控制后的上一隐藏状态。$\boldsymbol{W}_h$ 和 b_h 分别表示权重矩阵和偏置项。tanh 是双曲正切激活函

数,其值在[-1,1]。候选隐藏状态表示当前时刻根据输入和部分过去信息计算出的新内容。

(4)更新隐藏状态。最终的隐藏状态 $\boldsymbol{h}_t$ 由更新门 $\boldsymbol{z}_t$ 控制,结合了上一时刻的隐藏状态 $\boldsymbol{h}_{t-1}$ 和当前的候选隐藏状态 $\tilde{\boldsymbol{h}}_t$:

$$\boldsymbol{h}_t = (1 - \boldsymbol{z}_t) \cdot \boldsymbol{h}_{t-1} + \boldsymbol{z}_t \cdot \tilde{\boldsymbol{h}}_t \tag{4-16}$$

其中,$(1 - \boldsymbol{z}_t) \cdot \boldsymbol{h}_{t-1}$ 表示保留的旧信息,$\boldsymbol{z}_t \cdot \tilde{\boldsymbol{h}}_t$ 表示引入的新信息。

隐藏状态更新使网络能够动态地选择保留旧记忆或更新为新记忆,从而有效地捕捉短期和长期依赖关系。

2. GRU 示例

下面是一个简单的 GRU 网络的代码示例,在 PyTorch 框架中,LSTM 已经被封装为"nn. GRU","nn. GRU"返回两个值:gru_out(每个时间步的输出)和 h_n(最后的隐藏状态)。

```python
import torch
import torch.nn as nn

# 定义一个简单的 GRU 模型
class SimpleGRU(nn.Module):
    def __init__(self, vocab_size, embed_size, hidden_size):
        super(SimpleGRU, self).__init__()
        self.embedding = nn.Embedding(vocab_size, embed_size)    # 词嵌入层
        self.gru = nn.GRU(embed_size, hidden_size, batch_first=True)    # GRU 层
        self.fc = nn.Linear(hidden_size, vocab_size)    # 全连接层,用于预测下一个单词

    def forward(self, x, hidden_state=None):
        # x.shape = (batch_size, seq_len)
        embedded = self.embedding(x)    # 词嵌入

        # GRU 处理
        # gru_out.shape = (batch_size, seq_len, hidden_size)
        # h_n = hidden_state
        gru_out, h_n = self.gru(embedded, hidden_state)

        # 使用最后一个时间步的隐藏状态进行预测
        logits = self.fc(gru_out[:, -1, :])    # 预测下一个单词

        return logits, h_n
```

3. GRU 和 LSTM 对比

GRU 和 LSTM 对比如表 4.1 所示，GRU 只有两个门（重置门和更新门），没有单独的记忆单元，所以 GRU 比 LSTM 的计算复杂度更低，训练速度更快。在一些任务中，GRU 的性能接近甚至超过 LSTM，因为它能够有效地捕捉时间依赖信息，同时避免了 LSTM 中可能过于复杂的门控操作。由于结构更简单，GRU 的参数数量比 LSTM 更少，因此在数据有限或模型较小的场景中表现更佳。

表 4.1　GRU 和 LSTM 对比

特　性	GRU	LSTM
门数量	2（重置门和更新门）	3（遗忘门、输入门和输出门）
有无单独记忆单元	无	有
计算复杂度	低	高
参数数量	少	多
适用场景	较小数据集或轻量级应用	需要捕捉复杂长期依赖的任务

4.4　双向循环神经网络

BiRNN 是一种增强版的传统 RNN。在传统 RNN 中，信息是按时间顺序从前到后传递的，这意味着每个时刻的输出仅依赖于当前及之前时刻的输入。而 BiRNN 的最大特点是它不仅会按照时间的顺序从前到后处理信息，还能从后到前处理信息。这样，BiRNN 能够在每个时刻结合过去的信息和未来的信息，得到更为丰富的上下文信息。所以通常能获得更好的性能，特别是在序列标注任务（如命名实体识别、词性标注等）中。

BiRNN 的工作示意如图 4.9 所示，BiRNN 的核心思想是，在每个时间步，对于每个输入序列 x_1，x_2，$\cdots$，x_t，它会同时通过两个方向的 RNN 进行处理：正向 RNN（Forward RNN）和反向 RNN（Backward RNN）。正向 RNN 从左到右依次处理输入序列。正向 RNN 从序列的第一个时间步 $t=1$ 开始，依次处理输入序列中的每个元素 x_t，并根据之前的隐藏状态 $\overrightarrow{h}_{t-1}$ 计算当前的隐藏状态 $\overrightarrow{h}_t$。反向 RNN 从右到左依次处理输入序列，产生隐藏状态 $\overleftarrow{h}_t$，反向 RNN 从序列的最后一个时间步 $t=T$ 开始，逆序处理输入数据。对于每个时间步 t，反向 RNN 使用当前时间步的输入 x_t 和下一时刻的隐藏状态 $\overleftarrow{h}_{t+1}$ 更新当前的隐藏状态 $\overleftarrow{h}_t$，输出当前时刻的隐藏状态 $\overleftarrow{h}_t$。最终，在每个时间步 t，BiRNN 的输出 h_t 是这两个隐藏状态的拼接［；］或求和：

$$h_t = \left[\overleftarrow{h_t} ; \overrightarrow{h_t} \right] \qquad (4-17)$$

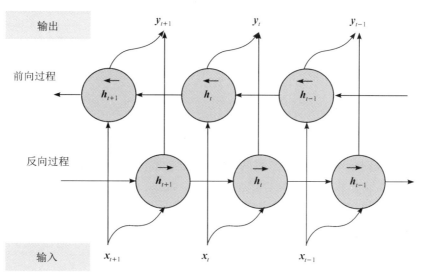

图 4.9　BiRNN 的工作示意图

在 PyTorch 中，使用"nn. RNN""nn. LSTM"或"nn. GRU"都可以轻松实现 BiRNN，只需要将"bidirectional"参数设置为"True"。用 PyTorch 实现双向 LSTM 网络的代码如下：

```python
import torch
import torch. nn as nn

# 定义一个双向 LSTM 模型
class BiLSTM(nn. Module):
    def __init__(self, vocab_size, embed_size, hidden_size):
        super(BiLSTM, self). __init__()
        self. embedding = nn. Embedding(vocab_size, embed_size)   # 词嵌入层
        self. lstm = nn. LSTM(embed_size, hidden_size, batch_first=True, bidirectional=True)
                                                              # 双向 LSTM 层
        self. fc = nn. Linear(hidden_size * 2, vocab_size)   # 全连接层, 用于预测下一个单词

    def forward(self, x):
        # x. shape = (batch_size, seq_len)
        embedded = self. embedding(x)   # 词嵌入
```

```
# 双向 LSTM 处理
lstm_out,(h_n,c_n)=self.lstm(embedded)    # lstm_out.shape=(batch_size,seq_len,hid-
                                                          den_size * 2)


# 使用最后一个时间步的隐藏状态进行预测
logits=self.fc(lstm_out[:,-1,:])    # 预测下一个单词


return logits
...
```

在训练或推理时，BiRNN 比普通的 RNN 更强大，因为它能够利用上下文的完整信息。其具体的训练流程和数据处理与普通的 RNN 类似。

BiRNN 通过同时考虑从前到后的输入序列和从后到前的输入序列，极大地增强了模型对上下文信息的捕捉能力，广泛应用于需要长距离依赖关系的序列处理任务，如自然语言处理中的文本分类、命名实体识别等任务。在很多情况下，BiRNN 相比普通的单向 RNN 能够提供更好的性能。

4.5 时序数据处理案例与实践

本节以经典的机器翻译为例，说明循环神经网络是如何对时序数据进行处理的。

4.5.1 机器翻译

机器翻译可以视为一个序列到序列的映射问题，即将源语言序列 $\boldsymbol{X}=[\boldsymbol{x}_1, \boldsymbol{x}_2, \cdots, \boldsymbol{x}_T]$（长度为 T），映射为目标语言序列 $\boldsymbol{Y}=[\boldsymbol{y}_1, \boldsymbol{y}_2, \cdots, \boldsymbol{y}_{T'}]$（长度为 T'）。机器翻译任务的目标是估计目标序列 $\boldsymbol{Y}$ 的条件概率：

$$P(\boldsymbol{Y} \mid \boldsymbol{X})=P(\boldsymbol{y}_1, \boldsymbol{y}_2, \cdots, \boldsymbol{y}_{T'} \mid \boldsymbol{x}_1, \boldsymbol{x}_2, \cdots, \boldsymbol{x}_T) \tag{4-18}$$

使用链式法将其分解为

$$P(\boldsymbol{Y} \mid \boldsymbol{X})=\prod_{t=1}^{T'} P(\boldsymbol{y}_t \mid \boldsymbol{y}_1, \boldsymbol{y}_2, \cdots, \boldsymbol{y}_{t-1}, \boldsymbol{X}) \tag{4-19}$$

其中，$P(\boldsymbol{y}_t \mid \boldsymbol{y}_1, \boldsymbol{y}_2, \cdots, \boldsymbol{y}_{t-1}, \boldsymbol{X})$ 表示在时间步 t 生成目标单词 $\boldsymbol{y}_t$ 的条件概率。

通常情况下，假设源语言词汇表大小为 $\boldsymbol{V}_X$，我们用数值化和嵌入操作将输入序列表示为一个矩阵：

$$\boldsymbol{X}=[\boldsymbol{x}_1, \boldsymbol{x}_2, \cdots, \boldsymbol{x}_T] \in \mathbb{R}^{T \times 1} \tag{4-20}$$

每个单词 $\boldsymbol{x}_t$ 是一个索引值 $\in \{0, 1, \cdots, V_X-1\}$。通过词嵌入将其映射为连续向量：

$$E_X = W_X[X] \in \mathbb{R}^{T \times d_X} \tag{4-21}$$

其中，$W_X \in \mathbb{R}^{V_X \times d_X}$ 为源语言的词嵌入矩阵，d_X 是嵌入维度，E_X 则是输入序列的嵌入表示。

输入序列 E_X 经过模型编码器（如 RNN、LSTM 等）处理后，提取上下文信息，生成隐藏状态：

$$H_X = [h_1, h_2, \cdots, h_T] \in \mathbb{R}^{T \times d_H} \tag{4-22}$$

其中，H_X 表示每个时间步的隐藏状态表示，提取了序列的上下文信息。d_H 是隐藏状态的维度。将 h_T 作为上下文向量，被传递给解码阶段，作为目标序列生成的条件输入。

目标语言词汇表大小为 V_Y。目标序列 Y 可通过类似的方法表示为

$$Y = [y_1, y_2, \cdots, y'_T] \in \mathbb{R}^{T' \times 1} \tag{4-23}$$

每个单词 y_t 是一个索引值 $\in \{0, 1, \cdots, V_Y - 1\}$。解码器对编码器得到的隐藏状态进行处理，逐步生成目标序列。对于每个时间步 t，有

（1）使用上一时间步的输出 y_{t-1} 的嵌入向量：

$$e_t = W_Y[y_{t-1}] \in \mathbb{R}^{d_Y} \tag{4-24}$$

其中，W_Y 是目标语言的词嵌入矩阵，d_Y 是嵌入维度，e_t 是当前时间步的输入嵌入。

（2）使用隐藏状态和上下文向量生成当前时间步的隐藏状态：

$$h'_t = f(e_t, h'_{t-1}, h_T) \in \mathbb{R}^{d_H} \tag{4-25}$$

其中，f 为隐藏状态更新函数（如 LSTM、GRU 等），h'_{t-1} 是上一时间步解码器的隐藏状态。

（3）计算目标词汇表的概率分布：

$$P(y_t \mid y_1, y_2, \cdots, y_{t-1}, X) = \mathrm{Softmax}(W_o h'_t + b_o) \tag{4-26}$$

其中，$W_o \in \mathbb{R}^{V_Y \times d_H}$ 是输出层权重矩阵，$b_o \in \mathbb{R}^{V_Y}$ 是偏置项，Softmax 将 h'_t 映射为长度为 V_Y 的概率分布，表示目标语言词汇表中每个单词的概率。

（4）根据概率分布选取下一个单词 y_t。通常使用贪心搜索（Greedy Search）选择概率最大的单词：

$$y_t = \mathrm{argmax}P(y_t \mid y_1, y_2, \cdots, y_{t-1}, X) \tag{4-27}$$

目标序列的生成持续到模型输出特殊标记"<EOS>"，表示序列结束。最终的输出序列长度 T' 是动态的。

通常情况下，机器翻译任务训练的目标是最小化交叉熵损失（Cross-Entropy Loss），即

$$\mathcal{L} = -\frac{1}{N} \sum_{n=1}^{N} \sum_{t=1}^{T'_n} \log P(y_t^{(n)} \mid y_1^{(n)}, y_2^{(n)}, \cdots, y_{t-1}^{(n)}, X^{(n)}) \tag{4-28}$$

其中，N 是训练样本批次数量，T'_n 是第 n 个目标序列的长度，$P(y_t^{(n)} \mid y_1^{(n)}, y_2^{(n)}, \cdots,$

$y_{t-1}^{(n)}$，$X^{(n)}$）是第 n 个样本在时间步 t 的预测概率，$y_t^{(n)}$ 是目标序列中时间步 t 的真实单词。

1. 常用数据集

机器翻译数据集通常由平行语料组成，平行语料即一对句子在源语言和目标语言之间的对应翻译。这些数据集涵盖不同语言对（如英语-法语、英语-汉语等），用于训练、验证和测试机器翻译模型，以下介绍六种常用数据集。

1）WMT 发布的数据集

WMT（Workshop on Machine Translation）是机器翻译领域最权威的评测活动之一。该活动每年发布覆盖多种语言的平行语料数据集，语言对包括英语-法语、英语-德语、英语-中文等，涵盖范围广泛。数据主要来源于新闻报道和技术文档等，其中，测试集通常基于真实的新闻文章。根据不同语言对，训练集的规模从数百万到数千万句对不等。例如，WMT17 英语-德语的训练集包含约590 万句对。这些数据集被广泛用于训练和评估大型机器翻译模型。

2）IWSLT

IWSLT（International Workshop on Spoken Language Translation）是一个以口语翻译为主题的机器翻译评测任务，该任务发布数据集，其中的数据主要来源于 TED 演讲的字幕。其涵盖的语言对包括英语-德语、英语-法语等，句子内容主要来自演讲领域。训练集通常包含数十万句对，例如，IWSLT14 英语-德语的训练集约有 16 万句对。IWSLT 每年还会提供包含数千句对的验证集和测试集。该数据集适用于小规模翻译模型的研究。

3）OpenSubtitles

OpenSubtitles 是基于电影和电视剧字幕的平行语料库，涉及大量语言对。其数据风格更口语化，适合对话翻译研究。OpenSubtitles 的数据量巨大，其中某些语言对的句子对数可达数千万。例如，英语-法语的句子对数超过 3900 万。

4）UN Parallel Corpus

UN Parallel Corpus 是联合国的多语言平行语料库，涉及六种联合国官方语言，即汉语、阿拉伯语、英语、法语、俄语、西班牙语。每种语言对的句子对数约为 110 万。其数据正式，内容主要来源于联合国文件。

5）ParaCrawl

ParaCrawl 是基于网络爬取的大规模平行语料库，涉及上百种语言对。某些语言对的句子对数超过 3000 万。例如，英语-德语的句子对数约为 3900 万。ParaCrawl 的数据量大，但质量不如人工标注的语料库，适用于大规模预训练。

6）OPUS 数据库

OPUS（Open Parallel Corpus）数据库是一个收集大量平行语料的数据仓库。根据具体语料库和语言对，数据规模从数万到数千万句对不等。数据来源多样，包括技术文档、字幕等。OPUS 数据库包含多种语言对。

2. 常用评价指标

机器翻译的评价指标分为自动评价指标和人工评价指标两大类。自动评价指标能够快速计算翻译质量，但有时无法完全体现人类的语言直觉；人工评价指标更加准确，但效率低且成本高。

1）自动评价指标

自动评价指标包括以下几种方式。

（1）BLEU（Bilingual Evaluation Understudy）。BLEU 是最常用的翻译质量评价指标，衡量机器生成翻译与参考翻译的相似度。BLEU 计算机器翻译结果与参考翻译之间的 n-gram（子词或单词序列）匹配度，包括精确度和惩罚因子（防止生成过短的句子）。BLEU 的计算公式如下：

$$\text{BLEU} = \text{BP} \cdot \exp\left(\sum_{n=1}^{N} \omega_n \log p_n \right) \tag{4-29}$$

其中，BP 是长度惩罚因子，ω_n 是第 n-gram 的权重，p_n 是第 n-gram 的匹配精度。

BLEU 计算快，结果易解释，但对单词的顺序敏感，不能很好捕捉语义相似性。其代码实现如下：

```python
from collections import Counter
import math
from nltk.translate.bleu_score import sentence_bleu, SmoothingFunction

def calculate_bleu(candidate, references, max_n=4):
    """
    计算 BLEU 分数
    : param candidate:机器翻译结果(字符串或词列表)
    : param references:参考翻译(列表，每个元素是参考翻译)
    : param max_n:最大的 n-gram 匹配级别
    : return:BLEU 分数
    """
    #使用 NLTK 的 BLEU 工具计算
    smoothie = SmoothingFunction().method1
    score = sentence_bleu(references, candidate, smoothing_function=smoothie, weights=[1/max_n] * max_n)
    return score
```

```
#示例
candidate=["the","cat","is","on","the","mat"]
references=[["the","cat","sits","on","the","mat"],["there","is","a","cat","on","the","mat"]]
print("BLEU Score: ",calculate_bleu(candidate,references))
```

(2) ROUGE(Recall-Oriented Understudy for Gisting Evaluation)。ROUGE 常用于摘要生成任务，但也适合机器翻译，关注机器翻译与参考翻译之间的单词或短语的召回率。ROUGE 的计算方法类似 BLEU，但更加关注召回率。常见变体包括 ROUGE-N 和 ROUGE-L。

① ROUGE-N。ROUGE-N 计算 n-gram 的召回率，其计算公式如下：

$$\text{ROUGE-N}=\frac{\sum\limits_{n\text{-gram}\in \text{Ref}} \text{Count}_{\text{match}}(n\text{-gram})}{\sum\limits_{n\text{-gram}\in \text{Ref}} \text{Count}(n\text{-gram})} \qquad (4-30)$$

其中，Ref 是参考翻译文本。$\text{Count}_{\text{match}}(n\text{-gram})$ 是候选翻译中与参考翻译匹配的 n-gram 数量，$\text{Count}(n\text{-gram})$ 是参考翻译中的 n-gram 总数。

② ROUGE-L。基于最长公共子序列(Longest Common Subsequence，LCS)的思想。与 BLEU 不同，ROUGE-L 更关注句子之间的整体结构相似性。其评价公式如下：

$$\text{ROUGE-L}=\frac{\text{LCS}(\text{Cand},\text{Ref})}{\text{Len}(\text{Ref})} \qquad (4-31)$$

其中，LCS(Cand，Ref)是候选翻译和参考翻译之间的最长公共子序列长度。Len(Ref)是参考翻译的长度。

ROUGE 适合多参考翻译场景，但与 BLEU 类似，无法捕捉语义信息。其代码实现如下：

```python
from collections import Counter
import math
from rouge_score import rouge_scorer

def calculate_rouge(candidate, references):
    """
    计算 ROUGE 分数
    : param candidate:机器翻译结果(字符串)
    : param references:参考翻译(列表，每个元素是参考翻译)
    : return:ROUGE 分数字典
    """
    scorer=rouge_scorer.RougeScorer(['rouge1','rouge2','rougeL'],use_stemmer=True)
    rouge_scores=[]
    for ref in references:
```

```
        scores = scorer. score(ref, candidate)
        rouge_scores. append(scores)
    # 平均各个参考翻译的分数
    avg_scores = {key : sum(score[key]. fmeasure for score in rouge_scores) / len(rouge_scores) for
                key in rouge_scores[0]}
    return avg_scores


# 示例
candidate = "the cat is on the mat"
references = ["the cat sits on the mat", "there is a cat on the mat"]
print("ROUGE Scores: ", calculate_rouge(candidate, references))
```

（3）METEOR（Metric for Evaluation of Translation with Explicit ORdering）。METEOR 是专门为机器翻译设计的评价指标，关注了词形变化（如动词的不同时态）。METEOR 不仅关注精确度和召回率，还会进行语义匹配和词性分析，对词形变化（如复数、时态等）更敏感。METEOR 的计算公式如下：

$$\text{METEOR} = (1 - \alpha) \cdot \text{Precision} + \alpha \cdot \text{Recall} \tag{4-32}$$

其中，$\text{Precision} = \dfrac{m}{\text{Len(Cand)}}$ 表示候选翻译中正确匹配的单词占候选翻译总长度的比例，$\text{Recall} = \dfrac{m}{\text{Len(Ref)}}$ 是候选翻译中正确匹配的单词占参考翻译总长度的比例，m 是候选翻译中与参考翻译匹配的单词数。α 是权重参数（通常设为 0.9），用于调整精确率和召回率的权衡。

为了进一步优化，METEOR 还会加入加权和碎片惩罚。

① F1 分数加权用 F-score（F_β）表示：

$$F_\beta = \frac{\text{Precision} \cdot \text{Recall}}{(1 - \beta) \cdot \text{Precision} + \beta \cdot \text{Recall}} \tag{4-33}$$

其中，β 用于调整精确率和召回率的相对权重。

② 碎片惩罚。碎片惩罚的计算公式如下：

$$\text{Penalty} = \gamma \cdot \frac{\text{chunks}}{m} \tag{4-34}$$

其中，chunks 是候选翻译和参考翻译之间的非连续匹配片段数，γ 是惩罚系数。

METEOR 的最终计算公式如下：

$$\text{METEOR} = F_\beta \cdot (1 - \text{Penalty}) \tag{4-35}$$

其代码实现为

```
from collections import Counter
import math
from nltk.translate.meteor_score import meteor_score

def calculate_meteor(candidate, references):
    """
    计算 METEOR 分数
    :param candidate:机器翻译结果(字符串)
    :param references:参考翻译(列表,每个元素是参考翻译)
    :return:METEOR 分数
    """
    # 使用 NLTK 的 METEOR 工具
    return meteor_score(references, candidate)


# 示例
candidate="the cat is on the mat"
references=["the cat sits on the mat","there is a cat on the mat"]
print("METEOR Score: ",calculate_meteor(candidate, references))
```

（4）ChrF(Character F-score)。ChrF 基于字符级别的精确度和召回率进行评分，更适合处理形态丰富的语言（如中文、阿拉伯语）。与 BLEU 相比，ChrF 对长单词更敏感。ChrF 是基于字符级别 n-gram 的 F-score，计算公式如下：

$$\text{ChrF} = \frac{(1+\beta^2) \cdot \text{Precision} \cdot \text{Recall}}{\beta^2 \cdot \text{Precision} + \text{Recall}} \tag{4-36}$$

其中，精确率为

$$\text{Precision} = \frac{\sum\limits_{n\text{-gram} \in \text{Cand}} \text{Count}_{\text{match}}(n\text{-gram})}{\sum\limits_{n\text{-gram} \in \text{Cand}} \text{Count}(n\text{-gram})}$$

召回率为

$$\text{Recall} = \frac{\sum\limits_{n\text{-gram} \in \text{Ref}} \text{Count}_{\text{match}}(n\text{-gram})}{\sum\limits_{n\text{-gram} \in \text{Ref}} \text{Count}(n\text{-gram})}$$

β 是控制召回率和精确率权衡的参数（通常设为 2，表示更注重召回率）。其代码实现如下：

```
from collections import Counter
import math
import editdistance    #用于计算 TER

def calculate_ter(candidate, reference):
    """
    计算 TER 分数
    : param candidate:机器翻译结果(字符串)
    : param reference:参考翻译(字符串)
    : return: TER 分数
    """
    #使用编辑距离计算编辑操作数
    candidate_tokens = candidate. split()
    reference_tokens = reference. split()
    edit_ops = editdistance. eval(candidate_tokens, reference_tokens)
    ter_score = edit_ops / len(reference_tokens)
    return ter_score

#示例
candidate = "the cat is on the mat"
reference = "the cat sits on the mat"
print("TER Score: ", calculate_ter(candidate, reference))
```

2) 人工评价指标

(1) Adequacy(充分性)。Adequacy 定义翻译内容与源句内容是否一致。评分范围通常为 1~5,1 表示完全不相关,5 表示完全一致。

(2) Fluency(流畅性)。Fluency 定义翻译结果是否符合目标语言的语法和语用习惯,同样使用 1~5 的评分。

(3) Holistic Scoring(整体评分)。Holistic Scoring 从整体上评价翻译结果的质量,综合考虑充分性、流畅性和语义相关性。

机器翻译常用的数据集涵盖多种语言对和领域,从高质量的人类标注数据集(如 WMT、IWSLT)到大规模爬取数据集(如 ParaCrawl)。评估指标中,自动评估指标(如 BLEU、METEOR)提供快速反馈,而人工评估指标则能更准确地反映翻译质量。综合使用这些数据集和指标有利于研究人员高效地开发和优化机器翻译系统。

3. Sequence-to-Sequence

接下来我们以经典的 Sequence-to-Sequence（Seq2Seq）为例来说明机器翻译任务的过程。Seq2Seq 是一种深度学习模型，它的核心思想是通过一个编码器-解码器（Encoder-Decoder）结构，将输入序列编码成一个固定维度的上下文向量（context vector），然后通过解码器将其解码为输出序列。

1）编码器

编码器（Encoder）将一个可变长度的输入序列 $X = [x_1, x_2, \cdots, x_T]$ 转换为一个固定大小的向量（上下文向量 h_T 或隐藏状态序列），并将其用于提供输入序列的信息给解码器。编码器的工作流程包括以下几个部分。

（1）在输入编码器前先将离散的输入（如单词索引）转换为连续向量（嵌入）。输入 x_t 是时间步 t 的输入单词索引，输出为 $e_t = \text{Embedding}(x_t)$，其中，$e_t \in \mathbb{R}^d$（$d$ 是词嵌入的维度）。

（2）RNN 网络（如 LSTM 或 GRU）逐步处理嵌入序列 e_t，生成每个时间步的隐藏状态。如 4.1 节所述，输入当前时间步的嵌入 e_t 和上一时间步的隐藏状态 h_{t-1}，输出当前时间步的隐藏状态 h_t，该处理过程如下：

$$h_t = f(W \cdot [e_t, h_{t-1}] + b) \tag{4-37}$$

其中，W 是权重矩阵，b 是偏置向量，f 是激活函数。

（3）最终，编码器输出最后一个隐藏状态 h_t，或输出整个隐藏状态序列 $[h_1, h_2, \cdots, h_t]$。编码器的最后一个时间步的隐藏状态 h_t 被称为上下文向量，它浓缩了整个输入序列的信息。

Seq2Seq 模型示意如图 4.10 所示，假设输入序列为"I love learning"，经过分词后为 $X = [x_1, x_2, x_3]$。编码器将依次处理这些单词，词嵌入矩阵将每个单词转化为嵌入向量，例如：

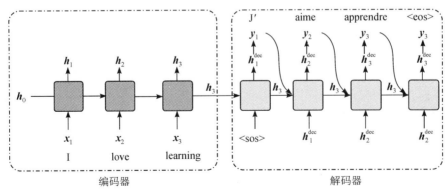

图 4.10　Seq2Seq 模型示意图

"I" → $\boldsymbol{x}_1 = [x_{11}, x_{12}, x_{13}]$

"love" → $\boldsymbol{x}_2 = [x_{21}, x_{22}, x_{23}]$

"learning" → $\boldsymbol{x}_3 = [x_{31}, x_{32}, x_{33}]$

假设编码器使用单层 LSTM 按时间步处理输入：在时间步 1 上，输入 $\boldsymbol{x}_1$ 和初始化隐藏状态 $\boldsymbol{h}_0 = [0, 0, 0]$，根据式(4-11)计算隐藏状态，得到 $\boldsymbol{h}_1$。在时间步 2 上输入 $\boldsymbol{x}_2$ 和上一时刻的隐藏状态 $\boldsymbol{h}_1$，计算隐藏状态得到 $\boldsymbol{h}_2$。在时间步 3 上输入 $\boldsymbol{x}_3$ 和上一时刻的隐藏状态 $\boldsymbol{h}_2$，计算隐藏状态得到 $\boldsymbol{h}_3$。最后时间步的隐藏状态 $\boldsymbol{h}_3$ 被用作上下文向量。

2) 解码器

如图 4.10 所示，解码器根据编码器生成的上下文向量 $\boldsymbol{h}_T$ 和解码器自身的隐藏状态，逐步生成目标序列 $\boldsymbol{Y} = [\boldsymbol{y}_1, \boldsymbol{y}_2, \cdots, \boldsymbol{y}_{T'}]$。解码器的工作流程包括以下几个部分。

(1) 利用词嵌入层编码。与编码器类似，词嵌入层将离散的输出(如目标单词索引)转化为连续向量，即输入上一个时间步的输出单词索引 $\boldsymbol{y}_{t-1}$，输出嵌入向量 $\boldsymbol{e}_{t-1} \in \mathbb{R}^d$。

(2) 在每个时间步，解码器的 RNN 接收编码器的上下文向量 $\boldsymbol{h}_T$(固定)、上一个时间步的嵌入向量 $\boldsymbol{e}_{t-1}$，$\boldsymbol{h}_{t-1}^{\text{dec}}$ 上一个时间步的解码器隐藏状态；输出该时刻的解码隐藏状态，RNN 接收的公式：

$$\boldsymbol{h}_t^{\text{dec}} = f(\boldsymbol{W}_{\text{dec}} \cdot [\boldsymbol{e}_{t-1}, \boldsymbol{h}_T, \boldsymbol{h}_{t-1}^{\text{dec}}] + b_{\text{dec}}) \tag{4-38}$$

(3) 通过线性变换和 Softmax，生成当前时间步的输出单词分布如下：

$$\hat{\boldsymbol{y}}_t = \text{softmax}(\boldsymbol{W}_{\text{out}} \cdot \boldsymbol{h}_t^{\text{dec}} + b_{\text{out}}) \tag{4-39}$$

解码器初始输入是特殊的起始标记(<sos>)。解码器在每个时间步生成输出单词，并将其作为下一个时间步的输入。每个时间步的隐藏状态 $\boldsymbol{h}_t^{\text{dec}}$ 结合上下文向量 $\boldsymbol{h}_T$ 和上一个时间步的信息进行更新。假设目标序列为"J'aime apprendre"(法语的"I love learning")，解码器逐步生成目标单词。

解码器的初始输入是特殊标记"<sos>"(起始标记)，其嵌入为 $\boldsymbol{e}_{\text{sos}} = [e_1, e_2, e_3]$。解码器初始化隐藏状态为编码器的上下文向量 $\boldsymbol{h}_3$。根据式(4-38)和式(4-39)，计算解码器的时间步的隐藏状态 $\boldsymbol{h}_1^{\text{dec}}$ 和目标词汇表中每个单词的概率分布 $\hat{\boldsymbol{y}}_1$，然后通过 $\text{argmax}\ \hat{\boldsymbol{y}}_1$ 预测单词为"J'"。在时间步 2 使用时间步 1 的预测"J'"的嵌入向量 $\boldsymbol{e}_{\text{J'}}$ 作为当前输入，当前隐藏状态为上一时刻的隐藏状态 $\boldsymbol{h}_1^{\text{dec}}$，计算得到该时刻隐藏状态 $\boldsymbol{h}_2^{\text{dec}}$ 和概率分布 $\hat{\boldsymbol{y}}_2$，并进一步预测单词为"aime"。在时间步 3 使用时间步 2 的预测"aime"的嵌入向量 $\boldsymbol{e}_{\text{aime}}$ 作为当前输入，当前隐藏状态为上一时刻的隐藏状态 $\boldsymbol{h}_2^{\text{dec}}$，计算得到该时刻隐藏状态 $\boldsymbol{h}_3^{\text{dec}}$ 和概率分布 $\hat{\boldsymbol{y}}_3$，并进一步预测单词为"apprendre"，直到解码器输出结束标记(<eos>)停止。

总体而言，输入序列 $[\boldsymbol{x}_1, \boldsymbol{x}_2, \cdots, \boldsymbol{x}_T]$ 是长度为 T 的输入序列，$[\boldsymbol{y}_1, \boldsymbol{y}_2, \cdots, \boldsymbol{y}_{T'}]$ 是长度为 T'(可能与 T 不同)的目标序列。Seq2Seq 模型的目标是估计条件概率：

$$p(\pmb{y}_1, \pmb{y}_2, \cdots, \pmb{y}_{T'} \mid \pmb{x}_1, \pmb{x}_2, \cdots, \pmb{x}_T) = \sum_{t=1}^{T'} p(\pmb{y}_t \mid \pmb{h}_t, \pmb{y}_1, \cdots, \pmb{y}_2, \pmb{y}_{t-1}) \qquad (4-40)$$

3) Seq2Seq 示例

以下是一个基于 PyTorch 的简单基于 LSTM 的 Seq2Seq 模型实现示例。

(1) 定义解码器。编码器的任务是读取输入序列,将其表示为一个固定大小的向量(上下文向量 $\pmb{h}_T$),用于传递输入序列的信息给解码器。定义解码器的代码如下,其中,"nn. Embedding"将离散的单词索引映射为连续的向量表示(词嵌入)。"nn. LSTM"表示调用 LSTM 处理输入序列,生成隐藏状态 hidden 和细胞状态 cell,其中,hidden 编码器的最后一个时间步的隐藏状态用于传递输入序列的整体语义信息。cell 是 LSTM 的记忆单元,也会传递到解码器。代码中,输入为 src 序列的索引矩阵(形状为(batch_size, src_len)),输出为 hidden 和 cell,用于初始化解码器的隐藏状态。

```python
class EncoderLSTM(nn. Module):
    def __init__(self, input_dim, emb_dim, hidden_dim, n_layers, dropout):
        super(EncoderLSTM, self). __init__()
        self. embedding = nn. Embedding(input_dim, emb_dim)    # 词嵌入层
        self. lstm = nn. LSTM(emb_dim, hidden_dim, n_layers, dropout=dropout, batch_first=True)
                                                              # LSTM 层

    def forward(self, src):
        embedded = self. embedding(src)    # 将输入的序列索引转换为嵌入向量
        outputs, (hidden, cell) = self. lstm(embedded)    # 使用 LSTM 处理嵌入序列
        return hidden, cell
```

(2) 定义解码器。解码器的任务是逐步生成目标序列。它在每个时间步接收上一个时间步的输出和编码器提供的上下文向量,生成下一个时间步的输出。嵌入层"nn. Embedding"将目标序列的单词索引转化为连续向量表示。LSTM 层接收嵌入向量、编码器的上下文向量,以及解码器自身的隐藏状态,生成新的隐藏状态。全连接层将 LSTM 的输出映射到词汇表,生成每个单词的概率分布。Dropout 用于防止过拟合。

定义解码器的代码如下,其中,输入 input 代表当前时间步的输入单词索引,输入 hidden 和 cell 是解码器的隐藏状态和记忆单元,输出 prediction 是当前时间步的词汇表概率分布。输出 hidden、cell 是更新后的隐藏状态和记忆单元。

```python
class DecoderLSTM(nn. Module):
    def __init__(self, output_dim, emb_dim, hidden_dim, n_layers, dropout):
        super(DecoderLSTM, self). __init__()
        self. embedding = nn. Embedding(output_dim, emb_dim)    # 词嵌入层
```

```
self.lstm=nn.LSTM(emb_dim+hidden_dim,hidden_dim,n_layers,dropout=dropout,batch
                 _first=True)   # LSTM 层
self.fc_out=nn.Linear(hidden_dim,output_dim)    # 全连接层
self.dropout=nn.Dropout(dropout)   # Dropout 层


def forward(self,input,hidden, cell):
    input=input.unsqueeze(1)    # 将输入扩展为(batch_size,1),适配 LSTM 输入
    embedded=self.dropout(self.embedding(input))    # 嵌入并添加 Dropout
    output,(hidden,cell)=self.lstm(embedded, (hidden, cell))   # 计算隐藏状态
    prediction=self.fc_out(output.squeeze(1))    # 将隐藏状态映射到词汇表大小的概率分布
    return prediction,hidden,cell
```

（3）Seq2Seq 模型将编码器和解码器组合在一起，代码如下。代码中，Seq2Seq 先通过编码器处理输入序列，然后通过解码器逐步生成输出序列。teacher_forcing_ratio 是教师强制的比例，控制解码器是否在下一时间步使用真实单词，可以加强训练过程。解码循环中逐步生成目标序列，每次只生成一个时间步的输出。

```
class Seq2Seq(nn.Module):
    def __init__(self,encoder,decoder,device):
        super(Seq2Seq, self).__init__()
        self.encoder=encoder   # 编码器
        self.decoder=decoder   # 解码器
        self.device=device    # 设备(CPU/GPU)


    def forward(self,src,trg,teacher_forcing_ratio=0.5):
        batch_size=src.shape[0]
        trg_len=trg.shape[1]
        trg_vocab_size=self.decoder.fc_out.out_features

        outputs=torch.zeros(batch_size,trg_len,trg_vocab_size).to(self.device)        # 存储输出

        hidden, cell=self.encoder(src)   # 编码器处理输入序列
        input=trg[:,0]   # 解码器初始输入为<sos>标记

        for t in range(1,trg_len):
            output,hidden,cell=self.decoder(input,hidden,cell)   # 解码器生成当前时间步的输出
```

```
            outputs[:, t, :]=output
            teacher_force=torch.rand(1).item() < teacher_forcing_ratio
                                                        #决定是否使用教师强制
            input=trg[:, t] if teacher_force else output.argmax(1)
                                                #使用真实单词或预测单词作为下一步输入

        return outputs
```

（4）接下来使用英语–德语翻译数据集 IWSLT2016 来训练 Seq2Seq 模型，代码如下。首先，使用 torchtext 提供的 IWSLT2016 数据集模块，以下是加载和预处理数据的步骤。uild_vocab_from_iterator 表示通过迭代训练数据构建词汇表。min_freq＝2 表示只保留出现频率大于等于 2 的单词。specials＝["<unk>","<pad>","<bos>","<eos>"]是添加特殊标记，其中，<unk>为未知单词标记，<pad>为填充标记，用于对齐序列长度，<bos>为序列开始标记，<eos>为序列结束标记。

```
import torch
from torchtext.data.utils import get_tokenizer
from torchtext.datasets import IWSLT2016
from torchtext.vocab import build_vocab_from_iterator
from torch.nn.utils.rnn import pad_sequence
fromtorch.utils.data import DataLoader


#设置语言对(英语—>德语)
SRC_LANGUAGE='en'
TRG_LANGUAGE='de'


#分词器
token_transform={
    SRC_LANGUAGE:get_tokenizer('spacy',language='en_core_web_sm'),
    TRG_LANGUAGE:get_tokenizer('spacy',language='de_core_news_sm')
}


#构建词汇表
def yield_tokens(data_iter, language):
    for src, trg in data_iter:
        yield token_transform[language](src if language==SRC_LANGUAGE else trg)
```

```
train_iter = IWSLT2016(root = '.data', split = 'train', language_pair = (SRC_LANGUAGE, TRG_
LANGUAGE))
    vocab_transform = {
        SRC_LANGUAGE: build_vocab_from_iterator(yield_tokens(train_iter, SRC_LANGUAGE), min
_freq = 2, specials = ["<unk>", "<pad>", "<bos>", "<eos>"]),
        TRG_LANGUAGE: build_vocab_from_iterator(yield_tokens(train_iter, TRG_LANGUAGE),
min_freq = 2, specials = ["<unk>", "<pad>", "<bos>", "<eos>"])
    }

# 设置特殊标记索引
for lang in [SRC_LANGUAGE, TRG_LANGUAGE]:
    vocab_transform[lang].set_default_index(vocab_transform[lang]["<unk>"])

# 数值化函数
def sequential_transforms( * transforms):
    def func(txt):
        for transform in transforms:
            txt = transform(txt)
        return txt
    return func

def tensor_transform(token_ids):
    return torch.cat((torch.tensor([vocab_transform[SRC_LANGUAGE]["<bos>"]]),
                      torch.tensor(token_ids),
                      torch.tensor([vocab_transform[SRC_LANGUAGE]["<eos>"]])))

text_transform = {
    SRC_LANGUAGE: sequential_transforms(token_transform[SRC_LANGUAGE], vocab_trans-
form[SRC_LANGUAGE], tensor_transform),
    TRG_LANGUAGE: sequential_transforms(token_transform[TRG_LANGUAGE], vocab_trans-
form[TRG_LANGUAGE], tensor_transform)
}
```

（5）将预处理后的数据加载为 PyTorch 的 DataLoader，将分词后的单词序列转换为索引，在开头和结尾分别添加<bos>和<eos>标记，并对批次进行填充。填充序列即将短序列填充为相同长度，便于批量处理。将多个句子组成的批次(batch)填充到相同长度，填充值为<pad>标记。

```
# 函数：批量填充序列
def collate_fn(batch):
    src_batch, trg_batch = [ ], [ ]
    for src_sample, trg_sample in batch:
        src_batch.append(text_transform[SRC_LANGUAGE](src_sample))
        trg_batch.append(text_transform[TRG_LANGUAGE](trg_sample))
    src_batch = pad_sequence(src_batch, padding_value = vocab_transform[SRC_LANGUAGE]["<pad>"])
    trg_batch = pad_sequence(trg_batch, padding_value = vocab_transform[TRG_LANGUAGE]["<pad>"])
    return src_batch, trg_batch


# 加载训练、验证和测试集
train_iter = IWSLT2016(root = '.data', split = 'train', language_pair = (SRC_LANGUAGE, TRG_LANGUAGE))
valid_iter = IWSLT2016(root = '.data', split = 'valid', language_pair = (SRC_LANGUAGE, TRG_LANGUAGE))
test_iter = IWSLT2016(root = '.data', split = 'test', language_pair = (SRC_LANGUAGE, TRG_LANGUAGE))


BATCH_SIZE = 64
train_loader = DataLoader(list(train_iter), batch_size = BATCH_SIZE, collate_fn = collate_fn)
valid_loader = DataLoader(list(valid_iter), batch_size = BATCH_SIZE, collate_fn = collate_fn)
test_loader = DataLoader(list(test_iter), batch_size = BATCH_SIZE, collate_fn = collate_fn)
```

（6）根据之前定义的 EncoderLSTM 和 DecoderLSTM 初始化模型。

```
# 模型参数
INPUT_DIM = len(vocab_transform[SRC_LANGUAGE])
OUTPUT_DIM = len(vocab_transform[TRG_LANGUAGE])
ENC_EMB_DIM = 256
DEC_EMB_DIM = 256
HIDDEN_DIM = 512
N_LAYERS = 2
ENC_DROPOUT = 0.5
DEC_DROPOUT = 0.5
```

```
# 初始化模型
device = torch.device('cuda' if torch.cuda.is_available() else 'cpu')
encoder = EncoderLSTM(INPUT_DIM, ENC_EMB_DIM, HIDDEN_DIM, N_LAYERS, ENC_DROP-
OUT)
decoder = DecoderLSTM(OUTPUT_DIM, DEC_EMB_DIM, HIDDEN_DIM, N_LAYERS, DEC_
DROPOUT)
model = Seq2Seq(encoder, decoder, device).to(device)
```

（7）训练使用交叉熵损失，并在每个时间步评估模型输出与真实目标的误差。

```
def train(model, data_loader, optimizer, criterion, clip):
    model.train()
    epoch_loss = 0

    for src, trg in data_loader:
        src, trg = src.to(device), trg.to(device)          # 将数据移动到设备
        optimizer.zero_grad()                              # 梯度清零
        output = model(src, trg)                           # 前向传播

        # Reshape 输出和目标以计算损失
        output_dim = output.shape[-1]
        output = output[:, 1:].reshape(-1, output_dim)
        trg = trg[:, 1:].reshape(-1)

        loss = criterion(output, trg)                      # 计算损失
        loss.backward()                                    # 反向传播

        torch.nn.utils.clip_grad_norm_(model.parameters(), clip)   # 梯度裁剪
        optimizer.step()                                   # 参数更新
        epoch_loss += loss.item()

    return epoch_loss/len(data_loader)
```

（8）在测试阶段，加载测试集并评估 BLEU 分数。corpus_bleu 表示计算翻译质量的 BLEU 分数。hypotheses 和 references 分别是模型生成的句子和参考翻译。

```
from sacrebleu import corpus_bleu

def translate_and_evaluate(model, data_loader, vocab_transform, max_len=50):
    model.eval()
    references=[]
    hypotheses=[]

    with torch.no_grad():
        for src, trg in data_loader:
            src, trg=src.to(device), trg.to(device)
            batch_size=src.shape[1]

            for i in range(batch_size):
                src_sentence=src[:, i]
                trg_sentence=trg[:, i]
                output=model(src_sentence.unsqueeze(1), trg_sentence.unsqueeze(1), teacher_
forcing_ratio=0.0)

                output_tokens=output.argmax(2).squeeze(1).tolist()

                references.append([trg_sentence.tolist()])
                hypotheses.append(output_tokens)

    bleu=corpus_bleu(hypotheses, references)
    return bleu.score
```

Seq2Seq 是一种强大的深度学习模型，特别适合处理输入和输出序列长度不同的任务。

4.5.2　GloVe 和 BERT 词向量编码器

在自然语言处理领域，BERT(Bidirectional Encoder Representations from Transformers 和 GloVe(Global Vectors for Word Representation)都是非常常见的词向量编码器，它们分别代表了两种不同的技术和模型架构，日常使用中只需直接加载即可对输入进行自动编码。接下来，将详细介绍这两个模型的基本原理、实际中的应用方式以及区别。

1. GloVe

GloVe 是一种基于矩阵分解的词向量模型，它的目标是通过统计信息来学习每个词的向量表示。具体来说，GloVe 利用了全局语料库的词频统计信息，通过构建一个词-词共现矩阵，然后对这个矩阵进行因式分解，从而得到每个词的低维向量表示。

GloVe 模型通过分析词与词之间的共现关系来构建一个共现矩阵。假设我们有一个大语料库，GloVe 统计每一对词在一定上下文窗口内一起出现的次数。例如，在句子"I love deep learning" 中，词 "I" 和 "love" 就是一对共现词。GloVe 的目标是最小化一个损失函数，使通过矩阵分解得到的词向量能够捕捉到词与词之间的共现概率。换句话说，GloVe 希望每个词的向量能够表达它在语料中与其他词的关系。

GloVe 是一种静态词向量模型，也就是说，每个词都有一个固定的词向量。例如，"king" 和 "queen" 可能会有不同的向量表示，但这两个词的向量是固定的，并不会随着上下文的不同而变化。GloVe 可以通过矩阵分解和优化来获得词向量，计算效率相对较高，适用于大规模语料库的处理。

GloVe 适用于多种任务中，比如文本分类中 GloVe 提供的词向量可以直接作为文本分类模型（如神经网络、SVM 等）的输入；情感分析中使用 GloVe 获取每个词的向量表示，进行情感分析，判断文本的情感倾向（积极、消极）；词义相似度计算中通过计算词向量之间的余弦相似度，GloVe 可以用于评估词语的语义相似性，例如，"king" 和 "queen" 之间的相似度。

2. BERT

BERT 是由谷歌提出的预训练语言模型，它基于 Transformer 架构，旨在捕捉词在上下文中的深层语义信息。与传统的词向量模型（如 GloVe）不同，BERT 是一种上下文敏感的模型，也就是说，BERT 为每个词提供的向量表示会根据它的上下文发生变化。

BERT 基于 Transformer 架构，而 Transformer 的核心是自注意力机制（Self-Attention），详见 6.1.3 节中的介绍，它能够在句子中的每个词之间建立直接的联系，理解词与词之间的依赖关系。这使 BERT 能够捕捉更为复杂的语义信息。BERT 预训练好之后，可以根据具体的下游任务（如文本分类、命名实体识别等）进行微调，调整模型的参数以适应特定任务。

BERT 的最大优势是它可以根据上下文动态调整每个词的向量表示。例如，"bank" 在句子"I went to the bank to deposit money" 和 "I sat by the river bank" 中的意思是不同的，BERT 会根据不同的上下文生成不同的词向量。BERT 的预训练和微调模式使它在多个 NLP 任务上都能够达到优异的性能。通过微调，BERT 可以被应用于各种具体任务，不需要从头开始训练。

BERT 适用于多种任务中，比如命名实体识别（Named Entity Recognition，NER）中 BERT 可以用来识别文本中的命名实体，如人名、地点、组织等。通过微调 BERT，模型可以准确地预测文本中各个实体的位置和类别。问答系统中 BERT 可以用于构建问答系统，给定一个问题和一个文档，BERT 可以帮助模型从文档中提取出与问题相关的答案。与 GloVe 一样，BERT 也可以用于情感分析，但由于其上下文敏感性，BERT 能够更好地理解词语的情感色彩，并做出更加准确的预测。

下面为日常加载预训练的 BERT 模型的代码流程。last_hidden_states＝outputs. last_hidden_state 则表示利用预训练的 BERT 模型获取词向量(即最后一个隐藏层的输出)。通常,可以在此基础上进行进一步的任务,例如文本分类、命名实体识别等。

```python
from transformers import BertTokenizer, BertModel

# 加载 BERT 分词器和预训练的 BERT 模型
tokenizer＝BertTokenizer. from_pretrained('bert-base-uncased')
model＝BertModel. from_pretrained('bert-base-uncased')

# 对文本进行分词处理
input_text＝"I love deep learning"
inputs＝tokenizer(input_text, return_tensors='pt')

# 获取 BERT 模型的输出
outputs＝model(* * inputs)

# 获取词向量(最后一个隐藏层的输出)
last_hidden_states＝outputs.last_hidden_state

# 输出每个词的向量表示
print(last_hidden_states)
```

GloVe 和 BERT 的区别如表 4.2 所示。具体而言,GloVe 适合需要高效、静态词向量的任务,如简单的文本分类和词相似度计算。它是基于统计学的一个词向量模型,不会考虑上下文,因此在一些需要上下文语境的复杂任务中表现有限。BERT 则在需要上下文理解的复杂任务中展现了更强的能力。通过预训练和微调的方式,BERT 能够在几乎所有NLP 任务中取得优异的效果,是目前最强大的 NLP 模型之一。

表 4.2 GloVe 和 BERT 的区别

特 性	GloVe	BERT
模型类型	静态词向量	上下文敏感的动态词向量
上下文	每个词的向量固定,不随上下文变化	每个词的向量随上下文变化
训练方式	通过矩阵分解和统计信息训练词向量	通过大规模文本数据的预训练和微调训练模型
应用范围	适用于语义相似度、词义计算等任务	适用于多种 NLP 任务,如问答、情感分析、NER 等
优点	计算高效,适合大规模训练	精度高,能够捕捉复杂的上下文关系

本 章 小 结

　　本章主要介绍了 RNN 及其在时序数据处理中的应用，并深入探讨了该领域的几种重要网络结构及其优化方法。

　　本章首先从 RNN 的基本结构和原理入手，系统介绍了循环神经网络如何处理时序数据，通过自连接机制捕捉序列中的时间依赖关系；接着，详细讲解了长短时记忆网络和门控循环单元，这两种网络通过引入门控机制有效解决了传统 RNN 在长序列训练中出现的梯度消失和爆炸问题。此外，本章还介绍了双向循环神经网络，其通过同时考虑输入序列的正向和反向信息，提高了模型对上下文信息的理解。

　　时序数据处理部分围绕机器翻译，提供了具体的案例与实践。机器翻译部分探讨了 Sequence-to-Sequence 模型，并介绍了常用的数据集和评价指标，说明如何使用 RNN 及其变种进行翻译任务。此外，本章介绍了 GloVe 和 BERT 两种词向量编码器，讨论了如何利用 BERT 进行上下文词嵌入，从而为循环神经网络提供更丰富的语义信息。

　　总体而言，本章通过理论与实践的结合，全面展示了循环神经网络在处理时序数据和自然语言处理任务中的重要作用，特别是 LSTM、GRU 和 BiRNN 等 RNN 的变种模型，极大地扩展了 RNN 的应用范围，提供了深入理解和实践时序数据问题的有力工具。

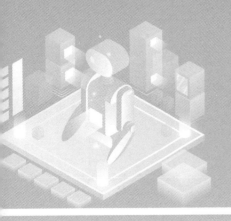

第 5 章
图 神 经 网 络

第 5 章将深入探讨图神经网络(Graph Neural Network,GNN)的结构与原理。图神经网络作为处理图结构数据的强大工具,已被广泛应用于社交网络、推荐系统、化学分子建模等领域。本章首先介绍图神经网络的基础概念,再通过具体的案例与实践,展示如何处理图数据并运用图神经网络进行任务优化。读者可借此掌握图神经网络的核心原理,并能够应用其解决实际问题。

5.1 图神经网络结构和原理

本节将重点介绍图神经网络的基本结构和原理。首先,我们将回顾图结构的基本概念,理解图如何表示实体之间的关系。接着,深入探讨图神经网络的核心组件,包括节点特征、边的表示以及信息传递机制。通过对图神经网络基本结构的讲解,读者将能够理解图神经网络是如何通过局部邻域的信息传递来进行节点分类、图分类等任务的。

5.1.1 图结构和图的性质

图神经网络是近年来深度学习领域的一项重要技术,特别适合处理非欧几里得数据(如社交网络、分子结构、知识图谱等)。

1. 图结构数据

在开始图神经网络学习之前,我们需要理解图结构数据是什么。图是一种由节点(Nodes)和边(Edges)组成的数据结构。如图 5.1 所示,图可以分为无向图(Undirected Graph)与有向图(Directed Graph)。无向图的边没有方向,表示关系是双向的。例如朋友关系、化学键。有向图的边具有方向,表示关系是单向的,例如关注关系。

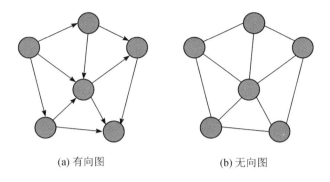

(a) 有向图 (b) 无向图

图 5.1 有向图和无向图示意图

图可以用数学关系式表示为 $G = (V, E)$，其中 V 是节点集合，E 是边集合[称为连接列表（Edge List）]。在如图 5.2（a）所示无向图中，$V = \{v_1, v_2, v_3, v_4, v_5\}$，$E = \{(v_1, v_2), (v_1, v_3), (v_2, v_4), (v_3, v_4), (v_4, v_5)\}$。在如图 5.2（b）所示有向图中，$V = \{v_1, v_2, v_3, v_4, v_5\}$，$E = \{\langle v_1, v_2\rangle, \langle v_1, v_3\rangle, \langle v_2, v_4\rangle, \langle v_3, v_4\rangle, \langle v_4, v_5\rangle\}$。此外，在图中，邻接列表（Adjacency List）也是一个重要的概念，它记录每个节点的所有邻居节点（也称邻居）。如图 5.2（a）所示的无向图，其邻接列表为 $\{v_1:[v_2, v_3], v_2:[v_1, v_4], v_3:[v_1, v_4], v_4:[v_2, v_3, v_5], v_5:[v_4]\}$。如图 5.2（b）所示的有向图，其邻接列表为 $\{v_1:[v_2, v_3], v_2:[v_4], v_3:[v_4], v_4:[v_5], v_5:[\ ]\}$。

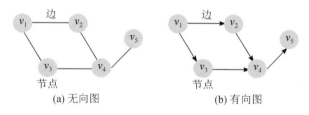

(a) 无向图 (b) 有向图

图 5.2 图结构示意图

顶点和边之间的关系可以用邻接矩阵（A）表示，$A[i][j] = 1$ 表示从节点 i 指向节点 j 的边。对于无向图，矩阵是对称的。图 5.2（a）所示的邻接矩阵为

$$
\begin{array}{cc}
& \begin{array}{ccccc} v_1 & v_2 & v_3 & v_4 & v_5 \end{array} \\
\boldsymbol{A} = & \left\{\begin{array}{ccccc}
0 & 1 & 1 & 0 & 0 \\
1 & 0 & 0 & 1 & 0 \\
1 & 0 & 0 & 1 & 0 \\
0 & 1 & 1 & 0 & 1 \\
0 & 0 & 0 & 1 & 0
\end{array}\right\}
\begin{array}{c} v_1 \\ v_2 \\ v_3 \\ v_4 \\ v_5 \end{array}
\end{array}
\qquad (5-1)
$$

图 5.2(b)所示的邻接矩阵为

$$
\mathbf{A} = \begin{array}{c} \\ \end{array} \begin{matrix} v_1 & v_2 & v_3 & v_4 & v_5 \\ \left\{ \begin{matrix} 0 & 1 & 1 & 0 & 0 \\ 0 & 0 & 0 & 1 & 0 \\ 0 & 0 & 0 & 1 & 0 \\ 0 & 0 & 0 & 0 & 1 \\ 0 & 0 & 0 & 0 & 0 \end{matrix} \right\} & \begin{matrix} v_1 \\ v_2 \\ v_3 \\ v_4 \\ v_5 \end{matrix} \end{matrix}
\tag{5-2}
$$

2. 图的性质

图还有一些别的性质，比如度(Degree)。在无向图中节点的度是与其相连的边数。有向图中每个节点有入度(In-degree)和出度(Out-degree)。入度表示指向该节点的边数，出度表示从该节点出发的边数。比如在图 5.2(a)中，节点 v_1 的度是 2(与 v_2、v_3 相连)，节点 v_4 的度是 3(与 v_2、v_3、v_5 相连)。有向图 5.2(b)中节点 v_1 的入度是 0，出度是 2；节点 v_4 的入度是 2(来自 v_2 和 v_3)，出度是 1。

图的直径(Diameter)是所有节点对的最短路径中的最大值，表示图的"广度"或最大距离，即

$$
直径 = \max_{u, v \in V} d(u, v)
\tag{5-3}
$$

其中，$d(u, v)$ 表示节点 u 和 v 之间的最短路径长度。

比如在无向图 5.2(a)中，部分最短路径有：

从 v_1 到 v_5：$v_1 \rightarrow v_3 \rightarrow v_4 \rightarrow v_5$，长度为 3。

从 v_2 到 v_5：$v_2 \rightarrow v_4 \rightarrow v_5$，长度为 2。

从 v_1 到 v_4：$v_1 \rightarrow v_3 \rightarrow v_4$，长度为 2。

度中心性(Degree Centrality)反映节点的重要性。根据节点的连接数定义度中心性 $C_D(v)$：

$$
C_D(v) = \frac{\deg(v)}{|V| - 1}
\tag{5-4}
$$

其中，$\deg(v)$ 表示节点 v 的度，$|V|$ 是节点的总数量。比如在无向图 5.2(a)中，节点 v_4 的度是最高的，为 3，其度中心性为 $C_D(v_4) = \dfrac{\deg(v_4)}{|V| - 1} = \dfrac{3}{4} = 0.75$。有向图可以分别计算入度中心性和出度中心性，比如在有向图 5.2(b)中，节点 v_4 的入度是 2(来自 v_2 和 v_3)，出度是 1，其入度中心性为 $C_D(v_4) = \dfrac{\deg(v_4)}{|V| - 1} = \dfrac{2}{4} = 0.5$，其出度中心性为 $C_D(v_4) = \dfrac{\deg(v_4)}{|V| - 1} = \dfrac{1}{4} = 0.25$。

特征中心性(Eigenvector Centrality)考虑了节点本身的连接数及其邻居的重要性。节

点的特征中心性由以下公式决定：

$$C_{\mathrm{E}}(v) = \frac{1}{\lambda} \sum_{u \in \mathcal{N}(v)} A_{vu} C_{\mathrm{E}}(u) \tag{5-5}$$

其中，$\mathcal{N}(v)$ 表示节点 v 的邻居节点，A_{vu} 是邻接矩阵中的元素，λ 是矩阵特征值。比如 v_4 不仅连接了更多的节点，且连接的节点也很重要，因此 v_4 的特征中心性会更高。

中介中心性（Betweenness Centrality）关注通过节点的最短路径数量，表示一个节点作为其他节点之间桥梁的程度，定义为

$$C_{\mathrm{B}}(v) = \sum_{s \neq v \neq t} \frac{\sigma_{st}(v)}{\sigma_{st}} \tag{5-6}$$

其中，σ_{st} 表示从 s 到 t 的最短路径总数，$\sigma_{st}(v)$ 表示通过 v 的最短路径数。比如图 5.2 中节点 v_4 是从 v_2 到 v_5 和从 v_3 到 v_5 的桥梁，其中介中心性较高。节点 v_5 连接较少节点，几乎不作为桥梁，因此其中介中心性较低。

连接中心性（Closeness Centrality）表示节点与图中其他节点的接近程度，其定义为

$$C_{\mathrm{C}}(v) = \frac{1}{\sum_{u \in V} d(v, u)} \tag{5-7}$$

其中，$d(v, u)$ 表示节点 v 和 u 之间的最短路径长度。$C_{\mathrm{C}}(v)$ 越大，节点越接近其他节点。比如图 5.2 中节点 v_4 连接中心性高，v_4 到其他节点的平均距离最短（例如，路径长度为 $(2, 1, 1, 1)$）。而节点 v_5 的连接中心性最低，因为 v_5 到其他节点的距离较远。

这些不同的图结构性质在实际应用中具有不同的意义。比如在社交网络分析中，度中心性高的节点（例如 v_4）是影响力大的用户，推荐系统可优先推荐这些用户。中介中心性高的节点（例如 v_4）是信息传播的重要通道。在交通网络中，高中介中心性的节点（如关键道路交叉点）是交通瓶颈，优化这些节点能提高交通效率。在生物分子结构中，度中心性和特征中心性高的节点可能是分子中功能活跃的部分。在知识图谱中，特征中心性高的节点（如"关键概念"）是知识点传递的核心，认识到其关键性有助于设计有效的教育路径。

5.1.2　图神经网络的基本结构

图神经网络是一种处理图结构数据的深度学习方法，旨在利用图的结构和节点特征来完成各种任务，如节点分类、图分类和边预测等。图神经网络是用于处理图结构数据的神经网络。它与传统的深度学习模型[如卷积神经网络（CNN）和循环神经网络（RNN）]不同，因为图的结构通常是不规则的（例如，节点数目和边的连接方式各不相同）。如图 5.3 所示为图神经网络和循环神经网络的区别。GNN 每层的输入都是所有节点的特征，而 RNN 每次时间步的输入都是该时刻对应的输入。同时，时间步之间的信息流也不相同，GNN 由边决定，RNN 则由序列的读入顺序决定。

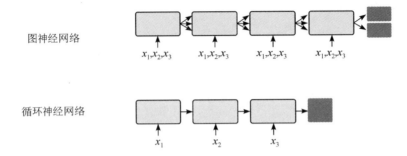

图神经网络

循环神经网络

图 5.3　图神经网络与循环神经网络的区别

图神经网络中图的基本组成如下：

（1）节点（Nodes）：表示实体（例如社交网络中的人）。

（2）边（Edges）：表示关系（例如朋友关系）。

（3）节点特征：每个节点可以有自己的属性，例如用户的兴趣标签。

（4）边特征：边也可以有属性，例如关系的强度。

GNN 的核心思想是通过消息传递机制（Message Passing）让节点互相交换信息。如图 5.4 所示，GNN 在每层进行操作的具体步骤如下：

（1）每个节点（目标节点）从自己的邻居节点获取信息（聚合）。

（2）根据邻居节点的信息更新自身状态（更新）。

这种迭代过程让节点逐渐获得更广范围的信息，从而完成任务。

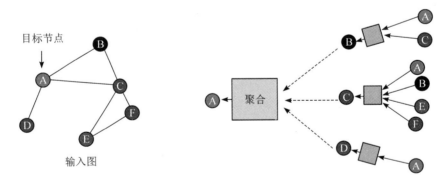

图 5.4　图神经网络的简单示例

一个典型的图神经网络由以下几个部分组成：

（1）输入层。节点特征矩阵表示 n 个节点的初始特征，通常用一个矩阵 $\boldsymbol{H}^{(0)}$ 表示，其中每行是一个节点的特征向量，即

$$H^{(0)} = \begin{bmatrix} F_1 \\ F_2 \\ \vdots \\ F_n \end{bmatrix} \tag{5-8}$$

邻接矩阵表示图的结构。矩阵 A 的元素 A_{ij} 表示节点 i 和 j 是否有连接。

（2）消息传递与聚合层。在层 l，节点从其邻居节点接收信息，这个过程类似于"一个人向朋友询问意见后更新自己的观点"，然后利用聚合函数 AGGREGATE 将信息进行聚合。一个典型的聚合函数具有以下三种功能：① 求和，将邻居节点的特征向量相加；② 平均，计算邻居节点特征的均值；③ 选择邻居节点特征的最大值。例如，对于节点 v，其聚合信息为

$$m_v = \text{AGGREGATE}(\{h_u^{(l-1)} \mid u \in \mathcal{N}(v)\}) \tag{5-9}$$

其中，$\mathcal{N}(v)$ 是节点 v 的邻居，$h_u^{(l-1)}$ 是邻居节点的上一层特征。在图神经网络中，节点不能简单地叠加邻居节点的特征。

（3）特征更新层。节点通过一个神经网络（如全连接层或非线性变换）来更新自己的特征 $h_v^{(l)}$：

$$h_v^{(l)} = \text{UPDATE}(h_v^{(l-1)}, m_v) \tag{5-10}$$

通常使用非线性函数（如 ReLU）进行更新操作，如

$$h_v^{(l)} = \sigma(W \times m_v) \tag{5-11}$$

其中，W 是可学习的权重矩阵。则在层 l，可得到特征矩阵 $h_v^{(l)}$。

（4）输出层。特征不断在不同层得到更新，直到最终在输出层根据任务需求输出。输出可以是节点级别任务，输出每个节点的预测值，例如分类标签；还可以是图级别任务，通过对所有节点的特征进行池化，得到图的整体表示。

每一层图神经网络只能获取直接邻居节点的信息。堆叠更多层可以扩大节点的信息感受野。例如：GNN 层 1 中每个节点只知道直接邻居节点的特征；GNN 层 2 中节点可以获取"邻居的邻居"的信息。如图 5.5 所示，图神经网络的核心目标是从图结构数据中学习有用的特征表示，以完成以下任务：

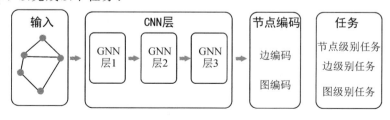

图 5.5　图神经网络的流程

(1) 节点级别任务：预测节点的属性（如在社交网络中预测用户的兴趣，预测可能的朋友关系）。

(2) 边级别任务：预测边的存在或属性（如在推荐系统中的链接预测，推断知识图谱中缺失的关系）。

(3) 图级别任务：对整个图进行分类（如分子毒性预测）。

总体而言，图神经网络是一种强大的工具，可以处理图结构数据中的复杂关系和非欧几里得几何。它的基本流程可以归结如下：

(1) 消息传递：节点从邻居节点获取信息。

(2) 聚合与更新：整合信息并更新特征。

(2) 任务输出：根据需求进行预测或分类。

通过不断迭代优化，GNN 能够捕获节点和图结构中的丰富信息，为许多实际问题提供高效的解决方案。

5.2 经典图网络

本节将介绍经典的图神经网络模型，重点讨论图卷积网络（Graph Convolutional Network，GCN）和 GraphSAGE(Graph Sample and Aggregate)的基本结构。GCN 通过局部邻域聚合的方式，利用卷积操作来有效地处理图数据，实现节点特征的传递与更新。而 GraphSAGE 则通过采样邻居节点并聚合其特征，提供一种灵活的方式来处理大规模图数据。通过对这些经典模型的介绍，读者将深入了解图神经网络在实际应用中的实现原理和优势。

5.2.1 图卷积网络

接下来以半监督分类与图卷积网络（Semi-Supervised Classification with Graph Convolutional Network)为例来说明图卷积网络。在许多现实场景中，标注数据（有标签的数据）非常稀缺，而未标注数据（没有标签的数据）却很丰富。半监督分类（Semi-Supervised Classification)正是利用这些未标注数据来辅助标注数据进行更高效学习的。例如，在社交网络中，有标签数据是少数用户的兴趣类别（音乐爱好者、运动爱好者等），无标签数据是大多数用户的兴趣未知，但可以通过他们的好友关系（图结构）推断。

图卷积网络通过图的拓扑结构和节点特征，将半监督分类问题变为图上的特征传播问题，利用少量标签实现全局分类。目标是利用少量的标签信息，结合节点特征和图结构，预测未标注节点的类别。图结构具有以下优势：

(1) 图结构提供了额外的信息。图中的边表示节点间的关系（例如用户的好友关系）。

相连的节点通常具有相似的标签(例如好友可能兴趣相似)。

(2) 节点特征包含有用的描述信息。节点可能有属性，比如用户的年龄、性别、行为偏好等。

图卷积网络通过图卷积操作，让每个节点逐层聚合其邻居节点的特征，从而学习节点的表示。如图 5.6 所示是一个简单的两层 GCN 架构用于半监督分类的示例。我们假设处理的是一个图 $G = (V, E)$，且 $|V|$ 是节点数，$|E|$ 是边数。每层图卷积的输入数据如下：

(1) 节点特征矩阵 $\boldsymbol{X}$。每个节点都有一个特征向量，假设特征维度是 F，节点特征矩阵 $\boldsymbol{X}$ 的维度为 $\mathbb{R}^{|V| \times F}$。

(2) 邻接矩阵 $\boldsymbol{A}$。邻接矩阵表示节点之间的连接关系，$A_j = 1$ 表示节点 i 和 j 有边，$A_j = 0$ 表示节点 i 和 j 没有边。邻接矩阵 $\boldsymbol{A}$ 的维度为 $\mathbb{R}^{|V| \times |V|}$。

(3) 归一化邻接矩阵 $\widetilde{\boldsymbol{A}}$。$\boldsymbol{A}$ 被归一化为 $\widetilde{\boldsymbol{A}} = \boldsymbol{D}^{-\frac{1}{2}} \boldsymbol{A} \boldsymbol{D}^{-\frac{1}{2}}$，其中 $\boldsymbol{D}$ 是度矩阵，维度为 $|V| \times |V|$。$\widetilde{\boldsymbol{A}}$ 的维度仍为 $\mathbb{R}^{|V| \times |V|}$。

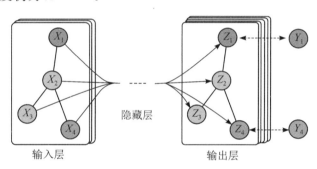

图 5.6　图卷积网络的示例

第一层为输入到隐藏层。首先进行邻居节点特征聚合，通过归一化邻接矩阵 $\widetilde{\boldsymbol{A}}$ 对特征 $\boldsymbol{X}$ 进行聚合，即

$$\boldsymbol{Z}^{(1)} = \widetilde{\boldsymbol{A}} \boldsymbol{X} \tag{5-12}$$

其中，$\widetilde{\boldsymbol{A}} \in \mathbb{R}^{|V| \times |V|}$，$\boldsymbol{X} \in \mathbb{R}^{|V| \times F}$，结果 $\boldsymbol{Z}^{(1)} \in \mathbb{R}^{|V| \times F}$。然后进行线性变换，对每个节点的特征向量进行如下线性变换：

$$\boldsymbol{H}^{(1)} = \boldsymbol{Z}^{(1)} \boldsymbol{W}^{(0)} \tag{5-13}$$

其中，$\boldsymbol{Z}^{(1)} \in \mathbb{R}^{|V| \times F}$，可学习的权重矩阵 $\boldsymbol{W}^{(0)} \in \mathbb{R}^{F \times F^{(1)}}$，结果 $\boldsymbol{H}^{(1)} \in \mathbb{R}^{|V| \times F^{(1)}}$。最后使用非线性激活函数(如 ReLU)进行变换，可得

$$\boldsymbol{H}^{(1)} = \text{ReLU}(\boldsymbol{H}^{(1)}) \tag{5-14}$$

$\boldsymbol{H}^{(1)}$ 的维度保持不变，仍为 $\mathbb{R}^{|V| \times F^{(1)}}$。

第二层为隐藏层到输出层。再次通过邻接矩阵聚合特征，得

$$\boldsymbol{Z}^{(2)} = \widetilde{\boldsymbol{A}}\boldsymbol{H}^{(1)} \tag{5-15}$$

其中，$\widetilde{\boldsymbol{A}} \in \mathbb{R}^{|V| \times |V|}$，$\boldsymbol{H}^{(1)} \in \mathbb{R}^{|V| \times F^{(1)}}$，结果 $\boldsymbol{Z}^{(2)} \in \mathbb{R}^{|V| \times F^{(1)}}$。然后再对结果 $\boldsymbol{Z}^{(2)} \in \mathbb{R}^{|V| \times F^{(1)}}$ 进行线性变换，转换为输出空间，即

$$\boldsymbol{H}^{(2)} = \boldsymbol{Z}^{(2)}\boldsymbol{W}^{(1)} \tag{5-16}$$

其中，$\boldsymbol{Z}^{(2)} \in \mathbb{R}^{|V| \times F^{(1)}}$，可学习的权重矩阵 $\boldsymbol{W}^{(1)} \in \mathbb{R}^{F^{(1)} \times F^{(2)}}$，结果 $\boldsymbol{H}^{(2)} \in \mathbb{R}^{|V| \times F^{(2)}}$。

对于分类任务，使用 Softmax 函数将每个节点的输出变为类别概率分布，即

$$Z_{v,c} = \mathrm{Softmax}(\boldsymbol{H}^{(2)}[i]) \tag{5-17}$$

其中，$Z_{v,c}$ 是节点 v 的输出特征。最终使用 Argmax 函数获取节点的预测类别。

GCN 在训练时只利用有标签节点的监督信息进行优化，未标注节点的预测不会直接影响训练过程。损失函数是有标签节点的交叉熵损失，表示为

$$\mathcal{L} = -\sum_{v \in V_L} \sum_{c=1}^{C} Y_{v,c} \ln Z_{v,c} \tag{5-18}$$

其中，V_L 是有标签节点集合，C 是总类别数，$Y_{v,c}$ 是节点 v 的真实类别标签，$Z_{v,c}$ 是节点 v 的预测概率。

GCN 在半监督分类中通过以下方式工作：利用邻接矩阵传播标签信息，通过边将标签信息从标注节点传播到未标注节点；结合节点特征，在图卷积过程中逐层聚合邻居节点的特征；高效处理稀疏标签问题，即使标签少，通过图的结构信息也可以显著提高预测效果。

GCN 能够捕获图中的全局和局部模式，充分利用图结构信息，只需少量标注数据即可取得良好的性能。此外，其训练过程简单直观。但 GCN 也存在挑战，比如：过平滑问题，若堆叠过多层会导致节点特征变得过于相似；图的规模问题，大规模图需要高效的计算方法；稀疏标签问题，标签极度稀少时其性能可能下降。

在 PyTorch 中实现图神经网络（GNN）通常使用 PyTorch Geometric（PyG）库，它提供了处理图数据的工具和优化的图卷积网络（GCN）等。下面是一个最简单的图神经网络（GCN）示例，展示了如何使用 PyTorch 和 PyTorch Geometric 来实现一个基本的两层图卷积层，其中 GCNConv 即为封装好的图卷积层。

```
import torch
import torch.nn as nn
import torch.nn.functional as F
from torch_geometric.nn import GCNConv
from torch_geometric.data import Data


# 1. 准备图数据
# 假设我们有一个图，包含 4 个节点和 4 条边
# 节点特征矩阵有 4 个节点，每个节点有 3 个特征
```

```
x=torch.tensor([[1,2,3],[4,5,6],[7,8,9],[10,11,12]],dtype=torch.float)

#边索引,表示节点间的连接(边)
edge_index=torch.tensor([[0,1,2,3], [1,2,3,0]],dtype=torch.long)    # 4 条边

#创建图数据对象
data=Data(x=x,edge_index=edge_index)

# 2. 定义一个简单的 GCN 模型
class GCN(nn.Module):
    def __init__(self,in_channels,out_channels):
        super(GCN, self).__init__()
        #图卷积层 1
        self.conv1=GCNConv(in_channels,16)
        #图卷积层 2
        self.conv2=GCNConv(16,out_channels)

    def forward(self, data):
        #获取节点特征和边连接
        x, edge_index=data.x,data.edge_index
        #第 1 层图卷积:节点特征经过第 1 层图卷积后激活
        x=F.relu(self.conv1(x,edge_index))
        #第 2 层图卷积:经过第 2 层图卷积
        x=self.conv2(x,edge_index)
        return x

# 3. 创建模型
model=GCN(in_channels=3,out_channels=2)    #输入维度为 3,输出维度为 2
```

图卷积网络在半监督学习上的表现已经在诸多领域得到了验证,例如社交网络分析、知识图谱推理、生物网络分析等,是初学者进入图深度学习领域的绝佳起点。

5.2.2 GraphSAGE

GraphSAGE 是一种用于大规模图结构数据的图神经网络模型,专注于高效学习节点的表示,尤其在处理大规模图和动态图时表现出色。GraphSAGE 的核心思想是采样邻居节点并聚合其特征,从而避免传统图神经网络中直接依赖全图邻接矩阵带来的高计算成本。

为什么需要 GraphSAGE? 原因如下:

(1) 全图计算成本高。传统 GCN 需要加载整个图的邻接矩阵 $\boldsymbol{A}$，当图非常大时(例如社交网络或知识图谱中拥有数百万节点和边)，内存和计算的开销极高。

(2) 无法处理动态图。传统方法通常基于静态的全图，难以适应节点或边随时间动态变化的情况。

(3) 缺乏归纳能力。传统方法对训练过的图具有良好的表现，但很难泛化到图中新增节点或完全新的图。

GraphSAGE 通过采样邻居节点的方式，限制计算范围，同时引入归纳学习能力，使得模型能有效处理未见过的节点或图。如图 5.7 所示，GraphSAGE 的关键步骤可以总结为三步:

(1) 采样邻居节点(Sample)。为每个节点随机采样一个固定数量的邻居节点(而不是使用全体邻居节点)，降低计算复杂度。

(2) 聚合邻居节点特征(Aggregate)。将采样的邻居节点的特征聚合到目标节点，通过特定的聚合函数(如求和、平均值或最大值)生成邻居节点的特征表示。

(3) 更新节点表示(Update)。使用目标节点自身的特征和聚合的邻居节点特征，生成新的节点表示。

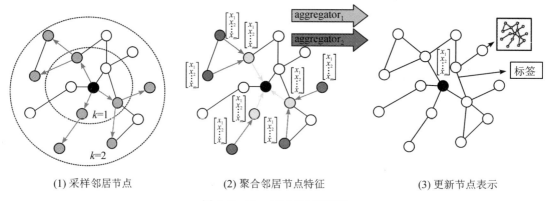

(1) 采样邻居节点　　　　(2) 聚合邻居节点特征　　　　(3) 更新节点表示

图 5.7　GraphSAGE 流程图

上述过程可以逐层进行，每一层扩大特征感受野，从直接邻居节点扩展到更远的邻居节点。假设节点特征矩阵为 $\boldsymbol{X}$，每个节点的初始特征维度为 F，则特征矩阵维度为 $\mathbb{R}^{|V| \times F}$，其中 $|V|$ 是节点数，F 是节点的特征维度。邻接矩阵 $\boldsymbol{A}$ 表示节点之间的连接关系。具体而言，GraphSAGE 在每一层的处理流程如下:

第一步:采样邻居节点。为每个节点采样一个固定数量的邻居节点。假设我们对每个节点采样 K 个邻居节点，则采样后的邻居节点集合为

$$\mathcal{N}_v^{\text{sampled}} \subseteq \mathcal{N}_v, \quad |\mathcal{N}_v^{\text{sampled}}| = K \tag{5-19}$$

其中，$\mathcal{N}_v$ 是节点 v 的全体邻居节点集合。采样可以随机进行，也可以使用一些基于重要性

的策略。

第二步：聚合邻居节点特征。对采样的邻居节点特征进行聚合，生成一个新的邻居节点特征表示 $h_{\mathcal{N}_v}^{(l)}$。

常见的聚合方法包括：

（1）Mean（平均值）聚合。对采样的邻居节点特征求均值：

$$h_{\mathcal{N}_v}^{(l)} = \frac{1}{K} \sum_{u \in \mathcal{N}_v^{\text{sampled}}} h_u^{(l-1)} \qquad (5-20)$$

（2）Pooling（池化）聚合。首先对每个邻居节点的特征进行线性变换（通过权重矩阵 $\mathbf{W}$），然后应用一个非线性激活函数（如 ReLU）进行变换：

$$\hat{h}_u = \sigma(\mathbf{W} \cdot h_u) \qquad (5-21)$$

其中，$\hat{h}_u$ 是变换后的邻居节点特征，h_u 是节点 u 的特征，σ 是激活函数（例如 ReLU），而 $\mathbf{W}$ 是学习的权重矩阵。接下来，将变换后的邻居节点的特征进行池化操作。池化操作常见的形式是最大池化（Max Pooling），即选择每个维度上的最大值。

$$h_{\mathcal{N}_v}^{(l)} = \text{maxpool}(\{\hat{h}_u \mid u \in \mathcal{N}_v\}) \qquad (5-22)$$

其中，$\hat{h}_u$ 是邻居节点 u 的特征，$\mathcal{N}_v$ 是节点 v 的全体邻居节点集合。maxpool 操作返回每个特征维度的最大值。

（3）LSTM 聚合。使用 LSTM 处理采样的邻居节点特征，适合邻居节点的数量和顺序变化较大的情况。首先，按式（5-21）对每个邻居节点的特征进行线性变换。然后，将这些变换后的邻居特征序列输入 LSTM 中，LSTM 将根据节点间的顺序（或随机顺序）处理这些特征，生成一个最终的邻居特征表示：

$$h_{\mathcal{N}_v}^{(l)} = \text{LSTM}(\hat{h}_1, \hat{h}_2, \cdots, \hat{h}_K) \qquad (5-23)$$

其中，$\hat{h}_1, \hat{h}_2, \cdots, \hat{h}_K$ 是节点 v 的 K 个邻居节点的特征，LSTM 会根据这些输入特征生成一个聚合后的邻居表示。

第三步：更新节点表示。

将节点本身的特征与聚合后的邻居节点特征结合，生成新的节点表示：

$$h_v^{(l)} = \sigma(\mathbf{W}^{(l)} \cdot \text{CONCAT}(h_v^{(l-1)}, h_{\mathcal{N}_v}^{(l)})) \qquad (5-24)$$

其中，$h_v^{(l-1)}$ 是上一层的节点表示，$h_{\mathcal{N}_v}^{(l)}$ 是当前层的邻居节点特征表示，CONCAT 表示将两部分特征拼接在一起，$\mathbf{W}^{(l)}$ 是当前层的可学习权重矩阵，σ 是激活函数（如 ReLU）。

GraphSAGE 通常堆叠多层，每一层通过采样和聚合，使节点的感受野逐层扩大。

对于第 0 层：输入节点的初始特征为 $h_v^{(0)} = x_v$，维度为 F。

对于第 1 层：采样 K_1 个邻居节点，输出特征维度为 $F^{(1)}$。

对于第 2 层：采样 K_2 个邻居节点，输出特征维度为 $F^{(2)}$。

GraphSAGE 的一个重要特点是具有归纳学习能力。传统 GCN 在训练时访问整个图的结构，无法泛化到新增节点或新图。GraphSAGE 在训练时学习的聚合函数（如 Mean、Pooling 等）是一种通用规则，可以直接应用于未见过的节点或图。这使 GraphSAGE 能够处理动态图（如社交网络新增用户）和跨图任务（从一个图迁移到另一个图）。

在 PyTorch 中实现 GraphSAGE，可以使用 PyTorch Geometric（PyG）库。GraphSAGE 是一种高效的图神经网络模型，它通过对每个节点的邻居节点进行采样和聚合来更新节点的表示，避免了传统图卷积网络（GCN）中需要全图计算的高计算复杂度。以下是一个使用 PyTorch Geometric 中的 SAGEConv 类实现的最简单的 GraphSAGE。

```python
import torch
import torch.nn as nn
import torch.nn.functional as F
from torch_geometric.nn import SAGEConv
from torch_geometric.data import Data


# 1. 准备图数据
#假设我们有一个图,包含 4 个节点和 4 条边
# 节点特征矩阵有 4 个节点,每个节点有 3 个特征
x=torch.tensor([[1, 2, 3],[4,5,6],[7,8,9],[10, 11, 12]],dtype=torch.float)


#边索引,表示节点间的连接(边)
edge_index=torch.tensor([[0,1,2,3], [1,2,3,0]],dtype=torch.long)   # 4 条边


#创建图数据对象
data=Data(x=x,edge_index=edge_index)


# 2. 定义一个简单的 GraphSAGE 模型
class GraphSAGE(nn.Module):
    def __init__(self,in_channels,out_channels):
        super(GraphSAGE,self).__init__()
        # GraphSAGE 卷积层 1
        self.conv1=SAGEConv(in_channels, 16)
        # GraphSAGE 卷积层 2
        self.conv2=SAGEConv(16, out_channels)

    def forward(self, data):
        #获取节点特征和边连接
        x,edge_index=data.x, data.edge_index
```

```
#第 1 层 GraphSAGE:节点特征经过第 1 层 GraphSAGE 卷积
x＝F.relu(self.conv1(x, edge_index))
#第 2 层 GraphSAGE:经过第 2 层 GraphSAGE 卷积
x＝self.conv2(x,edge_index)
return x

# 3. 创建模型
model＝GraphSAGE(in_channels＝3,out_channels＝2)　 #输入维度为 3,输出维度为 2
```

GraphSAGE 提供了一种高效、可扩展的图神经网络方法,其核心思想是通过采样邻居节点并聚合节点特征来学习节点表示。它的归纳能力使其能够处理大规模图和动态场景,是大规模图嵌入学习中的重要工具之一。

5.3　图数据处理案例与实践

本节以节点分类任务为例进行实践分析。节点分类(Node Classification)是图神经网络(GNN)中的一个经典任务,目标是根据节点的特征以及图的结构信息,预测每个节点的类别。在这个任务中,给定一个图和部分节点的标签,希望通过图的结构(即节点和边之间的关系)以及节点的属性(即节点特征)来预测其他节点的标签。在节点分类任务中,输入包括以下几个部分:

(1) 图结构(Graph Structure)。图结构通过边(Edge)来表示,通常使用邻接矩阵(Adjacency Matrix)或边索引(Edge Index)来描述图中节点之间的连接关系。

(2) 节点特征(Node Features)。每个节点都有一些属性,这些属性通常以向量形式表示节点的特征。例如,一个节点可能包含关于其属性的文本、图像、用户行为等信息。

(3) 节点标签(Node Labels)。对于某些节点,我们已知它们的类别。这些已知标签用于监督学习,指导模型训练。节点标签通常是离散的,表示为整数或独热编码(One-Hot Encoding)形式。例如,节点可能有三个标签 0、1、2,表示不同的类别。

节点分类的输出是每个节点的预测类别。在训练阶段,模型通过已知节点的标签进行学习,在测试阶段,我们期望模型能够根据节点的特征和图的结构预测所有节点的标签。对于每个节点,模型会输出一个类别预测。这些预测可以通过 Softmax 函数得到概率分布,选择具有最大概率的类别作为节点的预测标签。

在训练阶段,节点分类模型的目标是最小化预测标签和真实标签之间的误差。一般来说,使用交叉熵损失函数(Cross-Entropy Loss)来度量预测类别和真实标签之间的差异。交叉熵损失函数的计算公式为

$$\text{Loss} = -\sum_{i=1}^{N} y_i \ln \hat{y}_i \tag{5-25}$$

其中，y_i 是节点 i 的真实标签（独热编码形式）。$\hat{y}_i$ 是节点 i 的预测标签的概率。

在训练完成后，我们可以使用训练好的模型进行节点分类预测。对于每个节点，模型根据其最终的特征表示（通过图卷积更新后的特征）来预测该节点的类别。

1. 常用数据集

节点分类任务中，有几个经典的图数据集被广泛用于研究和评估图神经网络（GNN）模型的性能。以下是一些最经典的节点分类数据集。

1）Cora

Cora 数据集是最经典的图数据集之一，常用于图神经网络（GNN）和图卷积网络（GCN）的测试。它包含 2708 篇科学文献，每篇文献是一个节点，文献之间的引用关系通过边来表示，共 5429 条边。每个节点有 1433 维的词袋特征，表示文献中的单词，共有 7 个类别，表示文献所属的领域（如人工智能、计算机科学、机器学习等）。下载链接为 https：//relational. fit. cvut. cz/dataset/CORA。

2）Citeseer

Citeseer 数据集与 Cora 数据集类似，也是一个关于学术文献的节点分类数据集。每个节点表示一篇文献，文献之间的引用关系作为图的边。每个节点的特征维度为 3703，表示文献中的单词，共有 6 个类别，表示不同的研究领域。该数据集具有 3327 个节点，4732 条边。下载链接为 https：//relational. fit. cvut. cz/dataset/CITESEER。

3）PubMed

PubMed 数据集由 19 717 篇医学文献组成，节点表示文献，即共有 19 717 个节点，文献之间的引用关系通过边来表示，则共有 44 338 条边。该数据集常用于评估图神经网络在大型图上的性能。每个节点有 500 维的特征，表示文献中的单词，共有 3 个类别，分别为不同类型的医学文献。下载链接为 https：//aistudio. baidu. com/datasetdetail/177591/0。

4）Reddit

Reddit 数据集由 Reddit 网站上的帖子组成，节点表示 Reddit 上的用户或帖子，边表示用户之间的关系或帖子之间的相似性。这个数据集比较大，适用于大规模图神经网络的测试。每个节点有 602 个特征，表示用户或帖子的一些属性，有 5 个类别，每个节点都有一个标签，代表该帖子的类别（如技术、体育等）。该数据集包括 232 965 个节点，11 606 919 条边。下载链接为 https：//aistudio. baidu. com/datasetdetail/177810/0。

5）Wiki-CS

Wiki-CS 是一个关于维基百科的节点分类数据集，每个节点代表一个维基百科页面，边表示页面之间的链接。该数据集用于评估图神经网络模型在网页分类任务中的表现。每个节点有 3000 维的特征，表示网页中的单词，共有 10 个类别，代表不同的网页类别（如学术、计算机科学、健康等）。该数据集包括 11 701 个节点，231 305 条边。下载链接为https：//github. com/pmernyei/wiki-cs-dataset。

6）PPI

PPI（Protein-Protein Interaction）数据集主要用于研究蛋白质间的相互作用。每个节点代表一个蛋白质，节点之间的边表示蛋白质间的相互作用关系。PPI 数据集常用于生物信息学领域，尤其是蛋白质功能预测和疾病相关的研究。每个蛋白质有 50 维的特征，表示蛋白质的不同属性。该数据集通常有 121 个类别，用于表示蛋白质的不同功能，具有数千个蛋白质节点以及数万个蛋白质相互作用边。下载链接为 https：//string-db. org/。

2. 常用评价指标

在节点分类任务中，评价模型性能时，通常会使用一系列经典的分类评价指标。这些指标在第 3 章已经进行了详细的介绍，因此本节只进行简单介绍。

1）准确率（Accuracy）

准确率是最常见的分类任务评估指标，它表示模型正确预测的节点占总节点数的比例，计算公式为

$$Accuracy = \frac{TP + TN}{TP + TN + FP + FN} \qquad (5-26)$$

其中，TP 是真正例（True Positives），即模型正确预测为正类的节点数；TN 是真反例（True Negatives），即模型正确预测为负类的节点数；FP 是假正例（False Positives），即模型错误地预测为正类的节点数；FN 是假反例（False Negatives），即模型错误地预测为负类的节点数。

2）精确率（Precision）

精确率衡量的是模型预测为正类的节点中，有多少比例是真正的正类，即在所有被预测为正类的节点中，实际为正类的节点比例。

$$Precision = \frac{TP}{TP + FP} \qquad (5-27)$$

3）召回率（Recall）

召回率衡量的是模型能够正确识别出多少比例的正类节点，即在所有实际为正类的节点中，模型正确预测的比例。

$$Recall = \frac{TP}{TP + FN} \qquad (5-28)$$

4）F1 分数（F1-Score）

F1 分数是精确率和召回率的调和平均数，用于综合评估模型的精度和召回能力。它在精确率和召回率之间做权衡，当模型的精确率和召回率不平衡时，F1 分数是一个更合适的评价指标。

$$\text{F1-Score} = 2 \times \frac{\text{Precision} \times \text{Recall}}{\text{Precision} + \text{Recall}} = 2 \times \frac{\text{TP}}{2\text{TP} + \text{FP} + \text{FN}} \tag{5-29}$$

5）AUC（ROC 曲线下面积）

AUC（ROC 曲线下面积）是另一个常见的评价指标，适用于二分类问题。AUC（Area Under Curve）表示 ROC（Receiver Operating Characteristic）曲线下的面积，用于衡量模型区分正类和负类的能力。

（1）ROC 曲线：通过绘制假阳性率（FPR）对真正率（TPR）的模型性能进行表示。FPR 和 TPR 是通过不同的阈值设置计算出来的。

（2）AUC：值在 0 到 1 之间，越接近 1，表示模型性能越好。

节点分类任务通过图神经网络（GNN）来学习每个节点的特征表示，并基于图结构信息对节点进行分类。在实际应用中，节点分类可用于多种场景，如社交网络分析（预测用户类别）、生物网络分析（预测基因功能）等。通过 GCN、GraphSAGE 等模型，节点分类可以充分利用图的结构信息来提高预测的准确性。

3. 节点分类实践

接下来我们以 GraphSAGE 模型为例，在 Cora 数据集上进行节点分类任务的训练，该实践源代码见 https://github.com/williamleif/graphsage-simple/tree/master。

1）导入模块和库

导入模块和库的相关代码如下：

```python
import torch
import torch.nn as nn
from torch.nn import init
from torch.autograd import Variable

import numpy as np
import time
import random
from sklearn.metrics import f1_score
from collections import defaultdict
```

```
from graphsage.encoders import Encoder
from graphsage.aggregators import MeanAggregator
...
```

2）定义聚合类型

MeanAggregator 是 GraphSAGE 模型中的一种聚合器（Aggregator），其主要功能是聚合邻居节点的嵌入，并通过取邻居节点特征的平均值来生成当前节点的表示。这种聚合方式是 GraphSAGE 中常用的方式之一。相关代码如下：

```
class MeanAggregator(nn.Module):
    """
    Aggregates a node's embeddings using mean of neighbors' embeddings
    """
    def __init__(self, features, cuda=False, gcn=False):
        """
        Initializes the aggregator for a specific graph.

        features -- function mapping LongTensor of node ids to FloatTensor of feature values.
        cuda -- whether to use GPU
        gcn --- whether to perform concatenation GraphSAGE-style, or add self-loops GCN-style
        """
        super(MeanAggregator, self).__init__()

        self.features = features     #节点特征映射函数
        self.cuda = cuda    #是否使用 GPU
        self.gcn = gcn    #是否使用 GCN(是否使用自连接)
    def forward(self, nodes, to_neighs, num_sample=10):
        _set = set
        if not num_sample is None:
            _sample = random.sample
            samp_neighs = [_set(_sample(to_neigh,
                            num_sample,
                            )) if len(to_neigh) >= num_sample else to_neigh for to_neigh in to_
                            neighs]
        else:
            samp_neighs = to_neighs
```

```
if self.gcn:
    samp_neighs = [samp_neigh + set([nodes[i]]) for i, samp_neigh in enumerate(samp_
    neighs)]
unique_nodes_list = list(set.union(* samp_neighs))
unique_nodes = {n: i for i, n in enumerate(unique_nodes_list)}
mask = Variable(torch.zeros(len(samp_neighs), len(unique_nodes)))
column_indices = [unique_nodes[n] for samp_neigh in samp_neighs for n in samp_neigh]
row_indices = [i for i in range(len(samp_neighs)) for j in range(len(samp_neighs[i]))]
mask[row_indices, column_indices] = 1
if self.cuda:
    mask = mask.cuda()
num_neigh = mask.sum(1, keepdim = True)
mask = mask.div(num_neigh)
if self.cuda:
    embed_matrix = self.features(torch.LongTensor(unique_nodes_list).cuda())
else:
    embed_matrix = self.features(torch.LongTensor(unique_nodes_list))
to_feats = mask.mm(embed_matrix)
return to_feats
```

在 __init__ 中，features 是一个函数，接收节点 ID(LongTensor)作为输入，并返回该节点的特征(FloatTensor)。通常这由一个嵌入层(Embedding)来提供。gcn 是一个布尔值，表示是否启用 GCN 风格的操作。如果 gcn 是 True，则表示将当前节点的特征添加到邻居特征中(图卷积会使用自连接)；如果是 False，则表示 GraphSAGE 风格的聚合。

在 Forward 中，输入 nodes 表示批次中节点的列表。每个节点都有一组邻居节点，聚合器需要根据这些邻居节点的特征来计算当前节点的表示。输入 to_neighs 表示每个节点的邻居集合的列表。每个集合表示一个节点的所有邻居节点。to_neighs[i] 是第 i 个节点的邻居列表。输入 num_sample 表示每个节点需要从邻居节点中采样的数量。如果其值是 None，则不进行采样，考虑所有邻居节点。

在具体操作中，如果 num_sample 不为 None，我们对每个节点的邻居集合进行随机采样。如果一个节点的邻居节点数超过了 num_sample，则随机选择 num_sample 个邻居节点。如果启用了 GCN (self.gcn = True)，我们将每个节点的自身特征加入其邻居节点特征中，这样就形成了带自连接的图卷积。然后将所有节点(包括邻居节点)去重，创建一个唯一的节点列表 unique_nodes_list。使用 unique_nodes 字典将节点映射到索引，便于后续处理。

　　构建一个掩码矩阵 mask，该矩阵记录了每个节点与其邻居节点的连接关系。在矩阵中，行表示节点，列表示邻居节点，1 表示该行节点与该列邻居节点之间存在连接。使用 mask[row_indices, column_indices]＝1 设置连接关系。使用 num_neigh＝mask.sum(1, keepdim＝True) 计算每个节点的邻居数量。使用 mask＝mask.div(num_neigh) 对掩码矩阵进行归一化，使得每个节点的邻居节点的特征平均值为 1。最后从特征函数 self.features 中获取所有唯一节点的特征，并根据掩码矩阵 mask 聚合邻居节点的特征。使用矩阵乘法 mask.mm(embed_matrix) 对特征进行加权求和，返回的是节点的新特征表示 to_feats，它是一个聚合后的节点嵌入表示。

3）定义 GraphSAGE 编码器类 Encoder

　　编码器是 GraphSAGE 模型中的核心组件，负责根据节点的特征及其邻居节点的特征生成新的节点嵌入表示。以下是代码的详细解析：

```
class Encoder(nn.Module):
    def __init__(self, features, feature_dim, embed_dim, adj_lists, aggregator, num_sample=10, base_
    model=None, gcn=False, cuda=False, feature_transform=False):
        super(Encoder, self).__init__()

        self.features = features
        self.feat_dim = feature_dim
        self.adj_lists = adj_lists
        self.aggregator = aggregator
        self.num_sample = num_sample
        if base_model != None:
            self.base_model = base_model

        self.gcn = gcn
        self.embed_dim = embed_dim
        self.cuda = cuda
        self.aggregator.cuda = cuda
        self.weight = nn.Parameter(
                torch.FloatTensor(embed_dim, self.feat_dim if self.gcn else 2 * self.feat_dim))
        init.xavier_uniform(self.weight)
    def forward(self, nodes):
        """
生成编码
        """
```

```
neigh_feats = self.aggregator.forward(nodes, [self.adj_lists[int(node)] for node in nodes],
        self.num_sample)
if not self.gcn:
    if self.cuda:
        self_feats = self.features(torch.LongTensor(nodes).cuda())
    else:
        self_feats = self.features(torch.LongTensor(nodes))
    combined = torch.cat([self_feats, neigh_feats], dim = 1)
else:
    combined = neigh_feats
combined = F.relu(self.weight.mm(combined.t()))
return combined
```

在 __init__ 中，features 是节点特征的输入，通常是一个 Embedding 层，提供了图中所有节点的初始特征。feature_dim 是节点特征的维度。embed_dim 表示输出嵌入的维度，也就是编码器最终输出的节点嵌入的维度。adj_lists 是图的邻接列表，表示节点之间的连接关系。aggregator 为定义的聚合器，用于计算邻居节点的聚合特征。GraphSAGE 中使用不同的聚合策略（如平均、LSTM、Pooling 等）。num_sample 表示每个节点在计算时从其邻居节点中随机采样的邻居数量。GraphSAGE 采用这种固定数量的邻居节点采样策略，避免对所有邻居节点进行计算，从而提高效率。base_model 表示一个基础模型，如果存在，通常用于多层编码器。gcn 为一个布尔值，用于指示是否使用图卷积（GCN）方法。如果其值是 True，则表示使用图卷积。在这个方法中，使用 nn.Parameter 来定义一个权重矩阵 self.weight，它的维度是（embed_dim，feature_dim）。如果是图卷积，则 self.weight 的维度为（embed_dim，feature_dim），否则为（embed_dim，2 * feature_dim）。初始化时使用 Xavier 初始化方法。

在 forward 中，输入 nodes，这是一个包含节点编号的列表，表示我们希望计算嵌入的节点。neigh_feats = self.aggregator.forward(…) 表示使用聚合器将邻居节点的特征聚合在一起，形成一个邻居特征的表示。self.adj_lists[int(node)] 是该节点的邻接节点列表，self.num_sample 指定了从邻居节点中采样的数量。然后处理节点特征，如果没有使用 GCN（not self.gcn），则将当前节点的特征与邻居节点的特征进行拼接；如果使用 GCN（self.gcn 为 True），则直接使用聚合后的邻居节点特征 neigh_feats，不对节点特征做任何拼接。combined 变量包含了每个节点的特征，最后使用 ReLU 激活函数（F.relu）对 combined 变量线性变换后的结果进行激活。Forward 最终返回的是节点的最终嵌入表示，即每个节点的 embed_dim 维度的特征表示。

4) 定义 SupervisedGraphSage 模型

SupervisedGraphSage 是模型的主类，继承自 nn. Module，表示一个带监督学习的 GraphSAGE 模型。enc 是图神经网络的编码器（上述 Encoder 类），用于学习节点的嵌入表示。self. xent 是交叉熵损失函数，用于多类分类任务。self. weight 是一个学习的参数矩阵，用于将节点嵌入映射到类别空间。这里使用 Xavier 初始化方法（xavier_uniform）来初始化权重矩阵。相关代码如下：

```python
class SupervisedGraphSage(nn. Module):
    def __init__(self, num_classes, enc):
        super(SupervisedGraphSage, self).__init__()
        self. enc = Encoder
        self. xent = nn. CrossEntropyLoss()

        self. weight = nn. Parameter(torch. FloatTensor(num_classes, enc. embed_dim))
        init. xavier_uniform(self. weight)
    def forward(self, nodes):
        embeds = self. enc(nodes)
        scores = self. weight. mm(embeds)
        return scores. t()

    def loss(self, nodes, labels):
        scores = self. forward(nodes)
        return self. xent(scores, labels. squeeze())
```

forward 中输入的 nodes 是当前批次的节点，然后 self. enc(nodes)通过编码器将节点转换为嵌入表示。scores = self. weight. mm(embeds)表示通过矩阵乘法将嵌入映射到类别空间，得到每个节点的类别得分。返回 scores. t()，返回的是类别得分的转置。

loss 用于计算模型的损失。使用 CrossEntropyLoss 计算得分与真实标签（labels）之间的损失。

5) 数据加载函数 load_cora

读取 cora. content 文件获取节点特征和标签，node_map 将节点名称映射为索引，label_map 将标签映射为整数值。feat_data 存储每个节点的特征。labels 存储每个节点的标签。adj_lists 是一个字典，存储图的邻接关系，表示哪个节点与哪些节点相互连接（论文引用关系）。最后返回节点特征、标签和邻接列表。相关代码如下：

```
def load_cora():
    num_nodes = 2708
    num_feats = 1433
    feat_data = np.zeros((num_nodes, num_feats))
    labels = np.empty((num_nodes, 1), dtype = np.int64)
    node_map = {}
    label_map = {}
    with open("cora/cora.content") as fp:
        for i, line in enumerate(fp):
            info = line.strip().split()
            feat_data[i, :] = map(float, info[1: -1])
            node_map[info[0]] = i
            if not info[-1] in label_map:
                label_map[info[-1]] = len(label_map)
            labels[i] = label_map[info[-1]]
    adj_lists = defaultdict(set)
    with open("cora/cora.cites") as fp:
        for i, line in enumerate(fp):
            info = line.strip().split()
            paper1 = node_map[info[0]]
            paper2 = node_map[info[1]]
            adj_lists[paper1].add(paper2)
            adj_lists[paper2].add(paper1)
    return feat_data, labels, adj_lists
```

6）训练函数 run_cora

run_cora 是训练过程的主函数。首先设置随机种子(np.random.seed)，确保结果的可复现性。然后加载 Cora 数据集；使用 nn.Embedding 定义一个嵌入层，尺寸为 2708×1433（节点数×特征数）。之后对数据节点进行特征编码，使用从 cora.content 加载的特征初始化嵌入层，requires_grad=False 表示这些特征不参与梯度计算。MeanAggregator 表示聚合器，用于通过计算邻居节点的平均值来更新节点的嵌入。Encoder 编码器负责将节点的特征编码，得到节点的嵌入表示。agg1 和 agg2 分别是两个不同的聚合器。enc1 和 enc2 是两个编码器，enc2 使用了 enc1 的嵌入作为输入。设置每个节点聚合时的样本数为 5，即每个节点从邻居节点中采样的节点数量为 5。创建一个 SupervisedGraphSage 模型，类别数为 7，编码器为 enc2。在训练过程中，使用 SGD(随机梯度下降)优化器，学习率设置为 0.7。

训练模型进行 100 次迭代，每次从训练集中选择 256 个节点。在验证集上进行评估，计算 F1 分数。相关代码如下：

```python
def run_cora():
    np.random.seed(1)
    random.seed(1)
    num_nodes = 2708
    feat_data, labels, adj_lists = load_cora()
    features = nn.Embedding(2708, 1433)
    features.weight = nn.Parameter(torch.FloatTensor(feat_data), requires_grad=False)
    #  features.cuda()

    agg1 = MeanAggregator(features, cuda=True)
    enc1 = Encoder(features, 1433, 128, adj_lists, agg1, gcn=True, cuda=False)
    agg2 = MeanAggregator(lambda nodes: enc1(nodes).t(), cuda=False)
    enc2 = Encoder(lambda nodes: enc1(nodes).t(), enc1.embed_dim, 128, adj_lists, agg2, base_model=enc1, gcn=True, cuda=False)
    enc1.num_samples = 5
    enc2.num_samples = 5

    graphsage = SupervisedGraphSage(7, enc2)
    # graphsage.cuda()
    rand_indices = np.random.permutation(num_nodes)
    test = rand_indices[:1000]
    val = rand_indices[1000:1500]
    train = list(rand_indices[1500:])

    optimizer = torch.optim.SGD(filter(lambda p: p.requires_grad, graphsage.parameters()), lr=0.7)
    times = []
    for batch in range(100):
        batch_nodes = train[:256]
        random.shuffle(train)
        start_time = time.time()
        optimizer.zero_grad()
        loss = graphsage.loss(batch_nodes,
                Variable(torch.LongTensor(labels[np.array(batch_nodes)])))
```

```
            loss. backward()
            optimizer. step()
            end_time=time. time()
            times. append(end_time-start_time)
            print batch, loss.data[0]
    val_output=graphsage. forward(val)
        print "Validation F1:",f1_score(labels[val], val_output. data. numpy(). argmax(axis=1), aver-
        age="micro")
        print "Average batch time: ",np. mean(times)
```

以上代码实现了一个基于 GraphSAGE 的简单监督学习模型,用于节点分类任务。模型通过聚合邻居节点的特征来生成节点嵌入,并通过交叉熵损失函数进行训练,使用了 Cora 数据集,并且使用了 MeanAggregator 聚合。在实际中,为了更方便地使用 Graph-SAGE,可以直接调用 PyTorch Geometric 中的 SAGEConv(in_feats, out_feats, aggregator_type, feat_drop=0.0, bias=True, norm=None, activation=None)类。其中 in_feats 为输入特征的维度;out_feats 为输出特征的维度;aggregator_type 为聚合类型(mean、gcn、pool、lstm),如果聚合类型 aggregator_type 为 gcn,则要求源节点和目标节点的特征大小相同;feat_drop 为特征丢失率;Bias 表示是否在卷积的线性变换中添加可学习的偏置项,若为 True,在权重矩阵变换的结果后会加上一个偏置向量,有助于提升模型的表达能力,若为 False,则不包含偏置;norm 用于节点更新后的标准化;activation 用于节点更新后的激活函数。

我们使用 GraphSAGE 方法在 Citation、Reddit 以及 PPI 数据集上用不同的聚合方式(mean、LSTM 和 pool)与其他同期模型进行了对比实验,在每个数据集上分别进行无监督或者监督学习,结果如表 5.1 所示。从表中可以看出 GraphSAGE 的优越性。

表 5.1　GraphSAGE 方法的对比结果

模　型	Citation		Reddit		PPI	
	无监督学习的 F1 分数	监督学习的 F1 分数	无监督学习的 F1 分数	监督学习的 F1 分数	无监督学习的 F1 分数	监督学习的 F1 分数
Random	0.206	0.206	0.043	0.042	0.396	0.396
Raw Features	0.575	0.575	0.585	0.585	0.422	0.422
DeepWalk	0.565	0.565	0.324	0.324	——	——
GraphSAGE-mean	0.778	0.820	0.897	0.950	0.486	0.598
GraphSAGE-LSTM	0.788	0.832	0.907	0.954	0.482	0.612
GraphSAGE-pool	0.798	0.839	0.892	0.948	0.502	0.600

本 章 小 结

本章深入探讨了图结构数据的处理方法，并详细介绍了图神经网络(GNN)的基本原理及应用。本章从图的基本构成和图神经网络的基本结构开始，重点阐述了图数据的独特性与图神经网络如何通过节点、边和邻接关系来捕捉图中节点间的复杂依赖性。

在图神经网络的基本原理部分，首先介绍了图的结构，明确了图数据与传统结构化数据(如矩阵或序列)的不同。接着，详细解释了图神经网络的基本架构，尤其是如何通过信息传递机制来更新节点的表示，并逐步融合邻居节点的信息，最终构建出图的全局表示。

接下来讨论了经典的图神经网络模型，包括图卷积网络(GCN)和 GraphSAGE。GCN通过卷积操作在图结构上进行信息聚合，具有较好的推广性和扩展性；而 GraphSAGE 则引入了采样策略，通过局部邻域的聚合来高效处理大规模图数据。这些模型为处理复杂图数据提供了理论基础和实践指导。

在应用部分，通过案例分析了图数据处理的实际问题，特别是节点分类任务。通过引入常用的数据集、评价指标和具体的实践流程，帮助读者理解如何将图神经网络应用于实际问题中，尤其是在社交网络、知识图谱、推荐系统等领域的应用。

总体而言，本章为读者提供了图神经网络的全面介绍，不仅涉及其理论基础，还给出了经典模型的讲解及实际案例的分析，能够帮助读者掌握对复杂图数据进行节点分类等知识，并为进一步研究和应用图神经网络奠定基础。

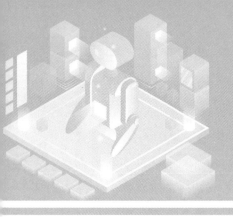

第 6 章
Transformer 网络

第 6 章将深入探讨 Transformer(变换器)网络的核心原理与应用。首先介绍几类经典的注意力机制,揭示其在处理数据时的重要作用。接着,详细解析 Transformer 的基本结构,重点讨论如何利用自注意力机制和位置编码来帮助模型捕捉长距离依赖关系。最后,介绍经典视觉 Transformer 网络(ViT)的结构与特点,展示其在计算机视觉任务中的成功应用。本章可帮助读者全面理解 Transformer 网络的工作原理及其在各类任务中的广泛应用。

6.1　经典注意力机制

在深度学习中,注意力(Attention)机制已经成为非常重要的技术,它帮助模型聚焦在输入的关键部分,可提升模型性能。尤其在处理序列数据(应用于自然语言处理和计算机视觉领域)时,注意力机制表现尤为突出。可以把注意力机制理解为对人类注意力的模仿:当我们在处理复杂的信息时,我们会有意识地将注意力集中在最相关的部分,从而避免信息的过载。经典的注意力机制包括压缩和激励(Squeeze-and-Excitation,SE)机制、卷积块注意力模块(Convolutional Block Attention Module,CBAM)和自注意力(Self-Attention)机制以及多头自注意力(Multi-Head Self-Attention)机制。接下来逐一对每一种注意力进行介绍。

1. SE 机制

SE 机制是一种用于提升卷积神经网络(CNN)性能的模块,也被称为 SE 模块。它通过对通道间特征进行自适应的加权,增强了有意义的特征,同时抑制了无关的特征。SE 机制的核心思想是:通过"压缩"特征图中的信息,捕捉每个通道的重要性,再根据这些重要性,通过"激励"机制调整每个通道的特征。

如图 6.1 所示,我们用输入特征 $\boldsymbol{X} \in \mathbb{R}^{C \times H \times W}$ 来举例说明 SE 机制的具体工作流程。其中,C 是通道数,H、W 分别是特征图的高度和宽度。

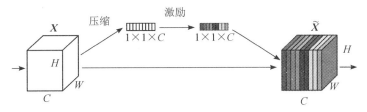

图 6.1　SE 机制

实现 SE 机制包括三个步骤：

（1）压缩（Squeeze）：通过对每个通道进行全局平均池化，将每个通道的空间维度（$H \times W$）压缩成一个数值。每个通道的信息被压缩成一个标量值（该标量值代表该通道的"全局"信息）。具体而言，对输入特征图 $X \in \mathbb{R}^{C \times H \times W}$ 进行全局平均池化操作，将每个通道 C 中的空间信息压缩成一个标量 z_c，这样原来 $C \times H \times W$ 的特征图变成了一个 C 维的向量 $Z = \{z_c\}$：

$$z_c = \frac{1}{H \times W} \sum_{i=1}^{H} \sum_{j=1}^{W} x_{ijc} \tag{6-1}$$

其中，x_{ijc} 表示 X 在通道 C 的像素 i, j 位置的值。

（2）激励（Excitation）：通过一个全连接层（或多个全连接层），利用压缩后的信息学习每个通道的重要性，输出一个权重系数。该权重系数可以通过激活函数（如 Sigmoid）进行归一化，使其在 0 到 1 之间。具体而言，首先将 Z 输入一个全连接层 FC（通常降低维度），并经过 ReLU 激活，再将结果输入另一个全连接层 FC（恢复维度 C），并通过 Sigmoid 函数（σ）对数值归一化，最终得到通道的重要性权重：

$$S = \sigma(\mathrm{FC}(\mathrm{ReLU}(\mathrm{FC}(Z)))) \tag{6-2}$$

其中，这个重要性权重向量 S 是每个通道的加权系数，其值在 0 到 1 之间。

（3）重标定（Recalibration）：根据激励机制输出的通道重要性权重，对每个通道的特征进行加权，最终得到调整后的特征图。具体来说就是用权重向量 S 来调整原始特征图 X，即对每个通道的特征进行加权从而得到 $\widetilde{X}'$：

$$\widetilde{X} = X \cdot S \tag{6-3}$$

这样，原本不重要的通道特征会被抑制，重要的通道特征会得到增强。下面是 SE 机制的简单实现代码（使用 PyTorch）实现。

```python
import torch
import torch.nn as nn
importtorch.nn.functional as F

class SEBlock(nn.Module):
```

```
    def __init__(self, in_channels, reduction=16):
        super(SEBlock, self).__init__()
        #输入通道数 in_channels, reduction是压缩比率, 默认为16
        self.fc1=nn.Linear(in_channels, in_channels // reduction)    # 全连接层1
        self.fc2=nn.Linear(in_channels // reduction, in_channels)    # 全连接层2
        self.sigmoid=nn.Sigmoid()    # Sigmoid 激活函数

    def forward(self, x):
        # x: 输入的特征图, 形状为(batch_size, channels, height, width)
        batch_size, channels, height, width=x.size()

        # Squeeze: 全局平均池化
        squeeze=F.adaptive_avg_pool2d(x,(1,1))    #输出大小为(1, 1)
        squeeze=squeeze.view(batch_size, channels)    # 扁平化, 形状变为(batch_size, channels)

        # Excitation: 两个全连接层+ReLU+Sigmoid
        excitation=F.relu(self.fc1(squeeze))    # 激活1
        excitation=self.fc2(excitation)    # 激活2
        excitation=self.sigmoid(excitation)    # Sigmoid 函数, 得到通道权重

        #通过广播机制将通道权重应用到输入特征图
        excitation=excitation.view(batch_size, channels, 1, 1)    #扩展维度
        x=x * excitation    #重标定(加权)

        return x

#示例使用:
x=torch.randn(8, 64, 32, 32)    #假设输入的特征图大小为(8,64,32,32)
se_block=SEBlock(in_channels=64)
output=se_block(x)
print(output.shape)    #输出形状应为(8,64,32,32)
```

SE 机制通过对每个通道的加权来增强有用特征并抑制无关特征,从而提高网络性能。换句话说,SE 模块不仅可以提高模型的特征表达能力,而且能够在较少的计算成本下提升模型的准确度。在现代卷积神经网络中,SE 模块已经成为一个非常流行且有效的改进方式。

2. CBAM 模块

CBAM 模块结合了通道注意力(Channel Attention)机制和空间注意力(Spatial Attention)机制，旨在增强卷积神经网络(CNN)对重要特征的关注。在实现时，CBAM 的每个子模块(通道注意力模块和空间注意力模块)都对输入特征图进行加权处理。

CBAM 模块分为两个过程：通道注意力机制过程和空间注意力机制过程，如图 6.2 所示。每个过程对输入特征图进行加权，可使模型能够关注更重要的特征。接下来举例说明该模块过程：假设输入特征 $\boldsymbol{X} \in \mathbb{R}^{B \times C \times H \times W}$，其中，$B$ 是批次大小，C 是通道数，H、W 是特征图的高度和宽度。

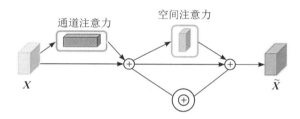

图 6.2　CBAM 模块过程

1) 通道注意力机制过程

通道注意力机制通过自适应地调整每个通道的重要性，来加强网络对于某些通道的关注，减少对不重要通道的依赖。具体步骤是：

(1) 使用全局平均池化(Global Average Pooling，GAP)和全局最大池化(Global Max Pooling，GMP)对输入特征 $\boldsymbol{X} \in \mathbb{R}^{B \times C \times H \times W}$ 在空间维度(即 H 和 W 方向)上进行池化操作，得到两个尺寸为 $(B, C, 1, 1)$ 的特征图。

全局平均池化操作如下：

$$\mathrm{avg\_pool}(\boldsymbol{X}) = \frac{1}{H \times W} \sum_{h=1}^{H} \sum_{w=1}^{W} x_{b,c,h,w} = \mathrm{avg}(\boldsymbol{X}) \qquad (6-4)$$

其中，$x_{b,c,h,w}$ 为 $\boldsymbol{X}$ 在批次 b，通道 c，像素的高和宽分别为 h、w 时的值。

全局最大池化操作如下：

$$\mathrm{max\_pool}(\boldsymbol{X}) = \mathrm{max}_{h,w}(\boldsymbol{X}) \qquad (6-5)$$

(2) 将池化后的特征图 $\mathrm{avg\_pool}(\boldsymbol{X})$ 和 $\mathrm{max\_pool}(\boldsymbol{X})$ 展平(flatten)，并通过一对共享的全连接层来分别学习每个通道的重要性权重，全连接操作如下：

$$\mathrm{avg\_out} = \mathrm{FC2}(\mathrm{ReLU}(\mathrm{FC1}(\mathrm{avg}(\boldsymbol{X})))) \qquad (6-6)$$

$$\mathrm{max\_out} = \mathrm{FC2}(\mathrm{ReLU}(\mathrm{FC1}(\mathrm{max}(\boldsymbol{X})))) \qquad (6-7)$$

其中，$\mathrm{avg\_out}$，$\mathrm{max\_out} \in \mathbb{R}^{B \times C}$，FC2 和 FC1 是全连接层，ReLU 是激活函数。一般情况

下，FC1 会将通道数从 C 降到 $\dfrac{C}{r}$（r 是一个缩放系数，通常为 16），之后第二个全连接层 FC2 会将其恢复到 C 维度。

（3）将两个通道的输出 avg_out 和 max_out $\in \mathbb{R}^{B \times C}$ 相加，并通过 Sigmoid 激活函数生成每个通道的权重系数 channel_attention($\boldsymbol{X}$)：

$$\text{channel\_attention}(\boldsymbol{X}) = \sigma(\text{avg\_out} + \text{max\_out}) \tag{6-8}$$

其中，σ 是 Sigmoid 函数，输出的是一个通道注意力图 channel_attention($\boldsymbol{X}$) $\in \mathbb{R}^{B \times C \times 1 \times 1}$。

（4）将生成的通道注意力图应用到输入特征图 $\boldsymbol{X}$ 上，通过元素级乘法进行加权得到通道注意力特征图 $\boldsymbol{X}_{\text{out}} \in \mathbb{R}^{B \times C \times H \times W}$：

$$\boldsymbol{X}_{\text{out}} = \boldsymbol{X} \cdot \text{channel\_attention}(\boldsymbol{X}) \tag{6-9}$$

这样，重要的通道被增强，而不重要的通道被抑制。

2）空间注意力机制过程

空间注意力机制通过对特征图的空间位置 H、W 加权，使网络更关注重要的位置。该机制就是对经过通道注意力机制加权后的特征图 $\boldsymbol{X}_{\text{out}}$ 进行空间注意力加权的过程。具体步骤如下：

（1）对输入特征图在通道维度上进行全局平均池化和全局最大池化操作，得到两个大小为 $(B, 1, H, W)$ 的特征图。

全局平均池化操作如下：

$$\text{avg\_pool}(\boldsymbol{X}) = \frac{1}{C} \sum_{c=1}^{C} x_{b, c, h, w} \tag{6-10}$$

全局最大池化操作如下：

$$\text{max\_pool}(\boldsymbol{X}) = \max_c (x_{b, c, h, w}) \tag{6-11}$$

（2）将全局平均池化和全局最大池化结果按通道维度拼接，得到一个大小为 $(B, 2, H, W)$ 的特征图，再使用卷积操作来生成空间注意力特征图，操作如下：

$$\text{concat} = \text{concat}(\text{avg\_pool}(\boldsymbol{X}), \text{max\_pool}(\boldsymbol{X})) \tag{6-12}$$

$$\text{spatial}_{\boldsymbol{X}} = \sigma(\text{Conv}(\text{concat})) \tag{6-13}$$

其中，Conv 是一个 7×7 的卷积操作，用于生成一个空间注意力特征图。

（3）通过 Sigmoid 函数归一化，得到空间注意力特征图 spatial$_{\boldsymbol{X}} \in \mathbb{R}^{B \times 1 \times H \times W}$。

（4）将空间注意力特征图应用到通道注意力特征图上，通过元素级乘法进行加权得到最终输出注意力特征图 $\boldsymbol{X}_{\text{final}}$。

$$\boldsymbol{X}_{\text{final}} = \boldsymbol{X}_{\text{out}} \cdot \text{spatial}_{\boldsymbol{X}} \tag{6-14}$$

下面是一个简单的实现 CBAM 的代码（使用 PyTorch）：

```
import torch
import torch.nn as nn
import torch.nn.functional as F
```

```python
class ChannelAttention(nn.Module):
    def __init__(self, in_channels, reduction=16):
        super(ChannelAttention, self).__init__()
        self.fc1 = nn.Linear(in_channels, in_channels//reduction)
        self.fc2 = nn.Linear(in_channels//reduction, in_channels)
        self.sigmoid = nn.Sigmoid()

    def forward(self, x):
        # x:(B,C,H,W)
        batch_size, channels, height, width = x.size()

        # Squeeze: 全局平均池化和全局最大池化
        avg_pool = F.adaptive_avg_pool2d(x,(1,1))    # (B,C,1,1)
        max_pool = F.adaptive_max_pool2d(x,(1,1))    # (B,C,1,1)

        # 扁平化并通过全连接层
        avg_pool = avg_pool.view(batch_size, channels)    # (B,C)
        max_pool = max_pool.view(batch_size, channels)    # (B,C)

        avg_out = self.fc2(F.relu(self.fc1(avg_pool)))    # (B,C)
        max_out = self.fc2(F.relu(self.fc1(max_pool)))    # (B,C)

        # 相加并通过 Sigmoid
        out = avg_out + max_out
        out = self.sigmoid(out).view(batch_size, channels, 1, 1)    # (B,C,1,1)

        return out

class SpatialAttention(nn.Module):
    def __init__(self):
        super(SpatialAttention, self).__init__()
        self.conv = nn.Conv2d(2, 1, kernel_size=7, padding=3)    # 2 通道输入,1 通道输出
        self.sigmoid = nn.Sigmoid()

    def forward(self, x):
```

```
        # x: (B, C, H, W)
        avg_pool = torch.mean(x, dim=1, keepdim=True)    # (B,1,H,W)
        max_pool,_ = torch.max(x, dim=1, keepdim=True)    # (B,1,H,W)

        #将两个池化结果拼接在一起
        concat = torch.cat([avg_pool, max_pool], dim=1)    # (B,2,H,W)

        #卷积得到空间注意力
        out = self.conv(concat)    # (B,1,H,W)
        out = self.sigmoid(out)     # Sigmoid 归一化

        return out

class CBAM(nn.Module):
    def __init__(self, in_channels, reduction=16):
        super(CBAM, self).__init__()
        self.channel_attention = ChannelAttention(in_channels, reduction)
        self.spatial_attention = SpatialAttention()

    def forward(self, x):
        #先进行通道注意力
        channel_attention = self.channel_attention(x)
        x = x * channel_attention    #重标定

        #然后进行空间注意力
        spatial_attention = self.spatial_attention(x)
        x = x * spatial_attention    #重标定

        return x

#示例使用:
x = torch.randn(8, 64, 32, 32)    #假设输入的特征图大小为(8,64,32,32)
cbam = CBAM(in_channels=64)
output = cbam(x)
print(output.shape) # 输出形状应为(8,64,32,32)
```

卷积块注意力模块中，通道注意力通过对输入特征全局池化(全局平均池化和全局最大池化），生成每个通道的权重，再通过全连接层计算得到加权系数，可生成通道注意力图，对输入特征图的每个通道进行加权。空间注意力则通过通道池化(平均池化和最大池化)生成空间注意力特征图，再通过卷积计算最终的空间注意力特征图，对输入空间注意力特征图的每个空间位置进行加权。卷积块注意力模块通过上述这两个过程，使网络在通道和空间维度上自适应地选择重要的特征，增强模型的表现力。

3. 自注意力机制

自注意力机制是深度学习中的一种重要方法，尤其在自然语言处理(NLP)和计算机视觉(CV)中得到了广泛应用。它的核心思想是：输入的每个元素都可以和其他所有元素进行交互，以获得更丰富的特征表示。自注意力机制能够动态地为每个元素分配权重，使模型在处理信息时更加聚焦于重要的部分。

假设输入特征矩阵 $\boldsymbol{X} \in \mathbb{R}^{B \times N \times D}$，其中：$B$ 是批次大小(batch size)，表示一批输入的数量；N 是序列长度或空间维度（例如文本中词的数量或图像中像素的数量）；D 是输入的特征维度（例如，文本中词的嵌入维度，图像中每个像素的特征维度）。自注意力机制过程见图 6.3。

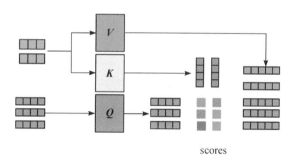

scores

图 6.3　自注意力机制过程

(1) 输入映射到查询、键和值。通过线性变换（通常是全连接层），将输入特征矩阵 $\boldsymbol{X}$ 映射为查询（Query，$\boldsymbol{Q} \in \mathbb{R}^{B \times N \times d_k}$）、键（Key，$\boldsymbol{K} \in \mathbb{R}^{B \times N \times d_k}$）和值（Value，$\boldsymbol{V} \in \mathbb{R}^{B \times N \times d_v}$）。这三个向量分别用于计算相似度、衡量重要性和计算加权信息。具体过程如下：

$$\boldsymbol{Q} = \boldsymbol{X}\boldsymbol{W}_Q \tag{6-15}$$

$$\boldsymbol{K} = \boldsymbol{X}\boldsymbol{W}_K \tag{6-16}$$

$$\boldsymbol{V} = \boldsymbol{X}\boldsymbol{W}_V \tag{6-17}$$

其中，$\boldsymbol{W}_Q, \boldsymbol{W}_K \in \mathbb{R}^{D \times d_k}$，$\boldsymbol{W}_V \in \mathbb{R}^{D \times d_v}$ 是权重矩阵（其中，d_k 是键的维度，d_v 是值的维度，通常 $d_k = d_v$），通常使用线性层计算，它们分别用于映射输入特征到查询、键和值的空间。

(2) 计算注意力权重。为了衡量每个查询 $\boldsymbol{Q}$ 和每个键 $\boldsymbol{K}$ 之间的相似度，我们计算查询和键的点积，得到的结果称为 $\boldsymbol{S} \in \mathbb{R}^{B \times N \times N}$。

首先，计算查询与键之间的点积：

$$S = QK^{\mathrm{T}} \tag{6-18}$$

其中，$Q \in \mathbb{R}^{B \times N \times d_k}$ 和 $K^{\mathrm{T}} \in \mathbb{R}^{B \times d_k \times N}$，所以它们的点积结果为一个 $B \times N \times N$ 的矩阵，表示每个查询与每个键的相似度。

接着，使用 Softmax 对每个查询的相似度进行归一化，得到注意力权重 $A \in \mathbb{R}^{B \times N \times N}$：

$$A = \mathrm{Softmax}(S) \tag{6-19}$$

（3）加权求和。对注意力权重矩阵 A 和值向量 $V \in \mathbb{R}^{B \times N \times d_v}$ 进行加权求和，得到输出特征矩阵 $O \in \mathbb{R}^{B \times N \times d_v}$。加权求和是通过矩阵乘法实现的，即

$$O = AV \tag{6-20}$$

4. 多头自注意力机制

为了提高模型的表达能力，通常使用多头自注意力（Multi-Head Self-Attention，MHSA）机制。如图 6.4 所示，多头自注意力并行计算多个注意力头，每个头都有不同的查询（Q）、键（K）、值（V）的权重矩阵，再将它们拼接起来，并通过线性变换得到最终的输出。具体来说，多个头的输出合并后，通过一个线性变换得到最终的表示：

$$\mathrm{MultiHead}(X) = \mathrm{Concat}(O_1, O_2, \cdots, O_h)W_O \tag{6-21}$$

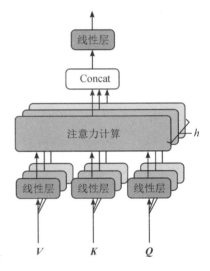

图 6.4　多头自注意力机制

其中，O_i 是第 i 个注意力头的输出，维度为 $\mathbb{R}^{B \times N \times d_v}$；$h$ 是注意力头的数量；$W_O \in \mathbb{R}^{(h \cdot d_v) \times D}$ 是用于合并多头输出的线性变换矩阵，通常使用线性层计算。

拼接后的输出维度为 $\mathrm{Concat}(O_1, O_2, \cdots, O_h) \in \mathbb{R}^{B \times N \times (h \cdot d_v)}$。最终的输出 $\widetilde{O} = \mathrm{Concat}(O_1, O_2, \cdots, O_h)W_O$，$\widetilde{O} \in \mathbb{R}^{B \times N \times D}$。

自注意力机制和多头自注意力机制的 PyTorch 代码实现如下：

```python
import torch
import torch.nn as nn
import torch.nn.functional as F

class SelfAttention(nn.Module):
    def __init__(self, d_model, d_k, d_v, num_heads):
```

```python
        super(SelfAttention, self).__init__()
        self.d_k = d_k
        self.d_v = d_v
        self.num_heads = num_heads

        # 查询、键、值的权重矩阵
        self.W_Q = nn.Linear(d_model, d_k * num_heads)
        self.W_K = nn.Linear(d_model, d_k * num_heads)
        self.W_V = nn.Linear(d_model, d_v * num_heads)

        # 输出权重矩阵
        self.W_O = nn.Linear(d_v * num_heads, d_model)

def forward(self, X):
        batch_size, seq_len, _ = X.size()

        # 线性变换得到 Q, K, V
        Q = self.W_Q(X).view(batch_size, seq_len, self.num_heads, self.d_k)
        K = self.W_K(X).view(batch_size, seq_len, self.num_heads, self.d_k)
        V = self.W_V(X).view(batch_size, seq_len, self.num_heads, self.d_v)

        # 计算 Q 和 K 的点积
        scores = torch.einsum('bqhd, bkhd->bhqk', Q, K) / self.d_k ** 0.5
                                            # 维度：(B, num_heads, seq_len, seq_len)

        # 使用 Softmax 计算注意力权重
        attention_weights = F.softmax(scores, dim=-1)

        # 加权求和得到输出
        out = torch.einsum('bhqk, bkhd->bhqd', attention_weights, V)
                                            # 维度：(B, num_heads, seq_len, d_v)

        # 拼接多个头的输出
        out = out.contiguous().view(batch_size, seq_len, self.num_heads * self.d_v)

        # 通过输出线性层得到最终输出
```

```
        output=self.W_O(out)
        returnoutput

#示例输入
batch_size=32
seq_len=10
d_model=512
d_k=64
d_v=64
num_heads=8

X=torch.randn(batch_size,seq_len,d_model)

self_attention=SelfAttention(d_model,d_k,d_v,num_heads)
output=self_attention(X)
print(output.shape)  #输出形状是 (32,10,512)
```

总体而言，注意力机制在自然语言处理和计算机视觉中，都发挥了巨大的作用，极大地提升了模型的性能。

6.2 Transformer 基本结构

Transformer(模型)的基本结构与传统的 Seq2Seq 模型的类似，都是基于编码器-解码器的架构。如图 6.5 所示，对于输入序列"我是土豆"，首先通过左边的编码器对输入进行处理，得到一个中间表示，然后将这个表示送入右边的解码器，最终输出对应的翻译结果"I am a potato"。

与 Seq2Seq 模型不同，Transformer 采用了堆叠的多头自注意力机制和全连接层。此外，Transformer 模型还引入了一些关键的新技术，比如 Transformer 块、相加及归一化(Add and Norm)操作以及位置编码。具体来说，Transformer 使用 Transformer 块来替代 Seq2Seq 模型中的循环神经网络(RNN)。

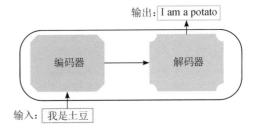

图 6.5 序列编码-解码示意图

　　如图 6.6 所示，在输入进入 Transformer 之前，需要对输入进行位置编码处理，然后再将输入送入编码器和解码器中。Transformer 模型的编码器和解码器由多个相同的 Transformer 块堆叠而成。每个 Transformer 块包含两个核心部分：多头自注意力机制和前馈神经网络（Feed-Forward Network，FFN）。此外，在每个块编码输出之后，都会对其进行相加及归一化（Add and Norm）操作，用于归一化和稳定训练过程。

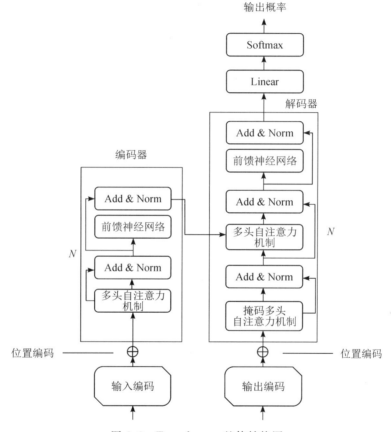

图 6.6　Transformer 整体结构图

　　具体而言，假设输入为 $X \in \mathbb{R}^{B \times N \times D}$。其中：$B$ 是批量大小（batch size），即每次输入的样本数；N 是输入序列的长度（例如，句子的词数）；D 是输入特征的维度（例如，词嵌入维度）。由于 Transformer 中的自注意力机制没有内建处理序列顺序的能力，所以需要加入位置编码来给每个元素提供位置信息。位置编码 P 会与输入的表示相加，形成最终的输入表示 X'：

$$X' = X + P \tag{6-22}$$

　　可以将位置编码看作是一个与输入序列长度 N 和模型维度 D 相关的矩阵，它与词嵌入矩阵逐元素相加，从而为每个词向量提供位置信息。最常用的位置编码是固定位置编码(Sinusoidal Position Encoding)，因为它具有较好的理论基础，且能够支持不同长度的输入序列。

固定位置编码使用了正弦函数和余弦函数的组合，其公式如下：

$$\boldsymbol{P}_{(p, 2i)} = \sin\left(\frac{p}{10\ 000^{2i/D}}\right) \tag{6-23}$$

$$\boldsymbol{P}_{(p, 2i+1)} = \cos\left(\frac{p}{10\ 000^{2i/D}}\right) \tag{6-24}$$

其中，p 表示位置索引，取值范围为 $0, 1, 2, \cdots, N-1$；i 表示维度索引，取值范围为 $0, 1, 2, \cdots, D-1$；D 是位置编码的维度，与输入的词的嵌入维度相同。

具体地，偶数位置的维度使用正弦函数，奇数位置的维度使用余弦函数。这个设计使每个位置的编码在不同维度上包含了不同尺度的频率信息。通过这种方式，模型可以在一定程度上捕捉到序列中各个元素的相对位置和绝对位置。

假设输入的序列长度为 N，词的嵌入维度为 D，则位置编码矩阵 $\boldsymbol{P}$ 的维度为 $N \times D$。对于 pos 的每个位置（从 0 到 $N-1$），位置编码的计算方式如下：对于第 p 个位置，位置编码的第 $2i$ 维度使用正弦函数，此时有 $\boldsymbol{P}_{(p, 2i)}$；对于第 p 个位置，位置编码的第 $2i+1$ 维度使用余弦函数，此时有 $\boldsymbol{P}_{(p, 2i+1)}$。

紧接着，$\boldsymbol{X} \in \mathbb{R}^{B \times N \times D}$ 会输入至 Transformer 的编码器中，在第一个 Transformer 块中，经过以下步骤进行处理：

（1）多头自注意力机制。输入 $\boldsymbol{X} \in \mathbb{R}^{B \times N \times D}$ 会经过多头自注意力层，计算出每个位置与其他位置的关系。多头自注意力机制如上节所述，这里不再赘述。经过多头自注意力处理，最终输出 $\boldsymbol{O}_{\text{multihead}} \in \mathbb{R}^{B \times N \times D}$ 的多头自注意力输出。

（2）相加及归一化。每个 Transformer 块的输出首先会通过一个 Add & Norm 层进行处理。该层包含以下步骤：

① 残差连接(Residual Connection)。输入 $\boldsymbol{X}$ 会直接加到注意力层的输出上，即

$$\boldsymbol{X}_1 = \boldsymbol{X} + \boldsymbol{O}_{\text{multihead}} \tag{6-25}$$

② 层归一化(Layer Normalization)。对残差连接后的结果进行层归一化，得到最终的输出：

$$\boldsymbol{X}_2 = \text{LayerNorm}(\boldsymbol{X}_1) \tag{6-26}$$

（3）前馈神经网络。Transformer 块中的前馈神经网络会结合激活函数（如 ReLU）对加权后的结果进行进一步处理。前馈神经网络通常由两个全连接层组成：

第一个全连接层：

$$\boldsymbol{X}_3 = \text{ReLU}(\boldsymbol{X}_2 \boldsymbol{W}_1 + b_1)$$

第二个全连接层：

$$\boldsymbol{X}_4 = \boldsymbol{X}_3 \boldsymbol{W}_2 + b_2$$

其中，$\boldsymbol{W}_1$ 和 $\boldsymbol{W}_2$ 为权重矩阵，b_1 和 b_2 为偏置。

（4）相加及归一化。前馈神经网络的输出也会经过 Add & Norm 层，最终得到第一个 Transformer 块输出 $\widetilde{\boldsymbol{X}} \in \mathbb{R}^{B \times N \times D}$：

$$\boldsymbol{X}_5 = \boldsymbol{X}_2 + \boldsymbol{X}_4 \tag{6-27}$$

$$\widetilde{\boldsymbol{X}} = \text{LayerNorm}(\boldsymbol{X}_5) \tag{6-28}$$

由于 Transformer 结构是堆叠的 Transformer 块的编码器和解码器结构，因此，每个 Transformer 块的输出将作为下一个块的输入。编码器部分通过多次堆叠 Transformer 块，逐步提取序列中的更高层次特征，最后形成整个输入序列的上下文表示。对于解码器部分，它不仅接收编码器的输出，还通过自注意力机制结合解码器自身的先前输出，逐步生成目标序列。

下面是基于 PyTorch 的 Transformer 结构的实现代码。PyTorch 中已经封装了一个高效的 Transformer 类，可以直接使用，而无须手动实现每个组件。这个封装好的 Transformer 类可以通过 torch. nn. Transformer 来访问。

torch. nn. Transformer 类是一个可以直接使用的类，包含了默认的多头自注意力机制、前馈神经网络、位置编码等。它支持处理序列到序列的任务，例如机器翻译等任务。torch. nn. Transformer 的主要参数包括：d_model，输入和输出的特征维度（即词嵌入的维度）；Nhead，多头自注意力的头数；num_encoder_layers，编码器的层数；num_decoder_layers，解码器的层数；dim_feedforward，前馈神经网络的隐藏层维度；Dropout，各层之间神经元的随机失活概率；Activation，激活函数，默认使用 ReLU。

```
import torch
import torch. nn as nn
# 定义参数
d_model=512    # 词嵌入维度
num_heads=8    # 多头自注意力的头数
num_layers=6    # Transformer 层数
hidden_dim=2048    # 前馈网络隐藏层维度
dropout=0.1    # dropout 概率


# 创建 Transformer 模型
transformer=nn. Transformer(d_model=d_model,
                            nhead=num_heads,
                            num_encoder_layers=num_layers,
                            num_decoder_layers=num_layers,
                            dim_feedforward=hidden_dim,
                            dropout=dropout)
```

6.3　经典视觉 Transformer 模型

本节聚焦经典视觉 Transformer 模型（也称经典视觉模型）的设计与应用，详细介绍几种经典视觉 Transformer 模型及其特点。首先介绍 ViT 模型。该模型作为开创性的视觉 Transformer 模型，将图像分块并直接应用标准 Transformer 架构，展现了在视觉任务中的强大性能。接着介绍 Swin Transformer，其通过引入层次化结构和滑动窗口机制，实现了高效的计算和更好的全局特征提取。之后，在目标检测任务中，介绍 DETR 模型，该模型结合 Transformer，通过端到端的方式解决目标检测问题，简化了传统方法的复杂流程。最后介绍语义分割任务中的 SegFormer 模型，该模型结合 Transformer 进一步优化了分割任务中的性能，利用轻量级设计和多尺度特征提取实现了高效准确的图像分割。通过这些经典模型的介绍，读者将全面理解经典视觉 Transformer 模型在计算机视觉中的优势与多样化应用。

6.3.1　ViT 模型

ViT 模型是一个用于计算机视觉任务的神经网络架构，它引入了 Transformer 模型来处理图像。与传统的卷积神经网络（CNN）不同，ViT 可直接处理图像的像素块，而非通过卷积操作提取图像特征。ViT 的出现首次证明了 Transformer 模型在计算机视觉任务中能够获得与 CNN 相媲美甚至更好的表现。

如图 6.7 所示，ViT 的结构分为图像切分及嵌入、位置编码以及 Transformer 编码器几个主要部分。接下来对每个部分进行详细的介绍。

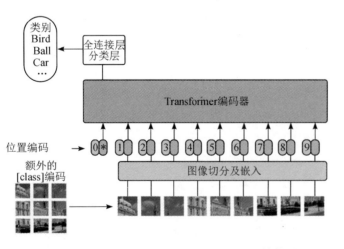
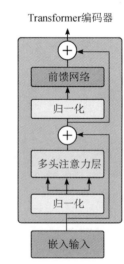

图 6.7　ViT 结构图

1. 图像切分及嵌入（Patch and Embedding）

假设输入图像是一个 $\boldsymbol{X} \in \mathbb{R}^{H \times W \times C}$ 的张量，其中 H 和 W 分别是图像的高度和宽度，C 是图像的通道数。为了让 ViT 使用 Transformer 模型，我们将图像切分成固定大小的矩阵块，每个块的大小（patch size）为 $P \times P$，图像中一共有 $N = \dfrac{H \times W}{P^2}$ 个图像块。

将每个图像块展平，并将其映射到一个高维的特征空间（类似于词嵌入）。我们将每个图像块 i 展平成一个向量，尺寸为 $p^2 \times C$：

$$\mathrm{flatten}(\widetilde{\boldsymbol{P}}_i) \in \mathbb{R}^{P^2 \times C} \tag{6-29}$$

展平后的每个图像块会通过一个线性变换（即一个线性层）映射到一个 D 维的向量空间，其中 D 是嵌入的维度（通常比 $p^2 \times C$ 小很多）。具体而言，对每个展平后的图像块，我们用一个线性变换 $\boldsymbol{W}_{\mathrm{embed}}$ 进行映射，得到嵌入向量：

$$\boldsymbol{X}_{\mathrm{patch}, i} = \boldsymbol{W}_{\mathrm{embed}} \cdot \mathrm{flatten}(\widetilde{\boldsymbol{P}}_i) \in \mathbb{R}^{D} \tag{6-30}$$

这个嵌入向量可以表示图像块的特征。将所有的 N 个图像块的嵌入向量拼接成一个矩阵，得到最终的 $\boldsymbol{X}_{\mathrm{patch}}$ 变量：

$$\boldsymbol{X}_{\mathrm{patch}} = [\boldsymbol{X}_{\mathrm{patch}, 1}; \boldsymbol{X}_{\mathrm{patch}, 2}; \cdots; \boldsymbol{X}_{\mathrm{patch}, N}] \in \mathbb{R}^{N \times D} \tag{6-31}$$

其中，N 是图像块的数量，D 是每个图像块的嵌入维度。通常情况下，会引入一个特殊的分类令牌（token）（[CLS]token）。[CLS] token 是一个特殊的嵌入向量，它被引入图像块嵌入序列的最前面，用于表示整个图像的全局特征。这个向量在模型训练过程中将学习如何整合图像块的上下文信息。将 [CLS] token 表示为 $\boldsymbol{X}_{\mathrm{CLS}}$，其初始维度与每个图像块的嵌入维度相同，为 D。将 [CLS] token 拼接到图像块嵌入的最前面，可得到最终的输入张量：

$$\boldsymbol{X}_{\mathrm{input}}^{\mathrm{patch}} = [\boldsymbol{X}_{\mathrm{CLS}}; \boldsymbol{X}_{\mathrm{patch}}] \in \mathbb{R}^{(N+1) \times D} \tag{6-32}$$

2. 位置编码（Positional Encoding）

由于 Transformer 是基于自注意力机制的模型，它本身并不能捕捉输入的顺序信息。因此，我们需要对 Transformer 加入位置编码，以便 Transformer 能够感知图像块的空间位置信息。

假设位置编码 $\boldsymbol{P}$ 是一个 $(N+1) \times D$ 的矩阵，其中，N 是图像块的数量，D 是特征空间的维度。对于每个位置 i（从 0 到 N），我们为每个图像块添加对应的位置信息：

$$\boldsymbol{X}_{\mathrm{input}}^{0} = \boldsymbol{X}_{\mathrm{input}}^{\mathrm{patch}} + \boldsymbol{P} \in \mathbb{R}^{(N+1) \times D} \tag{6-33}$$

位置编码 $\boldsymbol{P}$ 通常是通过正弦函数和余弦函数生成的（如 6.2 节所述），也是可学习的参数。

3. Transformer 编码器

Transformer 编码器是 ViT 的核心模块，其主要功能是通过多头自注意力机制和前馈神经网络，捕捉输入图像块之间的全局关系和上下文信息。以下是对 Transformer 编码器部分流程的详细解释。

第一步，输入 Transformer 编码器的张量维度为 $\boldsymbol{X}_{\text{input}}^0 \in \mathbb{R}^{(N+1) \times D}$，这个输入已经包含了图像块的嵌入和位置编码，输入后首先进行层归一化，不改变张量维度，输出为 $\boldsymbol{X}_{\text{input}} \in \mathbb{R}^{(N+1) \times D}$。

第二步，通过 Transformer 编码器逐层处理这些嵌入。Transformer 编码器由多个堆叠的编码器块组成，每个编码器块包含多头自注意力层和前馈神经网络两个主要组件。其中，多头自注意力层用于捕捉输入图像块之间的全局关系；前馈神经网络用于对每个位置的特征进行非线性变换，以提升特征表达能力。每个组件后都会添加残差连接和层归一化。

多头自注意力层将 D 分成 h 个子空间，每个子空间的维度为 $D_h = \dfrac{D}{h}$，对每个头分别计算注意力，然后将每个头的计算结果 $\boldsymbol{O}_1, \boldsymbol{O}_2, \cdots, \boldsymbol{O}_h$ 拼接得到 $\boldsymbol{O}_{\text{concat}}$，再次进行线性变换：

$$\boldsymbol{O}_{\text{multihead}} = \boldsymbol{O}_{\text{concat}} \boldsymbol{W}_O \tag{6-34}$$

其中，$\boldsymbol{W}_O \in \mathbb{R}^{D \times D}$ 是输出的线性映射矩阵。输出的维度仍为 $\mathbb{R}^{(N+1) \times D}$。

对于每个注意力头，我们对输入特征进行以下操作：对于输入 $\boldsymbol{X}_{\text{input}} \in \mathbb{R}^{(N+1) \times D}$，通过线性变换计算查询向量 $\boldsymbol{Q}$、键向量 $\boldsymbol{K}$ 和值向量 $\boldsymbol{V}$。每个头有独立的权重矩阵：

$$\boldsymbol{Q} = \boldsymbol{X} \boldsymbol{W}_Q, \quad \boldsymbol{K} = \boldsymbol{X} \boldsymbol{W}_K, \quad \boldsymbol{V} = \boldsymbol{X} \boldsymbol{W}_V \tag{6-35}$$

其中，权重矩阵 $\boldsymbol{W}_Q, \boldsymbol{W}_K, \boldsymbol{W}_V \in \mathbb{R}^{D \times D_h}$，输出 $\boldsymbol{Q}, \boldsymbol{K}, \boldsymbol{V} \in \mathbb{R}^{(N+1) \times D_h}$。

对于每个头，计算查询向量和键向量的相似度，得到注意力权重：

$$\text{Attention Score} = \frac{\boldsymbol{Q} \boldsymbol{K}^{\text{T}}}{\sqrt{D_h}} \tag{6-36}$$

其中，$\boldsymbol{Q} \boldsymbol{K}^{\text{T}}$ 的维度为 $\mathbb{R}^{(N+1) \times (N+1)}$，表示每个图像块与其他块的关系。

使用 Softmax 对相似度归一化，得到注意力权重矩阵 $\boldsymbol{A}$：

$$\boldsymbol{A} = \text{Softmax}\left(\frac{\boldsymbol{Q} \boldsymbol{K}^{\text{T}}}{\sqrt{D_h}}\right) \tag{6-37}$$

使用注意力权重矩阵 $\boldsymbol{A}$ 对值向量 $\boldsymbol{V}$ 加权求和：

$$\boldsymbol{O}_h = \boldsymbol{A} \boldsymbol{V} \tag{6-38}$$

最终的输出维度为 $\boldsymbol{O}_h \in \mathbb{R}^{N \times D_h}$，表示单个头的输出。将 h 个头的输出拼接起来：

$$\boldsymbol{O}_{\text{concat}} = \text{Concat}(\boldsymbol{O}_1, \boldsymbol{O}_2, \cdots, \boldsymbol{O}_h) \tag{6-39}$$

拼接后的输出维度为 $\boldsymbol{O}_{\text{concat}} \in \mathbb{R}^{(N+1) \times D}$，因为每个头输出的维度是 D_h，总共有 h 个头。

为了稳定训练并缓解梯度消失问题，多头自注意力层的输出会与输入进行残差连接，再通过层归一化：

$$\boldsymbol{X}_1 = \text{LayerNorm}(\boldsymbol{X}_{\text{input}}^0 + \boldsymbol{O}_{\text{multihead}}) \tag{6-40}$$

然后，将 $\boldsymbol{X}_1$ 输入前馈神经网络。前馈神经网络是一个位置独立的全连接网络（MLP），作用是对每个位置的特征向量进行非线性变换，从而提升特征表达能力。前馈神经网络包含两层全连接网络，中间加入激活函数（如 ReLU）：

$$\boldsymbol{X}_{\mathrm{FFN}} = \mathrm{ReLU}(\boldsymbol{X}_1 \boldsymbol{W}_1 + b_1)\boldsymbol{W}_2 + b_2 \tag{6-41}$$

其中，$\boldsymbol{W}_1 \in \mathbb{R}^{D \times D_{\mathrm{hidden}}}$，$\boldsymbol{W}_2 \in \mathbb{R}^{D_{\mathrm{hidden}} \times D}$ 是前馈网络的权重矩阵；D_{hidden} 通常远大于 D，如 $D_{\mathrm{hidden}} = 4D$。

类似于自注意力部分的操作，前馈网络的输出也会进行残差连接和层归一化，得到输出 $\boldsymbol{X}_{\mathrm{output}} \in \mathbb{R}^{(N+1) \times D_{\mathrm{hidden}}}$：

$$\boldsymbol{X}_{\mathrm{output}} = \mathrm{LayerNorm}(\boldsymbol{X}_1 + \boldsymbol{X}_{\mathrm{FFN}}) \tag{6-42}$$

通过堆叠 L 个 Transformer 编码器块（通常为 6 层或 12 层），模型可以逐层提取图像块之间的全局特征和深层关系。每一层的输出都会作为下一层的输入。编码器的最终输出是一个 $(N+1) \times D_{\mathrm{final}}$ 的张量。最终输出中的 [CLS] token 向量 $\boldsymbol{X}_{\mathrm{cls}}$ 通常用作整个图像的全局表示，将其输入分类头进行分类。

ViT 给出三个模型（ViT-Base/ViT-Large/ViT-Huge）的参数配置，如表 6.1 所示。ViT（ViT 先在 JFT-300M 数据集上预训练）在 ImageNet、CIFAR、Oxford 等数据集上进行了实验测试并与其他视觉模型进行了比较。结果证明，在 JFT-300M 数据集上预训练的 ViT-Huge 模型（输入块尺寸为 14）达到了最优性能。

表 6.1　ViT 不同配置的具体信息

模　型	编码器层数（L）	向量的长度（D_{hidden}）	分类头节点数	注意力层头数（h）	参数量
ViT-Base	12	768	3072	12	8.6×10^7
ViT-Large	24	1024	4096	16	3.07×10^8
ViT-Huge	32	1280	5120	16	6.32×10^8

以下是一个很简单的基于 PyTorch 的 Vision Transformer 的框架示例。在实际应用中，可以修改此示例以解决具体问题。

```python
import torch
import torch.nn as nn

class VisionTransformer(nn.Module):
    def __init__(self, img_size, patch_size, num_classes, d_model, num_heads, num_layers, dim_feed-
forward):
        super(VisionTransformer, self).__init__()

        # 参数
```

```python
        self.img_size=img_size
        self.patch_size=patch_size
        self.num_classes=num_classes
        self.d_model=d_model
        self.num_heads=num_heads
        self.num_layers=num_layers
        self.dim_feedforward=dim_feedforward

        #计算图像块的数量
        self.n_patches=(img_size//patch_size)**2

        #嵌入层(将每个 patch 映射为 d_model 维度的向量)
        self.patch_embed=nn.Conv2d(in_channels=3,out_channels=d_model,kernel_size=patch_size,stride=patch_size)

        #位置编码(可学习)
        self.position_embed=nn.Parameter(torch.randn(1,self.n_patches+1,d_model))

        # Transformer 编码器
        self.encoder=nn.TransformerEncoder(
            nn.TransformerEncoderLayer(d_model=d_model,nhead=num_heads,dim_feedforward=dim_feedforward),
            num_layers=num_layers
        )

        #分类头
        self.fc=nn.Linear(d_model, num_classes)

    def forward(self, x):
        #输入图像切分成 patch
        patches=self.patch_embed(x).flatten(2).transpose(1, 2)

        #添加[CLS] token(初始化为 0)
        cls_token=torch.zeros(x.size(0),1,self.d_model).to(x.device)
        x=torch.cat((cls_token, patches), dim=1)

        #加入位置编码
```

```
            x = x + self.position_embed

            # 通过 Transformer 编码器
            x = self.encoder(x)

            # 通过[CLS] token 进行分类
            cls_token_out = x[:, 0]
            out = self.fc(cls_token_out)

            return out

# 示例参数
img_size = 224
patch_size = 16
num_classes = 10
d_model = 512
num_heads = 8
num_layers = 6
dim_feedforward = 2048

# 初始化模型
model = VisionTransformer(img_size, patch_size, num_classes, d_model, num_heads, num_layers, dim_feed-
forward)

# 测试输入
x = torch.randn(8, 3, img_size, img_size)    # 批量大小为 8 的输入图像
output = model(x)
print(output.shape)    # 输出类别预测,形状为(batch_size, num_classes)
```

此外,PyTorch 也提供了 Vision Transformer (ViT)的官方实现,可以通过 torchvision 库中的 torchvision. models. vision_transformer 模块使用。

```
import torch
from torchvision.models.vision_transformer import vit_b_16

# 加载预定义的 Vision Transformer 模型
model = vit_b_16(pretrained=True)    # vit_b_16 表示使用 base 模型,patch size 为 16
model.eval()
```

```
#输入图像
input_tensor=torch.randn(1,3,224,224)  # Batch size=1,RGB 图像,224×224 分辨率

#前向传播
output=model(input_tensor)

print("Output shape: ",output.shape)  #输出的维度:(batch_size,num_classes)
```

其中,vit_b_16 是一个预定义的、输入块尺寸为 16 的 ViT-Base 模型。以下是一些其他经常调用的变体:

- vit_b_16:Base 模型,patch size 为 16,默认用于 ImageNet 数据集。
- vit_b_32:Base 模型,patch size 为 32。
- vit_l_16:Large 模型,patch size 为 16,参数量更大。
- vit_l_32:Large 模型,patch size 为 32。

总体而言,Vision Transformer(ViT)是一种基于 Transformer 架构的图像分类方法,它可直接处理图像块而不是采用传统的卷积操作。通过引入位置编码并使用 Transformer 来捕捉全局信息,ViT 在多个计算机视觉任务中表现抢眼,这证明了 ViT 模型在视觉任务中的潜力。

6.3.2　Swin Transformer 模型

Swin Transformer(Switched Window Transformer)模型是一种高效的视觉 Transformer 模型,它克服了 Vision Transformer(ViT)的一些限制(例如计算复杂度高和局部特征捕捉能力不足),并扩展了 ViT 在图像识别、检测和分割任务中的适用性。Swin Transformer 的核心是 Swin Transformer 块和多层金字塔下采样结构。接下来对这两个部分进行分别介绍。

1. Swin Transformer 块

假设输入图像的特征矩阵为 $\boldsymbol{X} \in \mathbb{R}^{H \times W \times C}$,其中 H 和 W 分别为图像的高度和宽度,C 是每个像素的通道数。Swin Transformer 块的初始操作与 ViT 的相同,首先将图像切分成大小为 $P \times P$ 的非重叠图像块(patch),将大小为 $P \times P \times C$ 的图像块展平,并通过线性投影将其映射到 D 维,输出结果为 $\boldsymbol{X}_{\text{patch}} \in \mathbb{R}^{\frac{H}{P} \times \frac{W}{P} \times D}$,不需要进行位置编码。然后将输出结果输入 Swin Transformer 块中。

Swin Transformer 块的结构如图 6.8 所示,其与 ViT 的主要区别是注意力层不同:Swin Transformer 块将注意力层变成窗口多头(自)注意力(Window Multi-head Attention,W-MSA)层或窗口移动注意力(Shifted Window Multi-head Attention,SW-MSA)层。对于 $\boldsymbol{X}_{\text{patch}} \in \mathbb{R}^{\frac{H}{P} \times \frac{W}{P} \times D}$,首先进行层归一化,得到输出 $\boldsymbol{X}_{\text{input}}^{0} \in \mathbb{R}^{\frac{H}{P} \times \frac{W}{P} \times D}$,再将输出结果输入窗口

多头注意力层或窗口移动注意力层。接下来对这两个部分进行详细的介绍。

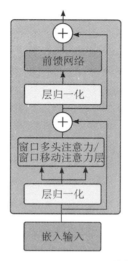

图 6.8　Swin Transformer 块结构图

1）窗口多头注意力

与 ViT 使用的全局自注意力不同，Swin Transformer 块在每个局部窗口内计算注意力，从而降低了计算复杂度。如图 6.9(a)所示，局部窗口类似 CNN 的局部感受野，能够有效捕获局部特征。在 Swin Transformer 中，输入特征被划分为多个固定大小的窗口（window），对每个窗口计算注意力，而不是进行全局计算。假设窗口大小为 $M \times M$，则输入特征被划分为若干个不重叠的窗口。每个窗口包含 $M \times M$ 个位置，每个位置的特征维度为 D。对于原始输入特征维度为 $\boldsymbol{X}_{\text{input}}^{0} \in \mathbb{R}^{\frac{H}{P} \times \frac{W}{P} \times D}$ 的张量，划分后将得到 $\dfrac{H}{P \cdot M} \times \dfrac{W}{P \cdot M}$ 个窗口，每个窗口的特征维度为 $\boldsymbol{X}_{\text{window}} \in \mathbb{R}^{\frac{H}{P \cdot M} \times \frac{W}{P \cdot M} \times M^2 \times D}$。随后，在每个窗口内独立地执行多头注意力计算，从而实现局部建模。

2）窗口移动注意力

Swin Transformer 块引入了窗口移动机制，这使相邻窗口之间可以相互交互，弥补了局部注意力导致的窗口间信息隔离问题。如图 6.9(b)所示，将窗口偏移半个窗口大小（例如 $\dfrac{M}{2}$），重新划分窗口。在偏移后的窗口中再次计算注意力。最终结合普通窗口和移动窗口的结果，实现窗口之间的全局交互。偏移窗口后，计算结果的特征维度保持不变，得到输出 $\boldsymbol{X}_{\text{window}}^{\text{out}} \in \mathbb{R}^{\frac{H}{P} \times \frac{W}{P} \times D}$。

经过窗口注意力层后的输出会与输入进行残差连接。

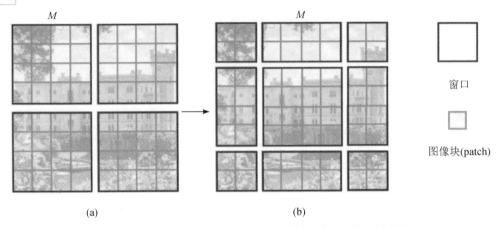

图 6.9　窗口多头注意力(左)与窗口移动注意力(右)示意图

首先通过层归一化：

$$\boldsymbol{X}_1 = \mathrm{LayerNorm}(\boldsymbol{X}_{\mathrm{input}}^0 + \boldsymbol{X}_{\mathrm{window}}^{\mathrm{out}}) \tag{6-43}$$

然后将 $\boldsymbol{X}_1$ 输入前馈网络，即

$$\boldsymbol{X}_{\mathrm{FFN}} = \mathrm{GELU}(\boldsymbol{X}_1\boldsymbol{W}_1 + b_1)\boldsymbol{W}_2 + b_2 \tag{6-44}$$

其中，GELU 表示 GELU 激活函数，$\boldsymbol{W}_1$、$\boldsymbol{W}_2$ 是前馈网络的权重矩阵。输出 $\boldsymbol{X}_{\mathrm{FFN}} \in \mathbb{R}^{\frac{H}{P} \times \frac{W}{P} \times D}$ 保持不变。

通常情况下，Swin Transformer 中两个连续的 Swin Transformer 块的堆叠方式如图 6.10(b)所示。其中，第一个 Swin Transformer 块采用常规的窗口多头注意力(W-MSA)机制，而第二个 Swin Transformer 块则采用窗口移动注意力(SW-MSA)机制。

2. 多层金字塔下采样结构

如图 6.10(a)所示，Swin Transformer 构建了多层金字塔下采样结构。在每个阶段对输入特征(每层特征图)进行下采样操作，这可缩小空间维度，并增大通道数，有利于逐步

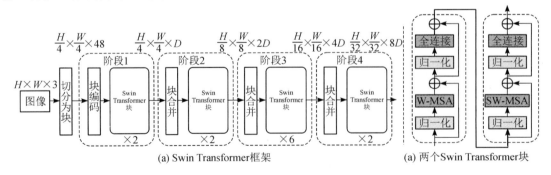

图 6.10　Swin Transformer 整体结构图

提取多尺度特征。这种设计使 Swin Transformer 更适合用于目标检测和语义分割等需要多尺度特征的任务。

在 Swin transformer 中，下采样通过块合并(Patch Merging)操作来完成。块合并中，具体通过 2×2 的非重叠窗口来聚合特征，包括合并、展平、归一化以及全连接层等操作，如图 6.11 所示。若输入 $\boldsymbol{X}_{\mathrm{FFN}}\in\mathbb{R}^{\frac{H}{P}\times\frac{W}{P}\times D}$，输出则为 $\boldsymbol{X}_{\mathrm{down}}\in\mathbb{R}^{\frac{H}{2P}\times\frac{W}{2P}\times 2D}$。

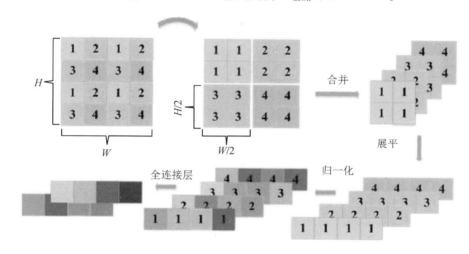

图 6.11　块合并操作流程

通过这种分层的金字塔结构，Swin Transformer 能够捕获从局部到全局的多尺度特征。在图 6.10(a)中，Swin Transformer 通常包括 4 个阶段。

在阶段 1，输入图像尺寸为 $H\times W\times 3$，经过块切分(块尺寸为 4)及编码，生成尺寸为 $\frac{H}{4}\times\frac{W}{4}\times 48$ 的特征图，即应用 2 个 Swin Transformer 块进行计算，输出特征大小为 $\frac{H}{4}\times\frac{W}{4}\times D$。

在阶段 2，特征图通过块合并进行下采样，生成更小的特征图 $\frac{H}{8}\times\frac{W}{8}\times 2D$，即应用 2 个 Swin Transformer 块进行计算，输出特征大小为 $\frac{H}{8}\times\frac{W}{8}\times 2D$。

在阶段 3，特征图通过块合并再次进行下采样，生成更小的特征图 $\frac{H}{16}\times\frac{W}{16}\times 4D$，即应用 6 个 Swin Transformer 块进行计算，输出特征大小为 $\frac{H}{16}\times\frac{W}{16}\times 4D$。

在阶段 4，再次下采样，生成特征大小为 $\frac{H}{32}\times\frac{W}{32}\times 8D$ 的特征图，即应用 2 个 Swin

Transformer 块进行计算，输出特征大小为 $\frac{H}{32}\times\frac{W}{32}\times 8D$。之后对金字塔顶层的全局特征

$\frac{H}{32}\times\frac{W}{32}\times 8D$ 进行分类或进一步处理。

ViT 提供了四个模型（ViT-Tiny/ViT-Small/ViT-Base/ViT-Large），其参数配置如表 6.2 所示。

表 6.2　Vision Transformer 不同配置的具体信息

模型	不同阶段编码器层数	编码维度(D)	窗口大小	参数量
ViT-Tiny	{2，2，6，2}	96	7×10^{6}	2.9×10^{7}
ViT-Small	{2，2，18，2}	96	7×10^{6}	5×10^{7}
ViT-Base	{2，2，18，2}	128	7×10^{6}	8.8×10^{7}
ViT-Large	{2，2，18，2}	192	7×10^{6}	1.97×10^{8}

Swin Transformer 在 ImageNet、COCO、ADE20K 等一系列数据集上与其他先进的视觉模型进行了多种任务实验测试对比，其结果证明了 Swin Transformer 的优越性。比如在 ImageNet-1K 测试集结果上，ViT-Base/16 模型（参数量为 8.6×10^{7}）达到了 77.9% 的准确率，而 Swin-Tiny 达到了 81.3% 的准确率，Swin-Small 达到了 83.0% 的准确率，Swin-Base 达到了 84.5% 的准确率。

PyTorch 的 torchvision.models 提供了 Swin Transformer 的实现，包括预训练权重和多种模型变体。代码示例如下：

```
import torch
from torchvision.models import swin_t, swin_s, swin_b

# 加载 Swin Transformer 模型
# swin_t: Swin Transformer Tiny
model = swin_t(weights="IMAGENET1K_V1")   # 使用 ImageNet 预训练权重
# 或者选择其他变体：
# model = swin_s(weights="IMAGENET1K_V1")   # Swin Small
# model = swin_b(weights="IMAGENET1K_V1")   # Swin Base

# 打印模型结构
print(model)
```

```
# 模拟输入图像 (batch_size=1, channels=3, height=224, width=224)
x=torch.randn(1,3,224,224)

# 前向传播
output=model(x)

# 输出维度
print("Output shape: ",output.shape)   # (batch_size,num_classes)
```

总体而言，Swin Transformer 通过窗口多头注意力和窗口移动注意力机制，显著降低了计算复杂度，并引入了多层金字塔下采样的结构，使其适用于分类、目标检测和语义分割等多种任务。这种设计让 Swin Transformer 在视觉任务中超越了传统卷积神经网络(CNN)和早期的 Vision Transformer。

6.3.3　DETR 模型

DETR(DEtection TRansformer)模型是 Facebook 提出的目标检测框架，它将目标检测任务公式化为一种序列到序列的预测问题，通过 Transformer 的全局建模能力，实现了端到端的目标检测。DETR 模型的关键特性是使用 Transformer 架构替代传统的候选框生成与特征提取模块，显著简化了目标检测流程。如图 6.12 所示，DETR 模型的结构可以分为主干网络、Transformer 编码器、Transformer 解码器等部分。接下来对每个部分进行详细介绍。

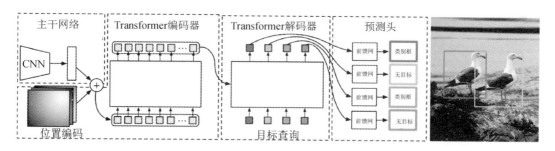

图 6.12　DETR 主要流程图

(1) 主干网络(Backbone)：提取输入图像的多尺度特征。假设输入图像的特征矩阵为 $\boldsymbol{X} \in \mathbb{R}^{H \times W \times C}$，其中 H 和 W 分别为图像的高度和宽度。C 是每个像素的通道数。使用 ResNet 或 CNN 提取图像的多尺度特征，并将其表示为 $\boldsymbol{F} \in \mathbb{R}^{H' \times W' \times D}$。将特征展平成序列

形式（$F_{\text{flat}} \in \mathbb{R}^{(H' \times W') \times D}$），方便输入 Transformer。因为 Transformer 不擅长处理空间结构信息，需要添加位置编码 $P \in \mathbb{R}^{(H' \times W') \times D}$，从而得到 $F_{\text{input}} \in \mathbb{R}^{(H' \times W') \times D}$：

$$F_{\text{input}} = F_{\text{flat}} + P \tag{6-45}$$

（2）Transformer 编码器：对图像特征进行全局关系建模。如图 6.13 所示，对于输入特征序列 $F_{\text{input}} \in \mathbb{R}^{(H' \times W') \times D}$，Transformer 编码器首先利用 1×1 卷积将维度降为 d，得到特征 $F_{\text{input}} \in \mathbb{R}^{(H' \times W') \times d}$。然后将输出结果输入多层 Transformer 块进行编码，每个 Transformer 块的编码过程与 6.3.1 小节中所介绍的相同，此处不再赘述。最终编码器输出 $F_{\text{encoder}} \in \mathbb{R}^{(H' \times W') \times d}$。

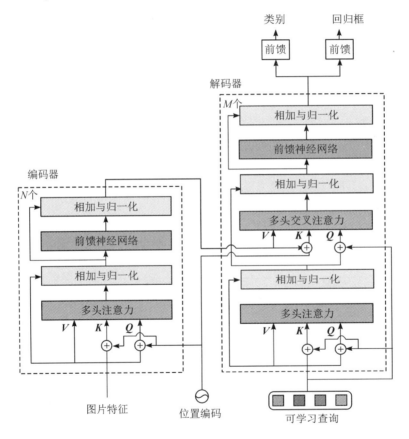

图 6.13　DETR 编码器与解码器示意图

（3）Transformer 解码器：如图 6.13 所示，解码器通过多层 Transformer 解码块实现，每一层都包含交叉注意力（Cross-Attention）和自注意力机制。解码器负责对可学习查询（Learnable Queries）和编码器输出特征进行交互，逐步生成目标的类别和边界框预测。

具体而言，解码器的输入由以下两部分组成：

① 可学习查询。可学习查询是一组可训练的向量，用于表示需要预测的目标实例。其初始状态为 $\boldsymbol{Q}_{\text{queries}} \in \mathbb{R}^{N_q \times d}$，其中：$N_q$ 是查询的数量（例如 $N_q = 100$ 表示最多查询/预测 100 个目标），d 是特征的维度。

② 编码器输出特征 $\boldsymbol{F}_{\text{encoder}} \in \mathbb{R}^{(H' \times W') \times d}$。

解码器由多层 Transformer 块堆叠而成，每个块包含：

① 多头自注意力层：用于捕获查询之间的关系，允许查询相互交互。

② 多头交叉注意力层：用于将查询与编码器输出的特征交互，生成上下文感知的目标表示。

③ 前馈（神经）网络（Feed-Forward Network，FFN）：对每个查询位置独立处理，提升特征表达能力。

在解码器的第一层，即多头自注意力层，输入表示为 $\boldsymbol{Q}_{\text{in}} \in \mathbb{R}^{N_q \times d} = \boldsymbol{Q}_{\text{queries}}$，对其进行多头注意力处理后得到特征 $\boldsymbol{O}_{\text{multihead}}$。通过残差连接，将原始输入加入输出中，保证信息传递，得到 $\boldsymbol{Q}_{\text{attn}} = \boldsymbol{O}_{\text{multihead}} + \boldsymbol{Q}_{\text{in}}$。

在多头交叉注意力层，输入表示为 $\boldsymbol{Q}_{\text{attn}} \in \mathbb{R}^{N_q \times d}$ 和 $\boldsymbol{F}_{\text{encoder}} \in \mathbb{R}^{(H' \times W') \times d}$。多头自注意力与多头交叉注意力相同，首先设置 h 个交叉注意力头，那么每个头的输入为 $\boldsymbol{Q}_{\text{attn}}^h \in \mathbb{R}^{N_q \times d_h}$，$\boldsymbol{F}_{\text{encoder}}^h \in \mathbb{R}^{(H' \times W') \times d_h}$。

下面介绍具体的计算过程：

首先，计算查询、键和值。

查询来自自注意力层的输出，其中，$\boldsymbol{W}_Q$ 为权重矩阵：

$$\boldsymbol{Q}^h = \boldsymbol{Q}_{\text{attn}}^h \boldsymbol{W}_Q \tag{6-46}$$

键和值来自编码器的输出：

$$\boldsymbol{K}^h = \boldsymbol{F}_{\text{encoder}}^h \boldsymbol{W}_K, \quad \boldsymbol{V}^h = \boldsymbol{F}_{\text{encoder}}^h \boldsymbol{W}_V \tag{6-47}$$

其中，$\boldsymbol{W}_K$ 和 $\boldsymbol{W}_V$ 为权重矩阵。

输出查询 $\boldsymbol{Q}^h \in \mathbb{R}^{N_q \times D_h}$，键和值 $\boldsymbol{K}^h$，$\boldsymbol{V}^h \in \mathbb{R}^{(H' \times W') \times D_h}$。计算注意力权重 $\boldsymbol{A} \in \mathbb{R}^{N_q \times (H' \times W')}$：

$$\boldsymbol{A} = \text{Softmax}\left(\frac{\boldsymbol{Q}^h (\boldsymbol{K}^h)^{\text{T}}}{\sqrt{d_h}}\right) \tag{6-48}$$

加权求和值为 $\boldsymbol{O}_{\text{cross-attn}}^h = \boldsymbol{A}^h \boldsymbol{V}^h$，输出维度 $\boldsymbol{O}_{\text{cross-attn}} \in \mathbb{R}^{N_q \times d_h}$。

经过多头交叉注意力机制合并，则输出维度 $\boldsymbol{O}_{\text{cross}} \in \mathbb{R}^{N_q \times d}$。将 $\boldsymbol{O}_{\text{cross}} \in \mathbb{R}^{N_q \times d}$ 和 $\boldsymbol{Q}_{\text{attn}}$ 合并得到

$$\boldsymbol{Q}_{\text{cross-attn}} = \boldsymbol{O}_{\text{cross}} + \boldsymbol{Q}_{\text{attn}}$$

然后，将 $Q_{\text{cross-attn}}$ 送入前馈网络进行处理，得到 O_{FFN}，再通过残差连接得到最终输出：

$$Q_{\text{out}} = O_{\text{FFN}} + Q_{\text{cross-attn}} \qquad (6-49)$$

DETR 的解码器通常堆叠 6 层解码块，上一层解码块的输出作为下一层的输入。最终解码器的输出表示为 $F_{\text{decoder}} \in \mathbb{R}^{N_q \times d}$。

预测头包括类别预测以及边界框预测两个部分。

类别预测中，使用前馈层与全连接层对解码器输出进行分类：

$$C = \text{Softmax}(F_{\text{decoder}} W_C + b_C) \qquad (6-50)$$

其中，输出维度 $C \in \mathbb{R}^{N_q \times N_{\text{class}}}$，$N_{\text{class}}$ 为类别数量。

边界框预测中，使用另一个全连接层预测边界框（归一化到 $[0,1]$）：

$$B = \sigma(F_{\text{decoder}} W_B + b_B) \qquad (6-51)$$

其中，输出维度为 $B \in \mathbb{R}^{N_q \times 4}$。

DETR 模型通过匈牙利算法（Hungarian Algorithm，HA），该算法也被称为 Kuhn-Munkres 算法（KM 算法）或科奇－劳斯算法）实现目标预测与真值的匹配，然后计算损失。损失函数包括两种：

① 分类损失：使用交叉熵损失计算预测类别与真实类别之间的差异。

② 边界框损失：使用 $L1$ 损失预测框和真实框的坐标差异，以及使用 GIoU 损失计算两框的重叠程度差异。

总体而言，DETR 模型简化了目标检测的流程。Transformer 编解码器实现全局关系建模，替代了区域提案和后处理。在学习固定数量的可查询预测目标中，不需要候选框的生成。匈牙利匹配算法将检测问题转化为集合预测问题。这种设计使 DETR 模型成为首个端到端目标检测框架，并且相对迁移学习与目标检测中的 Faster RCNN 模型，其参数量和性能上都有了显著的提升。

本 章 小 结

本章详细探讨了 Transformer 架构及其在自然语言处理与计算机视觉领域的广泛应用。首先，本章介绍了经典的注意力机制，重点分析了 SE（Squeeze-and-Excitation）机制、CBAM（Convolutional Block Attention Module）等，并深入阐述了自注意力机制（Self-Attention）和多头自注意力机制（Multi-Head Self-Attention），这些机制使 Transformer 能有效地捕捉输入数据中的长距离依赖关系，为 Transformer 模型在序列建模任务中的出色表现提供了理论基础。接着，本章深入解析了 Transformer 的基本结构，探讨了其编码器-解码器结构以及如何通过并行计算来提升模型训练效率，相比传统 RNN 结构，Transformer 模型在处理长序列数据时具备更高的计算效率和更强的表现力。

在视觉 Transformer 部分，本章详细介绍了经典 ViT 模型及其在计算机视觉中的应用，展示了 ViT 模型如何利用 Transformer 模型得到全局视野建模图像中的上下文信息。此外，本章还重点介绍了 Swin Transformer 模型，展示了其多层金字塔式下采样结构如何提升模型在不同尺度下的图像处理能力。此外，本章还讲解了 DETR 模型，其在目标检测和语义分割领域展示了 Transformer 的强大能力，尤其是在不依赖传统卷积操作的情况下，Transformer 架构下的 DETR 模型如何通过自注意力机制有效地学习空间信息和上下文信息，从而完成复杂的视觉任务。

总体而言，本章系统地介绍了 Transformer 的核心原理及其在视觉任务中的前沿应用，为读者深入理解 Transformer 架构及其应用提供了全面视角。

第 7 章
生成式学习网络

本章重点介绍生成式学习网络的核心理论与经典模型。生成式学习网络是深度学习中用于学习数据分布并生成新数据的重要工具,广泛应用于图像生成、文本生成和音频合成等领域。本章首先介绍自编码器(Auto-Encoder, AE),这一模型通过编码和解码过程实现数据的低维表示和重建;随后,探讨生成对抗网络(Generative Adversarial Network, GAN)模型,该模型通过生成器与判别器的对抗性训练实现了高质量的数据生成;最后,介绍近年来备受关注的扩散模型(Diffusion Model),其通过逐步逆转噪声扩散过程生成数据,展现了在图像生成任务中的强大性能。

7.1 自 编 码 器

自编码器是一种无监督学习模型,通过将输入数据编码为低维表示并重建原始输入,实现对数据特征的提取与理解。本节首先介绍传统自编码器的基本结构及其在数据降维中的应用;接着,探讨去噪自编码器(Denoising Auto-Encoder, DAE),其通过对加入噪声的数据进行重建,提升模型的鲁棒性与泛化能力;随后,介绍适用于图像数据处理的卷积自编码器(Convolutional Auto-Encoder, CAE),并展示其在特征提取中的优势;最后,详细讲解变分自编码器(Variational Auto-Encoder, VAE),这一模型通过引入概率分布的概念,在生成式任务中表现出色。

7.1.1 传统自编码器

传统自编码器是一种无监督的神经网络模型,用于学习数据的高效表示,主要应用于数据降维、特征提取、去噪等任务。其基本结构由两个部分组成:编码器(Encoder)和解码器(Decoder)。

自编码器的输入数据可以是任意形式的,例如图像、文本或数值数据。假设有一组数据集,每个样本是一个特征向量 $X \in \mathbb{R}^n$,表示该样本的各个特征(例如一张图片的像素值)。

编码器的作用是将输入特征向量 $\boldsymbol{X}$ 映射到一个低维的潜在空间表示 $\boldsymbol{Z}$。假设编码器由一个神经网络组成，通过若干层线性或非线性变换将输入 $\boldsymbol{X}$ 映射到一个低维向量 $\boldsymbol{Z} \in \mathbb{R}^{m}$，其中 $m < n$，即维度变小了。这个过程可以理解为对输入数据进行压缩，从而提取出数据中最重要的特征。编码器的目标是尽量保留输入数据的关键信息。该过程可以写为

$$\boldsymbol{Z} = f(\boldsymbol{X}; \theta_{\text{encoder}}) \tag{7-1}$$

其中，f 是编码器的映射函数（通常包括全连接层及激活函数），θ_{encoder} 是编码器的参数。

解码器的任务是将低维的潜在空间表示 $\boldsymbol{Z}$ 转换回原始数据空间，即重建出输入 $\boldsymbol{X}$。解码器同样是一个神经网络，它接受潜在空间表示 $\boldsymbol{Z}$ 并尝试生成一个尽可能接近 $\boldsymbol{X}$ 的输出 $\hat{\boldsymbol{X}}$。这个过程可以看作是对数据的解压缩：

$$\hat{\boldsymbol{X}} = g(\boldsymbol{Z}; \theta_{\text{decoder}}) \tag{7-2}$$

其中，g 是解码器的映射函数（通常包括全连接层及激活函数），θ_{decoder} 是解码器的参数。

如图 7.1 所示，在自编码器的训练过程中，输入特征向量 $\boldsymbol{X}$ 通常会被压缩为一个更低维度的表示 $\boldsymbol{Z}$。这是自编码器的一个核心特性，它通过对数据进行降维，从中学习到数据的"核心"结构。编码器将输入 $\boldsymbol{X}$ 映射到潜在空间表示 $\boldsymbol{Z}$，潜在空间的维度通常比输入的维度小。比如，输入一个 100 维的特征向量，编码器可能将其映射为一个 10 维的向量。通过这种方式，自编码器学习到数据的低维表示。解码阶段进行升维。解码器从潜在空间表示 $\boldsymbol{Z}$ 中重建出与原始输入数据尽可能接近的 $\hat{\boldsymbol{X}}$。虽然解码后输出 $\hat{\boldsymbol{X}}$ 的维度和输入 $\boldsymbol{X}$ 一样，但它的内容是经过自编码器网络学习到的"简化"信息的重建结果。

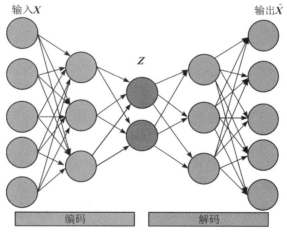

图 7.1 自编码器流程

自编码器的训练目标是最小化重构误差，即使得输出 $\hat{\boldsymbol{X}}$ 尽可能接近原始输入 $\boldsymbol{X}$。用 MSE 作为损失函数：

$$\mathcal{L}(\boldsymbol{X}, \hat{\boldsymbol{X}}) = \| \boldsymbol{X} - \hat{\boldsymbol{X}} \|^{2} \tag{7-3}$$

训练过程通过反向传播算法优化编码器和解码器的参数 $\theta_{encoder}$ 和 $\theta_{decoder}$，使得网络能够从输入数据中学习到一个合适的低维表示，并能够准确地重建输入。

下面为一个简单的双层 AE 模型的 PyTorch 代码，使用全连接层（nn. Linear）以及 ReLU 和 Sigmoid 激活函数。

```python
#定义传统的 AE 模型
class Autoencoder(nn. Module):
    def __init__(self, encoded_dim=32):
        super(Autoencoder, self).__init__()

        #编码器部分：将输入数据压缩为低维表示
        self. encoder=nn. Sequential(
            nn. Linear(28×28, 128),      #输入为 28×28 的图像,展平后大小为 28×28=784
            nn. ReLU(),
            nn. Linear(128,64),
            nn. ReLU(),
            nn. Linear(64,encoded_dim)   #压缩成一个低维表示,大小为 encoded_dim
        )

        #解码器部分:将低维表示恢复成原始的图像大小
        self. decoder=nn. Sequential(
            nn. Linear(encoded_dim, 64),
            nn. ReLU(),
            nn. Linear(64, 128),
            nn. ReLU(),
            nn. Linear(128, 28×28),      #恢复成 28×28 的形状
            nn. Sigmoid()    #使用 Sigmoid 保证输出在[0, 1]之间
        )

    def forward(self, x):
        x=x. view(-1,28*28)    #将输入展平为一维
        encoded=self. encoder(x)
        decoded=self. decoder(encoded)
        return decoded. view(-1,1,28,28)   #恢复成图像大小:28×28
```

类似于 PCA，自编码器可以用来降维，通过将数据压缩到低维表示 $\mathbf{Z}$，从而去除冗余信息，保留主要特征。自编码器也可以自动地从输入数据中学习到有效的特征表示，这在数据预处理和特征工程中非常有用。此外，自编码器还能够学习到输入数据的常规模式，

对于不同于常规模式的异常数据,它的重构误差会很大,因此自编码器可以用于异常检测。

7.1.2　去噪自编码器

去噪自编码器是自编码器的一种变体,它的主要目标是学习输入数据的"干净"表示,它能够去除噪声并恢复出原始信号。

去噪自编码器的基本结构与传统自编码器类似,仍然包含编码器和解码器。但与传统自编码器不同,去噪自编码器在训练时人为地对输入数据添加了噪声,使得网络不仅要学习如何压缩数据,还要学会从噪声中恢复出真实的信号。

图 7.2 为去噪编码器的流程。假设有一个输入数据 X,它代表一组原始数据,如图像、文本或其他特征向量。去噪自编码器的目标是通过网络学习,从噪声扰乱的数据中恢复出干净的数据。在训练过程中,对输入数据 X 添加噪声,生成一个噪声数据 X':

$$X' = X + \text{Noise} \tag{7-4}$$

通常噪声 Noise 是通过将输入数据中的一部分像素(或特征值)随机替换成噪声(如高斯噪声或零)来实现的。

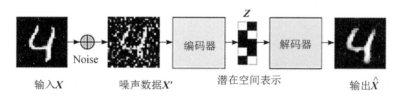

图 7.2　去噪自编码器流程

这个噪声数据 X' 将作为网络的输入,而原始的干净数据 X 会作为目标输出。这里的噪声是人为添加的,目的是模拟现实世界中数据干扰或损坏的情况,比如图像压缩、传输或传感器噪声等。这一步在 Pytorch 中可以通过以下方式进行,其中 torch.randn_like 表示加入随机噪声:

```
def add_noise(img, noise_factor=0.5):
    """给图像添加噪声"""
    noise = torch.randn_like(img) * noise_factor    # 生成噪声
    noisy_img = img + noise    # 将噪声加到图像上
    noisy_img = torch.clamp(noisy_img, 0., 1.)    # 限制像素值在[0, 1]之间
    return noisy_img
```

去噪自编码器的编码器与传统自编码器相似,它将噪声数据 X' 映射到一个低维的潜在空间表示 Z。即使输入数据被噪声污染,编码器仍然试图提取出数据中有用的、去噪的特征。这个过程可以表示为

$$\boldsymbol{Z} = f(\boldsymbol{X}'\,;\,\theta_{\text{encoder}}) \qquad\qquad (7-5)$$

其中，f 是编码器的映射函数，θ_{encoder} 是编码器的参数。编码器的目标是从被噪声扰乱的输入中学习到数据的潜在结构，而不仅仅是学习如何压缩数据。

解码器的任务是将低维潜在空间表示 $\boldsymbol{Z}$ 转换回原始数据空间，重建出尽可能接近干净数据 $\boldsymbol{X}$ 的输出 $\hat{\boldsymbol{X}}$。解码器会尝试恢复出原始数据的结构，并尽量去除噪声。该过程可表示为

$$\hat{\boldsymbol{X}} = g(\boldsymbol{Z}\,;\,\theta_{\text{decoder}}) \qquad\qquad (7-6)$$

其中，g 是解码器的映射函数，θ_{decoder} 是解码器的参数。解码器通过从潜在空间表示 $\boldsymbol{Z}$ 中恢复原始数据 $\boldsymbol{X}$，来学习如何去噪。

去噪自编码器的训练目标是最小化重构误差，即使得网络的输出 $\hat{\boldsymbol{X}}$ 尽量接近原始的干净数据 $\boldsymbol{X}$，而不是噪声污染后的输入 $\boldsymbol{X}'$。用 MSE 作为损失函数：

$$\mathcal{L}(\boldsymbol{X}\,,\,\hat{\boldsymbol{X}}) = \parallel \boldsymbol{X} - \hat{\boldsymbol{X}} \parallel^{2} \qquad\qquad (7-7)$$

训练过程中，去噪自编码器通过反向传播算法调整编码器和解码器的参数 θ_{encoder} 和 θ_{decoder}，使得网络能够学会从噪声污染的输入中恢复出干净的输出。

去噪自编码器在图像处理中有广泛的应用。比如，对于含有噪声的图像，去噪自编码器能够恢复出原始的清晰图像。这对于图像压缩、传输过程中丢失的细节信息的恢复非常有效。其次，在信号处理中，去噪自编码器能够从受到噪声污染的信号中恢复出原始信号，因此它广泛应用于音频处理、通信系统等领域。去噪自编码器也可以用来检测异常数据。当输入数据出现严重的噪声或与常规数据分布差异较大时，网络的重构误差会显著增大，这个特点使得去噪自编码器可以用于异常检测。此外，在某些情况下，去噪自编码器能够作为数据增强工具，用于训练数据中的噪声数据去噪，从而改善模型的泛化能力。

7.1.3 卷积自编码器

卷积自编码器是自编码器的又一种变体，它利用 CNN 作为编码器和解码器，特别适用于处理图像数据。相比使用全连接层的传统自编码器，卷积自编码器使用卷积层来提取数据中的局部特征和空间信息。因此，卷积自编码器特别适合处理图像等具有空间结构的数据。

卷积自编码器的编码器通常由多个卷积层和池化层组成。其中，卷积层负责提取输入数据中的局部特征，例如图像中的边缘、纹理等。卷积层通过卷积核（Filters）在输入数据上滑动（卷积操作），生成特征图（Feature Maps）。池化层（通常是最大池化）用于降低特征图的空间分辨率，同时保留最重要的特征信息。这有助于减少计算量和防止过拟合。

在编码过程中，输入图像 $\boldsymbol{X}$ 通过多个卷积层进行处理，每个卷积层提取图像中的局部特征。随着网络的加深，图像的空间维度逐渐减小，特征图的深度逐渐增大，从而实现数据的压缩。最终的输出是一个低维的潜在空间表示 $\boldsymbol{Z}$，它是一个高维特征的紧凑表示。

如图 7.3 所示，假设输入图像 $\boldsymbol{X}$ 是一张 28×28 像素的灰度图，也就是一个 28×28×1 的张量，其中最后的"1"表示图像只有一个通道(灰度图)。编码器的核心操作是卷积和池化，以逐步减少图像的空间维度，同时提取图像的高级特征。对于尺寸是 28×28×1 的输入图像，第一个卷积层使用 3×3 的卷积核进行卷积，输出的维度是 28×28×16。接着，池化层对特征图进行降采样操作，将每个 2×2 区域压缩为一个最大值，从而减小图像的空间尺寸。这里使用的是 2×2 的池化窗口，输出尺寸变为 14×14×16。接下来的操作与第一个卷积阶段类似，再次进行卷积操作，特征图通道变为 8，并且再次进行池化，输出的尺寸变为 7×7×8。这时得到一个压缩后的潜在空间表示 $\boldsymbol{Z}$(7×7×8)，尺寸大大减小，原始图像的详细信息被提取为更抽象的特征。

解码器的任务是将潜在空间表示 $\boldsymbol{Z}$ 还原为原始图像的尺寸，得到 $\hat{\boldsymbol{X}}$。解码器通过使用反卷积(也叫转置卷积)层和上采样(Upsampling)层来恢复空间信息。

如图 7.3 所示，解码器的第一步是进行上采样，将特征图从 7×7×8 恢复到 14×14×8，然后进行反卷积操作，输出的特征图通道再次变为 16，维度变为 14×14×16。接下来，进行第二次上采样，将特征图的空间尺寸从 14×14×16 恢复到 28×28×16，然后进行反卷积操作，最后输出的通道数变为 1(灰度图)，维度变为 28×28×1。这时得到了一个重建的图像 $\hat{\boldsymbol{X}}$，它的维度与原始输入图像 $\boldsymbol{X}$ 相同，大小是 28×28×1。

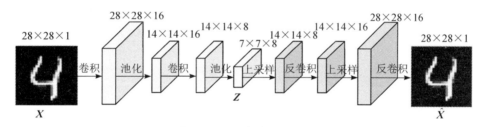

图 7.3　卷积自编码器流程

训练卷积自编码器时，目标仍是最小化重构误差。用 MSE 作为损失函数，它度量了原始输入图像 $\boldsymbol{X}$ 和网络输出图像 $\hat{\boldsymbol{X}}$ 之间的差异：

$$\mathcal{L}(\boldsymbol{X},\hat{\boldsymbol{X}}) = \| \boldsymbol{X} - \hat{\boldsymbol{X}} \|^2 \tag{7-8}$$

通过反向传播算法，模型会调整编码器和解码器的卷积核权重，使得重构误差最小，从而学习到有效的特征表示。

卷积自编码器的卷积层能够有效地提取图像中的局部特征，如边缘、纹理等，这使得卷积自编码器能够更好地理解图像。同时，卷积自编码器能够很好地保留图像中的空间信息，通过卷积层和池化层的组合，特征可以在空间上进行多层次的处理。此外，卷积自编码器通过卷积核共享权重，减少了模型参数量，从而降低了计算成本。卷积自编码器在多个领域中有广泛的应用，包括图像去噪、图像压缩、图像生成和异常检测。

以下是用 PyTorch 实现的上述卷积自编码器的代码，简要完成了图像的编码与解码过程。

```
import torch
import torch.nn as nn

#定义卷积自编码器模型
class ConvAutoencoder(nn.Module):
    def __init__(self,CHANNEL_1=16,CHANNEL_2=8,CHANNEL_OUTPUT=1):
        super(ConvAutoencoder, self).__init__()

        #编码器部分
        self.encoder=nn.Sequential(
            #输入 (28, 28, 1)-->输出 (28, 28, 16)
            nn.Conv2d(1,CHANNEL_1,kernel_size=3,padding=1),    #3×3卷积
            nn.ReLU(),
            nn.MaxPool2d(2,2,padding=1),     #池化，尺寸减半

            #输入 (14, 14, 16)-->输出 (14,14,8)
            nn.Conv2d(CHANNEL_1, CHANNEL_2,kernel_size=3,padding=1),
            nn.ReLU(),
            nn.MaxPool2d(2, 2, padding=1),     #池化，尺寸减半
        )

        #解码器部分
        self.decoder=nn.Sequential(
            #输入 (7,7,8)-->输出 (14,14,8)
            nn.ConvTranspose2d(CHANNEL_2,CHANNEL_2,kernel_size=3,padding=1),
            nn.ReLU(),
            nn.Upsample(scale_factor=2,mode='nearest'),     #上采样，尺寸增大

            #输入 (14, 14, 8)-->输出 (28, 28, 16)
            nn.ConvTranspose2d(CHANNEL_2,CHANNEL_1,kernel_size=3,padding=1),
            nn.ReLU(),
            nn.Upsample(scale_factor=2,mode='nearest'),     #上采样，尺寸增大

            #输入 (28,28,16)-->输出 (28,28,1)
            nn.Conv2d(CHANNEL_1,CHANNEL_OUTPUT,kernel_size=3, padding=1),
```

```
            nn. Sigmoid()     ♯ 使用 Sigmoid 保证输出在[0,1]之间
        )

    def forward(self, x):
        x = self. encoder(x)
        x = self. decoder(x)
        return x
```

总体而言，卷积自编码器通过卷积层和池化层实现图像的编码和压缩，通过反卷积层和上采样层逐步恢复图像的原始空间结构。它的编码器提取图像的局部特征并压缩为低维表示，解码器则通过逐步增加特征图的空间维度来重建图像。卷积自编码器不仅能够有效地处理图像数据，还具有很强的空间特征提取能力，适用于去噪、图像压缩、生成等任务。

7.1.4　变分自编码器

变分自编码器是自编码器的另一个变种，它结合了概率图模型和自编码器的思想。与传统自编码器不同，变分自编码器在编码器部分引入了随机性（通过潜在变量的概率分布），并且解码器的目标是从这些潜在变量的分布中生成数据，而不是从一个确定的潜在变量中直接生成数据。变分自编码器具有以下特点，使其与传统的其他编码器模型不同：

（1）潜在空间中的分布。变分自编码器将输入特征映射到潜在空间中的分布，而不是单一的潜在变量。这使得模型能够从潜在空间的分布中采样，进而生成数据。

（2）重参数化技巧（Reparameterization Trick）。为了让模型能够在训练过程中反向传播梯度，变分自编码器通过重参数化技巧将随机性引入到网络中，而不会影响梯度的传播。

（3）优化目标。变分自编码器使用变分推断方法来优化模型，通过最大化证据下界（Evidence Lower Bound，ELBO）进行训练。

图 7.4 为变分自编码器的流程，其中编码器的任务是将输入数据 X 映射到潜在空间中的概率分布。传统的自编码器直接学习一个固定的潜在变量表示，而在变分自编码器中，编码器学习的是潜在变量 z 的概率分布，而不是直接给出一个确定性的潜在空间表示。具

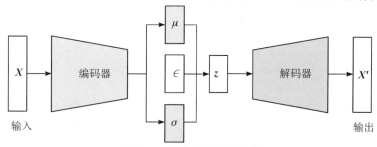

图 7.4　变分自编码器流程

体而言，编码器 $q_\phi(z|\boldsymbol{X})$ 接收输入数据 $\boldsymbol{X}$ 并输出潜在变量 z 的均值 μ 和标准差 σ（通常假设 z 服从正态分布）。因此，编码器的输出是两个变量，分别代表潜在变量的均值和标准差。形式上，给定输入数据 $\boldsymbol{X}$，编码器通过神经网络生成潜在变量 z 的均值和标准差：

$$\mu = f_\mu(\boldsymbol{X}), \quad \sigma = f_\sigma(\boldsymbol{X}) \tag{7-9}$$

为了能够从该分布中采样，变分自编码器采用了重参数化技巧，从而使得模型可以进行梯度计算。潜在变量 z 被表示为

$$z = \mu + \sigma \cdot \epsilon, \quad \epsilon \sim \mathcal{N}(0, 1) \tag{7-10}$$

其中，ϵ 是服从标准正态分布的噪声。

解码器的任务是根据潜在变量 z 重建数据 $\boldsymbol{X}$。解码器的目标是生成与输入数据尽可能相似的输出数据，进而最大化输入数据的似然。具体来说，解码器 $p_\theta(\boldsymbol{X}|z)$ 接收从编码器中获得的潜在变量 z，并通过神经网络生成输入数据 $\boldsymbol{X}'$（即重构的输入）。在生成过程中，解码器学习如何根据潜在变量 z 重建输入数据 $\boldsymbol{X}$，而这个过程是通过优化模型的重构误差（Reconstruction Loss）来实现的。解码器网络的输出是一个与原始输入数据 $\boldsymbol{X}$ 相似的重构结果 $\boldsymbol{X}'$。对于图像数据，解码器通常输出的就是图像像素值。对于分类任务，解码器的输出可能是类别概率。

变分自编码器的训练目标是 ELBO，即最大化输入数据的对数似然：

$$\log p(\boldsymbol{X}) \geq \mathbb{E}_{q(z|\boldsymbol{X})}[\log p(\boldsymbol{X}|z)] - \mathrm{KL}(q(z|\boldsymbol{X}) \| p(z)) \tag{7-11}$$

这个目标可以分解为两部分：

（1）重构误差。$\mathbb{E}_{q(z|\boldsymbol{X})}[\log p(\boldsymbol{X}|z)]$，即通过 z 重建 $\boldsymbol{X}$ 的误差，通常使用 MSE 或者二元交叉熵（Binary Cross Entropy，BCE）。

（2）KL 散度（KL Divergence）。$\mathrm{KL}(q(z|\boldsymbol{X}) \| p(z))$，即编码器生成的分布与先验分布之间的差异，通常先验分布服从标准正态分布，即 $p(z) = \mathcal{N}(0, 1)$。

最终的损失函数是

$$\mathrm{Loss} = \mathbb{E}_{q(z|\boldsymbol{X})}[\log p(\boldsymbol{X}|z)] - \mathrm{KL}(q(z|\boldsymbol{X}) \| p(z)) \tag{7-12}$$

通过最小化这个损失，变分自编码器可以学习从输入数据中提取潜在表示，并能够生成与原始数据相似的输出。

以下是使用 MNIST 数据集的一个简单的变分自编码器训练实现示例。该实例包括以下几个步骤：

（1）导入必要的库。

```
import torch
import torch.nn as nn
import torch.optim as optim
from torch.autogradimport Variable
from torchvision import datasets, transforms
from torch.utils.data import DataLoader
```

（2）定义编码器网络。编码器的任务是将输入的高维数据（例如 784 维的图像数据）映射到潜在空间中的分布（均值 mu 和对数标准差 logvar）。其中，fc1 为一个全连接层，将输入的 input_dim（28×28＝784）映射到 400 维的空间；fc21 和 fc22 的两个全连接层，分别输出潜在变量 z 的均值和对数标准差。在 forward 方法中，输入数据 x 通过一个全连接层处理，再经过 ReLU 激活函数，最后分别得到均值 mu 和对数标准差 logvar，这两者定义了潜在空间的高斯分布。

```python
class Encoder(nn.Module):
    def __init__(self, input_dim, latent_dim):
        super(Encoder, self).__init__()
        self.fc1 = nn.Linear(input_dim, 400)      # 第一层全连接层
        self.fc21 = nn.Linear(400, latent_dim)    # 潜在变量的均值
        self.fc22 = nn.Linear(400, latent_dim)    # 潜在变量的对数标准差

    def forward(self, x):
        h1 = torch.relu(self.fc1(x))     # 激活函数使用 ReLU
        mu = self.fc21(h1)               # 均值
        logvar = self.fc22(h1)           # 对数标准差
        return mu, logvar
```

（3）定义解码器网络。Decoder 类定义了解码器网络，解码器的任务是根据潜在变量 z 重建原始数据。fc3 是一个全连接层，将潜在变量 z 映射到 400 维。fc4 是另一个全连接层，将中间的 400 维向量映射到输出空间（784 维）。forward 方法从潜在变量 z 开始，经过解码器网络的处理，最后输出重构的图像（使用 Sigmoid 激活函数确保输出范围在 [0,1]）。

```python
class Decoder(nn.Module):
    def __init__(self, latent_dim, output_dim):
        super(Decoder, self).__init__()
        self.fc3 = nn.Linear(latent_dim, 400)     # 从潜在空间到 400 维
        self.fc4 = nn.Linear(400, output_dim)     # 从 400 维到输出空间

    def forward(self, z):
        h3 = torch.relu(self.fc3(z))     # 激活函数使用 ReLU
        return torch.Sigmoid(self.fc4(h3))     # 输出层,使用 Sigmoid 函数
```

（4）定义 VAE 网络。VAE 类是变分自编码器的核心模型，包含了编码器、解码器以及重参数化技巧。forward 方法将输入数据 x 通过编码器处理，得到潜在变量的均值 mu 和对

数标准差 logvar。然后使用重参数化技巧生成潜在变量 z。将潜在变量 z 传入解码器，得到重构的输出 recon_x。返回重构图像、均值和对数标准差，以便用于计算损失。

VAE 类中定义了 reparameterize 方法和 loss_function 方法。reparameterize 方法运用重参数化技巧，用于从编码器输出的高斯分布中采样，确保模型能够通过梯度下降进行训练。loss_function 方法计算重构误差，使用 BCE 度量重构图像与输入图像的差异，使用 KL 散度度量编码器的潜在空间分布与标准正态分布之间的差异，返回总损失（重构误差＋KL 散度）。

```python
class VAE(nn.Module):
    def __init__(self, input_dim, latent_dim, output_dim):
        super(VAE, self).__init__()
        self.encoder = Encoder(input_dim, latent_dim)   # 编码器
        self.decoder = Decoder(latent_dim, output_dim)   # 解码器

    def forward(self, x):
        mu, logvar = self.encoder(x.view(-1, 784))   # 先展平输入，编码为 mu 和 logvar
        z = self.reparameterize(mu, logvar)   # 重参数化技巧
        return self.decoder(z), mu, logvar   # 通过解码器生成输出

    def reparameterize(self, mu, logvar):
        std = torch.exp(0.5 × logvar)   # 标准差是 logvar 的指数平方根
        eps = torch.randn_like(std)   # 从标准正态分布中采样
        return mu + eps * std   # 重参数化的公式 z = mu + eps × std

    def loss_function(self, recon_x, x, mu, logvar):
        BCE = nn.functional.binary_cross_entropy(recon_x, x.view(-1, 784), reduction='sum')
                                                                    # 重构误差
        MSE = -0.5 * torch.sum(1 + logvar - mu.pow(2) - logvar.exp())
                                                                    # KL 散度损失
        return BCE + MSE   # 总损失：重构误差 + KL 散度
```

(5) 设置超参数和数据加载。input_dim=784 表示输入数据是 28×28 的图像，展平后是 784 维向量。latent_dim=20 指潜在空间的维度是 20，表示潜在变量的大小。output_dim=784 说明输出数据与输入相同，也是 784 维。batch_size=64 说明每个批次的大小为 64。epochs=10 定义训练的轮数为 10。transform 为预处理数据，将图像转换为张量，并将其展平为一个 784 维向量。

```
input_dim=784    #输入维度 28×28
latent_dim=20    #潜在空间维度
output_dim=784   #输出维度
batch_size=64
epochs=10

transform=transforms.Compose([transforms.ToTensor(),transforms.Lambda(lambda x:x.view(-
1))])    #展平 28×28 图片
train_data=datasets.MNIST('.',train=True,download=True,transform=transform)
train_loader=DataLoader(train_data,batch_size=batch_size,shuffle=True)
```

（6）初始化模型和优化器。model 为实例化 VAE 模型。optimizer 定义使用 Adam 优化器来更新模型的参数。

```
model=VAE(input_dim, latent_dim, output_dim)
optimizer=optim.Adam(model.parameters(), lr=1e-3)
```

（7）训练模型。model.train()表示将模型设置为训练模式。for epoch in range(epochs)表示训练多个周期（10 个轮次）。train_loss 用于累加每个批次的损失。

```
model.train()
for epoch in range(epochs):
    train_loss=0
    for batch_idx, (data, _) in enumerate(train_loader):
        data=Variable(data)

        optimizer.zero_grad()
        recon_batch, mu, logvar=model(data)
        loss=model.loss_function(recon_batch, data, mu, logvar)
        loss.backward()
        train_loss+=loss.item()
        optimizer.step()

    print(f'Epoch {epoch+1}/{epochs}, Loss: {train_loss / len(train_loader.dataset)}')
```

总体而言，变分自编码器主要用于生成与训练数据相似的新样本，并通过潜在空间建模数据的内在结构。它不仅可以用于图像、文本和音频等数据的生成，还能通过学习到的潜在变量 z 提供有意义的数据压缩和可解释性。变分自编码器的潜在空间可以作为下游任务的有用特征，例如分类、聚类、异常检测和迁移学习等，进一步增强模型的灵活性。此外，变分自编码器还可用于数据重构和去噪任务，通过学习数据的潜在表示来修复损坏或缺失的输入数据。因此，变分自编码器不仅限于数据生成，其潜在变量也在多种任务中发挥着重要作用。

7.2 生成对抗网络模型

生成对抗网络(Generative Adversarial Network，GAN)模型通过生成器(Generator)与判别器(Discriminator)之间的对抗性训练，实现了高质量的数据生成。首先，本节将介绍生成对抗网络的基本原理及训练方法，揭示其在生成任务中的强大表现；接着，探讨深度卷积生成对抗网络(Deep Convolutional Generative Adversarial Network，DCGAN)，这一改进网络通过引入卷积操作，提升了生成图像的质量与稳定性；最后，详细讲解循环生成对抗网络(Cycle-consistent Generative Adversarial Network，CycleGAN)模型，它通过无监督学习实现了图像风格迁移，解决了图像对未配对情况下的转换问题。

7.2.1 GAN 模型

生成对抗网络是由生成器和判别器两部分组成的神经网络结构。这两部分在训练过程中相互博弈，最终使得生成器能够生成接近真实数据的样本。GAN 模型主要用于生成任务，例如图像生成、图像修复、风格转换等。

假设有一个目标数据(真实数据)X，它可以是图像、文本、音频等数据。现在要通过 GAN 模型生成类似于 X 的数据。图 7.5 为 GAN 模型的结构。在 GAN 模型中，不直接使

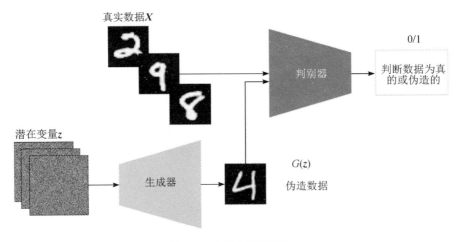

图 7.5 GAN 模型结构

用 $\boldsymbol{X}$，而是通过一个潜在变量 z 来表示潜在特征。这个向量 z 是随机生成的，通常来自标准正态分布（例如高斯分布），它具有较低的维度，比如 $z \in \mathbb{R}^{100}$，并且潜在变量 z 是生成样本的"种子"或"噪声"。

生成器的作用是将随机噪声（潜在变量 z）转换成真实数据（例如图像）。生成器接收潜在变量 z 作为输入，并通过一系列的全连接层、反卷积层等网络结构，将 z 映射到与目标数据相同的维度。例如，假设目标是生成 28×28 的灰度图像，生成器的输出就是一个 $28 \times 28 \times 1$ 的图像。简单来说，生成器通过对潜在变量 z 的处理，逐步恢复并生成一个数据样本，输出一个伪造数据 $G(z)$。

判别器的作用是判断输入数据是否真实，即判断输入数据是来自训练集的真实数据，还是由生成器伪造的假数据。判别器接受两种输入：真实数据 $\boldsymbol{X}$ 和生成器输出的伪造数据 $G(z)$。判别器的任务是输出一个概率值，来表示输入数据是真实的（标签为 1）还是伪造的（标签为 0）。这个概率是通过神经网络的最后一层输出的。判别器通过训练，不断提高识别伪造数据的能力，目的是尽可能地将真实数据和伪造数据区分开来。

GAN 模型训练的损失函数也分为两部分，分别对判别器和生成器进行约束。判别器旨在判断输入的数据是来自真实数据分布 p_{data} 还是生成器输出的伪造数据分布 p_z。具体来说，判别器试图通过输出一个概率 $D(\boldsymbol{X})$ 来表示输入 $\boldsymbol{X}$ 是否是"真实的"。如果 $\boldsymbol{X}$ 是来自训练集的真实数据，判别器应该输出 1；如果 $\boldsymbol{X}$ 是生成器生成的伪造数据，判别器应该输出 0。判别器的损失函数反映了判别器在训练过程中如何优化以正确区分真实和伪造样本。判别器的损失函数可以分解为两个部分：对于真实数据，判别器希望输出 $D(\boldsymbol{X})$ 接近 1；对于伪造数据，判别器希望输出 $D(G(z))$ 接近 0，其中 $G(z)$ 是生成器生成的伪造数据。因此，判别器的损失函数 $\mathcal{L}_D$ 是对所有样本的期望损失的总和，它是交叉熵损失的一个变种，可表示为

$$\mathcal{L}_D = -\mathbb{E}_{\boldsymbol{X} \sim p_{\text{data}}}\left[\log D(\boldsymbol{X})\right] - \mathbb{E}_{z \sim p_z}\left[\log(1 - D(G(z)))\right] \tag{7-13}$$

其中，$\mathbb{E}_{\boldsymbol{X} \sim p_{\text{data}}}\left[\log D(\boldsymbol{X})\right]$ 代表判别器在真实数据上的损失，期望判别器对真实数据的输出接近 1，即 $D(\boldsymbol{X}) \to 1$；$\mathbb{E}_{z \sim p_z}\left[\log(1 - D(G(z)))\right]$ 代表判别器在伪造数据上的损失，期望判别器对伪造数据输出接近 0，即 $D(G(z)) \to 0$。判别器的目标是最大化这个损失，即更准确地判别样本是否为伪造样本。

生成器旨在生成与真实数据分布相似的样本，目标是"欺骗"判别器，使其判断生成的伪造数据为真实数据。生成器的损失函数衡量了生成器在"欺骗"判别器方面的表现。生成器希望通过生成伪造数据 $G(z)$，使判别器判断这些伪造数据为真实，即让 $D(G(z)) \to 1$。因此，生成器的损失函数 $\mathcal{L}_G$ 是判别器对伪造数据输出的对数的负值，即

$$\mathcal{L}_G = \mathbb{E}_{z \sim p_z}\left[1 - \log D(G(z))\right] \tag{7-14}$$

其中，$\mathbb{E}_{z \sim p_z}\left[\log D(G(z))\right]$ 表示生成器生成的伪造数据 $G(z)$ 被判别器评估为真实数据的概率。生成器希望这个值接近 1，从而最大化损失函数，即尽可能让判别器认为生成的数据是

真实的。

GAN 模型的这两个损失函数是由生成器和判别器的博弈关系构成的。这个过程被称为"最小化最大化博弈（Minimax Game）"，具体来说：生成器的目标是最大化$\mathcal{L}_G$，即使生成的数据越来越接近真实数据，从而"欺骗"判别器；判别器的目标是最大化$\mathcal{L}_D$，即正确区分真实数据和伪造数据。

在训练过程中，生成器和判别器不断优化彼此的损失函数，最终达成平衡：生成器生成的数据和真实数据几乎无法区分，而判别器的判断能力也达到极限。GAN 模型整个过程的训练流程如下。

（1）初始化网络：初始化生成器和判别器。

（2）训练判别器：对于每一批数据，从真实数据中取样，计算判别器在真实数据上的损失；从生成器中生成伪造数据，计算判别器在伪造数据上的损失。

（3）训练生成器：更新生成器的参数，优化其损失函数，使生成的伪造数据更逼近真实数据。

（4）重复以上过程，直到生成器生成的样本足够逼真，判别器无法有效区分真假样本。

接下来以 GAN 模型的官方示例来说明 Pytorch 框架下 GAN 模型生成类似 MNIST 手写数字图像的过程，包括以下几个步骤。

（1）导入必要的库。argparse 用于解析命令行参数。os 用于操作文件和目录（例如，创建文件夹）。numpy 用于进行数值计算，尤其是生成随机数。torchvision 提供处理和加载图像的工具。

```
import argparse
import os
import numpy as np
import math

import torchvision.transforms as transforms
from torchvision.utils import save_image

from torch.utils.data import DataLoader
from torchvision import datasets
from torch.autograd import Variable

import torch.nn asnn
import torch.nn.functional as F
import torch
```

（2）解析命令行参数。该部分定义了训练过程的超参数，包括：n_epochs 表示训练轮数；batch_size 为批次大小；lr 为学习率；b1 和 b2 是 Adam 优化器中的动量参数；latent_dim 是潜在空间的维度，即生成器输入的噪声向量的维度；img_size 是生成图像的尺寸（28×28 像素）；channels 是图像的通道数（MNIST 为 1）；sample_interval 表示每保存一次生成图像的训练次数。

```python
parser=argparse.ArgumentParser()
parser.add_argument("--n_epochs",type=int, default=200,help="number of epochs of training")
parser.add_argument("--batch_size",type=int, default=64,help="size of the batches")
parser.add_argument("--lr", type=float,default=0.0002, help="Adam:learning rate")
parser.add_argument("--b1", type=float,default=0.5,help="Adam:decay of first order momentum of gradient")
parser.add_argument("--b2", type=float,default=0.999,help="Adam:decay of first order momentum of gradient")
parser.add_argument("--n_cpu",type=int, default=8, help="number of cpu threads to use during batch generation")
parser.add_argument("--latent_dim", type=int, default=100, help="dimensionality of the latent space")
parser.add_argument("--img_size",type=int,default=28, help="size of each image dimension")
parser.add_argument("--channels",type=int,default=1,help="number of image channels")
parser.add_argument("--sample_interval",type=int,default=400,help="interval between image samples")
opt=parser.parse_args()
print(opt)
```

（3）设置图像形状和 CUDA 支持。img_shape 定义了生成图像的形状，这里是（1，28，28），表示单通道（灰度）图像，大小为 28×28 像素。cuda 判断是否有可用的 GPU，如果有，则使用 GPU 加速训练。

```python
img_shape=(opt.channels,opt.img_size,opt.img_size)

cuda=True if torch.cuda.is_available() else False
```

（4）定义生成器（Generator）类。生成器是一个全连接神经网络，使用了 LeakyReLU 激活函数和批量归一化（Batch Normalization）。block 函数用于定义网络的一个“块”，包含了一个线性层、批量归一化和 LeakyReLU 激活函数。生成器的最后一层使用 Tanh 激活函数，确保生成图像的像素值在 ［－1，1］ 范围内。输入 z 是一个潜在空间的噪声向量，经过一系列变换后输出生成的图像。

```
class Generator(nn. Module):
    def __init__(self):
        super(Generator, self).__init__()

        def block(in_feat, out_feat, normalize=True):
            layers=[nn. Linear(in_feat, out_feat)]
            if normalize:
                layers. append(nn. BatchNorm1d(out_feat, 0.8))
            layers. append(nn. LeakyReLU(0.2, inplace=True))
            return layers

        self. model=nn. Sequential(
            * block(opt. latent_dim, 128, normalize=False),
            * block(128, 256),
            * block(256, 512),
            * block(512, 1024),
            nn. Linear(1024, int(np. prod(img_shape))),
            nn. Tanh()
        )

    def forward(self, z):
        img=self. model(z)
        img=img. view(img. size(0), * img_shape)
        return img
```

（5）定义判别器（Discriminator）类。判别器也是一个全连接神经网络，采用 LeakyReLU 激活函数。img_flat=img. view(img. size(0)，－1)将输入的图像展平为一维向量。最后一层使用 Sigmoid 激活函数输出一个概率值，表示输入图像的真实性：0 代表伪造图像，1 代表真实图像。

```
class Discriminator(nn. Module):
    def __init__(self):
        super(Discriminator, self).__init__()

        self. model=nn. Sequential(
            nn. Linear(int(np. prod(img_shape)), 512),
            nn. LeakyReLU(0.2, inplace=True),
            nn. Linear(512, 256),
```

```
            nn.LeakyReLU(0.2, inplace=True),
            nn.Linear(256,1),
            nn.Sigmoid(),
        )

    def forward(self, img):
        img_flat=img.view(img.size(0), -1)
        validity=self.model(img_flat)

        return validity
```

（6）定义损失函数和初始化模型。使用二元交叉熵损失（BCELoss）作为对抗损失函数。初始化生成器和判别器。如果使用 GPU，则将模型和损失函数转移到 GPU 上。

```
adversarial_loss=torch.nn.BCELoss()

generator=Generator()
discriminator=Discriminator()

if cuda:
    generator.cuda()
    discriminator.cuda()
    adversarial_loss.cuda()
```

（7）加载数据集。使用 torchvision.datasets.MNIST 加载 MNIST 数据集，并进行预处理：Resize(opt.img_size) 将图像调整为指定大小（28×28）。ToTensor() 将图像转换为 Tensor 格式。Normalize([0.5], [0.5]) 对图像进行归一化，将像素值缩放到 $[-1, 1]$。

```
dataloader=torch.utils.data.DataLoader(
    datasets.MNIST(
        "../../data/mnist",
        train=True,
        download=True,
        transform=transforms.Compose(
            [transforms.Resize(opt.img_size), transforms.ToTensor(), transforms.Normalize([0.5],
            [0.5])]
        ),
    ),
    batch_size=opt.batch_size,
```

```
        shuffle=True,
    )
```

（8）定义优化器。使用 Adam 优化器来优化生成器和判别器的参数。

```
optimizer_G=torch.optim.Adam(generator.parameters(),lr=opt.lr,betas=(opt.b1,opt.b2))
optimizer_D=torch.optim.Adam(discriminator.parameters(),lr=opt.lr,betas=(opt.b1,opt.b2))
```

（9）训练过程。训练循环：首先设置真实标签为 1(valid)，伪造标签为 0(fake)，然后使用 dataloader 加载 MNIST 图像。

```
for epoch in range(opt.n_epochs):
    for i,(imgs,_) in enumerate(dataloader):
        # Adversarial ground truths
        valid=Variable(Tensor(imgs.size(0),1).fill_(1.0),requires_grad=False)
        fake=Variable(Tensor(imgs.size(0),1).fill_(0.0),requires_grad=False)
```

在每个循环中，生成器训练从标准正态分布中采样噪声 z 作为生成器的输入。生成器生成图像并计算损失，目标是让判别器认为这些图像是真实的。通过反向传播更新生成器的参数。

```
# Sample noise as generator input
z=Variable(Tensor(np.random.normal(0,1,(imgs.shape[0],opt.latent_dim))))
# Generate a batch of images
gen_imgs=generator(z)

# Loss measures generator's ability to fool the discriminator
g_loss=adversarial_loss(discriminator(gen_imgs),valid)

g_loss.backward()
optimizer_G.step()
```

在每个循环中，判别器训练首先计算真实图像的损失 real_loss，该损失是判别器对真实图像的预测；然后计算生成图像的损失 fake_loss，该损失是判别器对生成图像的预测与伪造标签 fake 之间的二元交叉熵损失。最终的判别器损失 d_loss 是 real_loss 和 fake_loss 的平均值，通过反向传播更新判别器的参数。

```
# Measure discriminator's ability to classify real from generated samples
real_loss=adversarial_loss(discriminator(real_imgs),valid)
fake_loss=adversarial_loss(discriminator(gen_imgs.detach()),fake)
```

d_loss＝(real_loss＋fake_loss) ／ 2

d_loss.backward()
optimizer_D.step()

　　总体而言，在 GAN 模型中，生成器将随机噪声转换为伪造的样本，尝试"欺骗"判别器。判别器判断输入数据是否为真实数据，尝试准确地区分真假样本。训练过程是两者之间的博弈，生成器通过不断调整生成的样本，逐步学会生成逼真的数据，最终达到生成高质量样本的目标。

7.2.2　DCGAN 模型

　　DCGAN 是 GAN 的一种变体，它采用 CNN 来处理生成器和判别器的结构。与传统的全连接网络相比，DCGAN 引入了卷积层，使得模型可以在图像生成任务中更好地捕捉空间特征。

　　在 DCGAN 模型中，生成器采用反卷积层来进行上采样，逐步生成图像。输入是一个低维的随机噪声向量 z（通常是从标准正态分布中采样的噪声）。通过多个反卷积层，逐渐将低维的噪声向量变换为一个与真实图像尺寸相同的高维图像，最终生成图像 $G(z)$。假设真实数据的维度为 $64 \times 64 \times 3$，是一张 RGB 三通道、高和宽为 64 的图片。如图 7.6 所示，DCGAN 生成器的过程具体为：生成器的输入是一个来自标准正态分布的随机噪声向量 z，其维度通常设定为 100。因此，输入矩阵 z 的形状是 $z \in \mathbb{R}^{N \times 100}$，其中，$N$ 是批次大小。首先，生成器通过一个全连接层将 z 从一个 100 维的向量映射到一个更高维度，并将其从 2 维转换为 4 维，变为 $z_0 \in \mathbb{R}^{N \times 1024 \times 4 \times 4}$。然后，生成器通过第一个反卷积层，将 $z_0 \in \mathbb{R}^{N \times 1024 \times 4 \times 4}$ 映射到一个更高分辨率的特征空间。假设这一层的输出通道为 512，空间大小

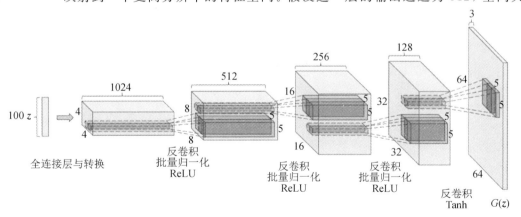

图 7.6　DCGAN 生成器

通过反卷积操作从 4×4 扩展到 8×8，再对其应用批量归一化以及 ReLU 激活函数，则输出 $z_1\in\mathbb{R}^{N\times512\times8\times8}$。生成器的后续反卷积层会继续扩展空间尺寸，逐步提高图像的分辨率（即高度和宽度），并且缩减通道数。例如：第二个反卷积层将空间尺寸从 8×8 扩展到 16×16，通道数从 512 缩到 256，对其应用批量归一化以及 ReLU 激活函数，得到输出 $z_2\in\mathbb{R}^{N\times256\times16\times16}$；第三个反卷积层将空间尺寸从 16×16 扩展到 32×32，通道数从 256 缩到 128，对其应用批量归一化以及 ReLU 激活函数，得到输出 $z_3\in\mathbb{R}^{N\times128\times32\times32}$；第四个反卷积层将空间尺寸从 32×32 扩展到 64×64，通道数从 128 变为 3，再对其进行 Tanh 激活函数操作，得到输出 $G(z)=z_4\in\mathbb{R}^{N\times3\times64\times64}$。这就是生成器生成的假图像，它会尽量模仿真实图像，使判别器难以区分真假。

判别器的任务是判断输入的图像是真实的还是由生成器生成的。判别器逐步通过卷积层减少图像的空间维度，并提取图像的深层特征。判别器张量的形状为 $X\in\mathbb{R}^{N\times3\times64\times64}$。经过多个卷积层、批量归一化以及 LeakyReLU 激活函数操作，最终得到特征 X_{out}。最后，判别器将这些高维特征 X_{out} 通过一个全连接层展平，并输出一个单一的概率值来表示图像是否为真实图像。最终输出的形状 $X_f\in\mathbb{R}^{N\times1}$，该值通过 Sigmoid 激活函数转换为概率来表示图像的真实性。$D(X)\in[0,1]$，接近 1 表示图像为真实，接近 0 表示图像为生成。

训练过程中，生成器和判别器不断交替优化，直到生成器能够生成非常逼真的图像，判别器也变得越来越难以区分真假图像。图 7.7 为 DCGAN 模型与 GAN 模型在 MNIST 数据集生成结果中部分样本的对比。由图可以看出，DCGAN 模型明显更接近真实 MNIST 样本，说明了 DCGAN 模型的优越性。

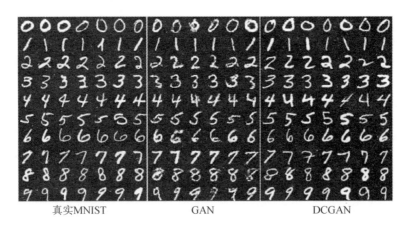

真实MNIST   GAN   DCGAN

图 7.7   DCGAN 模型与 GAN 模型在 MNIST 数据集生成结果的对比

总体而言，DCGAN 是一种强大的生成模型，广泛应用于图像生成任务。它通过 CNN 实现了高效的生成和判别能力。生成器通过反卷积层将噪声向量映射到图像空间，判别器则通过卷积层提取图像特征并判断图像是否真实。通过对抗训练，DCGAN 模型能够生成高度真实的图像，其已成为经典生成模型。

7.2.3 CycleGAN 模型

CycleGAN 是一个用于图像到图像转换的 GAN 模型，主要应用于无监督的图像转换任务。CycleGAN 模型无需成对的训练数据（例如，照片和油画的对应图像），它依赖于循环一致性损失来确保图像的转换和重建过程具有一致性。最常见的应用包括风格转换、图像修复、照片到画作的转换等。

假设有两个图像域：X 和 Y。每个域中的图像来自不同的分布。对于 CycleGAN 模型，输入图像分别来自两个不同的图像域，通常这两个域具有不同风格或模态的图像。例如：来自域 X 的 x 可能代表照片（如自然场景），来自域 Y 的 y 可能代表油画（如艺术作品）。图像 x 或 y 均由多个像素组成，假设其尺寸为 $H \times W \times C$。其中，H 是图像的高度，W 是图像的宽度，C 是图像的通道数（例如，RGB 图像的 $C = 3$）。因此，输入图像的形状为 $x \in \mathbb{R}^{H \times W \times C}$，$y \in \mathbb{R}^{H \times W \times C}$。

CycleGAN 模型的目标是将域 X 中的图像转换为域 Y 中的图像，同时将域 Y 中的图像转换为域 X 中的图像。CycleGAN 模型包括两个生成器和判别器主要组件，并且每个图像域都配有一个生成器和一个判别器。

生成器的任务是将一个域中的图像转换到另一个域中的图像。CycleGAN 模型共有两个生成器：生成器 G 将域 X 中的图像转换为域 Y 中的图像；生成器 F 将域 Y 中的图像转换为域 X 中的图像。每个生成器均通过一个深度卷积神经网络来实现图像转换，通常生成器由三个卷积层及一系列残差块构成。生成器通过学习从一个域到另一个域的映射，生成看起来与目标域图像相似的图像。生成器 G 的输入是域 X 中的图像 x，输出是转换后的图像 $G(x) \in \mathbb{R}^{H \times W \times C}$，它在视觉上应该类似于域 Y 中的图像。生成器 F 的输入是域 Y 中的图像 y，输出是转换后的图像 $F(y) \in \mathbb{R}^{H \times W \times C}$，它在视觉上应该类似于域 X 中的图像。

判别器的目标是判断输入的图像是来自真实图像域，还是由生成器生成。CycleGAN 模型中有两个判别器。判别器 D_X 用于判断图像是否来自真实的域 X。判别器 D_Y 用于判断图像是否来自真实的域 Y。每个判别器通过一个 CNN 来判断输入图像的真实性。判别器的输出是一个标量，表示图像是否是"真实"的（即来自目标域）。判别器 D_X 的输入是图像 x'，它是来自域 X 的真实图像或生成器 F 生成的图像 $F(y)$。判别器 D_Y 的输入是图像 y'，它可以是来自域 Y 的真实图像或生成器 G 生成的图像 $G(x)$。

具体而言，CycleGAN 模型的损失包括循环一致性损失和对抗损失。接下来分别对这两个损失进行介绍。

1. 循环一致性损失

CycleGAN 模型的核心之一是循环一致性损失，即期望图像在经历从一个域转换到另一个域的过程后,再通过逆变换转换回原始域时,能够尽可能保持原始图像的内容不变。循环一致性损失包括从域 X 到域 Y,再从域 Y 到域 X 的损失以及从域 Y 到域 X,再从域 X 到域 Y 的损失两个部分。

图 7.8 所示为生成器 G 将域 X 中的图像转换为域 Y 中的图像 $G(x)$,然后生成器 F 将 $G(x)$ 转换回域 X 中的图像的过程,最终目标是 $F(G(x)) \approx x$。从域 X 到域 Y,再从域 Y 到域 X 的损失 $\mathcal{L}_{\text{cycle}}(G, F)$ 为

$$\mathcal{L}_{\text{cycle}}(G, F) = \mathbb{E}_x \left[\| F(G(x)) - x \|_1 \right] \tag{7-15}$$

图 7.8 从域 X 到域 Y,再从域 Y 到域 X 的过程

生成器 F 将域 Y 中的图像转换为域 X 中的图像 $F(y)$,然后生成器 G 将 $F(y)$ 转换回域 Y 中的图像,该过程的最终目标是 $G(F(y)) \approx y$。从域 Y 到域 X,再从域 X 到域 Y 的损失 $\mathcal{L}_{\text{cycle}}(F, G)$ 为

$$\mathcal{L}_{\text{cycle}}(F, G) = \mathbb{E}_y \left[\| G(F(y)) - y \|_1 \right] \tag{7-16}$$

循环一致性损失确保了图像转换的过程是可逆的,并且保持了图像的结构和内容。

2. 对抗损失

CycleGAN 模型使用对抗损失来训练生成器和判别器,使生成器能够生成更逼真的图像,同时使判别器能够正确地区分真实图像和生成图像。对抗损失包括生成器 G 的对抗损失、生成器 F 的对抗损失以及判别器 D_X 和 D_Y 的损失。

（1）生成器 G 的对抗损失。生成器 G 需要骗过判别器 D_Y，即生成的图像 $G(\boldsymbol{x})$ 应该看起来像域 Y 中的真实图像。可通过对判别器 D_Y 计算 BCE 损失来定义 G 的对抗损失 $\mathcal{L}_G$：

$$\mathcal{L}_G = \mathbb{E}_{\boldsymbol{x}}[\log(1 - D_Y(G(\boldsymbol{x})))] \tag{7-17}$$

其中，$D_Y(G(\boldsymbol{x}))$ 是判别器 D_Y 对生成图像 $G(\boldsymbol{x})$ 产生的预测，表示它认为这个图像是"真"还是"假"。由于生成器的目标是让判别器认为生成的图像是真实的，所以希望最大化 $\log(D_Y(G(\boldsymbol{x})))$，即希望 D_Y 对生成图像的输出接近于 1。

（2）生成器 F 的对抗损失。同理，生成器 F 需要骗过判别器 D_X，即生成的图像 $F(\boldsymbol{y})$ 应该看起来像域 X 中的真实图像。因此，生成器 F 的对抗损失 $\mathcal{L}_F$ 为

$$\mathcal{L}_F = \mathbb{E}_{\boldsymbol{y}}[\log(1 - D_X(F(\boldsymbol{y})))] \tag{7-18}$$

其中，$D_X(F(\boldsymbol{y}))$ 是判别器 D_X 对生成图像 $F(\boldsymbol{y})$ 产生的预测，表示它认为这个图像是"真"还是"假"。同样，希望最大化 $\log(D_X(F(\boldsymbol{y})))$，即让判别器认为生成图像是真实的。

（3）判别器 D_X 和 D_Y 的损失。判别器 D_X 和 D_Y 都需要判断输入图像是来自真实的数据分布，还是由生成器生成的伪造图像。判别器应该对来自真实图像域的图像（无论是 $\boldsymbol{x}$ 还是 $\boldsymbol{y}$）给予较高的分数（接近 1），而对生成器生成的图像（即伪造图像）给予较低的分数（接近 0）。判别器的损失由两部分组成。判别器 D_X 的损失为

$$\mathcal{L}_{D_X} = \mathbb{E}_{\boldsymbol{x}}[\log(D_X(\boldsymbol{x}))] + \mathbb{E}_{\boldsymbol{y}}[\log(1 - D_X(F(\boldsymbol{y})))] \tag{7-19}$$

其中，第一项是判别器 D_X 对真实图像 $\boldsymbol{x}$ 的损失，第二项是判别器 D_X 对生成图像 $F(\boldsymbol{y})$ 的损失。

判别器 D_Y 的损失为

$$\mathcal{L}_{D_Y} = \mathbb{E}_{\boldsymbol{y}}[\log(D_Y(\boldsymbol{y}))] + \mathbb{E}_{\boldsymbol{x}}[\log(1 - D_Y(G(\boldsymbol{x})))] \tag{7-20}$$

其中，第一项是判别器 D_Y 对真实图像 $\boldsymbol{y}$ 的损失，第二项是判别器 D_Y 对生成图像 $G(\boldsymbol{x})$ 的损失。

CycleGAN 模型的最终目标是最小化总的损失函数，这个损失函数包括了对抗损失和循环一致性损失，如图 7.9 所示。训练的过程实际上是优化目标函数：

$$\mathcal{L} = \mathcal{L}_G + \mathcal{L}_F + \mathcal{L}_{D_X} + \mathcal{L}_{D_Y} + \lambda(\mathcal{L}_{\text{cycle}}(G, F) + \mathcal{L}_{\text{cycle}}(F, G)) \tag{7-21}$$

其中，λ 是一个超参数，用来控制循环一致性损失和对抗损失之间的平衡。通常，λ 会被设置为一个较小的值（例如 10），以确保生成器可以专注于生成逼真的图像，同时不忽视循环一致性损失。

在训练过程中，生成器和判别器会交替更新。

（1）训练生成器 G 和 F。生成器需要通过对抗损失学习生成逼真的图像，使判别器无法分辨真假图像。同时，生成器也需要通过循环一致性损失来确保图像的转换是可逆的，即生成的图像可以通过反向生成器恢复到原始图像。这时候损失函数 $\mathcal{L}_1$ 为

$$\mathcal{L}_1 = \mathcal{L}_G + \mathcal{L}_F + \lambda(\mathcal{L}_{\text{cycle}}(G, F) + \mathcal{L}_{\text{cycle}}(F, G)) \tag{7-22}$$

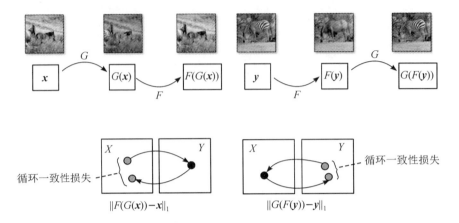

图 7.9　CycleGAN 的对抗损失与循环一致性损失

（2）训练判别器 D_X 和 D_Y。判别器需要通过真实图像和生成图像的对抗损失来学习如何区分它们。这时候损失函数 $\mathcal{L}_2$ 为

$$\mathcal{L}_2 = \mathcal{L}_{D_X} + \mathcal{L}_{D_Y} \tag{7-23}$$

总体而言，CycleGAN 模型通过结合 GAN 和循环一致性损失，成功地实现了无监督的图像到图像转换任务。它包含两个生成器和两个判别器，分别处理两个不同的图像域。通过对抗损失和循环一致性损失的优化，CycleGAN 模型能够学习到两个图像域之间的转换关系，并能够将一种风格的图像转换为另一种风格，同时保持图像的主要内容。

7.3　扩　散　模　型

本节将聚焦于扩散模型的核心原理与典型架构，展示其在生成式学习中的重要性和创新性。首先，本节介绍扩散过程（Diffusion Process），即逐步向数据中添加噪声来破坏数据分布，并通过逆过程还原数据，这一关键机制为高质量生成奠定了基础；接着，深入解析经典的去噪扩散概率模型（Denoising Diffusion Probabilistic Models，DDPM），探讨其如何利用概率建模和逐步去噪生成逼真的数据；最后，介绍扩散模型的最新变体——具有 Transformer 架构的可扩展扩散（Diffusion Transformer，DiT）模型，这一模型结合了扩散过程与 Transformer 架构，在生成任务中展现出更强的性能。

7.3.1　扩散过程

扩散过程在物理学中是指物质（如气体、液体、热量或粒子）从高浓度区域扩散到低浓度区域的过程。通常，这个过程是随机的、无序的。在物理学中，扩散是由粒子的随机运动

引起的。例如，在一个密闭容器中，高浓度分子会不断地碰撞并向周围空间扩散，直到分子在整个容器内均匀分布，如图 7.10 所示。扩散的速度与粒子的浓度梯度、温度以及介质的性质有关。

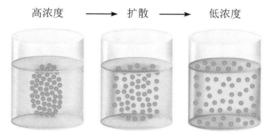

图 7.10　物理扩散过程

　　在深度学习中，扩散模型借用了这一物理学概念，并把物质的扩散过程与图像生成的任务结合起来。简单来说，扩散模型的目标是从噪声中生成数据，这类似于反向恢复一个从真实数据中随机扩散过来的过程。

　　具体来说，扩散模型包括前向扩散过程（Forward Diffusion Process）和反向扩散过程（Reverse Diffusion Process）。

　　前向扩散过程将真实数据（比如图像）逐渐加噪，直到它变成纯噪声，可以看成是物理学中粒子随机扩散的过程。图像的每个像素在这个过程中都会被逐步污染，直到所有的信息丢失，图像变成完全的随机噪声。如图 7.11 所示，假设有一个图像 x_0，在前向扩散过程中，它经过多次时间步 t 被逐步加噪，得到逐步变化的图像 x_t：

$$x_t = \sqrt{\alpha_t}\, x_{t-1} + \sqrt{1-\alpha_t}\, \epsilon_t \qquad (7-24)$$

其中，α_t 是每个时间步的噪声系数，ϵ_t 是标准正态分布中采样的噪声。

　　一旦图像完全变成噪声，扩散模型就会通过一个反向过程尝试从噪声中恢复原始数据。这一过程通常是通过深度神经网络来模拟的，模型学会了如何在每个时间步将噪声去除，并恢复出真实图像。如图 7.11 所示，反向扩散的目标是从噪声数据 x_T（通常是高斯噪声）逐渐恢复出图像 x_0，即

$$p_\theta(x_{t-1} \mid x_t) = \mathcal{N}(x_{t-1}; \mu_\theta(x_t), \sigma_t^2) \qquad (7-25)$$

其中，$\mu_\theta(x_t)$ 是由神经网络预测的去噪结果，σ_t^2 是与时间步 t 相关的噪声标准差。

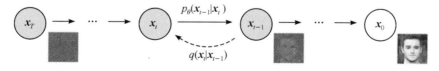

图 7.11　扩散模型的前向过程与反向过程

为什么要使用扩散模型？扩散模型的一个显著优势是，它不需要显式地建模数据的复杂分布（比如 GAN 模型中的判别器）。通过简单的随机加噪和去噪过程，扩散模型能够捕捉到数据的潜在结构，因此在许多生成任务中（尤其是图像生成）它都能够表现出非常好的性能。与 GAN 和 VAE 相比，扩散模型的生成过程相对简单、稳定。尤其在训练过程中，与 GAN 和 VAE 不同，扩散模型既不需要判别器与生成器之间的博弈，也不需要优化复杂的证据下界。扩散模型直接通过优化去噪过程，提供一种稳定且强大的生成方式。

7.3.2 DDPM

DDPM 是基于扩散过程的生成模型，其核心思想是通过逐步加入噪声（前向扩散过程）并学习如何从噪声中恢复原始数据（反向扩散过程）。DDPM 的网络内部结构主要由以下几个部分组成：前向扩散过程、反向扩散过程、神经网络架构。

1. 前向扩散过程

前向扩散过程是 DDPM 的一个关键步骤，它将原始图像逐步加噪，直到变成纯噪声。通过模拟这个过程，模型可以在训练过程中学习如何从噪声中恢复图像。

输入真实图像 x_0，经过 T 个时间步扩散后得到噪声图像 x_T，即最终的纯噪声图像。在每个时间步 t，噪声是逐步添加的。每一步都会加入一个小的噪声，使图像逐渐变得模糊。逐步变化的图像 x_t 为

$$x_t = \sqrt{\alpha_t}\, x_{t-1} + \sqrt{1-\alpha_t}\, \epsilon_t \tag{7-26}$$

其中，α_t 是每个时间步的噪声系数，ϵ_t 是从标准正态分布中采样的噪声。

2. 反向扩散过程

反向扩散过程的目标是从纯噪声图像 x_T 中恢复清晰图像 x_0。这个过程是 DDPM 中最重要的一部分。反向扩散过程通过学习每个时间步骤的去噪来逐步去除噪声。

对于输入噪声图像 x_T，反向扩散过程最终输出经过反向扩散逐步去噪后的图像 x_0。这个反向过程是通过神经网络来建模的，目标是从噪声图像预测如何逐步去除噪声。神经网络预测去噪的参数，然后反向生成图像。这个过程表示为

$$p_\theta(x_{t-1} \mid x_t) = \mathcal{N}(x_{t-1}; \mu_\theta(x_t), \sigma_t^2) \tag{7-27}$$

其中，$\mu_\theta(x_t)$ 是由神经网络预测的去噪结果，σ_t^2 是与时间步 t 相关的噪声标准差。

3. 神经网络架构

DDPM 通过一个神经网络来学习反向扩散过程，这个网络被称为去噪网络（Denoising Network），其主要任务是预测每个时间步的噪声，并通过这些预测逐步恢复图像。

网络的核心部分通常是一个 U-Net 结构的主干网络。如图 7.12 所示，在每个时间步 t 中，去噪网络的输入是当前时间步的噪声图像 x_t，以及时间步 t 本身。x_t 是一个在前向扩

散过程中逐步加噪得到的图像。时间步 t 可以让网络了解当前图像处于扩散过程的哪个阶段，通常使用一个可学习的嵌入（如正弦或余弦函数的时间嵌入编码）来表示时间步。

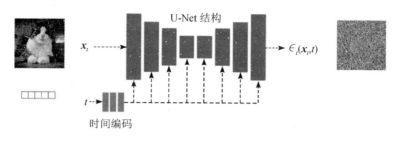

图 7.12　DDPM 网络结构

在 DDPM 中，损失函数的目标是使网络的预测噪声与真实噪声尽可能接近。用 MSE 作为损失函数，即

$$\mathcal{L}_{\text{DDPM}} = \mathbb{E}_{\boldsymbol{x}_0, \boldsymbol{\epsilon}_t} \left[\| \boldsymbol{\epsilon}_t - \hat{\boldsymbol{\epsilon}}_t(\boldsymbol{x}_t, t) \|^2 \right] \tag{7-28}$$

其中，$\boldsymbol{\epsilon}_t$ 是真实的噪声，$\hat{\boldsymbol{\epsilon}}_t(\boldsymbol{x}_t, t)$ 是神经网络预测的噪声。这个损失函数的含义是，通过优化这个损失，模型能够精确地预测每个时间步加入的噪声，从而能够逐步去噪，恢复原始图像。

训练过程中，模型会通过以下步骤进行学习。

（1）前向扩散：从真实图像 $\boldsymbol{x}_0$ 开始，逐步加噪，直到得到噪声图像 $\boldsymbol{x}_T$。

（2）反向去噪：使用去噪网络，逐步去除噪声，最终恢复出原始图像。

（3）优化损失函数：通过最小化损失函数，优化去噪网络，使得网络预测的噪声接近真实噪声，从而提高恢复图像的质量。

DDPM 的核心优势在于其生成的稳定性以及能够捕捉数据中的细节。在生成任务中，DDPM 能够在没有对抗训练的情况下，生成高质量的图像。

7.3.3　DiT 模型

扩散模型大部分采用 U-Net 架构来进行建模（例如 DDPM），U-Net 可以实现输出和输入维度一致，所以天然适合扩散模型。扩散模型使用的 U-Net 除了包含基于残差的卷积模块外，也往往采用自注意力机制。继 ViT 模型后，Transformer 架构已经大量应用在图像任务上，随着扩散模型的流行，也已经有工作尝试采用 Transformer 架构来对扩散模型建模。接下来以 DiT 模型为代表对该类模型进行介绍。

DiT 模型是一种生成模型，可以学习生成与训练数据集类似的新数据样本（例如生成新图像）。它用 Transformer 架构替换了扩散模型中常用的 U-Net 架构。Transformer 架构擅长捕捉数据中的长距离依赖关系和模式，这使得 DiT 模型可能非常适合图像生成任务。DiT 模型主要优点包括：

（1）可扩展性好。Transformer 架构因能够随着数据和计算的增加而很好地扩展而闻名。随着模型和数据集的增大，DiT 模型在图像生成方面表现更好。

（2）样本质量高。DiT 模型经常在图像生成质量方面取得最先进的结果，生成逼真和多样的图像。

（3）效率相对高。虽然训练 DiT 模型需要大量的计算资源，但在推理过程中（生成新图像的过程）它们相对高效。

DiT 模型基于扩散公式、分类器自由指导与潜在扩散模型（Latent Diffusion Model，LDM）三个基础知识建模和训练。

1. 扩散公式

DiT 模型是一种扩散模型。高斯扩散模型假设一个前向扩散过程是一个马尔可夫链过程，它逐渐将噪声应用于真实数据 $\boldsymbol{x}_0$，即

$$q(\boldsymbol{x}_t \mid \boldsymbol{x}_0) = \mathcal{N}(\boldsymbol{x}_t; \sqrt{\bar{\alpha}_t}\,\boldsymbol{x}_0, (1-\bar{\alpha}_t)\boldsymbol{I})$$

其中，常数 $\bar{\alpha}_t$ 是超参数，$\mathcal{N}$ 是高斯分布。

在这个过程中，应用重参数化技巧，采样得到

$$\boldsymbol{x}_t = \sqrt{\bar{\alpha}_t}\,\boldsymbol{x}_0 + \sqrt{1-\bar{\alpha}_t}\,\epsilon_t$$

其中，$\epsilon_t \sim \mathcal{N}(0, 1)$。

在扩散模型中，训练目标是学习逆转前向过程的损坏：

$$p_\theta(\boldsymbol{x}_{t-1} \mid \boldsymbol{x}_t) = \mathcal{N}(\mu_\theta(\boldsymbol{x}_t), \Sigma_\theta(\boldsymbol{x}_t))$$

利用神经网络预测 p_θ 的统计数据。这个过程旨在从噪声数据 $\boldsymbol{x}_t$ 中重建原始数据 $\boldsymbol{x}_0$。反向过程模型使用对数似然的变分下界来训练，该下界简化为

$$\mathcal{L}(\theta) = -p(\boldsymbol{x}_0 \mid \boldsymbol{x}_1) + \sum_t \mathcal{D}_{\mathrm{KL}}(q^*(\boldsymbol{x}_{t-1} \mid \boldsymbol{x}_t, \boldsymbol{x}_0) \,||\, p_\theta(\boldsymbol{x}_{t-1} \mid \boldsymbol{x}_t)) \qquad (7-29)$$

由于 q^* 和 p_θ 都是高斯分布，$\mathcal{D}_{\mathrm{KL}}$ 可通过两分布的均值和协方差计算。将 μ_θ 作为噪声预测网络 ϵ_θ 重参数化，并利用预测的噪声 $\epsilon_\theta(\boldsymbol{x}_t)$ 与采样的高斯噪声 ϵ_t 之间的均方误差来训练模型：

$$\mathcal{L}_{\mathrm{simple}}(\theta) = \| \epsilon_\theta(\boldsymbol{x}_t) - \epsilon_t \|^2 \qquad (7-30)$$

为了训练具有学习的反向过程协方差 Σ_θ 的扩散模型，需要优化完整的 $\mathcal{D}_{\mathrm{KL}}$ 项。先用 L_{simple} 训练 ϵ_θ，然后用完整的 $\mathcal{L}$ 训练 Σ_θ。完成 p_θ 的训练后，可以通过初始化 $\boldsymbol{x}_{t_{\max}} \sim \mathcal{N}(0, \boldsymbol{I})$ 并采用重参数化技巧来采样 $\boldsymbol{x}_{t-1} \sim p_\theta(\boldsymbol{x}_{t-1} | \boldsymbol{x}_t)$，从而生成新图像。

2. 分类器自由指导

条件扩散模型可以接受额外的信息作为输入，例如类别标签 c。在这种情况下，反向过程变为 $p_\theta(\boldsymbol{x}_{t-1} | \boldsymbol{x}_t, c)$，其中 ϵ_θ 和 $\sum_\theta$ 基于 c 进行调整。在这种设置中，可以使用分类器自

由指导来鼓励采样过程找到使得 $\log p(c|\boldsymbol{x})$ 较高的 $\boldsymbol{x}$。根据贝叶斯规则：

$$\log p(c \mid \boldsymbol{x}) \propto \log p(\boldsymbol{x} \mid c) - \log p(\boldsymbol{x})$$

因此

$$\nabla_x \log p(c \mid \boldsymbol{x}) \propto \nabla_x \log p(\boldsymbol{x} \mid c) - \nabla_x \log p(\boldsymbol{x})$$

通过将扩散模型的输出解释为评分函数，DDPM 的采样过程可以被引导找到使得 $p(\boldsymbol{x}|c)$ 高的 $\boldsymbol{x}$：

$$\hat{\epsilon}_\theta(\boldsymbol{x}_t, c) = \epsilon_\theta(\boldsymbol{x}_t, \varnothing) + s \cdot \nabla_x \log p(\boldsymbol{x} \mid c) \propto \epsilon_\theta(\boldsymbol{x}_t, \varnothing) + s \cdot (\epsilon_\theta(\boldsymbol{x}_t, c) - \epsilon_\theta(\boldsymbol{x}_t, \varnothing))$$

$$(7-31)$$

其中，$s>1$ 表示指导的规模（注意 $s=1$ 时恢复标准采样）。在训练期间随机丢弃 c，并用学习的"空"嵌入 $\varnothing$ 替换，可评估扩散模型。

3. 潜在扩散模型

直接在高分辨率像素空间中训练扩散模型在计算上是困难的。LDM 通过两阶段方法解决了这个问题：

（1）学习一个自动编码器，用学习过的编码器 E 将图像压缩成更小的空间表示；

（2）训练表示 $\boldsymbol{z} = E(\boldsymbol{x})$ 的扩散模型，而不是图像 $\boldsymbol{x}$（在这个过程中，E 被冻结不参与训练）。然后可以通过从扩散模型中采样表示 $\boldsymbol{z}$，最后将其解码为具有学习解码器 $\boldsymbol{x} = D(\boldsymbol{z})$ 的图像来生成新图像。

上面对 DiT 模型所采用的扩散模型设置进行了介绍，接下来介绍 DiT 模型所设计的 Transformer 架构。

DiT 模型基本沿用了 ViT 模型的方法，首先通过一个补丁嵌入（Patch Embedding）将输入进行分块，得到一系列的标记（Tokens）。其中补丁尺寸是一个超参数，直接决定了标记的数量，影响模型的计算量。DiT 模型的补丁尺寸（p）有三种设置，$p=2,4,8$。注意在标记化之后，还需要加上对应的位置嵌入，这里使用的是非学习型的正弦-余弦位置编码。将输入转化为标记后，就可以接入类似 ViT 模型的 Transformer 模块。

但是对于扩散模型来说，往往还需要在网络中嵌入额外的条件信息，这些条件包括时间步 t 和类别标签 c。无论是时间步还是类别标签，都可以通过嵌入进行编码。DiT 模型共设计了四种不同的 Transformer 块变体来实现这两种额外嵌入。图 7.13（a）为条件化的潜在 DiT 模型。输入的潜在表示被分解成多个补丁块，并通过若干 DiT 模块进行处理。图 7.13（b）、（c）、（d）分别为不同 DiT 模块的详细信息，包括基于零初始化的 adaLN 模块的 DiT 块、基于交叉注意力模块的 DiT 块和基于上下文条件化的 DiT 块。这些变体通过自适应层归一化、交叉注意力和额外的输入标记来加入条件。

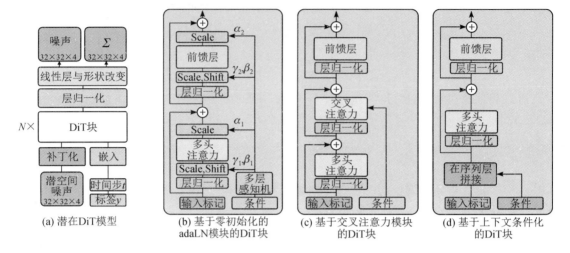

图 7.13 DiT 设计的四种不同的 Transformer 块

DiT 模型设计的四种不同的 Transformer 块变体具体为：

（1）上下文条件化（In-context Conditioning）：将两个嵌入视为两个标记并合并到输入的标记中，这种处理方式类似于 ViT 模型中的类别标记（cls token）。这种实现方法比较简单，几乎不增加额外的计算量。

（2）交叉注意力模块（Cross-attention Block）：将两个嵌入拼接成一个序列长度为 2 的序列，然后在 Transformer 模块中插入一个交叉注意力层，条件嵌入作为交叉注意力的 key 和 value。这种方式也是目前文本生成图像模型所采用的方式，它需要额外增加大约 15% 的 GFLoPs。

（3）自适应层归一化（Adaptive Layer Norm，adaLN）模块：使用 adaLN 和多层感知机将时间步 t 嵌入和类别标签 c 嵌入相加，然后来回归维度级别比例参数（scale，γ）和偏移量（shift，β）两个参数。这种方式基本不增加计算量。

（4）零初始化的 adaLN 模块（AdaLN-Zero Block）：使用零初始化的 adaLN，将 adaLN 的线性层参数初始化为零。这样，网络在初始化时 Transformer 模块的残差部分就是一个恒等函数。此外，在层归一化（LN）之后应回归 γ 和 β，在每个残差模块结束之前要回归一个 α 参数。

对四种 Transfomer 块变体进行对比试验，试验结果表明采用零初始化的 adaLN 模块效果是最好的，所以 DiT 默认都采用这种方式来进行条件嵌入。在最终的 DiT 块之后，需要将图像标记序列解码为输出噪声预测和输出对角协方差预测。这两个输出的形状都等于原始空间输入。因此，使用标准线性解码器来做到这一点。最后，将解码的标记重新排列到其原始空间布局中，得到预测的噪声和协方差。

本 章 小 结

　　本章深入探讨了生成式学习网络模型的多种类型和原理，涵盖了自编码器、生成对抗网络模型以及扩散模型等核心技术。本章首先介绍了自编码器及其变种，从传统自编码器到去噪自编码器、卷积自编码器，再到变分自编码器，展示了这些模型如何在无监督学习任务中进行高效的特征学习与数据生成。特别是在变分自编码器部分，本章详细解析了其在生成模型中的概率推理框架，并探讨了其在生成新样本时的优势与挑战。

　　接下来，本章深入分析了生成对抗网络模型，重点讲解了其基本架构和训练过程。通过介绍经典的深度卷积生成对抗网络和循环生成对抗网络模型，展现了生成对抗网络模型在图像生成、图像转换等任务中的强大表现。尤其是循环生成对抗网络模型，其在无需成对数据的情况下，通过引入循环一致性损失，成功实现了图像风格转换和无监督图像到图像的学习，突破了传统生成对抗模型的局限。

　　本章的最后部分讨论了扩散模型，包括扩散过程的基本原理以及 DDPM 和 DiT 模型的具体应用。扩散模型通过模拟数据的逐渐"噪声化"与"去噪"过程，在生成高质量图像等任务中展现出显著优势。特别是 DDPM 的提出，使得生成任务中生成质量显著提升。DiT 模型则进一步探索了扩散模型与 Transformer 架构的结合，为生成任务提供了新的方向。

　　综上所述，本章全面介绍了生成式学习网络的主要发展及其核心技术，展示了不同生成模型在多种实际任务中的广泛应用，为读者提供了一个深刻的理解框架，帮助读者掌握生成式学习领域的最新技术和趋势。

第 8 章
大模型前沿进展

大模型包括大规模预训练模型（如语言、视觉、多模态模型）和智能机器人控制模型等。随着计算能力的飞速提升和数据规模的急剧扩张，大规模预训练模型已成为人工智能领域的核心驱动力，推动了从自然语言处理到计算机视觉及多模态应用的革命性突破。本章将深入探讨大模型前沿进展，首先系统介绍大规模预训练模型的发展历程、优势与应用场景；然后聚焦于语言模型（如 GPT 系列和 BERT）、视觉模型（如 ViT-22B 和 SAM）、多模态模型（如 CLIP 和 Sora）以及智能机器人控制模型（如 RT 系列和 VoxPoser），通过对这些模型的结构、训练方法及应用案例的分析，旨在为读者呈现大模型技术的全景图，揭示其在推动人工智能技术边界与实际应用中的关键作用。

8.1 大规模预训练模型

近年来，随着深度学习、硬件算力和大规模数据集的发展，AI 大规模预训练模型（Pre-Training Model，PTM）也不断涌现。尤其是近年来，GPT 和 BERT 等大规模预训练模型取得了巨大成功，成为人工智能领域的里程碑，其发展如图 8.1 所示。

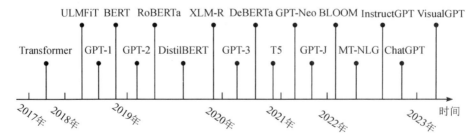

图 8.1 GPT 和 BERT 等大规模预训练模型的发展

大规模预训练模型表现出超大参数量、海量数据训练及卓越的泛化能力等特点，因此可以有效地从海量标注和未标注数据中捕获知识。经过预训练，模型可以将丰富的知识存储到巨大的参数空间中,并针对具体任务进行微调,从而使各种下游任务受益。

2021 年 8 月,斯坦福大学以人为本人工智能研究所(Stanford Institute for Human-Centered Artificial Intelligence,简称 HAI)下属的基础模型研究中心(CRFM)首次提出"基础模型(Foundation Models)"的统一定义,指的是任何在广泛数据集上训练(通常使用大规模自监督学习),并且可以通过微调等方式适应广泛下游任务的模型。这一定义的核心可通过如图 8.2 所示的经典监督学习流程和"预训练-微调"学习流程对比直观体现出来。该术语现已成为学术界对大规模预训练模型的标准称谓。基础模型包含了"预训练"和"大模型"两层含义,二者结合产生了一种新的人工智能模式,即模型在大规模数据集上完成预训练后无需微调,或仅需要少量数据的微调,就能直接适应各类任务,如图 8.3 所示。

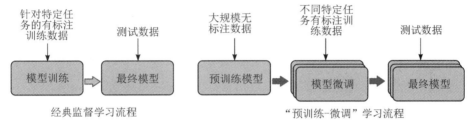

图 8.2　经典监督学习流程和"预训练-微调"学习流程对比

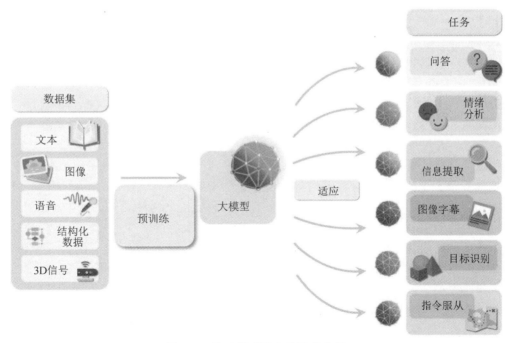

图 8.3　基础模型的含义及其应用

大规模预训练模型具有大量的参数和复杂的结构，通常在强大的算力支撑下利用海量数据集进行训练，表现出强大的通用性，在各个领域都展现出强大的生命力，其核心特征可归纳为涌现性与同质性。

（1）涌现性。涌现是从微观到宏观的产生过程。大规模预训练模型系统的行为是隐式诱导的，而不是显式构造的。对现有大语言模型涌现特征的研究表明，大语言模型的表现和模型大小之间的关系是不可线性外推的，因此有理由相信，在特定范围内，随着模型规模的扩大，模型的鲁棒性将会增强。这说明大规模预训练模型具有难以完全预测的性质，其行为可能表现出类似复杂系统的协同效应。如果涌现能力没有尽头，那么只要模型足够大，强 AI 的出现就是必然的，这既是机遇也是挑战。

（2）同质性。大规模预训练模型的能力是智能的中心与核心，意味着大规模预训练模型的任何一点改进都会迅速覆盖整个社区，但其缺陷也会被所有下游模型继承。这说明大规模预训练模型的强泛化性会带来优化、应用等方面效率的提升，但直接应用于具体场景可能具有一定的风险。

下面系统介绍大规模预训练模型的发展历程、优势与应用场景。

8.1.1　发展历程

自 2012 年以来，深度神经网络（如卷积神经网络、递归神经网络、图神经网络、基于注意力和 Transformer 的网络）因其强大的表征能力，被广泛应用于各种任务中并取得了优异的表现。通常情况下，模型参数量的扩大不仅能够有效加强深度模型的表征学习能力，而且能够实现从海量数据中进行学习和知识获取。因此，大模型也受到了学者的关注。

2017 年 Transformer 结构的提出，使得深度学习模型参数量突破了 1 亿，而 BERT 模型的提出使得参数量首次超过 3 亿，GPT-3 模型则超过百亿，鹏程·盘古模型实现了千亿稠密规模的参数量，Switch Transformer 一举突破万亿规模的参数量。由于这些大模型具有大参数量，因此在没有足够的训练数据时，它们容易过拟合，表现为泛化能力差。于是，人们构造了许多针对特定 AI 任务的高质量数据集（如 ImageNet、Common Crawl 等）。从数据规模来看，每一代数据集均相比前一代有了数量级的飞跃。然而，手动标注大规模数据集不但消耗大量的时间，并且需要付出极为昂贵的代价。同时，经过特定训练集训练的模型也只能处理单一的指定任务。因此，如何在节省成本的情况下得到泛化性强的网络成为一个热点研究问题。

迁移学习（Transfer Learning，TL）和自监督学习（Self-Supervised Learning，SSL）为解决以上问题提供了方案。

迁移学习分为两个阶段，一个是预训练阶段，即训练一个模型存储解决一个问题时获得的知识；另一个是微调阶段，即将模型应用于另一个不同但相关的问题。迁移学习的定义是根据领域和任务给出的。一个领域 $\mathcal{D}$ 包括两部分：功能空间 $\mathcal{X}$ 和边际概率分布 $P(X)$，

其中 $X = \{x_1, \cdots, x_n\} \in \mathcal{X}$。因此，领域可以表示为 $\mathcal{D} = \{\mathcal{X}, P(X)\}$。在此基础上，任务由两个组件组成：标签空间 $\mathcal{Y}$ 和目标预测函数 $f: \mathcal{X} \rightarrow \mathcal{Y}$。函数 f 用于预测新实例 x 相应的标签 $f(x)$。给定源域 $\mathcal{D}_S$ 和学习任务 $\mathcal{T}_S$、目标域 $\mathcal{D}_T$ 和学习任务 $\mathcal{T}_T$，其中 $\mathcal{D}_S \neq \mathcal{D}_T$ 或 $\mathcal{T}_S \neq \mathcal{T}_T$，则迁移学习旨在利用 $\mathcal{D}_S$ 和 $\mathcal{T}_S$ 中的知识，帮助提高目标预测函数 $f_T(\cdot)$ 在 $\mathcal{D}_T$ 上的学习性能。迁移学习不是从零开始学习，而是从之前解决各种问题时学到的模式开始学习。这样就可以利用已经训练好的模型继续进行训练，可以看作是"站在巨人的肩膀上"。

自监督学习是一种机器学习范式，它通过设计预训练任务从未标注数据中获得有助于下游学习任务的有用表示。自监督学习最突出的地方是它不需要人工注释的标签，这意味着它能够接受完全由未标注的数据样本组成的数据集，从而大大降低数据集制作的成本。典型的自监督学习首先学习监督信号（自动生成的标签），然后通过这种构造的监督信息对网络进行训练，最终学习到对下游任务有价值的表征，该流程如图 8.4 所示。

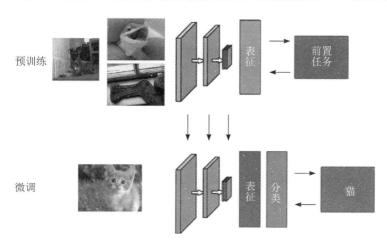

图 8.4　典型的自监督学习流程

此后，大规模预训练模型的方法很快在自然语言处理领域和计算机视觉领域得到了广泛应用。尤其是随着 Transformer 网络的引入，为 NLP 任务训练深度神经网络模型变得可行，从而使得一系列针对语言、计算机视觉、跨模态、推荐等任务的大规模预训练模型被提出。

• 语言领域：模型参数量经历了数次 10 倍级的跨越增长。2018 年 BERT 仅有 3.3 亿参数量，而 2019 年 T5 模型参数量直接达到 110 亿，2020 年 GPT-3 参数量达到 1750 亿。随着参数量的增加，模型的性能也更加优越。

• 计算机视觉领域：由于图像本身的特性，视觉大模型相对于语言大模型发展缓慢。在 Transformer 被引入计算机视觉领域之后，大量的计算机视觉大模型被提出，参数量也取得了迅速增长。比如 Resnet101 模型参数量在千万级别，而借助 MoE 的视觉模型V-MoE

参数量可达到 150 亿，也有千倍增长。

• 跨模态领域：得益于 AIGC 的发展，跨模态大模型也得到了快速发展，这些跨模态模型主要围绕视觉和自然语言任务而构建。如由 OpenAI 开发的图像生成模型 DALL-E 能够根据文本描述生成对应的图像，参数量达到 14 亿；由华为和香港科技大学等机构共同开发的模型 HERO 可用于大规模的视觉问答任务，参数量为 6.4 亿；由谷歌开发的模型 OSCAR 可用于跨模态的自然语言处理和图像处理任务，参数量为 4.5 亿；阿里 2021 年发布的多模态模型 M6，参数量达到 10 万亿。

8.1.2 优势

大规模预训练模型具有参数量巨大，需要强大计算能力、复杂任务处理能力、上下文理解能力等特点。相对于普通模型，它们能够处理更复杂、更大规模的任务和数据，能够捕捉到更深层次的语义依赖关系，从而提供更准确的回答和输出，进而产生更有创造性的结果。其主要优势如下。

（1）具有强大的泛化能力。首先，大规模预训练模型具有参数量大以及训练数据集大的特点，因此在预训练阶段，模型在学习数据的过程中获取了大量的先验知识。其次，在下游任务微调阶段，对预训练模型进行微调，这种基于预训练的扩展方式可以提高模型的泛化能力。

（2）能够降低训练研发成本。首先，由于大规模预训练模型（尤其是自然语言处理领域的大规模预训练模型）具有自监督学习能力，不需要或很少需要人工标注数据进行训练，从而可以直接降低训练成本。其次，得益于预训练的方式，大规模预训练模型仅使用少的标注数据即可实现具体任务和场景的适应性，降低了针对具体任务和场景微调所需要的数据规模。

（3）可以带来更优的效果。大规模预训练模型通过海量数据的训练模式，大大提升了模型的性能。GPT 系列模型拥有数以亿计的参数，能够从大量的文本数据中自动学习语言规律和语义信息，从而自动完成各种文本生成任务。在视觉领域，以谷歌 2021 年发布的视觉迁移模型 Big Transfer（BiT）模型为例，它具有 7.3 亿个参数，使用了 ImageNet-21k 数据集（138 万张图片、21 841 个类别）进行预训练，达到了良好的效果。同时，扩大数据规模也能带来精度提升。例如，使用 ILSVRC-2012（128 万张图片、1000 个类别）和 JFT-300M（3 亿张图片、18 291 个类别）两个数据集分别训练 ResNet50，精度分别是 77% 和 79%；而使用 JFT-300M 训练更大规模的 ResNet152x4，精度可以上升到 87.5%。

8.1.3 应用场景

目前大规模预训练模型主要围绕以下多个应用场景进行具体的部署，以帮助人们提升生活的便捷性和智能化水平。

（1）搜索引擎。现有的搜索引擎的作用仍然局限于信息检索，用户还是需要对搜索引擎呈现的结果进行筛选甄别。而大规模预训练模型学习了海量数据集的知识，具有强大的知识表征和推理能力，展现出替代现有搜索引擎的潜质。以 ChatGPT 为例，用户只需要提出请求（如在对话中输入指令），系统就会自动完成信息的整合和呈现。

（2）办公和创作。大规模预训练模型可以提高办公的效率，同时为创作者提供可借鉴的想法。现有的大规模预训练模型可以实现自动生成指定文本、纠正语法错误、润色文字以及收集数据等功能，这些功能可以帮助办公人员极大地提高工作的便捷性。同时，大规模预训练模型（如 VisualGPT 等）也可以实现图像的编辑和生成，进一步为创作者节省成本。

（3）教育。大规模预训练模型可以提供"启发式"的教学模式。如现有的 ChatGPT 可以支持多轮对话，为提问者提供较为准确的回答。因此，这类大规模预训练模型具备引导提问者更加积极主动地进行思考、发问的潜质。

（4）医疗。大规模预训练模型蕴含大量的知识库，可以帮助医护人员熟悉患者病情和提供解决方案，也可以帮助患者导诊。此外，大规模预训练模型具有涌现性，所以可以辅助医学研究。比如华为云新推出的盘古药物分子大模型，研究了 17 亿个小分子的化学结构，可以高效生成药物新分子，计算蛋白质靶点匹配，预测新分子生化属性，并对筛选后的先导药进行定向优化，实现了全流程的 AI 辅助药物设计。

（5）金融。大规模预训练模型可以帮助金融从业者做出决策，从而便于进行风险管理。大规模预训练模型具备较强的数据理解和图表及图像生成的能力，可使金融从业者更快捷、直观和便利地识别风险，同时提升效率及决策能力。

（6）其他。大规模预训练模型正在朝着多应用场景的方向发展，越来越多的大规模预训练模型被提出并用于解决多种实际问题。比如盘古计算机视觉大模型利用海量无标注电力数据进行预训练，并结合少量标注样本微调的高效开发模式，推出了针对电力行业的预训练模型；阿里 M6 通过对不同模态的信息进行处理，可以提供图文商品检索以及外观设计等应用。

8.2　语言模型

自然语言处理是人工智能领域的一个重要分支，主要研究的是通过计算机程序对自然语言进行分析、理解、识别等任务，广泛应用于机器翻译、字幕生成、智能问答等多个场景当中。自然语言处理的发展经历了以下三个阶段。

（1）符号 NLP 阶段（20 世纪 50 至 90 年代）：基于手工规则，代表系统如 ELIZA 等早期聊天机器人。

（2）统计 NLP 阶段（20 世纪 90 年代至 21 世纪初）：引入机器学习算法和大规模语料库统计，典型应用如 ALICE、UC 等聊天系统。

（3）神经 NLP 阶段（21 世纪初至今）：以深度学习技术（CNN、RNN、Transformer）为主导，推动了 GPT、BERT 等预训练模型的快速发展。

近年来，随着模型规模（参数量、训练数据和计算资源）的持续扩大，以 ChatGPT 为代表的大型预训练语言模型展现出强大的语言理解和生成能力，推动了 NLP 技术在日常生活中的广泛应用。

大型预训练语言模型是一种利用大量文本数据进行学习的深度神经网络模型，这种模型可以捕捉语言的通用知识和规律，从而提高自然语言处理任务的性能，主要用于文本分类、机器翻译、文本生成等任务。大型预训练语言模型为完成自然语言处理任务提供了新途径。下面主要介绍 GPT 系列和 BERT 语言模型。

8.2.1 GPT 系列

GPT（Generative Pre-trained Transformer）系列是由 OpenAI 提出的大型预训练语言模型，这一系列模型在自然语言处理和计算机视觉领域相关任务中取得了非常惊艳的效果，可以应用至文章生成、代码生成、机器翻译和视觉问答等。GPT 系列模型的发展史如表 8.1 所示。

表 8.1　GPT 系列模型的发展史

模　型	发布时间	参数量	预训练数据集大小
GPT-1	2018 年 6 月	1.17 亿	约 5 GB
GPT-2	2019 年 2 月	15 亿	40 GB
GPT-3	2020 年 5 月	1750 亿	约 46 080 GB
ChatGPT	2022 年 11 月	—	—
GPT-4	2023 年 3 月	—	—

1. GPT-1

GPT-1 是 OpenAI 在 2018 年推出的第一代生成式预训练模型，参数量为 1.17 亿。GPT-1 通过未标注的数据训练出一种生成式语言模型，再根据特定的下游任务进行微调，将无监督学习作为有监督模型的预训练目标。微调后的 GPT-1 模型的性能超过了当时针对特定任务训练的领先模型，它可以很好地完成若干下游任务，包括文本分类、语义相似度分析、问答等。

1）GPT-1 的结构

GPT-1 使用的 Transformer 架构如图 8.5(a)所示，即 GPT-1 只使用了 Transformer 的

解码器结构（详细介绍见本书第 6 章），其核心组件是掩码多头自注意力（Masked Multi-Head Self-Attention）机制。由于掩码多头自注意力机制只利用上文信息对当前位置的值进行预测，所以 GPT-1 是单向的自回归语言模型。如图 8.5(b)所示是 GPT-1 的微调任务。

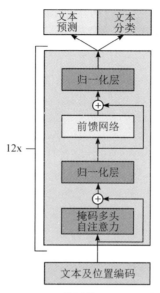

(a) GPT-1使用的Transformer架构

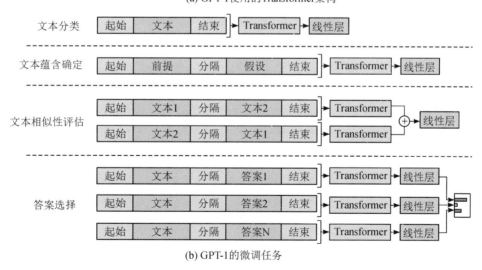

(b) GPT-1的微调任务

图 8.5　GPT-1 使用的 Transformer 架构及其微调任务

2）GPT-1 的数据集及参数量

GPT-1 使用了 BookCorpus 数据集，这个数据集包含 7000 本未出版的书籍。该数据集拥有更长的上下文依赖关系，使得模型能学得更长期的依赖关系；同时因为该数据集中的书籍内容没有发布，所以很难在下游数据集中见到，更能验证模型的泛化能力。

GPT-1 保留了解码器的掩码多头自注意力层和前馈层，并扩大了 Transformer 模型的参数规模。该模型将层数扩展到 12，将注意力的维数扩大到 768（原来为 512），将注意力的头数增加到 12（原来为 8），将前馈层的隐层维数增加到 3072（原来为 2048），参数量达到 1.17 亿。

3）GPT-1 的预训练

在预训练部分，GPT-1 将完成语言建模任务作为训练目标，即根据已知的词预测未知的词。给定一个语料的句子序列 $\mathcal{U} = \{u_1, \cdots, u_n\}$，用 u_i，$i = 1, 2, \cdots, n$ 表示每一个 Token（词/标记）。当设置窗口长度为 k 时，任务可以表述如下：预测句子中的第 i 个词时，使用第 i 个词之前的 k 个词（即 $u_{i-k}, \cdots, u_{i-1}$）作为上下文，并考虑参数 Θ。语言模型的优化目标是最大化似然函数 $L_1(\mathcal{U})$，其表达式为

$$L_1(\mathcal{U}) = \sum \log P(u_i \mid u_{i-k}, \cdots, u_{i-1}; \Theta) \tag{8-1}$$

其中 P 是条件概率，可根据式（8-2）计算：

$$P(u_i) = \mathrm{Softmax}(\boldsymbol{h}_n \boldsymbol{W}_e^{\mathrm{T}}) \tag{8-2}$$

而 $\boldsymbol{h}_n$ 和 $\boldsymbol{W}_e^{\mathrm{T}}$ 分别由式（8-3）和式（8-4）得到：

$$\boldsymbol{h}_l = \mathrm{Transformer\_block}(\boldsymbol{h}_{l-1}), \ \forall l \in [1, n] \tag{8-3}$$

$$\boldsymbol{h}_0 = \boldsymbol{U}\boldsymbol{W}_e + \boldsymbol{W}_p \tag{8-4}$$

其中，$\boldsymbol{U}$ 表示词向量，$\boldsymbol{W}_p$ 是位置嵌入矩阵，$\boldsymbol{W}_e$ 是词嵌入矩阵，$\boldsymbol{W}_e^{\mathrm{T}}$ 为 $\boldsymbol{W}_e$ 的转置，Softmax 表示 Softmax 激活函数，Transformer_block 代表 Transformer 解码器结构，l 代表解码器层数。

4）GPT-1 的微调

当得到预训练模型之后，使用有监督方法对模型参数进行微调，以适应当前的监督型任务，即对于一个有标签的数据集 $\mathcal{C}$，给定具有 m 个词的输入序列 $\{x_1, x_2, \cdots, x_m\}$，预测其标签 y。

首先将这些词输入到预训练模型中，得到最终的特征向量 $\boldsymbol{h}_l^i = \{h_l^1, h_l^2, \cdots, h_l^m\}$，$\boldsymbol{h}_l^i$ 对应输入序列中 x_i 的嵌入。再将特征向量及权重输入到全连接层和 Softmax 函数中进行标签概率预测，如式（8-5）所示：

$$P(y \mid x_1, \cdots, x_m) = \mathrm{Softmax}(\boldsymbol{h}_l^i \boldsymbol{W}_y) \tag{8-5}$$

其中 $\boldsymbol{W}_y$ 为全连接层的参数。有监督微调的时候也要考虑预训练的损失函数 L_1，所以最终

需要优化的函数为

$$L_3(\mathcal{C}) = L_2(\mathcal{C}) + \lambda L_1(\mathcal{C}) \tag{8-6}$$

其中

$$L_2(\mathcal{C}) = \sum_{x,y} \log P(y \mid x_1, \cdots, x_m) \tag{8-7}$$

5）GPT-1 的优势及局限性

GPT-1 在 9 个基准数据集（QNLI、MNLI、SNLI、SciTail、Story Cloze、RACE、CoLA、STSB、QQP）上的表现超过了专门训练的有监督的先进模型。由于采用了预训练，该模型在不同的 NLP 任务（如问题回答、模式解决、情绪分析等）中的零样本性能有所改进。GPT-1 模型显示了生成式预训练的强大之处，并为其他模型开辟了道路，这些模型可以通过更大的数据集和更多的参数更好地释放这种潜力。然而，由于 GPT-1 的训练数据集来源于书籍，因此数据缺乏广泛性，使得模型知识不是很丰富。此外，GPT-1 的泛化能力不足，在一些任务上性能表现会下降。

2. GPT-2

GPT-2 的目标是训练一个泛化能力更强的词向量模型，使用无监督的预训练模型做有监督的任务，它使用了更大的数据集并向模型中添加了更多的参数，从而得到了更强大的语言模型。这样，当模型容量非常大且数据量足够丰富时，仅仅靠训练语言模型的学习便可以完成其他监督学习的任务。因此，GPT-2 不再定义这个模型应该做什么任务，也不针对不同任务分别进行微调建模，而是由模型基于输入上下文的语义模式自主推断任务目标。

1）GPT-2 的结构

GPT-2 的结构基本与 GPT-1 的保持一致，仍然使用单向的 Transformer 架构，同时做了一些局部修改，如在最后一个自注意力层之后加了一个归一化层。

2）GPT-2 的数据集及参数量

为了创建一个广泛且高质量的数据集，开发者抓取了 Reddit 平台并筛选了高赞文章的出站链接进行数据提取，生成了名为 WebText 的数据集。该数据集包含来自超过 800 万份文档共 40 GB 的文本数据，用于训练 GPT-2 模型。与用于训练 GPT-1 模型的 BookCorpus 数据集相比，WebText 数据集的规模更加庞大。基于该数据集，开发者训练了 4 组具有不同层数和词向量长度的模型。实验结果证明，随着模型规模的扩大，模型在多个任务上的性能表现以及鲁棒性是不断提升的。

3）GPT-2 的学习

和 GPT-1 相同，GPT-2 的核心依旧是语言模型。但 GPT-2 旨在使用相同的无监督模型学习多个任务，而不再进行微调。对于 GPT-1，其学习目标可以写为

$$P(\text{output} \mid \text{input}) \tag{8-8}$$

其中 input 表示输入，output 表示输出。GPT-2 对学习目标进行修改，这种修改被称为任务条件(Task Conditioning)作用，即模型对不同任务的相同输入产生不同的输出，此时学习目标可以写为

$$P(\text{output} \mid \text{input}, \text{task}) \tag{8-9}$$

最终使用训练好的模型，在零样本情况下完成多个任务，多个任务共享更新同一个 Transformer 解码器架构之上的模型参数。

4）GPT-2 的优势及局限性

GPT-2 收集了一个大语料库 WebText，同时验证了通过海量数据和大量参数训练出来的模型可以迁移到其他任务中而不需要额外的训练。GPT-2 的研究表明随着模型容量和数据量的增大，大语言模型的潜能还有进一步开发的空间，为后续的模型发展奠定了基础。然而，GPT-2 并未充分挖掘无监督学习的潜能，因此后续许多大模型主要围绕无监督学习的方法进行了改进。

3. GPT-3

GPT-3 的数据规模、参数规模都比 GPT-2 的大 100 倍，同时在多个任务上都表现优异。GPT-3 还在很多非常困难的任务上也有惊艳的表现，例如撰写人类难以判别的文章，甚至编写代码等。不过，OpenAI 声称，GPT-3 依然延续了此前 GPT-2 的基本架构。

1）GPT-3 的结构

GPT-3 的结构大体与 GPT-2 的相同，但也存在一些区别，主要体现在：GPT-3 有 96 层，每层有 96 个注意头；GPT-3 的单词嵌入量增加到 12 888；GPT-3 的上下文窗口数增加到 2048；GPT-3 采用交替密度和局部带状稀疏注意模式。

2）GPT-3 的数据集及参数量

GPT-3 具有 1750 亿的参数量以及 45 TB 的训练数据，在 5 个不同的数据集上进行了训练，这 5 个数据集分别是低质量的 Common Crawl 以及高质量的 WebText2、Books1、Books2 和 Wikipedia。GPT-3 根据不同的质量为数据集赋予了不同的权重，权重越高的数据集在训练的时候越容易抽样。高质量的数据集被更频繁地采样，并且模型在它们上训练了不止一个周期。

3）GPT-3 的学习

GPT-3 仍延续 GPT-2 的学习思路及训练方式，同样也认为移除微调是必要的。因此，研究者提出采用情境学习(In-Context Learning，ICL)的方式学习下游任务，前提是需要提供容量足够大的 Transformer 语言模型。

情境学习是指在不进行参数更新的情况下，只在输入中加入几个示例就能让模型进行

学习。情境学习认为在给定几个任务示例或一个任务说明的情况下，模型应该能通过简单预测补全任务中其他的实例，即情境学习要求预训练模型能够对任务本身进行理解。

4）GPT-3 的优势及局限性

GPT-3 在零样本和小样本学习场景下超越了绝大多数先进方法，同时在多个任务上取得了优异的效果，如进行数学加法、文章生成、代码编写等。GPT-3 为下游各种类型的 NLP 任务提供了非常优秀的词向量模型，在此基础上必将落地更多有趣的 AI 应用，为后续大模型的发展起到推动作用。然而，尽管 GPT-3 能够生成高质量的文本，但有时它会在制定长句子时开始失去连贯性，并一遍又一遍地重复文本序列。同时，庞大的架构使其具有推理复杂度高、计算成本高昂和语言可解释性较差等缺点。此外，受训练语言的影响，它的回答可能具有性别、民族、种族或宗教等方面的偏见。

4. ChatGPT

相比 GPT-3，ChatGPT 的性能有显著提升，能以不同样式、不同目的生成文本，并且在准确度、叙述细节和上下文连贯性上具有更优的表现。它支持连续多轮对话，主动承认自身错误并且优化答案。ChatGPT 基于 GPT-3 架构，但为了解决模型的不一致问题，使用了人类反馈来指导学习过程，对其进行了进一步训练。

ChatGPT 的学习过程如图 8.6 所示，总体上包括以下三个不同步骤：

（1）收集数据，利用自监督方法对模型进行调整；

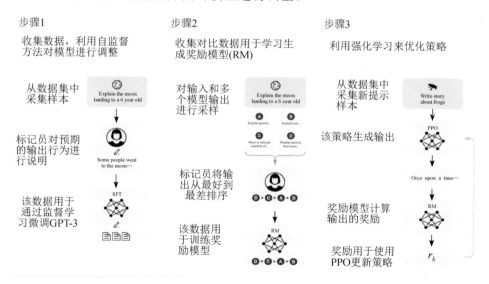

图 8.6　ChatGPT 的学习过程

（2）收集对比数据用于学习生成奖励模型（RM）；

（3）利用强化学习来优化策略。

5. GPT-4

OpenAI 于 2023 年 3 月 15 日发布了 GPT-4。虽然在很多现实场景中，GPT-4 的能力不如人类，但在许多专业和学术评测中，它展示出了与人类相媲美的表现，比如在模拟的律师资格考试中，GPT-4 的得分排名前 10%。

针对不同的场景需求，OpenAI 在 GPT-4 的基础上推出了 GPT-4o 和 GPT-4o mini。这三者的区别具体如表 8.2 所示。总体而言，GPT-4o 更注重效率和性能，适合需要平衡性能与资源的应用；GPT-4o mini 是更轻量级的版本，可为低算力设备和场景提供高效的解决方案。

表 8.2　GPT-4、GPT-4o 和 GPT-4o mini 的区别

属性	GPT-4	GPT-4o	GPT-4o mini
模型大小	具有数千亿参数	经过剪枝和优化，参数减少	参数较少，适合低算力设备
适用场景	高算力服务器和复杂应用场景	资源受限的中等复杂场景	边缘设备或移动应用
推理速度	中等	快速	极快
推理成本	高	中等	低
性能	强，适合多领域任务	稍弱于 GPT-4，但表现优良	偏向于简单任务
训练数据	大规模语料，覆盖多领域	经过优化的数据子集	选取轻量级的关键数据集
能耗	高	中等	低

1）GPT-4 的基本信息

GPT-4 是一个多模态大模型，支持同时处理图像和文本输入，并生成文本输出。与 ChatGPT 一样，GPT-4 也采用人类反馈强化学习（RLHF）进行了微调，以提高其对话能力和响应的质量。目前，OpenAI 尚未公开 GPT-4 的全部细节，比如具体的模型架构、数据集的构造以及训练方法等。已知的是，GPT-4 的参数量达到了约 1750 亿，相比于 GPT-3 增加了一定比例，这使得它在处理复杂任务时表现得更为出色。此外，它在各种大型代码数据集上的表现也较前代模型有显著的改进。

作为多模态模型，GPT-4 不仅能处理文本输入，还可以理解和分析图像，进而生成相关的文本描述或回应，这表明其具备了对视觉内容的理解能力。GPT-4 可以接受图像和文本作为输入，能够理解和分析这两种类型的数据，并以文本或图像形式响应。这意味着用户可以上传图片，并询问模型关于图片内容的问题，模型能够识别图像中的对象、场景以及文本，并对此进行语言上的回应。

2）GPT-4 的优势及局限性

GPT-4 吸引了许多国际企业和新创公司的关注并得到广泛应用，具有多方面的优势。首先，它可以处理更多的输入数据，包括图片和长文本（超过 25 000 个单词的文本）。GPT-4 可以接受图像作为输入完成说明、分类和分析，是 GPT 系列对图像处理的一大进步。其次，它可以生成更高质量和更有创意的文本，涵盖歌词、创意写作及多样化风格转换等领域。再次，它具有更高级的推理能力，能够解决数学问题、进行逻辑推理和常识判断等。最后，它可以更好地对齐人类的价值观和道德标准，避免产生不合适或不安全的内容。同时，GPT-4 的性能也有了很大的提升。比如：在一系列传统的 NLP 基准测试中，GPT-4 的表现超过了之前的大语言模型和大多数最先进的系统；在 MMLU 基准测试（涵盖 57 个主题的英语多项选择题）中，GPT-4 不仅在英语方面大幅度超过现有模型，而且在其他语言方面也表现出强大的性能；在 MMLU 的翻译版本中，GPT-4 在 24 种语言的 26 种考虑中超越了英语的最先进水平。此外，GPT-4 在科学发现与研究领域显示出有前途的潜力，展示了其处理复杂问题解决和知识整合任务的能力。

然而，正如 OpenAI 强调的，GPT-4 目前仍是不完美的模型，其能力远不及人类。也就是说，GPT-4 仍有许多局限性，如依赖大量的计算资源和训练数据、无法处理一些特定领域的输入和输出（如语音、视频等）、存在社会偏见与生成内容幻觉和对对抗性提示的敏感性。

6. GPT-4 Turbo

2023 年 11 月，OpenAI 发布了多个新模型和开发者工具，其中核心亮点是 GPT-4 Turbo，它具备 128K 上下文窗口，能处理超长文本，知识更新至 2023 年 4 月，性能更强、成本更低。同时 OpenAI 更新了 GPT-3.5 Turbo，它支持 16K 上下文窗口，提升了指令跟随和函数调用能力。

OpenAI 还推出了全新的助手 API，支持代码解释器、知识检索、函数调用等功能，极大简化了开发复杂 AI 应用的过程。该 API 支持持久会话与长线程管理，适用于数据分析、编程辅助、智能对话等多种场景。

此外，OpenAI 引入了多模态处理能力，使 GPT-4 Turbo 支持图像输入，同时 DALL·E 3 API 支持文本生成图像，进一步拓展了 AI 在图像理解与生成领域的应用。

整体来看，这些更新大幅提升了模型的实用性和开发效率，为 AI 在各行业的落地提供了强有力的支持。

7. GPT-o1 系列

2024 年 9 月 12 日，OpenAI 发布了全新的 AI 模型——GPT-o1 系列，该系列包含三个版本：OpenAI o1、OpenAI o1-preview（早期推理版本）和 OpenAI o1-mini，其中 o1-preview 和 o1-mini 版本目前已经可以在 ChatGPT 中使用。ChatGPT 接入 o1-preview 和 o1-mini 的界面如图 8.7 所示。OpenAI o1-preview 版本更注重深度推理任务处理，每周可以使用 30 次。该版本可以帮助解决科学、编码、数学和类似领域的复杂问题，这些增强的推理能力可能特别有用。例如，医疗研究人员可以使用 o1-preview 来注释细胞测序数据，物理学家可以使用 o1-preview 来生成量子光学所需的复杂数学公式。而 OpenAI o1-mini 版本是一种速度更快、成本更低的推理模型，比 o1-preview 便宜 80%，在编码方面尤其有效。作为一款较小的模型，其功能强大、经济高效，适用于需要推理但不需要广泛世界知识的应用场景。

图 8.7　ChatGPT 接入 o1-preview 和 o1-mini 的界面

GPT-o1 系列模型（以下简称 o1 模型）在数理化生、英语、法律和经济等科目上表现出显著改进，特别是在解决博士水平的物理问题时，其表现远超之前的 GPT-4o 模型。o1 模型的主要特点如下。

（1）强大的推理能力：o1 模型在处理复杂推理任务方面表现出色，特别是在数学、编程、科学等领域。开发者对 o1 模型在 AIME 2024、Codeforces 和 GPQA Diamond 三个数据集上的表现进行了评测，结果如图 8.8 所示。AIME 是专门用来考查美国最优秀高中生数学水平的考试(包含 15 道填空题,每题 1 分,总分 15 分)。在 2024 年的 AIME 中,GPT-4o平均仅能解答 12%(1.8/15)的问题;而 o1 在单次采样下可解答 74%(11.1/15)的问题,在64 次采样结果取共识后解题比例达到了 83%(12.5/15),在对 1000 次采样结果使用学习到的打分函数重新进行排序后解题比例提升至 93%(13.9/15)。这样的成绩(13.9/15)使 o1跻身美国全国前 500 名学生之列,并且超过了美国数学奥林匹克(USAMO)的入围分数线。Codeforces 是全球最大的编程练习和竞赛平台,总部位于俄罗斯。在开发者的评测中,o1在 Codeforces 上的评分达到了 1673,超过了 89% 的程序员。GPQA Diamond 是一项难度极高的智力基准测试,用于衡量参与者在化学、物理和生物领域的专业知识水平。为了比较模型与人类的表现,我们邀请了拥有博士学位的专家来回答 GPQA Diamond 上的问题。结果表明,o1 在该基准上的准确率达到了 78%,超越了这些人类博士专家,成为首个在这一测试中取得这一成就的模型。然而,这并不意味着 o1 在各方面都比博士强,只能说明在博士预计能够解决的部分难题上,o1 展现出了更高的熟练程度。在其他若干机器学习基准上,o1 同样超过了之前的最优水平。当开启视觉感知功能后,o1 在 MMMU 上取得了78.2% 的成绩,成为首个能够与人类专家表现相抗衡的模型;在 57 个 MMLU 子类别中,o1 更是在 54 个方面超越了 GPT-4o。

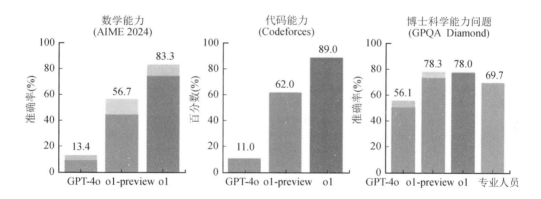

图 8.8　o1 模型在不同数据集上的表现

　　(2) 较长的内部思维链:o1 在回答问题之前会进入拟人化思考模式,将问题分解成更小的步骤逐一解决,生成一个较长的内部思维链。这种长思维链使得 o1 在推理任务上的表现更加准确和深入。与 GPT-4o 相比,o1 在尝试解决问题时会使用思维链,首先思考几秒钟,将棘手的问题分解为更简单的步骤,最终得到准确的答案,这与人类在回答难题之前会长时间思考的方式类似。

　　(3) 卓越的代码能力:o1 在 2024 年国际信息学奥林匹克竞赛(IOI)中取得了 213 分的成绩,排名处于第 49 百分位。该模型在与人类参赛选手相同的条件下参赛,在 10 小时内解决 6 道高难度算法问题，并且每道题允许 50 次提交。在每道题上，o1 对多个候选解进行采样，并基于测试时的选择策略提交其中的 50 个。提交的筛选依据包括：模型在 IOI 公共测试用例上的表现、模型自行生成的测试用例结果，以及一个学习得到的评分函数。若改为随机提交，这一策略只能平均得到 156 分。因此，在正式比赛约束下，该选择策略带来了近 60 分的收益。当放宽提交次数限制后，o1 模型的性能得到了显著提升。在允许每道题提交 10 000 次的条件下，即使不使用任何测试时的选择策略，模型也能取得 362.14 分，已超过金牌分数线。最后，开发者在 Codeforces 平台上模拟了多场编程竞赛，以进一步检验模型的编程能力。评测严格遵守比赛规则，并允许 10 次提交。GPT-4o 的 Elo 评级为 808，处于人类选手的第 11 百分位；而 o1 在同样的条件下取得了 1807 的 Elo 评级，超过了 93% 的参赛者，远远优于 GPT-4o。

（4）显著的人类偏好优势：除了各类考试与学术基准测试，开发者还在多个领域对开放式、高难度任务进行了评测，比较了人类对 o1-preview 和 GPT-4o 的响应偏好。具体而言，人类标注者会看到来自 o1-preview 和 GPT-4o 的匿名回答，然后投票决定更偏好哪一个。在高度依赖推理能力的任务（如数据分析、编程和数学）中，o1-preview 明显比 GPT-4o 更受青睐。然而，在某些自然语言处理相关任务上，o1-preview 并不占优势，这表明其并非适用于所有场景。

（5）创新的安全性思路：链式思维推理为模型的对齐性和安全性提供了新的可能。实验发现，将模型行为的政策集成到链式思维推理中是一种有效的方法，可以稳健地传授人类价值观和原则。通过在上下文中教授模型安全规则及推理方式，我们找到了一些证据，表明推理能力可以直接提升模型的稳健性：o1-preview 在关键的越界测试和内部最严苛的安全拒绝边界评估中取得了显著的性能提升。

8.2.2 BERT

BERT（Bidirectional Encoder Representation from Transformers）是谷歌研究人员于 2018 年发布的一个预训练的语言模型。BERT 当时成功在 11 项 NLP 任务中取得优异的表现，赢得自然语言处理学界的一片赞誉之声。相对于 GPT，它凭借双向 Transformer 编码器，可以同时考虑输入左右两侧的上下文信息，从而更好地理解文本的含义和结构。

1. BERT 的结构

BERT 利用掩码语言模型（Masked Language Model，MLM）进行预训练并且采用深层的双向 Transformer 编码器来构建整个模型，因此最终生成能融合左右及上下文信息的深层双向语言表征。BERT 和 GPT 模型架构的对比如图 8.9 所示，其中 E_1，E_2，$\cdots$，E_N 表示词向量编码，Trm 表示 Transformer 模型，T_1，T_2，$\cdots$，T_N 表示输出向量，箭头指引表示信息的传递。可以看出 BERT 比 GPT 融合了更丰富的左右及上下文信息。

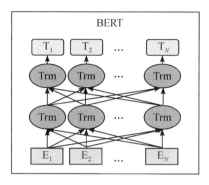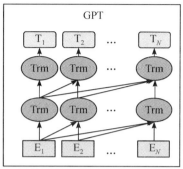

图 8.9   BERT 和 GPT 模型架构的对比

1）BERT 的编码

这里 BERT 的编码由三种编码求和而成。第一种编码是对每一个词进行的词向量编码，第一个单词作为 CLS 标志，可以用于之后的分类任务；第二种编码是为每一个词添加的可学习的分割编码，用来指示其属于句子 A 还是句子 B；第三种编码是位置编码。如图 8.10 所示，BERT 的输入是两个句子："my dog is cute"和"he likes playing"。进行编码时，首先会在第一句开头加上特殊 Token［CLS］用于标记句子开始，在第一句结尾加上［SEP］用于标记句子结束；然后添加分割编码和位置编码。

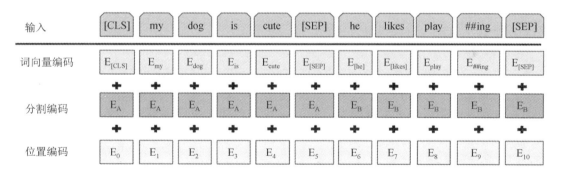

图 8.10   BERT 的编码示例

2）BERT 的输出

BERT 的输出示例如图 8.11 所示。其中 C 为分类 Token（［CLS］）对应最后一个 Transformer 的输出，T_i（$i=1, 2, \cdots, N$，［SEP］，M）则代表其他词对应最后一个 Transformer 的输出。对于一些词级别的任务（如序列标注和问答任务），就把 T_i 输入到额外的输出层中进行预测；对于一些句子级别的任务（如自然语言推断和情感分类任务），就把 C 输入到额外的输出层中进行预测。这也就解释了为什么在每一个词序列前都要插入特定的分类词。

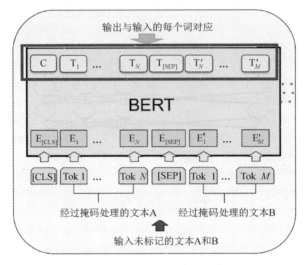

图 8.11　BERT 的输出示例

2. BERT 的数据集及参数量

BERT 的训练数据集来源于大型语料库 Wikipedia 和 BookCorpus。BERT 具有两种架构类型，其参数量如表 8.3 所示。

表 8.3　BERT 的参数量

架构类型	Transformer 层数	隐藏层大小	注意力头数	参数量
BERT-base	12	768	12	110M
BERT-large	24	1024	16	340M

3. BERT 的预训练

BERT 利用大规模文本数据的自监督性质构建了两个预训练任务，分别是掩码语言模型(Masked Language Model，MLM)任务和下一句预测(Next Sentence Prediction，NSP)任务。

1) 掩码语言模型任务

MLM 任务通过屏蔽(隐藏)句子中的单词并迫使 BERT 双向使用覆盖单词两侧的单词来预测被屏蔽的单词，从而实现/强制从文本中进行双向学习。比如：

I just wanted to send an[MASK]，but the network crashed.

简单来说，就是以 15% 的概率用掩码词([MASK])随机地对每一个训练序列中的 Token 进行替换，然后预测出[MASK]位置原有的单词。该策略令 BERT 对所有的 Token 都敏感，以致能抽取出任何 Token 的表征信息。

2) 下一句预测任务

因为 MLM 任务倾向于抽取词层面的表征，所以不能直接获取句子层次的表征。因此，

BERT 使用了 NSP 任务，该任务通过预测给定句子是否遵循前一个句子的逻辑来帮助 BERT 了解句子之间的关系。例如，针对

A：(1) Richard went to the restaurant. (2) He ordered a hot pot.

B：(1) She goes to work by motorcycle. (2) A new coffee shop opened.

构建 NSP 任务，从语料库中挑选出句子(1)和句子(2)来组成句子对，50% 的情况下句子(2)就是句子(1)的下一句(标注为 IsNext)，剩下 50% 的情况下句子(2)是语料库中的随机句子(标注为 NotNext)。接下来把训练样例输入 BERT 中，用[CLS]对应的 C 信息进行二分类的预测。易知 A 是正确的句子对，而 B 不是。

4. BERT 的微调

图 8.12 给出了针对不同任务微调 BERT 的图示。针对不同任务的特定模型是通过将

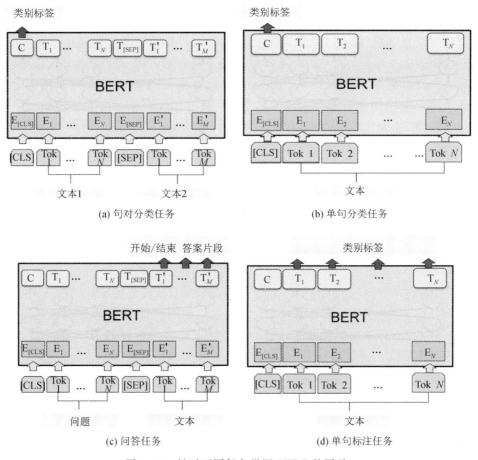

(a) 句对分类任务

(b) 单句分类任务

(c) 问答任务

(d) 单句标注任务

图 8.12 针对不同任务微调 BERT 的图示

BERT 与一个额外的输出层结合在一起形成的，因此仅需要学习较少数量的参数。在图 8.12 所示的四个任务中，(a) 和 (b) 是序列级别任务，而 (c) 和 (d) 是词级别任务，其中 [SEP] 是分隔非连续词序列的特殊符号。图 8.12(a) 所示的是句对分类任务，该任务与 GPT-1 的文本蕴含确定任务相同，首先给定前提 (文本 1) 和假设 (文本 2)，让模型判断给定前提能否推出假设，模型最终输出 ture(是)/false(否)/unknown(不确定)。图 8.12(b) 所示的是单句分类任务，该任务要求模型对输入的文本直接输出类别。图 8.12(c) 所示的是问答任务，在该任务中，问题的答案就在输入的文本中。因此，输入给定文本和问题，则模型计算出答案所在的位置，最终输出一个答案片段，这个片段由开始位置和结束位置标记。图 8.12(d) 所示的是单句标注任务，该任务要求模型对输入的文本的每个词输出对应的类别。

5. BERT 的优势及局限性

BERT 使用大规模数据集进行训练，采取"预训练＋微调"的模式。它拥有强大的语言表征能力和特征提取能力，同时允许双向的语言处理，并构建两个预训练任务来获取词级别和序列级别的语义表征。为了适配多任务下的迁移学习，BERT 设计了更通用的输入层和输出层以降低微调成本。而 BERT 的局限性表现在训练的过程中每个批只有 15% 的 Token 被预测，所以 BERT 的收敛速度较慢。同时 [MASK] 标记在实际预测中不会出现，训练时使用过多 [MASK] 会影响模型表现。

8.3　视　觉　模　型

8.3.1　ViT-22B

谷歌于 2023 年 4 月 6 日发布了史上最大的视觉 Transformer 模型 ViT-22B，其参数量达到 220 亿。该模型是对原始 Transformer 架构的扩展，其视觉感知能力接近人类水平，可以实现图像分类、图像分割、单目深度估计等任务，如图 8.13 所示。研究人员通过对原始 Transformer 架构进行微小但关键的修改后，实现了更高的硬件利用率和训练稳定性，从而在多个任务上提高了模型的性能上限。

具体而言，和原始 Transformer 架构相比，ViT-22B 的核心技术创新主要体现在以下四个方面：并行层设计、Query/Key (QK) 归一化、偏置项优化和异步并行线性运算。这些技术创新显著提高了模型的运算效率和训练稳定性，下面具体进行介绍。

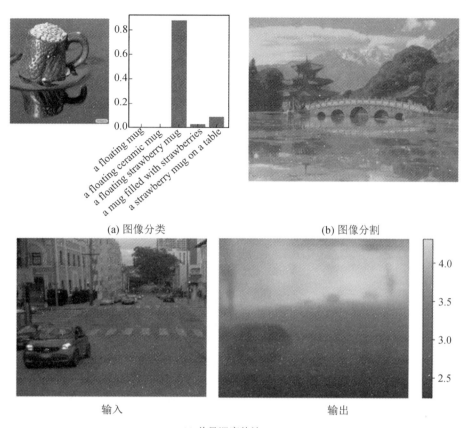

(a) 图像分类　　　　　　　　　　(b) 图像分割

(c) 单目深度估计

图 8.13　ViT-22B 可以实现的任务示例

1. 并行层设计

ViT-22B 并行应用注意力（Attention）和多层感知器（MLP）模块，而不是像标准 Transformer 中那样顺序执行，即

$$y' = \text{LayerNorm}(x) \tag{8-10}$$

$$y = x + \text{MLP}(y') + \text{Attention}(y') \tag{8-11}$$

这使得 ViT-22B 通过结合 MLP 和注意力模块的线性投影实现额外的并行化。如图 8.14 所示为 ViT-22B 并行 Attention-MLP 编码器层架构。其中，用于注意力层中的 Q（Query）、K（Key）、V（Value）计算的矩阵乘法和 MLP 的第 1 个线性层被融合到一个单独的操作中，用于注意力层中的输出投影和 MLP 的第 2 个线性层也被融合到一个单独的操作中。这种技术最初是由 PaLM 模型提出的，该技术在不降低模型性能的前提下将最大模型的训练速度提高了 15%。

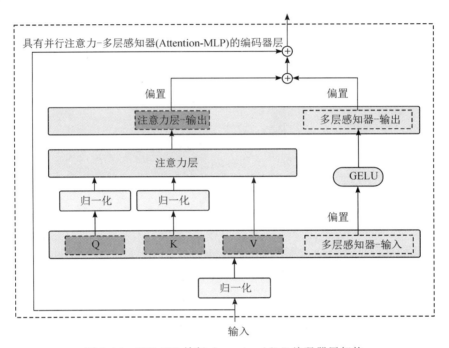

图 8.14　ViT-22B 并行 Attention-MLP 编码器层架构

2. Query/Key (QK)归一化

在扩展 ViT 模型规模的过程中,研究人员在训练 80 亿参数量模型时观察到,经过数千个训练周期(epoch)后,训练损失开始发散。这主要归因于注意力 logits 的数值过大引起的不稳定性,从而产生零熵的注意力权重(几乎 one-hot)。为了解决这个问题,研究人员采用 PaLM 模型的方法,将 LayerNorm 应用于注意力层中 Query 和 Key 的计算过程。具体实现如下:

$$\text{Softmax}\left\{\frac{1}{\sqrt{d}}\text{LN}(\boldsymbol{X}\boldsymbol{W}^{\text{Q}})\left[\text{LN}(\boldsymbol{X}\boldsymbol{W}^{\text{K}})\right]^{\text{T}}\right\} \tag{8-12}$$

式中,d 是 Query/Key 的维度,$\boldsymbol{X}$ 是输入特征矩阵,LN 代表层归一化操作,$\boldsymbol{W}^{\text{Q}}$ 和 $\boldsymbol{W}^{\text{K}}$ 分别是 Query 和 Key 的权重矩阵。归一化层防止了注意力矩阵的值不受控的异常而导致的训练发散。

3. 偏置项优化

和 PaLM 模型一样,ViT-22B 从 QKV(Query-Key-Value)投影中删除了偏置项。与 PaLM 不同的是,ViT-22B 对所有 MLP 层使用了偏置项,并且在所有层归一化操作中取消了偏置项和中心化处理,使得硬件利用率提高了 3%,并且质量没有下降。

4. 异步并行线性运算

通常而言,大规模的模型运算需要分片,即将模型参数分布在不同的计算设备中。除此之外,研究人员把激活也进行分片。因为输入数据和权重矩阵本身都分布在各种设备上,即使是像矩阵乘法这样简单的操作也需要特别小心，所以 ViT-22B 研究人员开发了一种称为异步并行线性运算的方法。该方法可以在矩阵乘法单元（在 TPU 中占据绝大多数计算资源的单元）执行计算的同时，并行处理设备之间的激活和权重通信。这种异步设计使等待传入通信的时间最小化，从而提高了设备效率。在实现异步并行线性运算 $y=Ax$ 时，矩阵 A 在设备之间进行行分片和列分片对应的过程分别如图 8.15(a)、(b) 所示。其中每个矩阵块包含一个连续的切片，表示为 $A_{ij}(i,j=1,2,3,4)$。

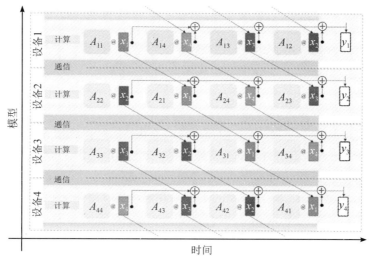

(a) 矩阵 A 在设备之间进行行分片

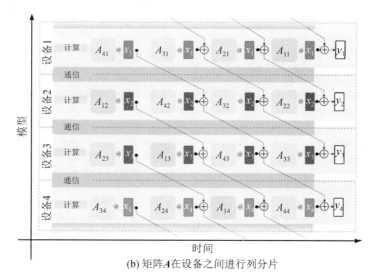

(b) 矩阵 A 在设备之间进行列分片

图 8.15　不同分片策略下异步并行线性运算（$y=Ax$）的过程

ViT-22B 基于 JAX 框架和 FLAX、Scenic 库，同时利用了模型和数据的并行性。此外，ViT-22B 使用了 JAX 的 jax.xmap API，对所有中间体（例如权重和激活）的分片以及芯片间的通信实现了精确的控制。

ViT-22B 是目前最大的视觉 Transformer 模型。研究人员证明，通过对原始架构进行三点修改，ViT-22B 可以实现出色的硬件利用率和训练稳定性，从而在几个基准（迁移类任务、语义分割和深度估计等密集型任务）上实现高性能。当对下游任务进行评估时，ViT-22B 显示出性能随着规模的扩大而提升的趋势。研究人员也进一步观察到该模型的其他优势，包括公平性和性能之间的改进权衡，在形状/纹理偏差方面与人类视觉感知的最新对齐，以及鲁棒性强等。与现有模型相比，ViT-22B 在形状/纹理偏差方面更符合人类视觉感知，展示了"类人"大型预训练语言模型的视觉扩展潜力。

8.3.2 SAM

Meta AI 于 2023 年 4 月 5 日发布了第一个具有提示功能的图像分割基础模型 SAM（Segment Anything Model），该模型能够从图片或视频中对任意对象实现一键分割，并且支持零样本迁移到其他任务。SAM 可以根据多模态提示（如文本、关键点、边界框等）执行交互式分割和自动分割，具有强大的泛化性和通用性。如图 8.16(a)所示，当执行点交互分割时，用户点击水中倒影的龟壳区域，SAM 就能够精准分割整个倒影区域。对于输入

(a) 点交互分割   (b) 自动分割

(c) 不确定分割   (d) 文本提示分割

图 8.16 SAM 的分割示例

的整张图片，SAM 会自动分割出不同区域，如图 8.16(b)所示。当用户点击的区域不是很明确时，SAM 也可以生成多个有效掩码，实现不确定分割，如图 8.16(c)所示。对一张图片输入文本提示时，SAM 可以检测出图片中该类别的物体并进行分割，如图 8.16(d)所示。当用户通过绘制边界框选出目标时，SAM 会自动进行分割。对于输入的文本，来自物体检测器的包围盒提示可以实现文本到物体的分割。除此之外，SAM 还可以为视频中的任何物体生成掩码。同时，SAM 可以从其他系统获取输入提示，例如从 AR/VR 耳机获取用户的注视点提示以选择对象。

1. SAM 项目交互体验

在 SAM 项目的官方演示页面(https://segment-anything.com/)中，用户可以直接在 Demo 界面下进行交互体验而无需注册账号。完整的体验流程如下。

(1)首次进入 Demo 界面，进行条款和条件阅读，同意后进入选择图片界面。如图 8.17 所示，该界面支持通过利用已有数据库中的图片以及用户自己上传图片两种输入方式进行体验。

图 8.17　SAM 项目交互体验界面：选择图片

(2)当选择了图片后，系统进入交互界面。如图 8.18 所示，在该界面的左侧有四种内置好的交互方式可供用户进行选择，这四种交互方式分别是 Hover & Click、Box、Everything 和 Cut-Outs。

• Hover & Click 是指利用鼠标悬停和点击选取物体进行分割。具体操作为按住鼠标左键选取物体，右键移除选取。选取完之后，可以点击 Cut out object 完成对指定目标的分

图 8.18　SAM 项目交互体验界面：选择交互方式

割。如需进一步优化，可点击 Multi-mask 添加额外标记点进行多轮细化调整。最终分割结果将自动保存在 Cut-Outs 一栏中。如图 8.19 所示，当用鼠标选定狗之后，整个狗的区域都会被分割出来。

图 8.19　SAM 项目交互体验界面：Hover & Click 选项

• Box 是指利用鼠标绘制框选物体进行分割。具体操作为按住鼠标左键并拖动选出一个框范围，释放鼠标左键确认选择区域。保存所选区域的方法仍然是点击 Cut out object，然后结果自动保存在 Cut-Outs 一栏中。如图 8.20 所示,当用鼠标框出狗之后,整个狗的区域都会被分割出来。

图 8.20　SAM 项目交互体验界面:Box 选项

- Everything 是指自动分割图片中所有目标。采用该交互方式,图片的不同区域直接被分割出来,所有分割结果自动保存在 Cut-Outs 一栏中。如图 8.21 所示,整个图片中的不同目标都被分割出来。

图 8.21　SAM 项目交互体验界面:Everything 选项

- Cut-Outs 是指结果提取。具体操作时,只需要在 Cut-Outs 一栏中定位目标分割结果，右键点击对应缩略图，并在弹出的菜单中选择"将图片另存为"即可，如图 8.22 所示。

图 8.22 SAM 项目交互体验界面：Cut-Outs 选项

2. SAM 的结构组件

SAM 的总体架构如图 8.23 所示，主要包含三个组件：图像编码器、提示编码器和轻量级掩码解码器，它们协同工作以返回有效的分割掩码。其中，图像编码器用于生成一次性图像嵌入；提示编码器用于生成提示嵌入，提示可以是点、框或文本；轻量级掩码解码器结合了提示编码器和图像编码器的特征进行运算。下面分别对每个组件进行简单介绍。

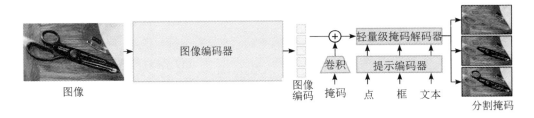

图 8.23 SAM 的总体架构

1) 图像编码器

通常，图像编码器可以是任何输出 $C \times H \times W$（C、H 和 W 分别表示图像的通道数、高度和宽度）向量的图像特征提取网络。出于可扩展性和获得强大预训练模型的考虑，SAM 使用 MAE 预训练的 Vision Transformer(ViT)，并对其进行最小限度的调整以适应高分辨率输入。具体来说，ViT-H/16 具有 14×14 的窗口注意力和 4 个等距的全局注意力块。图像编码器的输出是输入图像的 16 倍缩小编码。

按照标准做法，使用 1024×1024 的输入分辨率，这可以通过重新缩放输入图像和填充短边实现。因此，图像嵌入的尺寸是 64×64。为了减少通道维度，使用 1×1 以及 3×3 卷积来获得 256 个通道，每个卷积之后都有一个归一化层。

2）提示编码器

提示编码器将背景点、遮罩、边界框或文本实时编码嵌入图像向量中。SAM 的提示编码器设计考虑了两组提示：稀疏（点、框、文本）提示和密集提示（掩码）。

稀疏提示被映射到 256 维的向量嵌入，具体操作如下。一个点（point）被表示为该点的位置编码和两个学习的嵌入向量之一的总和，这两个嵌入向量用来表示该点是在前景中还是在背景中。一个框（box）由一对嵌入向量表示：① 框左上角的位置编码与表示"左上角"的学习嵌入向量相加；② 使用相同的结构，但使用表示"右下角"的学习嵌入向量。最后，为了表示自由格式的文本（text），使用来自 CLIP 的文本编码器。

密集提示与图像有空间上的对应关系。以比输入图像低 4 倍的分辨率输入掩码，然后用两个 stride-2 的 2×2 卷积再降级 4 倍，输出通道分别为 4 和 16。最后一个 1×1 卷积将通道维度映射为 256。每一层都被 GELU 激活和归一化层分开。然后，掩码和图像嵌入被逐元素相加。如果没有掩码，则一个代表"无掩码"的嵌入向量编码会被添加到每个图像嵌入向量位置。

3）轻量级掩码解码器

轻量级掩码解码器根据来自图像编码器和提示编码器的嵌入向量预测分割掩码。它将图像嵌入向量、提示嵌入向量和输出标记映射到掩码。所有嵌入向量都由解码器更新，解码器使用提示条件化的自注意力和交叉注意力机制。

3. SAM 的数据集

SAM 在 Segment Anything 10 亿掩码（SA-1B）数据集上进行训练。SA-1B 是迄今为止最大的标记分割数据集，由 1100 万张多样化、高分辨率、经过隐私保护的图像及其对应的 11 亿高质量分割掩码组成。它专为高级分割模型的开发和评估而设计。目前，该数据集仅在研究许可下使用。SA-1B 数据集的独特之处如下。

（1）数据具有多样性。SA-1B 数据集经过精心策划，涵盖广泛的领域、对象和场景，确保模型可以很好地泛化到不同的任务。它包括各种来源的图像数据，例如自然场景、城市环境、医学图像、卫星图像等。这种多样性有助于模型学习分割具有不同复杂性、规模和上下文的对象和场景。

（2）数据规模大。SA-1B 数据集包含超过 10 亿张高质量注释图像，为模型提供了充足的训练数据。庞大的数据量有助于模型学习复杂的模式和表示，使其能够在不同的分割任务上实现最先进的性能。

（3）注释质量高。SA-1B 数据集已经用高质量的掩码进行了仔细注释，从而得到了更准确和详细的分割结果。在 SA-1B 数据集的 Responsible AI(RAI)分析中，研究团队调查了地理和收入分配中潜在的公平问题和偏见。与其他开源数据集相比，SA-1B 数据集中来自欧洲、亚洲和大洋洲以及中等收入国家的图像比例要高得多。值得注意的是，SA-1B 数据集包含至少 2800 万个覆盖所有地区（包括非洲）的掩码。这是之前任何数据集中掩码总数的 10 倍。

4. SAM 的优势及局限性

SAM 利用提示实现分割任务，这一特性使其可以使用提示工程来解决各种下游分割问题。得益于迄今为止最大的标记分割数据集 SA-1B，SAM 能够在各种分割任务中实现最先进的性能。

虽然 SAM 在总体上表现很好，但它并不完美。比如尽管 SAM 可以实时处理提示，但是当使用一个很大的图像编码器时，SAM 的整体性能并不是实时的。同时 SAM 对 text-to-mask(文本—掩码)任务的尝试是探索性的，并不是完全鲁棒性的。此外，虽然 SAM 可以执行许多任务，但如何设计简单的提示来实现语义和全景分割尚不清楚。最后，有一些针对特定领域的工具，比如[ilastik：interactive machine learning for (bio)image analysis.]，它们在各自领域中的表现可能优于 SAM。

作为一个开源模型，SAM 将激发计算机视觉的进一步研究和开发，鼓励 AI 社区在这个快速发展的领域突破可能性的界限，成为 AR、VR、内容创建、科学领域和更通用 AI 系统的强大组件。

8.4　多模态模型

8.4.1　CLIP

CLIP(Contrastive Language-Image Pre-training)是 OpenAI 于 2021 年发布的一个多模态大模型，它通过对图像和文本数据的联合预训练来理解和关联视觉内容与自然语言。过去的视觉识别任务通常是在一个预先定义好的类别范围内进行的，这样限制了其在真实场景中的扩展。CLIP 的出现打破了这一限制。CLIP 的核心是对图像和文本嵌入空间进行对比学习，从而学会将图像和相关描述对齐。具体而言，它通过联合训练一个图像编码器和一个文本编码器来预测一批训练样本中的(图像，文本)配对是否正确。CLIP 的数学描述如下。

图像编码器 f_{image} 是一个深度神经网络，如 Vision Transformer (ViT)，它将输入图像 I 转换成固定长度的特征向量 $v = f_{\text{image}}(I)$。文本编码器 f_{text} 是一个自然语言处理模型，如 Transformer，它将输入文本 T(例如图像描述)转换成固定长度的特征向量 $t = f_{\text{text}}(T)$。

CLIP 通过最大化相关图像和文本对之间的余弦相似度来训练其编码器，同时最小化不相关对之间的相似度。这通常是通过一个对比损失函数实现的，例如：

$$L = -\sum_{i=1}^{N} \left[\log \frac{\exp(\boldsymbol{v}_i \cdot \boldsymbol{t}_i / \tau)}{\sum\limits_{j=1}^{N} \exp(\boldsymbol{v}_i \cdot \boldsymbol{t}_j / \tau)} + \log \frac{\exp(\boldsymbol{v}_i \cdot \boldsymbol{t}_i / \tau)}{\sum\limits_{j=1}^{N} \exp(\boldsymbol{v}_j \cdot \boldsymbol{t}_i / \tau)} \right] \tag{8-13}$$

其中 N 是批量大小，τ 是温度参数，$\boldsymbol{v}_i \cdot \boldsymbol{t}_i$ 表示第 i 个图像和文本对的特征向量的点积。

与传统的图像模型不同，CLIP 不是通过训练一个图像特征提取器和一个线性分类器来预测某个标签，而是通过训练一个图像编码器和一个文本编码器来理解图像和文本之间的关联。

如图 8.24(a)(对比学习)所示，在 CLIP 的预训练阶段，首先模型使用图像编码器将图像转换为特征向量 $\boldsymbol{I}_1, \boldsymbol{I}_2, \cdots, \boldsymbol{I}_N$，同时模型使用文本编码器将文本转换为特征向量 $\boldsymbol{T}_1, \boldsymbol{T}_2, \cdots, \boldsymbol{T}_N$，这些文本通常是与图像配对的描述性语句；然后模型计算图像特征向量和文本特征向量之间的点积，以预测正确的(图像，文本)配对。在给定的训练批次中，对于每个图像特征向量 $\boldsymbol{I}_i (i = 1, 2, \cdots, N)$，模型预测它与哪个文本特征向量 $\boldsymbol{T}_j (j = 1, 2, \cdots, N)$ 配对，生成一系列得分 $\boldsymbol{I}_i \cdot \boldsymbol{T}_j$。

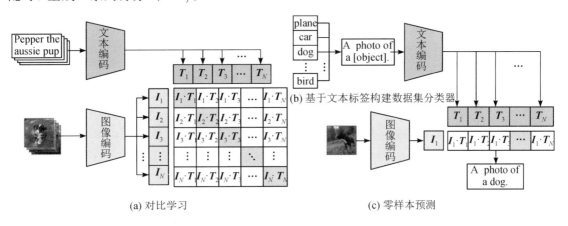

(a) 对比学习　　(b) 基于文本标签构建数据集分类器　　(c) 零样本预测

图 8.24　CLIP 模型的核心工作原理和应用流程

通过这种方式，CLIP 可以学习图像和文本之间的语义关系。它可以将图像映射到文本描述，也可以将文本描述映射到图像。CLIP 的这种训练方式，使得它能够在没有额外微调(即零样本学习)的情况下直接应用于多种视觉任务，例如图像分类、目标检测等。

如图 8.24(b)和(c)所示，在测试时，CLIP 使用学习到的文本编码器生成零样本线性分类器。对于目标数据集的每个类别，数据集分类器使用文本编码器将类别名称或描述嵌入为特征向量，然后将类别的文本描述嵌入与图像编码相同的语义空间中。给定一个新的测试图像，CLIP 使用图像编码器生成图像特征向量，并通过计算这个特征向量与每个类别

嵌入之间的相似度来进行分类,最终选择最相似的类别作为预测结果。CLIP 零样本预测包括以下两步:

(1)根据任务的分类标签构建每个类别的描述文本:A photo of a [object],然后将这些文本送入预训练的文本编码器得到对应的文本特征。如果类别数目为 N,那么将得到 N 个文本特征。

(2)将要预测的图像送入预训练的图像编码器得到对应的图像特征,然后与 N 个文本特征一起计算缩放的余弦相似度(和训练过程一致),再选择相似度最大的文本对应的类别作为图像分类预测结果。进一步地,可以将这些相似度看成 logits,送入 Softmax 函数得到每个类别的预测概率。

综上,CLIP 通过对图像和文本特征空间进行联合预训练,并利用对比学习在这两种模态之间建立联系,从而开发出理解和关联视觉内容与自然语言描述的功能。

8.4.2 Sora

2024 年 2 月 16 日,OpenAI 在其官网正式宣布推出文本生成视频的大模型 Sora,项目地址为 https://openai.com/sora。Sora 模型是一个突破性的 AI 视频生成模型,它能够从文本描述中生成长达 60 秒的高清视频。Sora 模型的出现,标志着人工智能在视频生成领域的重大进步,为视频创作、教育、娱乐等领域带来深远的影响。

Sora 模型的独特之处在于,它能够将自然语言指令理解并转换为可执行的视频生成指令。这意味着,即使是没有视频制作经验的人,也可以通过简单的文字描述,利用 Sora 模型生成高质量的视频内容。Sora 模型的应用潜力巨大,它可以为视频创作者提供新的创作工具,帮助他们快速生成高质量的视频内容;为教育工作者提供新的教学工具,帮助他们创建更生动、更吸引人的教学视频;为娱乐产业提供新的内容创作方式,给用户带来更加丰富、多样的娱乐体验。

Sora 模型中使用的关键技术主要有:

(1)视频压缩网络。研发团队训练了一个降低视觉数据维度的网络,该网络接收原始视频作为输入,输出在时间和空间上都被压缩的潜在表示。Sora 模型在这个压缩的潜在空间中接受训练,随后在此空间内生成视频。同时研发团队也训练了一个对应的解码器模型,将生成的潜在表示映射回像素空间。

(2)隐空间时空编码块。其技术路径是:给定一个压缩的输入视频,提取一系列的时空编码块,这些编码块充当变换器标记。这种方案也适用于图像,因为图像可以被看作只有单帧的视频。这样的表示使 Sora 能够训练具有不同分辨率、持续时间和宽高比的视频和图像。

(3)扩展 Transformer 用于视频生成。Sora 是一个扩散模型,给定输入噪声块及条件信息(如文本提示),它可以被训练用来预测原始的“干净”块,如图 8.25 所示。在这项工作中，研发团队发现扩散 Transformer 作为视频模型也能有效扩展。通过比较训练进度中固定种子和输入的视频样本，团队观察到样本质量随着训练计算量的增加而显著提升。

图 8.25　Sora 模型预测原始的"干净"块

　　总的来说，Sora 模型是一个创新的视频生成模型，它通过将视频和图像数据转换为标准化的块表示，并利用 Transformer 架构和扩散模型的优势，在视频生成领域实现了显著突破。这一方法为建立物理世界的通用模拟器提供了一条有前景的道路。Sora 模型可以生成不同风格和类型的视频，包括风景、人物、物体等。

8.5　智能机器人控制模型

　　随着人工智能的迅速发展，智能机器人控制大模型开始展现出改变现实世界的潜力。谷歌的 RT 系列和斯坦福大学李飞飞团队的 VoxPoser 模型是这一领域的两个突出例子。RT 系列模型（如 RT-1 和 RT-2）通过结合视觉、语言和行为学习的先进技术，证实了机器人可以更自然地与环境互动并执行复杂任务。这些模型展现出卓越的泛化能力和执行高层次语义推理的能力。VoxPoser 模型利用大语言模型的推理能力，生成具有挑战性的机器人操控轨迹，突破了依赖预定义运动原语的限制，为机器人提供了一种新的方式来理解和响应自然语言指令。这些大模型的训练和应用，不仅在技术上开创了智能机器人控制的新篇章，也为未来的自动化和机器人协作开辟了崭新的道路。在本节中，我们将对这两类智能机器人控制模型进行详细介绍。

8.5.1　RT 系列

　　谷歌 RT-1（Robotics Transformer 1）机器人控制模型是一个基于 Transformer 架构的大型机器人多任务学习模型，项目地址为 https://robotics-transformer1.github.io/（代码已开源）。它由谷歌机器人研究团队于 2022 年提出，旨在利用模仿学习方法，解决机器人多任务学习中的泛化能力差的问题。RT-1 模型的训练数据集包含大约 13 万条机器人演示数据，这些数据是由 13 台机器人在一系列办公室厨房场景中历时 17 个月收集完成的。这些场景经过了以下处理：

（1）重新配置：为了增加场景多样性，我们定期调整厨房的布局和物品摆放。

（2）仿真模拟：一部分数据是在仿真环境中收集的，以补充真实世界的场景并增加数据量。

（3）文本注释：每个演示都附有文本注释，描述了机器人执行的任务和遇到的情况。这些数据涵盖了机器人操纵的各个方面，包括抓取、放置、堆叠、打开/关闭容器等。

RT-1 采用 Transformer 架构来处理视觉和语言输入，并输出离散化的动作，以实现实时的机器人控制。如图 8.26 所示，RT-1 采用文本指令和图像集作为输入，通过预先训练的 FiLM EfficientNet 模型将它们编码为标记（Tokens），并通过 TokenLearner 压缩标记，然后将这些标记输入到 Transformer 中，Transformer 输出操作标记。具体而言，RT-1 的架构包括以下几个过程。

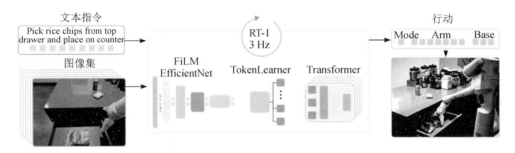

图 8.26　RT-1 的架构示意图

（1）图像和指令标记化。RT-1 将 6 张 300×300 分辨率的图像历史序列通过预训练的 ImageNet EfficientNet-B3 模型进行处理。该模型输出形状为 $9 \times 9 \times 512$ 的空间特征图。RT-1 不将图像分割成视觉标记，而是将 EfficientNet 的输出特征图展平成 81 个视觉标记，然后传递给网络的后续层。

为了包含语言指令，RT-1 将图像标记器基于自然语言指令的预训练语言嵌入进行调节，以便早期提取与任务相关的图像特征，从而提高 RT-1 的性能。指令首先通过通用句子编码器进行嵌入。然后，将这个嵌入作为输入，传递至 EfficientNet 中初始化为恒等状态的特征线性调节（FiLM）层，以此来调整图像编码器的处理方式。通常，将 FiLM 层插入到预训练网络的内部会扰乱中间激活并抵消使用预训练权重的好处。为了克服这一点，令初始化产生 FiLM 仿射变换的密集层的权重为零，使 FiLM 层最初作为恒等操作，保持预训练权重的功能。

（2）TokenLearner 映射。为了减少标记的数量，使用一个名为 TokenLearner 的逐元素注意力模块，将 81 个视觉标记映射为 8 个最终标记。

（3）Transformer 主干网络输出。每张图像的 8 个标记在 6 张图像间串联，形成总共 48 个标记，这些标记被输入到一个 Transformer 模型中。Transformer 是仅解码器，并具有 8

个自注意力层，共有 1900 万个参数，可输出动作标记。

（4）动作标记化。机器人动作维度由以下 3 部分组成：7 个用于手臂（Arm）运动的变量（x，y，z，滚转角，俯仰角，偏航角，夹具张开度），3 个用于底座（Base）移动的变量（x，y，偏航角），1 个用于切换控制手臂、控制底座或终止任务三种模式（Mode）的离散变量。每个动作维度都离散化为 256 个区间。动作标记化描述了机器人如何将连续的动作（例如移动手臂到某个位置）转换为离散的表示，以便于计算机理解和处理。

（5）模型训练。模型使用标准的分类交叉熵损失和因果掩码进行训练。

（6）实时推理。RT-1 专为实时推理而设计，其优化目标是以至少 3 Hz 的控制频率运行，确保单次推理时间预算少于 100 毫秒，从而与人类执行同类任务的速度范围（2～4 秒）相当。

RT-1 的整体架构旨在保持数据高效、可扩展，并且能够实时推理，这在机器人领域至关重要。视觉和语言数据的整合使 RT-1 能够通过学习大规模、多样化的机器人经验数据集来执行多种机器人任务。RT-1 代码的开源旨在推进机器人学习规模化的研究。

在 RT-1 成功实现多任务实时控制的基础上，RT-2 进一步探索如何将视觉-语言模型（VLM）适配到机器人领域。为了使 VLM 适应机器人控制，RT-2 采用了一个简单的方法：将机器人动作表示为另一种语言，可以转换成文本标记并与互联网规模的视觉-语言数据集一起训练。具体来说，RT-2 与机器人数据共同微调现有的视觉-语言模型。机器人数据包括当前图像、语言命令和特定时间步长的机器人行动。机器人行动被表示为文本字符串，即 RT-2 训练中使用文本字符串来表示机器人将要执行的动作序列。例如，一个文本字符串可能如下：

"1 128 91 241 5 101 127 217"

该字符串的含义如下：第一个数字（1）是标志位（Terminate or continue），表示继续当前任务，若为 0 则表示立即终止，后续命令只有在继续当前任务的情况下才会执行；接下来的数字（128，91，241，5，101，127，217）是命令序列，其中前三个数字（128，91，241）代表目标末端执行器的位置（例如 x、y、z 坐标）的变化，第四个数字（5）代表目标末端执行器的旋转角度的变化，后三个数字（101，127，217）代表机器人夹具（Gripper）的扩展程度，每个数字的具体含义可能取决于具体任务和机器人模型。RT-2 机器人动作标记如图 8.27 所示。

图 8.27　RT-2 机器人动作标记

由于行动被表示为文本字符串，因此可以将其视为一种允许操作机器人的语言。这种简单的表示使得任何现有的视觉-语言模型都能直接微调成视觉-语言-行动模型。在推理期间，文本标记被转换为机器人行动，从而实现闭环控制。这使得可以在学习机器人策略时利用视觉-语言模型的主干网络和预训练权重，将其泛化能力、语义理解和推理能力转移到机器人控制上。

8.5.2　VoxPoser

VoxPoser 是一种机器人轨迹合成框架，它利用大语言模型（LLM）的推理和规划能力来执行机器人操作，项目地址为 https://voxposer.github.io/。尽管近年来机器人操作领域取得了显著进展，但大多数方法仍依赖于通过预定义的运动原语来执行与环境的物理交互，这成为一个主要的瓶颈。VoxPoser 旨在为给定开放指令集和开放物体集的多种操作任务合成密集的 6 自由度（6-DoF）末端执行器轨迹。如图 8.28 所示为 VoxPoser 控制机器人的过程：首先，给定环境的 RGB-D 观察和语言指令，大语言模型生成与视觉-语言模型交互的代码，进而生成基于机器人观察空间的一系列 3D 价值地图和约束地图（统称为值图）；然后，组合的值图作为运动规划器的目标函数来合成机器人操作的轨迹，整个运动规划过程不涉及任何额外的训练。以下是 VoxPoser 原理的详细介绍。

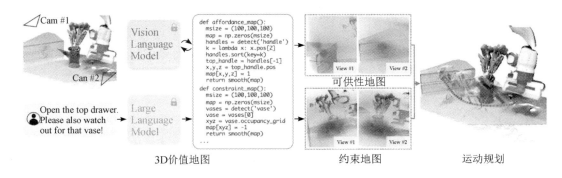

图 8.28　VoxPoser 控制机器人的过程

（1）利用 LLM 进行推理与规划：LLM 可以根据自由格式的语言指令推断可供性和约束。通过利用它们的代码编写能力，LLM 可以与视觉-语言模型交互，组合成 3D 价值地图，将知识锚定在代理的观察空间中。

（2）3D 价值地图：根据环境的 RGB-D 观察和语言指令，LLM 生成代码与 VLM 交互，产生一系列基于机器人观察空间的 3D 可供性地图和约束地图。可供性地图中蓝色区域就是要抓取操控的目标，代表高回报；约束地图中红色区域就是约束，也就是要避开的障碍，代表高代价。这些组合的价值地图随后用作运动规划的目标函数，以合成机器人操作的轨迹。价值地图中，机器人尽量往蓝色区域走，避开红色区域。

（3）运动规划：整个过程不涉及任何额外的训练。在给定自由格式的语言指令（例如"打开顶部抽屉"）的操作问题中，生成根据语言指令 L 的机器人轨迹可能非常具有挑战性，因为 L 可能是长期视野的或未充分指定的（即需要上下文理解）。

随着环境的变化，针对模型输入的图像也会变化，而 VLM 会持续改进代码，让机器人在不同阶段达到不同目标，多阶段地合成轨迹。因此，采取以下的优化策略。对于由指令 ℓ_i 描述的每个操作阶段，目标是生成机器人 r 的运动轨迹 τ_{r_i}，并表示为密集的末端执行器路径点序列。优化问题定义如下：

$$\min_{\tau_{r_i}} \{F_{\text{task}}(T_i, \ell_i) + F_{\text{control}}(\tau_{r_i})\} \quad \text{subject to} \quad C(T_i) \qquad (8-14)$$

其中 T_i 是环境状态的演变，$\tau_{r_i} \subseteq T_i$ 是机器人轨迹；F_{task} 评价 T_i 完成指令 ℓ_i 的程度，而 F_{control} 指定控制成本，例如鼓励 τ_{r_i} 最小化总控制努力或总时间；$C(T_i)$ 表示动力学和运动学约束，这些约束由机器人的已知模型和基于物理或基于学习的环境模型强制执行。通过解决每个子任务 ℓ_i 的优化问题，VaxPoser 可以获得一系列实现由指令 L 指定的整体任务的机器人轨迹。

VoxPoser 利用一系列先进的大模型来实现对真实世界日常操作任务的处理、泛化能力的研究以及更具挑战性任务的有效学习。这些大模型主要包括：

（1）大语言模型（LLM）：VoxPoser 采用了 GPT-4 来处理递归调用的语言模型程序（LMP），每个 LMP 负责完成独特的功能，如处理感知调用。GPT-4 作为 OpenAI API 的一部分，可用于根据提供的示例查询和响应生成代码。

（2）视觉-语言模型（VLM）：在给定 LLM 的对象/部件查询时，首先调用开放词汇检测器 OWL-ViT 获取边界框，然后将其输入到 Segment Anything 中获得掩码，最后使用视频跟踪器 XMEM 进行跟踪。跟踪后的掩码与 RGB-D 观察数据一起用于重建对象/部件的点云。

VoxPoser 利用这些大模型的推理、规划和动作生成能力，以及它们的感知和交互能力，实现了对各种日常操作任务的有效处理，这些任务在自然语言中以自由形式指定。在 VoxPoser 的框架下，LLM 的推理和规划能力与运动规划相结合，能够高效地解决接触丰富的任务，并从在线交互中学习，有效提高解决问题的能力。

本 章 小 结

本章深入剖析了大模型在人工智能领域的最新进展，全面展示了其技术演进过程与应用潜力。本章首先回顾了大规模预训练模型的发展历程，阐释了其在计算规模、数据量及模型复杂度上的突破，并通过分析大规模预训练模型在高效推理、泛化能力和跨任务适配性上的优势，揭示了其在自然语言处理、图像生成及多模态任务中的广泛应用。

在语言模型部分，本章详细探讨了 GPT 系列的迭代历程，从 GPT-1 的初步尝试到 GPT-4 Turbo 的性能飞跃，再到 GPT-o1 系列在复杂推理任务中的创新，展现了大语言模型在对话、生成和推理能力上的持续提升。同时，BERT 模型的结构、预训练与微调机制被深入解析，其双向语义建模能力及其在问答、分类任务中的优异表现进一步凸显了语言模型的多样化潜力。在视觉模型部分，本章介绍了 ViT-22B 模型如何通过大规模视觉 Transformer 架构实现对复杂视觉任务的精准建模，以及 SAM 模型在图像分割任务中如何通过高效的提示驱动机制实现的突破性进展。在多模态模型方面，CLIP 模型通过图像-文本对齐实现了跨模态的强大泛化能力；而 Sora 模型则展示了视频生成领域的前沿成果，其生成的高质量动态内容为多模态模型的应用开辟了新方向。此外，本章还探讨了智能机器人控制模型的进展，RT 系列通过结合感知与动作规划提升了机器人在现实环境中的自主性，而 VoxPoser 模型则通过创新的运动生成机制为机器人任务注入了更高的灵活性。

综上所述，本章系统梳理了大模型在语言、视觉、多模态及机器人领域的核心技术与应用突破，为读者深入理解大模型设计原理、训练策略及跨领域应用提供了参考。这些内容不仅展示了当前人工智能技术的巅峰成果，也为未来探索更复杂、更智能的 AI 系统奠定了坚实基础。

第 9 章
深度学习未来展望

第九章展望深度学习的未来。过去十余年，它从学术研究走向广泛应用，驱动多行业智能化。展望未来，自动驾驶、医疗健康、金融投资、智能制造等关键领域将迎来更深变革，文化创意、气候治理、农业可持续发展亦将受益。同时，深度学习的研究前沿也在拓宽：把物理规律融入模型以提升科学性；与脑科学结合，逼近人类智能；借助大模型与具身智能，增强认知与交互；在边缘计算环境中提高效率；提升模型的可解释性与可信度。本章系统梳理这些应用前景与研究趋势，揭示深度学习在未来科技图景中的角色与潜力。

9.1 深度学习应用场景

深度学习作为人工智能的重要分支，已经在许多领域取得了显著的成果。未来，深度学习将有更多的创新性应用，推动多个行业的变革。以下是深度学习未来的一些重大应用场景。

1. 自动驾驶与智能交通

自动驾驶与智能交通是深度学习技术的重要应用领域，随着人工智能和传感器技术的进步，自动驾驶技术正朝着更安全、高效、智能化的方向发展。智能交通作为现代城市交通管理的核心，将通过深度学习实现交通流量的优化、事故预防、应急响应，以及交通系统的自我调节与自我修复。以下是深度学习在自动驾驶与智能交通中的具体应用及其未来发展前景。

1）自动驾驶技术

自动驾驶技术是深度学习在交通领域最具潜力的应用之一。通过深度学习技术，自动驾驶系统能够从车辆的传感器和摄像头中获取环境数据，进行实时处理与分析，从而实现智能感知、决策和控制。

感知系统是自动驾驶的基础，它的功能是对周围环境进行实时监测和理解，通常由多种传感器（如雷达、LiDAR、摄像头、超声波传感器等）构成。深度学习在感知系统中的应用主要体现在物体检测与识别、语义分割与场景理解、动态跟踪与预测等方面。在物体检测与识别中，深度学习模型通过卷积神经网络（CNN）等技术，从传感器数据中提取并识别道路上的行人、车辆、障碍物、交通标志等目标。如图 9.1 所示为利用深度学习网络融合雷达和摄像头数据进行目标检测的示例。与传统方法相比，深度学习能够提高物体检测精度和鲁棒性，在复杂和动态环境下表现尤其优异。在语义分割与场景理解中，深度学习使得自动驾驶系统能够理解和解析道路环境的复杂性，例如路面标线、车道识别、交通信号灯变化等。通过图像分割和图像增强，系统能够在复杂的视觉条件下（如雨、雾、夜间等）依然准确感知环境。在动态跟踪与预测中，自动驾驶系统不仅要监测当前的环境，还需要预测其他交通参与者的行为。通过深度学习的递归神经网络（RNN）或长短期记忆网络（LSTM），自动驾驶系统能够预测其他车辆和行人的移动轨迹，提前做出避让决策。

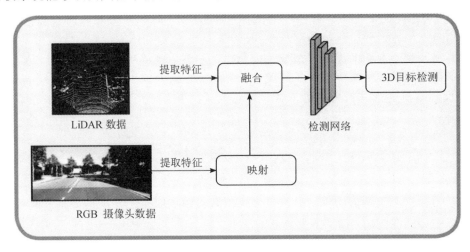

图 9.1　自动驾驶中的数据融合和目标检测示意图

深度学习在自动驾驶中的另一个重要应用是决策与路径规划。路径规划不仅仅是选择一条从起点到终点的最短路线，还包括如何避开障碍物、如何与周围的车辆和行人协作、如何应对交通信号灯的变化等。强化学习（RL）已被广泛应用于自动驾驶的路径规划和决策制定中。通过与环境的交互，自动驾驶系统能够通过奖励和惩罚机制学习如何在不同的交通环境中，尤其在复杂和动态的道路条件下（如城市道路、高速公路、拥堵场景等）做出最优决策。此外，深度学习还使得自动驾驶系统能够实时处理和响应突发事件。例如，当系统检测到前方出现紧急障碍物时，可以通过深度学习模型迅速评估可能的避障策略，并选择最安全的操作。此外，自动驾驶中，控制与执行也是十分关键的问题。控制系统负责将决策层的指令转化为车辆的具体操作，包括转向、加速、刹车等。深度学习在控制系统中可以通过预测和模拟不同驾驶行为来提高控制的精确度。

2）智能交通系统（ITS）

智能交通系统利用深度学习技术，通过对交通流量、路况信息、交通信号灯等数据的实时分析与处理，优化交通管理，减少拥堵，提高交通安全性。

交通流量预测是智能交通系统中的一个核心任务。深度学习能够通过对历史交通数据和实时交通状况的分析，预测未来的交通流量，并据此调整交通信号灯的配时和道路交通管理策略。深度学习模型，特别是长短期记忆网络（LSTM）等时序模型，在交通流量预测中表现出色。它们能够捕捉到交通流的时间模式和周期性波动，预测高峰时段、交通瓶颈、突发事件等，从而为交通管理部门提供准确的预测数据。此外，通过深度学习技术，交通信号灯可以根据实时交通状况动态调整其切换时机，而不再依赖传统的固定配时。深度学习不仅可以预测交通流量，还可以帮助预测交通事故的发生。通过分析历史事故数据、天气条件、交通流量等因素，深度学习模型能够识别高风险区域并进行预警，协助交通管理部门提前采取应急响应措施，减少事故发生。

智能停车也是智能交通系统中的一项重要应用。深度学习可以通过对停车场及其周边环境的实时监控，指导驾驶员找到空闲的停车位。通过车牌识别、视频监控等技术，深度学习能够实时跟踪停车位的使用情况，并根据交通流量预测可用停车位的数量，帮助驾驶员快速找到停车位。

随着技术的不断进步，自动驾驶与智能交通系统将朝着更高的自动化和智能化方向发展，主要体现在以下几个方面：

（1）端到端的深度学习系统。未来的自动驾驶系统将更多地采用端到端的深度学习架构，通过一个统一的深度学习模型同时处理感知、决策和控制任务，从而减少系统的复杂性并提高整体性能。

（2）多模态感知与融合。自动驾驶系统将结合更多类型的传感器数据（如雷达、LiDAR、视觉图像、GPS 等），通过深度学习实现数据融合，提升感知精度与鲁棒性，尤其是在复杂环境下（如低光照、恶劣天气等）。

（3）车路协同与智能交通生态系统。未来，自动驾驶与智能交通系统将更加紧密地融合在一起，车辆与交通基础设施之间的互联互通（如车与路、车与车的通信）将大大提升交通效率与安全性。

自动驾驶与智能交通是深度学习的两大重要应用领域，其未来发展将极大地推动交通行业的变革，从而提高出行效率和安全性，改善用户体验。随着算法的进一步优化、硬件设施的提升以及数据采集和处理技术的发展，自动驾驶与智能交通系统将更加智能、精准和可靠。

2. 医疗健康

深度学习技术在医疗健康领域的应用正引领着医学研究和临床实践的革命。随着计算能力的提升和大数据的积累，深度学习已经成为解决医学领域复杂问题的关键工具，涵盖了从疾病早期诊断到个性化治疗的各个方面。以下将详细介绍深度学习在医疗健康领域的主要应用及其未来发展前景。

1）医学影像分析

医学影像是医疗诊断中至关重要的一部分，深度学习通过提高医学影像的解读效率与准确性，极大推动了影像学的进步。深度学习技术在影像处理、分析和辅助诊断等方面具有广泛应用前景。

深度学习能够在医学影像（如 X 射线、CT 扫描、MRI、超声等）中实现精准的自动化分析，辅助医生做出更快、更准确的诊断决策。特别是在肿瘤、心血管疾病、脑部疾病等方面，深度学习展现了强大的能力。深度学习模型能够准确地识别 CT 或 MRI 影像中的肿瘤、结节等病变，并根据影像特征预测肿瘤的类型和恶性程度。例如，卷积神经网络（CNN）已被广泛应用于肺癌、乳腺癌、脑癌等的早期筛查与诊断。同时，深度学习在脑部影像分析中应用广泛，如对脑肿瘤、脑卒中（中风）以及神经退行性疾病（如阿尔茨海默病）进行早期检测和分析。深度学习模型能够通过分析脑部的 MRI 或 CT 扫描，自动识别出脑部病变区域，并提供量化的病变分析报告。此外，通过分析心电图（ECG）信号、超声影像以及 CT 扫描，深度学习能够辅助诊断心血管病，如冠状动脉病变、心肌梗死等。特别是，通过深度学习分析冠状动脉的三维影像，能够准确评估动脉的狭窄程度，从而指导治疗。

深度学习在医学影像中的图像分割和增强方面也有显著成效。通过语义分割，深度学习可以将医学影像中的器官、病灶、组织进行精确分离，帮助医生更清晰地看到病变区域，从而制定更精准的治疗方案。例如，在 CT 或 MRI 图像中，深度学习可以精确分割出肿瘤区域、器官轮廓等，辅助医生对肿瘤的大小、位置及发展趋势进行评估。如图 9.2 所示为采用深度学习的 CNN 网络进行病灶分割的流程示意图。深度学习还可用于医学影像的噪声去除、分辨率增强等，使得低质量图像也能提取到更多的有效信息，为后续诊断提供更多依据。

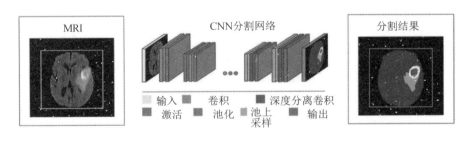

图 9.2　深度学习分割 MRI 图像病灶的流程图

2）基因组学与精准医学

随着基因组学和大数据分析技术的发展，深度学习在个性化医疗和精准治疗中的应用逐渐成为焦点。个性化医疗的核心是根据每个病人的基因、环境及生活习惯等多方面的数据，量身定制最合适的治疗方案。

深度学习为基因组学带来了革命性的影响，尤其是在基因序列分析、基因变异检测以及疾病易感性预测等方面，深度学习具有重要作用。深度学习可通过分析基因数据，发现潜在的基因变异，并评估其对疾病的影响。例如，通过神经网络分析基因突变与某些癌症（如乳腺癌、肺癌等）之间的关联，辅助早期筛查和早期预防。基于病人的基因数据，深度学习可以帮助预测其患病风险，并根据遗传信息推荐最适合的治疗方法。此外，深度学习还可以在药物研发中找到新的潜在药物靶点，预测药物的疗效和副作用，从而推动个性化医疗的发展。

在临床决策支持方面，深度学习模型在临床决策支持系统中，能够根据病人的症状、病史、影像资料以及基因信息等，自动生成个性化的诊疗方案。通过深度学习模型的训练，系统可以学习到不同患者的治疗效果，从而不断优化治疗策略，而且系统能够根据病人的临床数据，快速生成治疗方案，帮助医生做出更精准的决策。这不仅提高了诊断效率，还能够减少人为错误。此外，深度学习模型可以持续跟踪病人的健康状况，根据病人的体征数据和治疗过程中的反馈，不断更新疾病的风险评估，实时监控病人的康复进展。

3）药物研发与临床试验

药物研发的过程通常烦琐且缓慢，而深度学习则为这一过程带来了显著的突破，尤其在药物发现、临床试验和毒性预测等方面，具有巨大的应用潜力。

在药物筛选与分子建模方面，深度学习能够加速药物筛选过程，通过分析大量的分子结构数据，发现潜在的药物候选物。深度学习在药物分子的结构与活性之间的关系建模上展现出了强大的能力。比如，深度学习模型可以根据现有药物的分子结构预测新的化合物是否具备治疗效果。通过大规模筛选数据，深度学习能够加速新药的研发速度，并发现潜在的治疗靶点。同时，药物的毒性和副作用是临床试验中的关键环节。深度学习模型可以预测药物的毒性和副作用，降低药物研发的失败率。

在药物临床试验中，深度学习可以用于优化患者招募、疗效评估及副作用监控等方面。通过对病人的历史数据和临床试验数据进行分析，深度学习能够识别出潜在的适应症患者，缩短试验周期。比如在患者招募与个性化分组环节，通过分析患者的健康数据，深度学习可以帮助选择合适的患者群体并进行个性化分组，从而优化临床试验的设计。此外，深度学习可以分析临床试验数据，预测药物疗效和治疗方案的成功率，并及时发现潜在的不良反应。

4）智能健康管理与虚拟健康助手

深度学习在智能健康管理和虚拟健康助手领域的应用，正在逐步改变传统的健康监测方式。通过智能设备（如可穿戴设备、移动应用程序等）和深度学习算法，病人的健康状况可以被实时监测，疾病可以在早期得到发现和管理。比如，深度学习结合可穿戴设备（如智能手表、健康追踪器等），能够实时监控病人的心率、血糖、血压等生理参数，预测潜在的健康风险，及时发出警报，提醒病人或医生采取干预措施。具体而言，深度学习可以帮助管理慢性病（如糖尿病、高血压等）患者的健康数据，并根据其病史和实时数据提供个性化的健康建议，降低病情恶化的风险。而且，通过分析大量健康数据，深度学习模型能够预测个体未来可能患上的疾病（如癌症、心脏病等），帮助提前进行健康干预。此外，虚拟健康助手（如智能语音助手、健康问诊机器人等）通过深度学习技术，能够与患者进行对话，解答健康问题，提供基本的医疗建议，并指导患者进行健康管理。比如，通过自然语言处理技术，虚拟健康助手能够针对患者的症状给出初步的诊断建议，帮助患者判断是否需要进一步就医。同时，虚拟健康助手还可以提供健康教育、心理辅导等服务，帮助患者了解疾病的预防措施，减轻病人的心理负担。

5）医疗机器人

随着机器人技术的发展，深度学习在医疗机器人中的应用逐渐增多，特别是在微创手术、手术辅助、康复治疗等方面，具有广阔的应用前景。医疗机器人主要分为两类，一类是手术辅助机器人，另一类是康复机器人。在手术辅助机器人中，深度学习技术使得医疗机器人能够实现更加精准的手术操作，尤其是微创手术。机器人通过结合深度学习和图像识别技术，能够实时处理术中图像，辅助医生精准定位手术部位，并根据实时反馈自动调整手术路径。康复机器人是另一种重要的应用。通过深度学习，机器人可以根据患者的具体情况（如运动功能、康复进度等）提供个性化的康复训练方案。这些机器人能够通过视觉、力觉等传感器分析患者的动作表现，并根据训练结果调整康复计划，提升康复效果。

深度学习技术在医疗健康领域的应用前景十分广阔，未来可能会朝着以下几个方向进一步发展：

（1）跨学科的多模态集成。未来的医疗健康系统将更加注重数据的多模态融合。深度学习不仅能够处理医学影像，还能处理基因数据、病历信息、传感器数据等多种数据源，通过多模态学习，综合评估患者的健康状态，为医生提供更加全面的决策支持。

（2）更智能的个性化医疗。随着大数据和人工智能技术的不断成熟，未来的医疗系统将实现更为智能的个性化医疗，深度学习将根据每个患者的基因信息、健康数据和病史，提供更加精准的诊断和治疗方案，推动精准医学的发展。

（3）自我诊断与治疗。随着虚拟助手和可穿戴设备的普及，未来患者可能会通过自我监测、自动诊断等方式进行日常健康管理。深度学习将进一步推动智能医疗设备的普及，使得每个人都能够在家中得到健康监测与初步诊断，减少就医成本。

（4）跨区域的远程医疗服务。深度学习将推动远程医疗的进一步发展，尤其是在偏远地区。通过深度学习和人工智能，远程医疗能够实现更高效、更精准的诊断，打破地域限制，提供全球范围的医疗支持。

深度学习在医疗健康领域的应用正在改变传统医疗的模式，提高诊疗效率，减少人为错误，提升病人的治疗效果和生活质量。随着技术的不断进步，深度学习将进一步促进医疗健康的智能化、个性化，推动医疗服务的普及与可持续发展。未来，随着数据的积累和计算能力的提升，深度学习将在医疗健康领域发挥更为重要的作用，帮助全球患者享受更为精准、高效和个性化的医疗服务。

3. 金融与智能投资

随着人工智能技术的迅猛发展，深度学习已经在金融与智能投资领域展现出巨大的应用潜力。深度学习的独特优势在于其能够处理复杂的非线性数据关系，进行模式识别、预测建模和决策支持，帮助金融机构和投资者在复杂多变的市场环境中做出更精确、更高效的决策。以下将详细探讨深度学习在金融与智能投资中的应用，包括市场预测、风险管理与信用评分、智能投资与资产配置、情绪分析与市场行为预测、反金融欺诈等多个领域。

1）市场预测

金融市场受多种因素的影响，价格波动具有高度的不确定性。深度学习技术通过对大数据的分析和模式识别，能够有效预测市场走势，提供实时的决策支持。股票市场是金融市场中最具代表性的预测领域，深度学习已被广泛应用于股票价格预测、市场趋势分析以及投资组合优化等方面。通过对历史价格、交易量、技术指标及公司财务报表等多维度数据的分析，深度学习模型可以捕捉到市场中潜在的非线性关系，从而预测股市的涨跌趋势。具体而言，深度学习中的循环神经网络（RNN）、长短期记忆网络（LSTM）等模型在处理时间序列数据（如股票价格、交易量等）方面有显著优势。这些模型通过训练能够识别出潜在的市场模式，预测未来股价的走势。此外，深度学习还可以通过自然语言处理（NLP）技术分析新闻、社交媒体、财报等文本数据，提取市场情绪信息，进而预测市场的波动。例如，如图 9.3 所示，情绪分析模型和时序模型相结合能够根据新闻报道或社交媒体的情绪波动预测股票的短期走势。此外，深度学习不仅在股票市场中有广泛应用，其在外汇市场和商品期货市场的应用同样潜力巨大。通过对历史交易数据、全球经济数据、地缘政治事件等

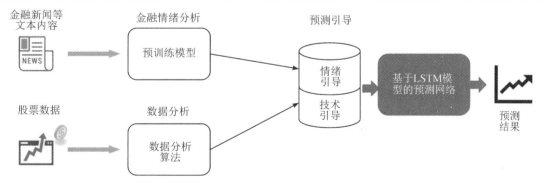

图 9.3　利用深度学习模型进行股票预测的示意图

的深入分析，深度学习可以帮助预测外汇汇率的变动和商品价格的波动。

2）风险管理与信用评分

深度学习可以帮助金融机构更好地识别风险，评估借款人的信用，预测市场可能发生的风险事件，从而采取合适的应对策略。比如，深度学习可以对借款人的历史交易数据、信用记录、行为模式等进行分析，构建更加精准的信用评分模型。通过自动化的风险评估，金融机构能够在放贷过程中识别出高风险客户，降低坏账率。此外，深度学习还可以应用于信用卡欺诈检测，实时识别和阻止可疑的交易行为。同时，深度学习可以通过对金融市场波动和资产价格变化进行建模，帮助金融机构识别潜在的市场风险。利用深度神经网络对不同市场情景下的投资组合进行模拟和压力测试，可以评估资产组合在不同经济条件下的表现，从而优化风险管理策略。

3）智能投资与资产配置

资产配置是投资中的一个核心环节，深度学习通过多元化的数据分析，帮助投资者实现更科学、智能的资产配置。传统的资产配置方法依赖于静态的历史数据和简化的假设，深度学习则能够处理更多维度的数据，并进行动态调整。深度学习模型可以对不同资产类别进行动态优化，找到最优的投资组合。这些模型能够在实时数据变化的环境中，根据市场的波动和风险，调整投资组合的资产权重，从而最大化回报并最小化风险。

4）情绪分析与市场行为预测

金融市场往往受到投资者情绪、心理预期等非理性因素的影响。深度学习在情绪分析方面的应用，能够有效捕捉市场的情绪波动，为投资决策提供有价值的辅助信息。通过自然语言处理（NLP）技术，深度学习能够对新闻报道、社交媒体、公司公告等文本数据进行情绪分析，提取出市场情绪和舆论导向。这些情绪信息能够为投资者提供有价值的市场预警，帮助预测市场的短期波动。例如，某个公司发布利好消息，可能会导致其股票价格上涨，深度学习能够及时捕捉到这些情绪波动，并为投资决策提供参考。此外，社交媒体中的投资者情绪和舆论往往会对市场产生重要影响，深度学习能够分析社交媒体上的信息，识别市场的情绪波动，并帮助投资者预测短期市场走向。

5）反金融欺诈

金融欺诈是全球金融行业面临的重大挑战。深度学习技术在金融反欺诈和反洗钱领域有着广泛应用，其强大的模式识别能力能够帮助金融机构及时发现潜在的欺诈行为和非法交易。深度学习可以对大量的金融交易数据进行分析，识别出异常交易模式和潜在的欺诈行为。例如，深度学习模型能够对交易行为、资金流向、用户习惯等信息进行实时监控、识别并阻止可疑交易，从而降低银行卡欺诈、在线支付欺诈等的发生率。具体而言，通过深度学习模型对用户交易行为的学习，可以发现用户正常交易模式之外的异常行为，如频繁的小额交易、跨境转账、异常的大额交易等，从而及时发出警报，防止欺诈事件的发生。深度学习还可与生物识别技术结合，增强身份验证的安全性。通过人脸识别、指纹识别、声纹识别等技术，深度学习能够帮助金融机构确保交易的安全性，并有效防范账户盗用和身份冒用。

深度学习在金融与智能投资领域的应用仍处于不断发展的阶段，未来随着技术的进步与数据的积累，深度学习将进一步深度融入金融行业，为投资者和金融机构提供更强大的支持，具体包括以下几个方面：

(1) 更精细化的预测与决策支持。未来的深度学习模型将能够更加精确地分析市场数据，并生成更加个性化的投资建议。通过多模态数据(如社交媒体数据、金融报告、市场情绪等)的综合分析，模型能够提供更加精准的市场预测和决策支持。

(2) 人工智能与金融监管的结合。通过人工智能技术，监管机构能够实时监控市场动态，识别市场中的异常行为和潜在风险，提升金融系统的稳定性和透明度。

(3) 自适应投资与智能化交易系统。未来的投资模型将更加灵活，通过对市场的实时学习与调整，深度学习可以帮助投资者应对日益复杂的市场环境，使自动化交易系统实现更高效的交易策略优化。

总体而言，深度学习正在革新金融行业，尤其是在智能投资、风险管理、资产配置、市场预测等领域的应用，极大地提升了投资决策的效率与准确性。未来，随着金融数据的不断积累和深度学习模型的完善，智能投资将在更广泛的金融服务领域取得突破，开启全新的投资和财富管理时代。

4. 智能制造与工业互联网

随着工业化进程的加速，制造业面临着生产效率、质量控制、设备维护等诸多挑战。传统的制造方式常常依赖于经验和人工操作，难以应对日益复杂的生产环境。智能制造和工业互联网的兴起为这些问题提供了新的解决方案。深度学习作为人工智能的重要分支，凭借其强大的数据处理能力和模式识别能力，正在迅速改变这一领域。以下将从智能制造和工业互联网的核心应用出发，详细探讨深度学习在这些领域的应用和未来发展前景。

智能制造利用先进的信息技术、自动化技术、智能化技术和大数据分析等手段，提高制造业的生产效率、质量和灵活性。深度学习在智能制造中发挥着至关重要的作用，主要体现在自动化生产与智能控制、智能质量控制、预测性维护与设备管理等方面。

1) 自动化生产与智能控制

自动化生产是智能制造的基础，深度学习通过对生产过程的实时监控和控制，进一步提升生产效率。具体应用包括以下几种。

(1) 生产过程监控与优化。利用深度学习模型对生产线数据进行实时监测和分析，可以快速发现生产过程中的异常和潜在问题。模型能够识别生产线上的瓶颈环节、设备状态以及生产效率，帮助生产管理者实时优化生产调度和资源配置。

（2）智能化生产调度。深度学习模型可以根据订单需求、生产资源、人员配置等多个因素，自动生成最优的生产调度方案。通过对生产环境中各类约束条件进行建模，深度学习能够有效协调生产流程，减少等待时间，降低生产成本，提高生产效率。

（3）智能机器人与自动化设备。深度学习技术使得工业机器人更加智能化。通过计算机视觉、语音识别、传感器数据等信息，机器人可以精确地完成抓取、装配、搬运等任务。同时，深度学习还使得机器人能够在变化的环境中自主适应，提升了自动化设备的灵活性和可靠性。

2）智能质量控制

质量控制是制造业中非常关键的一环，深度学习能够通过对产品质量的实时监测和分析，帮助制造商提高产品质量和生产效率。深度学习中的卷积神经网络（CNN）在计算机视觉任务中表现出色，能够高效地进行缺陷检测和质量评估。通过在生产线上安装高分辨率摄像头，利用深度学习模型分析图像数据，可以快速识别出产品表面、结构等方面的缺陷，例如裂纹、刮痕、变形等，并自动标记和剔除不合格品。此外，深度学习可以结合传感器数据和视觉信息，对生产过程中的各类质量指标进行实时监控。在出现质量波动时，模型能够及时发现并自动调整生产参数，如温度、压力、转速等，以确保产品始终保持在合格范围内。

3）预测性维护与设备管理

在传统的制造过程中，设备故障往往发生在生产过程中，给企业带来巨大的经济损失。深度学习模型可以通过对设备运行数据的分析，帮助制造商提前发现潜在故障，从而实现预测性维护，降低停机时间，提高设备利用率。通过对设备的历史运行数据、传感器数据、振动数据、温度数据等进行分析，深度学习能够识别出设备异常的早期信号，从而预测设备故障的发生。例如，利用卷积神经网络（CNN）和长短期记忆网络（LSTM）分析传感器数据，可以准确预测电机、泵、风扇等设备的故障类型和发生时间。

工业互联网通过互联网技术将工业设备、传感器、机器和生产系统连接起来，形成一个智能化、网络化的生产环境。深度学习在工业互联网中的应用可以帮助实现智能化生产、数据驱动决策和实时监控等功能。

（1）数据融合与智能决策。工业互联网生成大量的多维数据，包括设备数据、生产数据、环境数据、质量数据等。深度学习能够对这些异构数据进行融合与分析，从而提取出有价值的知识，帮助企业做出智能决策。在工业生产中，数据来自多个传感器、设备和生产系统，数据的种类和格式多种多样。深度学习能够通过多层次的神经网络结构，融合不同来源的数据，提取出潜在的规律和特征，从而帮助企业实现更精确的生产预测和决策优化。此外，深度学习能够实时分析生产数据、供应链数据以及外部环境变化，优化生产过程中的资源配置。例如，生产过程可能受到原材料供应、设备可用性、劳动力等多种因素的影响，深度学习通过对这些因素进行建模，帮助企业制定最优的调度方案，提高资源利用率，降低生产成本。

（2）数字孪生与虚拟仿真。数字孪生是指通过数字化技术建立物理实体的虚拟模型，并实时同步物理世界的数据。深度学习在数字孪生中的应用能够实现生产过程的全生命周期管理。通过数字孪生技术，深度学习能够在虚拟环境中对生产过程进行仿真。通过对生产流程的建模以及模拟不同生产条件下的结果，深度学习可以帮助企业优化生产流程、提高生产效率、降低能源消耗。

随着人工智能和工业互联网技术的不断发展，深度学习在智能制造和工业互联网领域的应用将更加广泛和深入。以下是深度学习在这些领域的未来发展趋势：

（1）高度集成与自动化。未来，智能制造和工业互联网将向更高层次的集成与自动化方向发展。深度学习将在生产线的各个环节实现高度自动化的控制和优化，从生产调度到质量检测，再到设备维护等各方面都能自动完成，降低人工干预，提高整体生产效率。

（2）跨领域协同与智能化工厂。深度学习将推动不同生产环节之间的协同与互联。未来的智能工厂将更加注重跨领域的协同，例如生产与供应链管理、生产与物流等环节之间的数据共享和协同优化，形成更加智能化、灵活的生产系统。

（3）数据安全与隐私保护。随着智能制造和工业互联网的普及，数据安全和隐私保护问题变得愈加重要。深度学习在数据安全领域的应用将成为保障工业互联网发展的重要方向。利用深度学习技术可以在工业互联网系统中实时监测异常行为、攻击信号和潜在的安全漏洞。深度学习模型可以通过分析网络流量、操作日志等数据，检测出潜在的攻击风险，提前采取防护措施。

总体而言，智能制造和工业互联网的结合代表了未来制造业的发展方向，而深度学习作为人工智能的核心技术之一，正以其强大的数据分析能力和智能决策能力，推动着这一变革。深度学习在生产过程自动化、质量控制、设备维护、预测性诊断、智能调度、资源优化等方面的应用，不仅提升了生产效率，降低了成本，也推动了制造业向智能化、灵活化、个性化和绿色化方向发展。

5. 创意产业与娱乐

创意产业与娱乐行业作为文化、艺术、科技和经济融合的重要领域，一直以来都充满着无限的创新和发展潜力。随着人工智能技术的不断进步，尤其是深度学习的广泛应用，创意产业和娱乐领域正在经历一场前所未有的变革。深度学习技术通过优化内容创作、提升生产效率、增强观众体验以及开创新的娱乐形式，正在为这一行业带来深远的影响。这里将具体探讨深度学习在创意产业与娱乐领域的应用，重点分析在内容创作、个性化推荐、虚拟娱乐与交互体验等方面的实践，并展望未来的应用前景。

1) 内容创作与生成

创意产业的核心是内容的创作与呈现，而深度学习正在重新定义这一过程。从传统的电影制作到音乐创作、文学创作和游戏设计，深度学习为创作者提供了全新的工具和灵感，推动了创意产业的创新。

深度学习在内容生成方面的应用主要体现在图像、视频、音频以及文本等领域。通过训练深度神经网络，机器可以模仿并生成与真实内容相似的作品。比如，生成对抗网络（GAN）和扩散模型等生成式模型在图像和视频生成中的应用，为创作者提供了强大的视觉创作工具。通过训练模型，计算机可以生成真实感极强的图像、视频和动画。例如，如图9.4 所示，扩散模型被用于创建逼真的虚拟人物、场景和特效，仅需输入文本即可得到对应的结果，这样一来极大地降低了高质量视觉内容制作的成本和时间。此外，深度学习还能够帮助设计师进行自动化图像修复、风格迁移和图像增强等工作，提高创作效率。

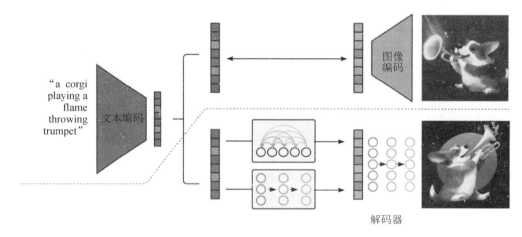

图 9.4　DALL·E 2 根据文本生成图像的架构图

深度学习技术在音乐生成中的应用也日益广泛。基于循环神经网络（RNN）和变分自编码器（VAE）等算法，人工智能可以生成具有旋律感、和谐感和情感表达的音乐作品。深度学习不仅能够模拟已知的作曲风格，还能够创造全新的音乐风格，提供给音乐创作者更多的灵感和创意。例如，OpenAI 的 MuseNet 能够生成多种风格的音乐，甚至能够自动搭配乐器与旋律，辅助音乐创作。

在文学创作、剧本创作以及广告文案编写中，深度学习的自然语言处理技术（NLP）得到了广泛应用。通过训练大规模的语言模型，深度学习能够生成高质量的文本内容，甚至能够创作小说、诗歌和对话脚本。例如，GPT 系列模型（如 GPT-4）能够自动生成富有创意的故事情节、角色对话等内容，为编剧和作家提供创作辅助。

2）个性化创意与定制化内容

随着数据分析技术的发展，深度学习不仅能帮助创作新内容，还能够实现个性化创意与定制化内容的生成。深度学习能够根据用户的偏好和需求，生成符合其个性化品位的音乐、电影和广告等艺术作品。比如在数字艺术和设计领域，深度学习可以根据用户的历史浏览记录、收藏和互动数据，为其推荐与其品位相符的艺术作品。这不仅提高了用户的体验感，也为艺术创作者提供了更精准的市场定位。深度学习也可以根据观众的反馈和偏好，调整内容的创作方向。例如，在视频平台上，深度学习通过分析用户观看历史、评论和互动行为，生成个性化的电影或剧集推荐清单，同时能够预测用户的观看需求，推动创作者定制个性化内容。

3）娱乐体验与互动

深度学习不仅在内容创作上发挥着巨大的作用，也极大地提升了娱乐体验的互动性和沉浸感。从游戏设计到虚拟现实（VR）和增强现实（AR）技术，深度学习为娱乐体验注入了更多的智能和创新元素。

在智能游戏与虚拟世界方面，深度学习技术的应用使得游戏设计和虚拟世界的构建变得更加智能化和人性化。通过深度学习，游戏中的 NPC（非玩家角色）可以变得更加智能，能够自主学习和适应玩家的行为，从而提供更丰富的游戏互动体验。基于深度学习的算法可以使得游戏中的虚拟角色根据玩家的行为作出更为复杂和人性化的反应。例如，利用深度强化学习（DRL），NPC 可以在游戏过程中自主调整自己的策略，与玩家进行更真实的互动，提升游戏的挑战性和沉浸感。

在虚拟现实与增强现实体验方面，深度学习可以使得虚拟现实和增强现实技术更加智能化，为用户创造更加沉浸式和个性化的体验。在 VR 和 AR 中，深度学习可以通过实时识别用户的行为和环境，提供实时的反馈和个性化调整。例如，基于深度学习的面部识别技术可以让虚拟人物根据用户的表情做出更加真实的反应；而在游戏中，深度学习还能够实时调整游戏环境和难度，以适应玩家的水平和偏好。

语音交互和情感识别是深度学习在娱乐体验中的另一重要应用。在智能语音助手、虚拟主持人、情感驱动的游戏和影视作品中，深度学习的情感识别技术可以帮助设备更好地理解用户的情绪，并作出相应反应。

4）内容分发与营销

随着深度学习的广泛应用，娱乐行业的内容分发和营销策略也得到了革新。深度学习能够帮助平台和企业实现精确的用户画像和精准的广告投放，提高内容分发的效率，降低营销成本。

深度学习在个性化推荐系统中的应用，已经成为互联网娱乐产业中不可或缺的一部分。通过对用户行为数据的深入分析，深度学习能够准确预测用户兴趣，提供个性化的内容推荐。很多平台和软件通过深度学习模型分析用户的观看历史、收藏夹、搜索记录等数据，能够为用户推荐更加个性化的电影、电视剧和音乐。同时，这些平台还可以根据用户对推荐内容的反馈进行调整，优化推荐效果。

此外，深度学习还可以帮助广告商根据用户的行为和历史数据进行精准的广告投放。通过预测用户的潜在需求和偏好，广告商能够将广告精准地投放给最合适的受众，提高广告的转化率。

深度学习的预测能力并不局限于推荐系统，还能够在内容制作和营销中进行趋势分析和市场预测。通过对大量历史数据的学习，深度学习模型能够预测哪些类型的内容会在未来受到观众的欢迎，从而帮助创作者和营销人员制定更加有效的内容策略。

随着深度学习技术的不断进步和应用的深入，创意产业与娱乐领域将在以下几个方面迎来重要的发展趋势：

（1）AI生成内容的普及与创新。随着生成模型和自监督学习等技术的不断发展，AI生成内容将变得更加多样化、逼真和个性化。创作者将能够借助AI生成音乐、视频和游戏内容，甚至通过AI进行跨领域创作合作，大幅降低创作成本，提升创作效率。

（2）个性化娱乐体验的深化。基于用户行为分析和深度学习模型，个性化推荐将更加精准，用户体验将更加个性化和定制化。AI将不只给用户推荐内容，还将根据用户情绪、偏好和历史互动生成特定的创意作品或互动体验，给用户带来前所未有的沉浸感。

（3）虚拟与现实的无缝融合。VR、AR与AI的结合将使娱乐体验更加沉浸式和互动式。深度学习在虚拟世界中的应用将使得虚拟人物、环境和物体的行为更加智能和自然，从而增强玩家或观众的互动感和代入感。

（4）自动化创作工具与平台的普及。AI工具将更加普及，创作过程将更加自动化、智能化。无论是图像设计、音乐创作、剧本写作，还是视频编辑，深度学习技术都将为创作者提供强大的辅助功能，降低入门门槛、提高效率，并创造更多新的创作方式。

总体而言，深度学习作为人工智能的核心技术之一，正在为创意产业与娱乐领域带来深远的变革。它不仅提升了内容创作的效率和质量，还拓宽了创意表达的边界，使得创作者能够在更短的时间内产生更多样、更富创意的作品。同时，深度学习推动了个性化推荐、虚拟娱乐、智能互动等新型娱乐形式的诞生，极大地丰富了观众的娱乐体验。

未来，随着深度学习技术的不断发展和创新，创意产业与娱乐领域将呈现出更多元化和个性化的趋势。无论是在内容创作、个性化推荐、游戏与虚拟世界、娱乐体验的互动性提升方面，还是在内容分发和精准营销方面，深度学习都将继续在各个环节中发挥其强大的作用。对于创作者和平台而言，利用深度学习技术实现高效创作、精准定位和个性化体验，将成为提升市场竞争力和创新力的关键。

6. 气候变化与农业

气候变化和农业是当今全球面临的两个重大挑战。气候变化正在增加极端天气事件发生的频率和强度，影响农作物的生长周期、产量和质量。同时，农业活动本身也是温室气体排放的主要来源之一。如何实现可持续农业和应对气候变化，已成为全球研究和政策制定的重要议题。近年来，深度学习等人工智能技术的迅猛发展，为气候变化的预测、农业生产的优化和资源管理提供了新的解决方案。

深度学习技术能够处理海量的气候数据、农业数据以及环境监测数据，揭示其潜在的规律和趋势，优化农业生产决策，提高作物抗灾能力，助力全球农业适应气候变化。以下将详细探讨深度学习在气候变化与农业领域的关键应用。

1）气候变化预测

气候变化的影响是全球性且长期的，准确的气候预测与监测是应对气候变化的第一步。深度学习在气候变化的模拟、预测和分析中发挥着重要作用，特别是在极端天气事件预测和长期气候趋势分析中具有显著优势。

气候模型是研究气候变化的基础工具，通过模拟大气、海洋、陆地和冰雪等因素的相互作用，预测未来气候的变化趋势。然而，传统气候模型的计算复杂度较高，且对数据的依赖性较强，难以处理庞大的数据集。深度学习通过高效的特征提取和数据处理能力，能够在传统气候模型的基础上进行优化。深度神经网络可以通过学习历史气候数据中的复杂模式，提高气候预测的准确性。例如，深度学习可以预测全球气温变化、降水量的分布、风速等气候因素，为天气变化提供实时的数据支持。此外，气象卫星收集的地球表面温度、湿度、云层分布等数据为气候变化研究提供了重要信息。通过使用神经网络处理这些卫星影像，深度学习可以有效识别极端天气事件（如高温、干旱、洪水等）的发生模式，及时发布预警。

2）智能农业与精准农业

传统的农业生产方式无法满足现代农业对高效、可持续的需求。深度学习技术在精准农业中的应用，能够帮助农民根据气候条件和土地特征制定优化的生产策略，提高作物产量、质量并降低资源消耗。

在作物生长预测与调控方面，深度学习可以通过分析气候数据、土壤数据、作物生长数据等信息，预测作物的生长状态，识别其生长过程中可能遇到的风险（如病虫害、营养缺乏等），并为农民提供科学的调控方案。

在病虫害监测与防治方面，通过训练神经网络处理农田图像，深度学习能够快速识别作物上的病虫害症状。农民可以利用智能手机或无人机拍摄农田图像，并通过深度学习模型分析图像，自动识别病虫害种类和分布情况，从而进行针对性防治。如图 9.5 所示为基于候选区域的两阶段目标检测算法在农业植物病虫害领域的应用流程。此外，深度学习可以根据气象条件、历史病虫害发生数据以及实时监控数据，预测未来可能发生的病虫害事件。通过提供早期预警，农民可以在病虫害爆发之前采取相应的防治措施，有效减少农药使用，提高作物的健康水平。

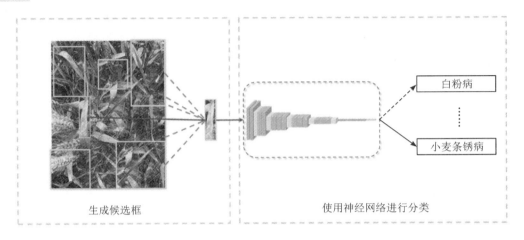

生成候选框 使用神经网络进行分类

图 9.5 深度学习预测植物病虫害示意图

总体而言，深度学习作为人工智能领域的核心技术之一，在气候变化与农业领域，正逐步从理论研究走向实践应用，极大地推动了农业生产的智能化与精准化。在深度学习技术的支持下，农业不仅能够应对气候变化带来的不确定性，还能够提高生产效率、减少资源浪费、减少环境污染，推动可持续农业的发展。

随着气候变化的影响日益加剧，深度学习在气候变化预测、农业生产优化和资源管理等方面的应用将变得更加重要，成为应对全球气候危机和实现农业现代化的重要工具。在未来，深度学习将继续为气候变化与农业领域带来创新性解决方案，促进全球农业的可持续发展。

9.2 深度学习的未来研究方向

深度学习作为人工智能的一个重要分支，已经在多个领域取得了显著成果。随着技术的不断发展，深度学习未来将面临许多挑战和机遇。以下是深度学习未来可能的重大研究方向，涵盖了从算法优化到应用场景等多个维度。

1. 与物理规律结合

将深度学习与物理规律结合正成为人工智能领域的一个新兴趋势。这一趋势的主要目标是通过深度学习的方法来增强对物理系统的建模与理解，同时利用物理规律来约束和指导深度学习模型的学习过程。以下是一些主要的研究方向。

1) 物理信息神经网络（Physics-Informed Neural Network，PINN）

物理信息神经网络（PINN）是一种将物理定律嵌入神经网络训练中的方法。PINN 通过将偏微分方程(PDE)作为损失函数的一部分来引导神经网络的训练，使得模型在学习过程中遵循物理规律。其应用领域包括：

（1）流体力学与热力学：通过 PINN 模拟复杂的流体动力学方程和热传导方程，进行气候建模、燃烧模拟等任务。

（2）量子力学与固体物理：将 PINN 用于模拟量子力学问题，如量子波动方程的求解；或用于模拟材料科学中的晶格动力学问题。

（3）工程设计优化：在工程设计中，PINN 可以帮助优化结构设计或控制系统，通过结合物理规律来减少计算复杂度，提高计算效率。

2）物理约束的深度学习模型

深度学习模型通常具有强大的表示能力，但其"黑箱"特性意味着模型的决策过程不透明。将物理规律嵌入深度学习模型中，能够有效约束模型的预测，使得模型输出符合已知的物理约束。这类研究方向包括以下几方面。

（1）正则化方法：通过将物理定律作为正则化项引入损失函数，确保深度学习模型的预测与物理规律一致。例如，在力学建模中，加入质量守恒或能量守恒的约束。

（2）物理-数据融合：利用现有的实验数据和物理模型的知识，通过深度学习进行数据驱动建模，使得模型能够利用物理规律引导学习过程。典型的应用包括天气预报、地震预测、流体动力学模拟等。

（3）优化问题：将物理规律作为优化约束，以引导深度学习模型进行参数调整或模型选择。这类研究应用于优化设计和控制系统中。

3）物理启发的模型架构

随着深度学习技术的发展，越来越多的研究者开始设计和优化神经网络架构，使其能够更好地与物理规律结合。这些物理启发的模型架构通常通过以下方式来优化深度学习。

（1）物理空间卷积神经网络(Physics-informed CNN)：在卷积神经网络（CNN）中引入物理信息，使得网络可以自动学习空间相关性，如图像中的物理属性。该网络用于处理物理图像问题，如图像中的粒子分布、物质的物理状态等。

（2）物理推理网络：设计一种新型网络架构，使网络能够推理物理过程，模拟物体在力场中的运动，模拟流体的流动，甚至预测复杂的物理过程。

（3）多尺度建模：结合物理学中的多尺度分析方法，设计能够处理不同空间和时间尺度的深度学习模型。尤其在粒子物理、纳米技术等领域，研究者正在研究多尺度模型对模拟微观和宏观物理过程的影响。

4）量子深度学习与物理规律

量子计算和深度学习的结合被认为是未来计算的一大热点。量子计算可以为深度学习提供新的计算范式，尤其在处理大规模物理问题时。主要研究方向包括以下几方面。

（1）量子神经网络（Quantum Neural Network，QNN）：将量子计算的基本单元（量子比特）和传统神经网络结合的研究方向。量子神经网络可以在模拟量子物理、化学反应以及量子信息的处理过程中提供显著的计算加速。

（2）量子物理问题的深度学习：结合量子深度学习方法，用于解决量子物理中的复杂问题，例如多体问题、量子化学模拟、量子场论等。

（3）量子力学与经典物理的结合：利用量子深度学习在量子物理领域的优势，同时借助经典物理方法来提高模型的效率，增强模型的可解释性。

5）深度学习在物理实验和仿真中的应用

深度学习可以在物理实验和仿真中提供强大的辅助，尤其是在大规模数据分析和自动化过程中，应用场景如下。

（1）高能物理实验：如在分析粒子加速器实验中的数据时，深度学习可以帮助识别粒子轨迹、进行事件分类和异常检测。

（2）天体物理和宇宙学：利用深度学习从大规模天文数据中提取物理信息，进行天文图像分析，模拟天体物理过程，如星系形成、黑洞物理等。

（3）材料科学与纳米技术：通过深度学习从实验数据中学习材料的微观结构，预测新材料的物理性质，推动材料科学的进步。

6）深度学习与复杂物理系统建模

深度学习还可以应用于复杂物理系统的建模，尤其在处理那些难以用传统数值方法求解的系统时。复杂物理系统包括：

（1）非线性动力学系统。在许多物理系统中，非线性行为是不可忽视的，深度学习可以帮助建模和预测这些复杂的动态行为，例如混沌系统、天气系统等。

（2）时空数据建模。许多物理过程是动态的，并且涉及时空的复杂关联。深度学习的时序模型（如 LSTM、Transformer 等）可以有效地建模时空数据，用于物理现象的预测和仿真。

总体而言，将物理规律与深度学习结合，不仅可以帮助构建更符合物理现实的模型，还能提升模型的泛化能力和效率。这一方向的研究无论是在基础科学、工程应用还是在跨学科的前沿技术中，都将产生深远的影响。随着计算能力的提升和算法的改进，深度学习和物理学的结合将为解决更加复杂的物理问题提供新的思路和方法。

2. 与脑神经科学结合

将深度学习与脑神经科学结合正逐渐成为人工智能领域的重要发展方向。这一结合不仅有助于加深对大脑工作原理的理解，也为开发更智能、更高效的人工智能系统提供了新的启示和方法。以下是几个主要的研究方向，它们展示了深度学习与脑神经科学结合的潜力。

1）神经启发的深度学习模型（Neuro-Inspired Deep Learning Models）

大脑的神经网络结构和工作机制为深度学习模型的设计提供了许多灵感。以下是一些关键的研究方向：

（1）脉冲神经网络（Spiking Neural Network，SNN）。传统的神经网络主要基于人工神经元的加权和激活函数，而脉冲神经网络则模拟了大脑神经元的"脉冲"行为（即神经元发送脉冲信号）。SNN 在处理时序数据和事件驱动的任务时有着更高的效率和生物学上的合理性。未来的研究将聚焦于如何改进 SNN 的训练方法，提高计算效率以及在实际应用中的可行性。

（2）赫布学习（Hebbian Learning）规则。赫布学习规则模拟了大脑中神经元之间的联合激活过程，可以通过调整神经元间的连接强度来实现学习。深度学习模型中可以借鉴这种机制，例如通过增强神经元之间的连接来加强特征的学习。

（3）神经塑性（Neuroplasticity）。神经塑性是大脑通过改变神经连接来适应不同刺激和环境的能力。深度学习中的"元学习"（Meta-learning）可以模仿神经塑性的特性，通过快速适应新任务和新环境来提高学习能力。神经塑性研究有助于优化深度学习模型的适应性和泛化能力。

2）生物神经网络与人工神经网络的桥接

尽管人工神经网络（ANN）在许多任务中取得了成功，但它们仍与生物神经网络存在差距。未来的研究将集中在以下几个方面：

（1）神经编码和解码。大脑将信息编码成神经活动并进行处理，深度学习能够模拟这一过程，通过学习神经活动模式来执行类似任务。例如，脑机接口（Brain-Computer Interfaces，BCI）研究利用脑电波信号进行解码，推动深度学习与神经科学的结合。

（2）神经元模型的优化。基于大脑神经元的工作机制，研究者希望改进人工神经网络的结构和行为。例如，模仿大脑中神经元对突触输入的动态响应，研究如何在人工神经元中引入类似的延迟、适应性和复合行为。

（3）多级信息处理。大脑的感知系统通常以多级结构进行信息处理，包括从初级感官输入到高级认知处理的多个层次。深度学习网络中的层次结构可以借鉴大脑的层次处理机制，更好地进行信息整合和决策。

3）认知计算与神经科学结合

认知计算旨在模仿和实现人类的认知功能，深度学习与认知科学结合，能够推动这一领域的研究进展。主要的研究方向包括以下几方面：

（1）视觉与认知系统的结合。大脑的视觉处理系统分为多个层次，包括初级视觉皮层（V1）到高级视觉区域（如面孔识别区域）。深度学习中的卷积神经网络（CNN）正是受到这一生物机制的启发。未来，研究将深入理解大脑如何处理空间、时间和多感官信息，以构建更加高效和自然的视觉处理模型。

（2）多模态学习。大脑不仅依赖视觉信息，还利用听觉、触觉等多种感官输入进行认知。多模态深度学习模型将融合来自不同感官的信号，模仿大脑的感知机制，推动自动驾驶、机器人等领域的进步。

（3）记忆与注意力机制。大脑的工作记忆和注意力机制对信息处理起着至关重要的作用。深度学习中的"注意力机制"已被广泛应用于自然语言处理（如 Transformer 架构），但在模拟大脑复杂的记忆和注意力过程方面，仍然有很大的发展空间。

4）脑-计算机接口（Brain-Computer Interface，BCI）

脑-计算机接口技术是深度学习与神经科学结合的一个重要应用领域，尤其是在帮助残疾人恢复功能、促进人机交互等方面具有巨大潜力。未来的研究将集中在以下几个方面。

（1）神经信号解码：通过深度学习技术来解码大脑的神经信号，以控制外部设备。例如，使用脑电波（EEG）或功能性磁共振成像（fMRI）信号进行实时处理，帮助用户控制计算机、机器人等。

（2）神经刺激与反馈：通过深度学习分析脑电图或其他神经信号，为脑部神经提供刺激或反馈，改进脑机接口的效果。这项技术在神经康复、情感调节等方面具有广泛的应用前景。

（3）增强现实与虚拟现实中的脑-计算机接口：结合深度学习、脑机接口和虚拟现实技术，开发新的交互模式和体验，尤其在医疗、教育和娱乐等领域。

5）大脑网络与深度学习的结合

大脑是一个高度复杂的网络，神经科学的研究强调大脑的网络结构和各个脑区之间的相互作用。深度学习模型在处理复杂的数据模式时，也能从神经科学的网络结构中获得启发。研究方向包括以下几种。

（1）大脑功能网络模拟：通过神经网络的连接模式模拟大脑区域之间的功能连接。例如，研究如何利用图神经网络（GNN）来模拟大脑中不同区域的信息流动和处理机制。

（2）神经元层次与网络层次的结合：将生物神经元模型与人工神经网络结合，研究神经元的活动与网络中层次化特征之间的关系。这有助于开发更加仿生的深度学习模型，提升其智能化和灵活性。

（3）大脑功能障碍的建模：利用深度学习模型模拟大脑功能障碍，例如在阿尔茨海默病、帕金森病等神经退行性疾病中的应用，通过深入分析疾病机制，为治疗方案的制定提供新的思路。

6）神经形态计算（Neuromorphic Computing）

神经形态计算试图模仿大脑的神经结构和计算方式，以构建更加高效的计算系统。深度学习与神经形态计算的结合，未来可能推动大规模智能计算设备的发展。其研究方向包括：

（1）硬件加速。基于大脑神经结构设计的硬件（如神经形态芯片）将为深度学习提供新的硬件平台，特别是能效和实时性方面具有重要优势。

（2）能效和实时性优化。模仿大脑的计算方式可以大幅提升深度学习的能效，使得深度学习模型在边缘计算、嵌入式设备等环境中能够高效运行。

7）情感与社会认知（Affective Computing and Social Cognition）

大脑在情感处理和社会认知方面的机制也为深度学习提供了研究方向。情感计算是指计算机识别、理解和模拟人类情感的过程。研究方向包括以下几个方面。

（1）情感识别与表达：利用深度学习分析面部表情、语音、姿态等数据，模拟人类的情感识别能力，并通过生成模型来表达和生成情感。

（2）社会认知与人际交互：研究如何通过深度学习模型模拟大脑在社会互动中的角色，例如在虚拟助理、情感机器人等应用中，能够更自然地理解和表达社会行为。

总体而言，将深度学习与脑神经科学结合，不仅能帮助我们理解大脑的工作原理，还为构建更智能的人工智能系统提供了新的视角。从神经启发的深度学习模型到脑-计算机接口技术，深度学习与脑神经科学的融合正在推动各个领域的发展。随着技术的不断进步，未来这一领域将继续为医学、心理学、人工智能等多个学科带来深远的影响。

3. 大模型

大模型（Large Model）的研究和应用已经成为人工智能领域的核心议题，尤其是像GPT-4、GPT-3 以及其他预训练的大规模语言模型（LLM）、视觉模型（如 CLIP）、多模态模型等，已经在多个任务中展现出了卓越的能力。随着计算资源和数据量的不断增加，大模型的研究和优化正在进入一个新的阶段，未来的研究方向包括大模型的微调技术、计算资源优化、鲁棒性、跨领域迁移、道德与合规性、多模态等。以下是大模型未来可能的研究方向和技术进展。

1）大模型的微调（Fine-Tuning of Large Model）

微调技术是大模型在特定任务上实现高效应用的关键，尤其是当模型已经在大规模通用数据集上预训练时，微调可以使模型更好地适应特定领域的任务。未来在大模型微调方面的研究方向包括以下几种。

（1）少量样本微调（Few-shot Fine-Tuning）。大模型常常需要对大量数据进行微调，但在许多应用场景中，获得大量标注数据可能非常困难。未来的研究将重点探索少量样本或无监督学习的微调方法，借助少量样本高效地让大模型适应新任务。这可能涉及元学习（Meta-learning）、生成模型（Generative Model）等技术。

（2）微调的高效性（Efficient Fine-tuning）。对于大规模模型，微调过程可能需要大量的计算资源。研究将侧重于开发高效的微调方法，例如参数高效微调（Parameter-efficient Fine-Tuning）、Adapter Layers（通过在网络中加入轻量级的适配器层来微调）和 Prompt Tuning（通过优化模型输入的提示文本来调整模型行为）等技术，旨在减少计算成本并提高微调效率。

（3）动态微调（Dynamic Fine-Tuning）。基于实际应用需求，在微调过程中进行动态调整。例如，在大模型微调过程中，可以根据不同的输入任务自动调整优化策略和超参数，使模型在不同的任务或数据分布下表现得更好。

（4）领域自适应微调（Domain-adaptive Fine-Tuning）。当大模型在特定领域中表现较差时，探讨如何通过领域适应技术使模型能够有效地迁移到特定的应用领域。例如，在医疗领域、法律领域等应用中，如何快速将预训练的大模型迁移到专业任务中。

2）大模型的计算资源优化（Efficient Training and Deployment of Large Model）

大模型通常需要大量计算资源进行训练和部署，未来研究的一个重要方向是如何优化这些计算资源，以降低训练成本并提高效率。主要研究方向包括以下几种。

（1）分布式训练（Distributed Training）。随着大模型规模的增长，单机训练已无法满足需求。分布式训练技术（例如数据并行、模型并行和混合并行）将继续发展，以在多个计算节点之间分配计算任务。模型并行的研究将聚焦于如何更高效地拆分模型以适应大规模分布式计算。

（2）稀疏训练和计算（Sparse Training and Computation）。稀疏性是提升大模型计算效率的一种重要技术，研究者正在探索如何在不影响模型表现的前提下引入稀疏连接，以减少参数数量和计算量。稀疏化技术包括剪枝（Pruning）、低秩分解（Low-rank Decomposition）等。

（3）模型压缩（Model Compression）。为了减少大模型的存储和计算成本，未来的研究将聚焦于如何压缩大模型的大小，例如通过量化、剪枝、知识蒸馏（Knowledge Distillation）等技术，使得大模型能够在资源有限的设备上运行。

（4）硬件加速（Hardware Acceleration）。大模型的训练和推理通常依赖于高性能硬件（如 GPU、TPU、FPGA 等）。未来的研究方向将侧重于设计和优化针对大模型的硬件架构，例如通过模型特定硬件设计或自适应硬件加速来提升训练和推理的效率。

3）多模态大模型（Multimodal Large Model）

多模态大模型是当前深度学习领域的一个热点，例如 CLIP、Flamingo 等模型能够同时处理文本、图像、音频等多种类型的数据。未来的研究方向包括以下几种。

（1）多模态数据融合（Multimodal Data Fusion）。如何更有效地将不同模态的数据进行融合是一个关键问题。未来的研究将探索如何从不同模态（文本、图像、视频等）中提取信息，并将其合并到一个统一的表示空间中，从而使大模型能够处理跨模态任务（例如图文生成、图像-文本匹配等）。

（2）自监督学习和多模态预训练（Self-Supervised Learning and Multimodal Pretraining）。通过自监督学习的方式，可以让大模型在海量无标注数据上进行预训练，进一步提高其在多模态任务中的表现。例如，通过联合学习视觉和语言任务，提高模型在多模态场景下的泛化能力。

4）模型对抗鲁棒性（Adversarial Robustness of Large Model）

大模型由于其庞大的规模和复杂性，往往对对抗样本具有较弱的鲁棒性。未来的研究将致力于提升大模型的对抗鲁棒性，确保其在面对潜在的攻击时仍然能够保持较好的性能。研究方向包括以下几种。

（1）对抗训练（Adversarial Training）：研究如何在大模型的训练过程中加入对抗样本以增强模型的鲁棒性。对于大模型，如何高效地生成和使用对抗样本将成为一个挑战。

（2）模型的可解释性和对抗攻击的关联：结合大模型的可解释性和对抗鲁棒性，研究如何利用模型的解释能力识别和防御对抗攻击。

5）跨领域迁移学习（Cross-domain Transfer Learning）

跨领域迁移学习旨在让大模型能够从一个领域迁移到另一个领域，甚至从一个任务迁移到另一个任务。未来的研究将致力于以下几个方面。

（1）跨模态迁移（Cross-modal Transfer）。随着多模态学习的蓬勃发展，如何在不同模态间迁移知识（例如从文本到视觉、从视觉到音频）将是一个重要的研究方向。

（2）跨语言迁移（Cross-lingual Transfer）。大模型的跨语言迁移研究有助于将一个语言的预训练模型迁移到另一个语言的任务中，尤其是对于低资源语言。

6）道德与合规性（Ethics and Compliance in Large Model）

随着大模型的应用越来越广泛，模型的道德性和合规性问题也成为重要议题。研究方向包括以下几种。

（1）公平性（Fairness）。如何确保大模型在处理数据时不会引入性别、种族、年龄等偏见，并确保其决策不歧视特定群体，将是未来的一个研究方向。

（2）隐私保护（Privacy Preservation）。大模型需要在处理敏感数据时考虑隐私问题。如何通过差分隐私、联邦学习等技术保护数据隐私，并确保合规性，是未来的一个重要研究方向。

（3）可解释性和信任（Interpretability and Trustworthiness）。大模型的可解释性问题将影响其在实际应用中的信任度和接受度，如何提高模型的透明度并确保其决策过程是合理的，将成为一个重要的研究方向。

总体而言，大模型的未来研究方向涵盖了多个层面，涉及如何高效训练和微调大模型、如何优化计算资源、如何实现跨领域的迁移学习、如何提升模型的鲁棒性，以及如何确保大模型的伦理和合规性等。随着技术的不断进步，未来的大模型将会更加智能、高效、可解释和公平，从而在各个领域发挥更加重要的作用。

4. 具身智能

深度学习与具身智能（Embodied Intelligence）的结合是人工智能（AI）领域的重要前沿。具身智能强调智能体不仅仅是一个计算系统，还是一个能够感知、行动、与环境交互，并从交互中学习的智能体。它通过与物理世界的互动来获得知识和技能。结合深度学习与具身智能的研究方向，未来的研究将更加关注如何利用深度学习来提升具身智能体的感知、决策、学习、适应和自我修复能力。以下是深度学习与具身智能结合的未来研究方向。

1）感知与动作的联合学习（Perception-Action Learning）

具身智能体的核心在于感知与动作的紧密结合。深度学习在这方面有着巨大的潜力，尤其是感知和动作之间的联合学习。未来的研究方向包括以下几个方面。

（1）端到端训练（End-to-End Training）。深度学习能够通过端到端的学习方式，将感知、决策和动作的过程串联起来。例如，通过卷积神经网络（CNN）对视觉数据进行处理，再结合强化学习（RL）对动作决策进行训练，实现从输入到动作的直接映射。

（2）视觉-动作关联（Visual-Motor Association）。该技术研究如何将视觉、触觉等感知信息与实际运动行为进行有效关联，以提高具身智能体的协调性。例如，机器人在抓取、操控物体时，需要结合视觉输入与机械动作输出进行无缝协调，深度学习可以帮助优化这一过程。

（3）跨模态学习（Cross-modal Learning）。具身智能体通常需要处理来自不同感知通道的信息（如视觉、听觉、触觉等）。深度学习可以帮助实现跨模态学习，使得不同感知通道的信息能够有效融合，提升决策效率。

2）强化学习与具身智能的结合（Reinforcement Learning for Embodied Agents）

强化学习（RL）在具身智能体的研究中扮演着重要角色，特别是在通过与环境的交互来学习任务的过程中。未来的研究方向包括以下几方面。

（1）自我探索与学习。具身智能体可以通过与环境的交互来进行自主学习。深度强化学习（Deep RL）能够让智能体在没有明确监督信号的情况下，通过奖惩机制来优化行为。研究将继续探索如何让智能体在复杂、动态的环境中进行高效的自我探索，提升其适应能力。

（2）元强化学习（Meta Reinforcement Learning）。元学习是一种让模型学会如何学习的技术，元强化学习则让具身智能体能够在多种任务之间进行快速转移和适应。通过元学习，智能体可以在面对新任务时快速调整其策略，而不需要从头开始学习。

（3）多智能体强化学习（Multi-Agent RL）。在具身智能的应用场景中，通常不只有一个智能体，而是多个智能体共同协作或竞争。未来的研究可以通过多智能体强化学习来提升群体智能，适应更复杂的任务，如集体协作、群体行为优化等。

3）多模态学习与知觉推理（Multimodal Learning and Perceptual Reasoning）

具身智能体需要在复杂环境中理解和推理多模态数据，包括视觉、听觉、触觉等。这需要深度学习处理多种感知信号，并进行合理的推理。研究方向包括以下几方面。

（1）多感官知觉整合。深度学习可以帮助智能体整合来自视觉、听觉、触觉等多个感官通道的数据，增强其对环境的感知能力。例如，研究如何将触觉反馈与视觉信息结合，使得智能体在进行操作时能够更精准地感知物体的形状和状态。

（2）感知推理（Perceptual Reasoning）。深度学习可以帮助具身智能体进行高层次的感知推理，从而做出复杂决策。例如，理解物体的物理性质（如硬度、柔软性等）并根据这些属性进行有效的动作规划。

（3）语言与视觉的结合（Vision-Language Integration）。具身智能体能够通过自然语言与人类进行交互，这要求智能体能够理解语言指令并结合视觉信息执行任务。研究将关注如何通过深度学习将语言理解与视觉感知结合，实现更自然的人机交互。

4）迁移学习与零-shot 学习（Transfer Learning and Zero-shot Learning）

具身智能体通常需要在动态、多变的环境中执行任务，迁移学习和零-shot 学习能够帮助智能体在未见过的环境或任务中快速适应。未来的研究方向包括以下几方面。

（1）跨任务迁移学习。智能体能够将从一个任务中获得的知识迁移到另一个相似的任务中。例如，通过迁移学习，机器人可以从简单的抓取任务迁移到更复杂的物体操控任务，而无需从零开始训练。

（2）零-shot 学习。深度学习模型在训练时并未见过所有的任务或环境。零-shot 学习能够帮助具身智能体根据少量的示例或描述，执行新任务或识别新的物体。

（3）模仿学习（Imitation Learning）。智能体可以通过模仿人类或其他智能体的行为来学习任务。在具身智能的应用中，模仿学习帮助机器人快速学习人类动作，并将其应用到新的情境中。

（5）智能体的自适应与自主性（Autonomy and Adaptability）

深度学习和具身智能的结合有助于提升智能体的自主性和适应性，使其能够在不确定和动态变化的环境中作出有效决策。未来的研究方向包括以下几方面。

（1）自我学习与自我修复。具身智能体能够感知到环境或自身状态的变化，并通过深度学习模型进行自我修复或调整。这种能力能够帮助机器人在不完美的环境中提高操作稳定性。

（2）在线学习（Online Learning）。具身智能体可以从环境中实时获取新的信息，并根据这些信息实时更新自己的行为策略。这种学习方式使得智能体不断优化其行为，适应快速变化的环境。

（3）自主探索与规划。深度学习可以使具身智能体具有更高效的自主探索能力，尤其是在没有明确任务指令的情况下，智能体能够通过自我规划和优化来完成任务。

6）人机协作与具身智能体（Human-Robot Collaboration）

未来的研究还将聚焦于人类与具身智能体之间的协作。

（1）协作学习（Collaborative Learning）。通过深度学习，人类与机器人可以共同学习和优化任务。机器人可以通过模仿人类的行为来改进自己的任务执行策略。

（2）共享认知（Shared Cognition）。具身智能体能够与人类共享感知、推理和决策过程，使得人机协作更为紧密。例如，机器人能够理解和预测人类的意图，从而与人类协作完成任务。

总体而言，深度学习与具身智能的结合正朝着多个方向发展，未来的研究将不断优化和拓展这些领域，推动智能体在感知、学习、决策、适应和社交等方面的能力提升。通过结合深度学习与具身智能，未来的智能系统将能够更好地与环境和人类互动，实现更加智能和灵活的行为。这些研究不仅有助于推动机器人技术的发展，也将为自动驾驶、医疗辅助、智能制造等多个领域带来革命性的突破。

5. 边缘计算

边缘计算（Edge Computing）与深度学习的结合正日益成为 AI 应用的重要方向，特别是在实时性、低延迟和高效性要求较高的场景中。边缘计算指的是将数据处理和计算任务从数据中心或云端转移到靠近数据源的"边缘"设备（如传感器、手机、嵌入式设备、IoT 设备等）上进行处理，从而减少数据传输的延迟、节省带宽并提高响应速度。与深度学习结合后，边缘计算能够在各种实时应用中提供强大的计算能力和智能化决策能力。以下是边缘计算与深度学习结合的未来研究方向。

1）边缘 AI 模型优化（Model Optimization for Edge AI）

边缘计算设备通常计算能力较低，存储资源较少，因此深度学习模型必须经过优化，才能高效运行在这些设备上。研究方向包括以下几方面。

（1）模型压缩与量化（Model Compression and Quantization）。深度学习模型通常需要巨大的计算资源，特别是在边缘设备上。通过模型压缩（如剪枝）和量化（将浮点数转换为较低精度的数据类型，如 8 位整数）技术，可以显著减少模型的计算量和存储需求，使其适应边缘设备的硬件限制。

（2）神经网络架构搜索（Neural Architecture Search，NAS）。NAS 是一种自动化设计神经网络架构的技术，能够根据边缘设备的硬件配置（如 CPU、GPU 或专用加速器）优化网络架构，从而提高计算效率和性能。

（3）知识蒸馏（Knowledge Distillation）。知识蒸馏通过将大规模深度学习模型的知识传递给一个较小的模型，使其能够在边缘设备上高效运行。这种方法能够在减少计算资源消耗的同时，保留模型的性能。

2）实时推理与低延迟（Real-time Inference and Low Latency）

边缘计算最主要的优势之一就是能够提供低延迟的实时推理能力，这对于自动驾驶、智能安防、智能制造等场景至关重要。研究方向包括以下几方面。

（1）高效推理引擎（Efficient Inference Engines）。边缘设备需要高效的推理引擎来快速处理数据并做出决策。开发轻量级、低延迟的深度学习推理引擎，能够在保证精度的同时大幅降低计算延迟。

（2）实时视频分析。在安防监控、智慧城市、智能交通等应用中，边缘计算能够实时处理视频流，并应用深度学习完成人脸识别、行为分析、交通监控等任务。深度学习模型需要优化，以支持在边缘设备上实时分析高质量视频数据。

3）联邦学习与边缘计算（Federated Learning and Edge Computing）

联邦学习是一种分布式机器学习方法，旨在通过分散计算的方式保护数据隐私，避免将用户数据上传到云端。在边缘计算环境下，联邦学习能够使得不同的边缘设备共同训练深度学习模型，而无须将数据汇集到中央服务器。研究方向包括以下几方面。

（1）分布式训练和同步（Distributed Training and Synchronization）。在边缘计算环境中，设备的计算能力和网络带宽通常有限，如何高效地同步和更新模型参数，是联邦学习研究的一个重要方向。优化算法能够减少通信成本，并提高训练效率。

（2）隐私保护与安全性（Privacy and Security）。边缘设备中通常包含敏感信息，联邦学习能够确保数据隐私，但仍需进一步研究如何在保证隐私的前提下，提升训练的效率和准确性，尤其是在面对恶意攻击时如何确保安全性。

4）边缘计算与物联网（IoT）融合（Edge Computing and IoT Integration）

物联网设备产生的大量数据通常无法直接上传到云端，因此在边缘计算中进行数据处理成为一种解决方案。边缘计算与物联网的融合能够提高数据分析的实时性和精确度。研究方向包括以下几方面。

（1）智能传感器与设备管理（Smart Sensors and Device Management）。边缘计算可以与物联网设备融合，帮助这些设备智能感知环境并做出决策。例如，在智能家居、工业监控等领域，边缘设备需要结合深度学习进行数据预处理、异常检测、智能预测等功能。

（2）边缘设备的协作与协调（Edge Device Cooperation and Coordination）。当多个边缘设备协作时，需要协调数据处理和任务分配。通过边缘计算算法可以优化设备间的协作，提升系统整体的工作效率，尤其是在环境感知和多任务处理的场景下。

5）自适应学习与边缘计算（Adaptive Learning for Edge Computing）

由于边缘设备的资源受限且环境动态变化，智能体需要能够自适应地调整其计算资源、学习策略和模型，以保持高效运行。研究方向包括以下几方面。

（1）在线学习与增量学习（Online Learning and Incremental Learning）。边缘设备通常需要实时处理新的数据，深度学习模型可以采用增量学习的方式，即在接收到新数据时，能够逐步调整自己的参数，而不需要重新训练。这种学习方式特别适用于资源有限的边缘计算设备。

（2）自我修正与优化（Self-correction and Optimization）。边缘设备需要根据实时反馈调整自己的学习过程，深度学习模型可以通过自我修正机制，基于当前环境的变化进行优化，提升任务执行的精度和效率。

6）边缘计算与自动驾驶（Edge Computing for Autonomous Driving）

自动驾驶是边缘计算和深度学习结合的重要应用领域之一，尤其是在高速公路和城市街区等复杂环境中。研究方向包括以下几方面。

（1）实时决策和路径规划（Real-time Decision Making and Path Planning）。深度学习能够帮助自动驾驶车辆处理来自摄像头、激光雷达、传感器等多种设备的信息。边缘计算能够提供低延迟的决策支持，以应对突发情况（如行人、障碍物等）。

（2）车联网（V2X）与协同计算（Vehicle-to-Everything and Collaborative Computing）。车联网技术能够使多辆车之间进行信息共享与协作，从而提升驾驶安全性和效率。深度学习与边缘计算结合，可以实现车辆间的数据实时处理和协同决策。

7）边缘计算与智能制造（Edge Computing for Smart Manufacturing）

边缘计算可以在工业生产环境中提升深度学习的应用效果，实现实时监控、预测性维护、质量检测等。研究方向包括以下几方面。

（1）工业自动化与质量控制（Industrial Automation and Quality Control）。深度学习在边缘设备上能够进行实时质量检测、缺陷识别等任务，并及时调整生产过程，减少生产线上的错误和浪费。

（2）预测性维护与异常检测（Predictive Maintenance and Anomaly Detection）。边缘计算可以帮助智能制造系统实时监控设备的健康状态，并通过深度学习预测设备的故障，提前进行维修，减少停机时间和维修成本。

8）能源效率与低功耗计算（Energy Efficiency and Low-power Computing）

边缘计算设备通常对功耗有严格要求，如何在深度学习应用中减少能耗是一个关键问题。研究方向包括以下几方面。

（1）低功耗硬件设计（Low-power Hardware Design）。开发适用于边缘设备的低功耗硬件，如专用集成电路（ASIC）和可编程门阵列（FPGA），能够有效降低深度学习模型的能耗。

（2）能效优化（Energy-efficient Algorithm）算法。深度学习模型可以通过优化算法来降低能耗，例如通过减少计算量、降低网络精度等方式，来适应低功耗设备。

9）边缘计算与5G网络（Edge Computing and 5G Network）

5G网络的高速率和低延迟特性为边缘计算与深度学习的结合提供了巨大的潜力。研究方向包括以下几方面。

（1）超低延迟通信（Ultra-low Latency Communication）。利用5G网络的高速和低延迟特性，边缘计算可以在实时推理和决策任务中提供更高的效率，尤其是在智能交通、无人机协作等应用中。

（2）网络切片与资源优化（Network Slicing and Resource Optimization）。通过5G网络的切片技术，可以将网络资源按需分配给不同的边缘设备，优化深度学习任务的计算和通信效率。

总体而言，边缘计算与深度学习的结合为实时、低延迟、高效能的智能应用提供了机遇，尤其是在自动驾驶、物联网、智能制造、安防监控等领域。未来，随着硬件能力的提升、算法的优化和网络环境的改进，边缘计算与深度学习的结合将更加灵活。

6. 模型可解释性

深度学习模型的可解释性（Model Interpretability）是当前人工智能领域一个重要的研究方向，尤其是在深度学习模型应用于关键领域（如医疗、金融、自动驾驶等）时，模型的黑箱性质可能带来信任、透明性、合规性等问题。为了让这些模型在实际应用中被广泛接受，需要提高其可解释性，使得用户、开发者甚至监管者能够理解模型的决策过程。未来，深度学习与模型可解释性的结合将涉及多个层面的创新和优化。以下是一些主要的研究方向。

1）全局与局部可解释性（Global vs. Local Interpretability）

局部可解释性研究旨在解释模型在特定预测上的决策依据，即针对单个数据点的解释。常见的方法包括以下几种。

（1）LIME（局部可解释模型-无关解释）。LIME 通过对单个预测点进行扰动并训练一个局部的简化模型，来解释深度学习模型的行为。

（2）SHAP（Shapley 加性解释方法）。SHAP 通过基于博弈论的 Shapley 值来量化每个特征对模型输出的贡献，从而为每个数据点提供局部的解释。

（3）反事实解释（Counterfactual Explanation）。反事实解释通过生成反事实示例（例如，"如果 X 变量的值为 Y，模型输出会发生什么变化"），提供对模型预测结果的理解。

全局可解释性涉及模型整体的解释，旨在使用户理解模型的行为模式和决策过程。研究方向如下。

（1）可解释的神经网络架构。例如，研究更易于解释的网络架构（如可视化的神经元或层的特征）来提高模型的透明度。

（2）集成可解释性技术。结合多种方法（例如梯度加权类激活映射（Grad-CAM）、特征重要性分析）来提供全面的全局可解释性。

2）可解释性方法的统一与标准化（Standardization and Unification of Interpretability Method）

当前，存在许多不同的可解释性方法，它们适用于不同类型的模型、任务和应用场景。然而，没有一个统一的标准或评估指标来衡量可解释性的质量和有效性。未来的研究将致力于以下几方面。

（1）制定可解释性标准。建立通用的标准化评估框架，评估不同可解释性方法的可用性、准确性和一致性。这将有助于选择最适合特定应用场景的解释方法。

（2）多任务/多模型可解释性。开发适用于多种深度学习模型（如卷积神经网络、循环神经网络等）和多任务场景（如图像、文本、音频等）的通用解释方法。

3）内在可解释性的深度学习模型（Intrinsic Interpretability Model）

内在可解释性是指构建从一开始就具有可解释性的模型。相比于后处理方法，内在可解释性的模型从设计阶段开始就具备一定的透明度。研究方向包括以下几方面。

（1）可解释神经网络架构。研究能够明确解释每一层的功能和特征的神经网络架构，例如具有明确规则的注意力机制、图神经网络（GNN）等。

（2）透明模型设计。例如，基于规则的模型（如决策树、线性回归、逻辑回归等）与深度学习模型的结合，或者使用像"可解释的深度生成模型"这样的架构，能够从结构上提高模型的透明度。

（3）神经符号方法（Neural-Symbolic Approach）。该方法结合深度学习与符号推理方法，旨在让神经网络能够执行符号推理任务，并解释其推理过程。该方法不仅可以增强模型的推理能力，还可以提高其可解释性。

4）可解释性与公平性（Interpretability and Fairness）

可解释性和公平性是深度学习模型在实际应用中的两个关键问题。一个不可解释的模型不仅难以理解，而且可能隐藏着偏见和不公平的决策。未来研究可能会涉及以下方向。

（1）可解释性与偏见检测。该方向研究如何解释和识别模型中的偏见和不公平现象，特别是在社会敏感领域（如招聘、金融、司法等）。通过对模型决策过程的解释，可以揭示潜在的偏见，并为改进模型提供依据。

（2）公平性增强模型设计。除了可解释性，公平性（例如，消除模型中的性别、种族、年龄等偏见）也将成为未来深度学习研究的重点。如何设计公平且可解释的深度学习模型，将是一个重要的研究方向。

5）可解释性生成模型（Explainable Generative Model）

生成模型（如扩散模型、生成对抗网络和变分自编码器）的可解释性研究仍然是一个相对较新的领域。与判别模型（如分类模型）相比，生成模型的解释性问题更加复杂。未来的研究方向包括生成模型的可视化与解释，即，如何从生成模型中提取和解释隐层表示，揭示生成过程背后的逻辑。例如，通过对生成过程中的潜在空间（Latent Space）进行可视化或分析，帮助理解模型如何从潜在变量生成输出。

6）自动化可解释性工具和平台（Automated Interpretability Tool and Platform）

为了加速可解释性研究和应用的普及，未来的研究还将集中在开发自动化工具和平台上，以帮助开发人员、数据科学家和领域专家快速理解深度学习模型。研究方向包括以下几方面。

（1）自动化可解释性分析平台：开发自动化的工具，帮助用户快速评估模型的可解释性。例如，通过图形界面展示模型决策过程、重要性分析等，使非专业人员也能够理解和信任模型。

（2）可解释性与调试（Debugging）：通过可解释性技术辅助调试模型，帮助开发人员发现模型的错误和缺陷，并进一步优化和提升模型的性能。

7）可解释性与迁移学习（Interpretability in Transfer Learning）

迁移学习（Transfer Learning）使得深度学习模型可以在不同任务之间共享知识，如何解释迁移学习过程中模型的适应过程，是未来可解释性研究的一个重要方向。研究方向包括以下几方面。

（1）迁移过程中的可解释性，即如何解释和理解在迁移学习中，从源任务到目标任务的知识转移过程，特别是在处理不同领域、不同数据分布的情况下。

（2）迁移学习的解释性方法，即设计新的方法，使得迁移学习模型不仅能提高性能，还能提供对新任务的解释。

总体而言，深度学习与模型可解释性结合的未来研究方向包括多层次的探索，从局部可解释性到全局可解释性的技术改进；从内在可解释性模型的设计到生成模型的可解释性；再到与公平性、生成式方法等领域的结合。随着深度学习在各个领域的应用深入，模型的可解释性将不仅仅是一个技术问题，更是一个推动人工智能向社会广泛应用的关键因素。

本 章 小 结

本章全面探讨了深度学习技术的广泛应用场景及其未来的研究方向，展示了人工智能在多个领域中的巨大潜力和发展前景。从自动驾驶、医疗健康、智能制造到创意产业和气候变化等，深度学习技术正在不断推动各行各业的创新与变革。本章特别强调了深度学习在金融、智能交通、气候和农业等关键领域中的应用，展示了其如何提高效率、降低成本并实现更加智能化的决策支持。

同时，本章还展望了深度学习的未来研究方向，特别是在与物理规律、脑神经科学结合的方面，如何为实现更加精确和高效的人工智能系统提供理论基础和实践指导。此外，随着大模型和具身智能的发展，深度学习有望突破传统的计算范式，开辟出新的应用领域。边缘计算和模型可解释性的研究也将在提高智能系统的安全性、透明度和可控性方面发挥关键作用。

本章展现了深度学习在推动社会进步和科技创新中的巨大潜力，探讨了深度学习未来的研究方向和技术挑战。随着研究的不断深入和应用场景的扩展，深度学习将在未来的人工智能领域中占据更加核心的地位，推动跨学科、跨领域的融合与创新。

参 考 文 献

[1] VAN DIS E A M, BOLLEN J, ZUIDEMA W, et al. ChatGPT: Five priorities for research[J]. Nature, 2023, 614(7947): 224－226.

[2] SARAVIA, ELVIS, Saravia_Prompt_Engineering_Guide_2022[EB/OL]. (2022－12)[2023－04－27]. https://github. com/dair-ai/Prompt-Engineering-Guide.

[3] RADFORD A, NARASIMHAN K, SALIMANS T, et al. Improving language understanding by generative pre-training[EB/OL]. (2018－06)[2023－03－27]. https://cdn. openai. com/research-covers/language-unsupervised/language_understanding_paper. pdf.

[4] 焦李成, 刘若辰, 慕彩红, 等. 简明人工智能[M]. 西安:西安电子科技大学出版社, 2019.

[5] 焦李成, 刘梦坤, 杨淑媛, 等. 深度学习简明教程[M]. 西安:西安电子科技大学出版社, 2023.

[6] 姚期智. 人工智能[M]. 北京:清华大学出版社, 2022.

[7] 王万良. 人工智能通识教程[M]. 2版. 北京:清华大学出版社, 2022.

[8] 马少平. 艾博士:深入浅出人工智能[M]. 北京:清华大学出版社, 2023.

[9] 史忠植. 人工智能[M]. 2版. 北京:机械工业出版社, 2024.

[10] ROSENBLATT F. The perceptron: A probabilistic model for information storage and organization in the brain[J]. Psychological Review, 1958, 65(6): 386－408.

[11] RADFORD, A, WU, J, CHILD, R, et al. Language models are unsupervised multitask learners. OpenAI blog, 2019, 1(8): 9.

[12] BOMMASANI R, HUDSON D A, ADELI E, et al. On the opportunities and risks of foundation models[EB/OL]. 2021: 2108. 07258. https://arxiv. org/abs/2108. 07258.

[13] HAN X, ZHANG Z Y, DING N, et al. Pre-trained models: Past, present and future[J]. AI Open, 2021, 2: 225－250.

[14] BROWN T, MANN B, RYDER N, et al. Language models are few-shot learners[J]. Advances in Neural Information Processing Systems, 2020, 33: 1877－1901.

[15] VASWANI A, SHAZEER N, PARMAR N, et al. Attention is all you need[J]. Advances in Neural Information Processing Systems, 2017, 30: 6000－6010.

[16] FEDUS W, ZOPH B, SHAZEER N. Switch transformers: Scaling to trillion parameter models with simple and efficient sparsity[J]. The Journal of Machine Learning Research, 2022, 23(1): 5232－5270.

[17] CHEN T, KORNBLITH S, NOROUZI M, et al. A simple framework for contrastive learning of visual representations[C]//Proceedings of the 37th International Conference on Machine Learning, 2020: 1597－1607.

[18] DEVLIN J, CHANG M W, LEE K, et al. Bert: Pre-training of deep bidirectional transformers for language understanding[J]. arXiv preprint arXiv: 1810. 04805, 2018.

[19] DENG J, DONG W, SOCHER R, et al. ImageNet: A large-scale hierarchical image database[C]//

2009 IEEE Conference on Computer Vision and Pattern Recognition. 2009：248 – 255.

[20] ZHOU J, CUI G Q, HU S D, et al. Graph neural networks：A review of methods and applications [J]. AI Open, 2020, 1：57 – 81.

[21] HE K, FAN H, WU Y, et al. Momentum contrast for unsupervised visual representation learning [C]//2020 IEEE/CVF Conference on Computer Vision and Pattern Recognition, 2020：9726 – 9735.

[22] SCARSELLI F, GORI M, TSOI A C, et al. The graph neural network model [J]. IEEE Transactions on Neural Networks, 2009, 20(1)：61 – 80.

[23] 焦李成, 侯彪, 唐旭, 等. 人工智能、类脑计算与图像解译前沿[M]. 西安：西安电子科技大学出版社, 2020.

[24] 周志华. 机器学习[M]. 北京：清华大学出版社, 2016.

[25] 焦李成. 神经网络系统理论[M]. 西安：西安电子科技大学出版社, 1990.

[26] TURING A M. Computing machinery and intelligence[M]. Dordrecht：Springer Netherlands, 1988.

[27] MINSKY M L, PAPERT S A. Perceptrons：expanded edition [M]. Cambridge, MA, USA, 1988.

[28] WERBOS P J. Backpropagation through time：What it does and how to do it[J]. Proceedings of the IEEE, 1990, 78(10)：1550 – 1560.

[29] FUKUSHIMA K. Neocognitron：A self-organizing neural network model for a mechanism of pattern recognition unaffected by shift in position[J]. Biological Cybernetics, 1980, 36(4)：193 – 202.

[30] HOPFILED J J. Neural networks and physical systems with emergent collective computational abilities[J]. Proceedings of the National Academy of Sciences, 1982, 79(8)：2554 – 2558.

[31] ACKLEY D H, HINTON G E, SEJNOWSKI T J. A learning algorithm for Boltzmann machines [J]. Cognitive Science, 1985, 9(1)：147 – 169.

[32] RUMELHART D E, HINTON G E, WILLIAMS R J. Learning internal representations by error propagation[EB/OL]. (1985 – 9)[2024 – 04 – 27]. https：//www. cs. cmu. edu/~bhiksha/courses/deeplearning/Fall. 2016/pdfs/Chap8_PDP86. pdf.

[33] LECUN Y, BOSER B, DENKER J S, et al. Backpropagation applied to handwritten zip code recognition[J]. Neural Computation, 1989, 1(4)：541 – 551.

[34] ELAMN J L. Finding structure in time[J]. Cognitive Science, 1990, 14(2)：179 – 211.

[35] HINTON G E, ZEMEL R S. Autoencoders, minimum description length and Helmholtz free energy [J]. Advances in Neural Information Processing Systems, 1994, 6.

[36] HOCHREITER S, SCHMIDHUBER J. Long short-term memory[J]. Neural Computation, 1997, 9(8)：1735 – 1780.

[37] LECUN Y, BOTTOU L, BENGIO Y, et al. Gradient-based learning applied to document recognition[J]. Proceedings of the IEEE, 1998, 86(11)：2278 – 2324.

[38] LECUN Y, BENGIO Y, HINTON G. Deep learning[J]. Nature, 2015, 521(7553)：436 – 444.

[39] GOODFELLOW I J, POUGET-ABADIE J, MIRZA M, et al. Generative adversarial nets [J]. Advances in Neural Information Processing Systems, 2014, 27：2672 – 2680.

[40] BAHDANAU D, CHO K, BENGIO Y. Neural machine translation by jointly learning to align and

translate[EB/OL]. 2014:1409. 0473. https://arxiv. org/abs/1409. 0473.

[41] CHO K, VAN MERRIËNBOER B, GULCEHRE C, et al. Learning phrase representations using RNN encoder-decoder for statistical machine translation[EB/OL]2014:1406. 1078. https://arxiv. org/abs/1406. 1078.

[42] DENG J, DONG W, SOCHER R, et al. ImageNet: A large-scale hierarchical image database[C]// 2009 IEEE Conference on Computer Vision and Pattern Recognition. IEEE, 2009: 248 - 255.

[43] KRIZHEVSKY A, SUTSKEVER I, HINTON G E. ImageNet classification with deep convolutional neural networks[J]. Communications of the ACM, 2017, 60(6): 84 - 90.

[44] SRIVASTAVA N, HINTON G, KRIZHEVSKY A, et al. Dropout: a simple way to prevent neural networks from overfitting [J]. The Journal of Machine Learning Research, 2014, 15 (1): 1929 - 1958.

[45] MNIH V, KAVUKCUOGLU K, SILVER D, et al. Human-level control through deep reinforcement learning[J]. Nature, 2015, 518(7540): 529 - 533.

[46] MNIH V, KAVUKCUOGLU K, SILVER D, et al. Playing atari with deep reinforcement learning [EB/OL]. 2013: 1312. 5602. https://arxiv. org/abs/1312. 5602.

[47] KINGMA D P, BA J. Adam: A method for stochastic optimization[EB/OL]. 2014: 1412. 6980. https://arxiv. org/abs/1412. 6980.

[48] KINGMA D P, Welling M. Auto-encoding variational bayes[EB/OL]. (2013 - 12 - 20) [2024 - 04 - 27]. http://web2. cs. columbia. edu/~blei/fogm/2018F/materials/KingmaWelling2013. pdf.

[49] RADFORD A, KIM J W, HALLACY C, et al. Learning transferable visual models from natural language supervision[C]//International Conference on Machine Learning, 2021: 8748 - 8763.

[50] MNIH V, HEESS N, GRAVES A, et al. Recurrent models of visual attention[J]. Advances in neural information processing systems, 2014, 27: 2204 - 2212.

[51] BRYANT P, POZZATI G, ELOFSSON A. Improved prediction of protein-protein interactions using AlphaFold2[J]. Nature Communications, 2022, 13(1): 1265.

[52] KIPF T N, WELLING M. Semi-supervised classification with graph convolutional networks[EB/OL]. 2016: 1609. 02907. https://arxiv. org/abs/1609. 02907.

[53] HAMILTON W, YING Z, LESKOVEC J. Inductive representation learning on large graphs[J]. Advances in Neural Information Processing Systems, 2017, 30: 1025 - 1035.

[54] HU J, SHEN L, SUN G. Squeeze-and-excitation networks[C]//Proceedings of the IEEE Conference on Computer Vision and Pattern Recognition, 2018: 7132 - 7141.

[55] WOO S, PARK J, LEE J Y, et al. Cbam: Convolutional block attention module[C]//Proceedings of the European Conference on Computer Vision (ECCV), 2018: 3 - 19.

[56] RIQUELME C, PUIGCERVER J, MUSTAFA B, et al. Scaling vision with sparse mixture of experts[J]. Advances in Neural Information Processing Systems, 2021, 34: 8583 - 8595.

[57] RAMESH A, PAVLOV M, GOH G, et al. Zero-shot text-to-image generation[C]//International Conference on Machine Learning, 2021: 8821 - 8831.

[58] RAFFEL C, SHAZEER N, ROBERTs A, et al. Exploring the limits of transfer learning with a unified text-to-text transformer[J]. The Journal of Machine Learning Research, 2020, 21(1): 5485 – 5551.

[59] LI L, Chen Y C, CHENG Y, et al. Hero: Hierarchical encoder for video + language omni-representation pre-training[EB/OL]. 2020: 2005.00200. https://arxiv.org/abs/2005.00200.

[60] LI X, Yin X, LI C, et al. Oscar: Object-semantics aligned pre-training for vision-language tasks [C]//Proceedings of the European Conference on Computer Vision (ECCV). Cham: Springer International Publishing, 2020: 121 – 137.

[61] LIN J, MEN R, YANG A, et al. M6: A chinese multimodal pretrainer[EB/OL]. 2021: 2103.00823. https://arxiv.org/abs/2103.00823.

[62] LIN X, XU C, XIONG Z, et al. PanGu Drug Model: learn a molecule like a human[J]. Science China Life Sciences, 2023, 66(4): 879 – 882.

[63] WANG S, ZHAO Z, OUYANG X, et al. Chatcad: Interactive computer-aided diagnosis on medical image using large language models [EB/OL]. 2023: 2302.07257. https://arxiv.org/abs/2302.07257.

[64] 焦李成,赵进,杨淑媛,等. 深度学习、优化与识别[M]. 北京:清华大学出版社,2017.

[65] PaddlePaddle, awesome-DeepLearning[EB/OL]. (2024 – 01 – 24)[2024 – 07 – 27]. https://github.com/PaddlePaddle/awesome-DeepLearning/tree/master

[66] WEIZENBAUM J. Computer power and human reason: From judgment to calculation[J]. The American Mathematical Monthly, 1978, 85(5): 394.

[67] GLOROT X, BORDES A, BENGIO Y. Deep sparse rectifier neural networks[C]//Proceedings of the Fourteenth International Conference on Artificial Intelligence and Statistics. JMLR Workshop and Conference Proceedings, 2011: 315 – 323.

[68] XU B, WANG N, CHEN T, et al. Empirical evaluation of rectified activations in convolutional network[EB/OL]. 2015: 1505.00853. https://arxiv.org/abs/1505.00853.

[69] RITTER A, CHERRY C, DOLAN B. Data-driven response generation in social media [C]//Proceedings of the 2011 Conference on Empirical Methods in Natural Language Processing (EMNLP). 2011: 583 – 593.

[70] LIU Z, LIN Y, CAO Y, et al. Swin transformer: Hierarchical vision transformer using shifted windows[C]//Proceedings of the IEEE/CVF International Conference on Computer Vision. 2021: 9992 – 10002.

[71] CARION N, MASSA F, SYNNAEVE G, et al. End-to-end object detection with transformers[C]//European Conference on Computer Vision. Cham: Springer International Publishing, 2020: 213 – 229.

[72] BROWN P F, DELLA PIETRA V J, DESOUZA P V, et al. Class-based n-gram models of natural language[J]. Computational Linguistics, 1992, 18(4): 467 – 480.

[73] GOODMAN J. Classes for fast maximum entropy training[C]//2001 IEEE International Conference

on Acoustics, Speech, and Signal Processing. Proceedings (Cat. No. 01CH37221). IEEE, 2001, 1: 561 – 564.

[74] DU N, HUANG Y, DAI A M, et al. Glam: Efficient scaling of language models with mixture-of-experts[C]//International Conference on Machine Learning. PMLR, 2022: 5547 – 5569.

[75] VINCENT P, LAROCHELLE H, BENGIO Y, et al. Extracting and composing robust features with denoising autoencoders[C]//Proceedings of the 25th International Conference on Machine learning. 2008: 1096 – 1103.

[76] RADFORD A, METZ L, CHINTALA S. Unsupervised representation learning with deep convolutional generative adversarial networks[EB/OL]. 2015: 1511. 06434. https://arxiv. org/abs/ 1511. 06434.

[77] BA J L, KIROS J R, HINTON G E. Layer normalization[EB/OL]. 2016: 1607. 06450. https:// arxiv. org/abs/1607. 06450.

[78] XIE E, WANG W, YU Z, et al. SegFormer: Simple and efficient design for semantic segmentation with transformers[J]. Advances in neural information processing systems, 2021, 34: 12077 – 12090.

[79] ZHU J Y, PARK T, ISOLA P, et al. Unpaired image-to-image translation using cycle-consistent adversarial networks[C]//Proceedings of the IEEE International Conference on Computer Vision. 2017: 2242 – 2251.

[80] ULYANOV D, VEDALDI A, LEMPITSKY V. Instance normalization: The missing ingredient for fast stylization[EB/OL]. 2016: 1607. 08022. https://arxiv. org/abs/1607. 08022.

[81] WU Y, HE K. Group normalization[C]//Proceedings of the European Conference on Computer Vision (ECCV). 2018: 3 – 19.

[82] IOFFE S, SZEGEDY C. Batch normalization: Accelerating deep network training by reducing internal covariate shift [C] // International Conference on Machine Learning. PMLR, 2015: 448 – 456.

[83] OPEN AI, GPT-4 [EB/OL]. (2023 – 03 – 14) [2023 – 04 – 27]. https://openai. com/research/ gpt-4

[84] FINN C, ABBEEL P, LEVINE S. Model-agnostic meta-learning for fast adaptation of deep networks[C]//International Conference on Machine Learning. PMLR, 2017: 1126 – 1135.

[85] GHOLAMALINEZHAD H, KHOSRAVI H. Pooling methods in deep neural networks, a review [EB/OL]. 2020: 2009. 07485. https://arxiv. org/abs/2009. 07485.

[86] OUYANG L, WU J, JIANG X, et al. Training language models to follow instructions with human feedback[J]. Advances in Neural Information Processing Systems, 2022, 35: 27730 – 27744.

[87] DUCHI J, HAZAN E, SINGER Y. Adaptive subgradient methods for online learning and stochastic optimization[J]. Journal of Machine Learning Research, 2011, 12(7): 2121 – 2159.

[88] SCHULMAN J, WOLSKI F, DHARWAL P, et al. Proximal policy optimization algorithms[EB/ OL]. 2017: 1707. 06347. https://arxiv. org/abs/1707. 06347.

[89] DEHGHANI M, DJOLONGA J, MUSTAFA B, et al. Scaling vision transformers to 22 billion

parameters[EB/OL]. 2023：2302. 05442. https：//arxiv. org/abs/2302. 05442.

[90]　CHOWDHERY A，NARANG S，DEVLIN J，et al. Palm：Scaling language modeling with pathways[EB/OL]. 2022：2204. 02311. https：//arxiv. org/abs/2204. 02311.

[91]　LOSHCHILOV I，HUTTER F. Fixing weight decay regularization in adam[EB/OL]. 2017：1711. 05101. https：//arxiv. org/abs/1711. 05101.

[92]　CHUNG J，GULCEHRE C，CHO K H，et al. Empirical evaluation of gated recurrent neural networks on sequence modeling[EB/OL]. 2014：1412. 3555. https：//arxiv. org/abs/1412. 3555.

[93]　SCHUSTER M，PALIWAL K K. Bidirectional recurrent neural networks[J]. IEEE Transactions on Signal Processing，1997，45(11)：2673 – 2681.

[94]　焦李成，刘芳，李玲玲，等. 遥感影像深度学习智能解译与识别[M]. 西安：西安电子科技大学出版社，2019.

[95]　焦李成，孙其功，田小林等. 人工智能实验简明教程[M]. 北京：清华大学出版社，2021.

[96]　焦李成. 神经网络计算[M]. 西安：西安电子科技大学出版社，1993.

[97]　LIN M，CHEN Q，YAN S. Network in network[EB/OL]. 2013：1312. 4400. https：//arxiv. org/abs/1312. 4400.

[98]　HE K，ZHANG X，REN S，et al. Deep residual learning for image recognition[C]//Proceedings of the IEEE Conference on Computer Vision and Pattern Recognition. 2016：770 – 778.

[99]　SZEGEDY C，LIU W，JIA Y，et al. Going deeper with convolutions[C]//Proceedings of the IEEE Conference on Computer Vision and Pattern Recognition. 2015：1 – 9.

[100]　SIMONYAN K，ZISSERMAN A. Very deep convolutional networks for large-scale image recognition[EB/OL]. 2014：1409. 1556. https：//arxiv. org/abs/1409. 1556.

[101]　KIRILLOV A，MINTUN E，RAVI N，et al. Segment anything[EB/OL]. 2023：2304. 02643. https：//arxiv. org/abs/2304. 02643.

[102]　NIKOLAJ Buhl，Meta AI's New Breakthrough：Segment Anything Model (SAM) Explained [EB/OL]. （2023 – 04 – 06）[2023 – 04 – 27]. https：// encord. com/blog/segment-anything-model-explained/.

[103]　WU C，YIN S，QI W，et al. Visual chatgpt：Talking，drawing and editing with visual foundation models[EB/OL]. 2023：2303. 04671. https：//arxiv. org/abs/2303. 04671.

[104]　HUANG G，LIU Z，VAN DER Maaten L，et al. Densely connected convolutional networks[C]// Proceedings of the IEEE Conference on Computer Vision and Pattern Recognition. 2017：2261 – 2269.

[105]　HOWARD A G. Mobilenets：Efficient convolutional neural networks for mobile vision applications [EB/OL]. 2017：1704. 04861. https：//arxiv. org/abs/1704. 04861.

[106]　LIU Z，MAO H，WU C Y，et al. A convnet for the 2020s[C]//Proceedings of the IEEE/CVF Conference on Computer Vision and Pattern Recognition. 2022：11966 – 11976.

[107]　YU F，KOLTUN V. Multi-scale context aggregation by dilated convolutions[EB/OL]. 2015：1511. 07122. https：//arxiv. org/abs/1511. 07122.

[108]　TAN M，LE Q. Efficientnet：Rethinking model scaling for convolutional neural networks[C]//

International Conference on Machine Learning. PMLR, 2019: 6105 - 6114.

[109] SANDLER M, HOWARD A, ZHU M, et al. Mobilenetv2: Inverted residuals and linear bottlenecks[C]//Proceedings of the IEEE Conference on Computer Vision and Pattern Recognition. 2018: 4510 - 4520.

[110] DAI J, QI H, XIONG Y, et al. Deformable convolutional networks[C]//Proceedings of the IEEE International Conference on Computer Vision. 2017: 764 - 773.

[111] GIRSHICK R. Fast r-cnn[C]//Proceedings of the IEEE International Conference on Computer Vision. 2015: 1440 - 1448.

[112] REN S, HE K, GIRSHICK R, et al. Faster R-CNN: Towards real-time object detection with region proposal networks[J]. IEEE Transactions on Pattern Analysis and Machine Intelligence, 2017, 39(6): 1137 - 1149.

[113] LONG J, SHELHAMER E, DARRELL T. Fully convolutional networks for semantic segmentation[C] // Proceedings of the IEEE Conference on Computer Vision and Pattern Recognition. 2015: 3431 - 3440.

[114] RONNEBERGER O, FISCHER P, Brox T. U-net: Convolutional networks for biomedical image segmentation[C]//Medical Image Computing and Computer-Assisted Intervention. Cham: Springer International Publishing, 2015: 234 - 241.

[115] CHEN L C, PAPANDREOU G, SCHROFF F, et al. Rethinking atrous convolution for semantic image segmentation[EB/OL]. 2017: 1706. 05587. https://arxiv.org/abs/1706.05587.

[116] 深圳市投资基金同业公会. 华为: 盘古大模型全貌[EB/OL]. (2023 - 4 - 10)[2023 - 4 - 27]. https://mp. weixin. qq. com/s/f9MEo995abrm1wE7vBMtQw.

[117] 清元宇宙. 阿里官宣 AI 大模型"通义千问"! 阿里系产品将全线接入[EB/OL]. (2023 - 4 - 11) [2023 - 4 - 27]. https://mp. weixin. qq. com/s/F7j79gNLKyAaZ0WPMNy1wQ.

[118] HW 管理真经. 一文看懂华为盘古 AI 大模型, 中美 AI 大模型对比[EB/OL]. (2023 - 3 - 30) [2023 - 4 - 27]. https://mp. weixin. qq. com/s/F7j79gNLKyAaZ0WPMNy1wQ.

[119] YANG Y, JIAO L, LIU X, et al. Transformers meet visual learning understanding: A comprehensive review[EB/OL]. 2022: 2203. 12944. https://arxiv.org/abs/2203.12944.

[120] DOSOVITSKIY A, BEYER L, KOLESNIKOV A, et al. An image is worth 16x16 words: Transformers for image recognition at scale [C]. International Conference on Learning Representations, 2021.

[121] DAHOUDA M K, JOE I. A deep-learned embedding technique for categorical features encoding [J]. IEEE Access, 2021, 9: 114381 - 114391.

[122] BRAŞOVEANU A M P, ANDONIE R. Visualizing transformers for NLP: A brief survey[C]// 24th International Conference Information Visualisation (IV). IEEE, 2020: 270 - 279.

[123] WENG L. Prompt Engineering [EB/OL]. (2023 - 03 - 15) [2023 - 04 - 27]. https://lilianweng. github. io/posts/2023 - 03 - 15 - prompt-engineering/#tips-for-example-selection.

[124] LIU P F, YUAN W Z, FU J L, et al. Pre-train, prompt, and predict: A systematic survey of

prompting methods in natural language processing[J]. ACM Computing Surveys, 2023, 55(9): 1-35.

[125] JIANG Z B, XU F F, ARAKI J, et al. How can we know what language models know? [J]. Transactions of the Association for Computational Linguistics, 2020, 8: 423-438.

[126] PETRONI F, ROCKTÄSCHEL T, LEWIS P, et al. Language models as knowledge bases? [EB/OL]. 2019: 1909.01066. https://arxiv.org/abs/1909.01066.

[127] SHIN T, RAZEGHI Y, LOGAN IV R L, et al. Autoprompt: Eliciting knowledge from language models with automatically generated prompts[EB/OL]. 2020: 2010.15980. https://arxiv.org/abs/2010.15980.

[128] GAO T, FISCH A, CHEN D. Making pre-trained language models better few-shot learners[EB/OL]. 2020: 2012.15723. https://arxiv.org/abs/2012.15723.

[129] DAVISON J, FELDMAN J, RUSH A M. Commonsense knowledge mining from pretrained models[C]// Proceedings of the 2019 Conference on Empirical Methods in Natural Language Processing and the 9th International Joint Conference on Natural Language Processing (EMNLP-IJCNLP). 2019: 1173-1178.

[130] LI X L, LIANG P. Prefix-tuning: Optimizing continuous prompts for generation[EB/OL]. 2021: 2101.00190. https://arxiv.org/abs/2101.00190.

[131] ZHONG Z, FRIEDMAN D, CHEN D. Factual probing is [MASK]: Learning vs. learning to recall [EB/OL]. 201: 2104.05240. https://arxiv.org/abs/2104.05240.

[132] WEI J, WANG X, SCHUURMANS D, et al. Chain of thought prompting elicits reasoning in large language models[EB/OL]. 2022: 2201.11903. https://arxiv.org/abs/2201.11903.

[133] KOJIMA T, GU S S, REID M, et al. Large language models are zero-shot reasoners[EB/OL]. 2022: 2205.11916. https://arxiv.org/abs/2205.11916.

[134] WANG X, WEI J, SCHUURMANS D, et al. Self-consistency improves chain of thought reasoning in language models[EB/OL]. 2022: 2203.11171. https://arxiv.org/abs/2203.11171.

[135] SCHICK T, SCHÜTZE H. Exploiting cloze questions for few shot text classification and natural language inference[EB/OL]. 2020: 2001.07676. https://arxiv.org/abs/2001.07676.

[136] YIN W, HAY J, ROTH D. Benchmarking zero-shot text classification: Datasets, evaluation and entailment approach[EB/OL]. 2019: 1909.00161. https://arxiv.org/abs/1909.00161.

[137] CHEN X, ZHANG N, XIE X, et al. Knowprompt: Knowledge-aware prompt-tuning with synergistic optimization for relation extraction[C]//Proceedings of the ACM Web Conference 2022. 2022: 2778-2788.

[138] HAMBARDZUMYAN K, KHACHATRIAN H, MAY J. Warp: Word-level adversarial reprogramming[EB/OL]. 2021: 2101.00121. https://arxiv.org/abs/2101.00121.

[139] GEORGE A S, GEORGE A S H. A review of ChatGPT AI's impact on several business sectors [J]. Partners Universal International Innovation Journal, 2023, 1(1): 9-23.

[140] PATEL S B, LAM K. ChatGPT: The future of discharge summaries? [J]. The Lancet Digital

Health，2023，5(3)：e107 - e108.

[141] ALAFNAN M A, DISHARI S, JOVIC M, et al. ChatGPT as an educational tool：Opportunities, challenges, and recommendations for communication, business writing, and composition courses [J]. Journal of Artificial Intelligence and Technology，2023，3(2)：60 - 68.

[142] TAECHARUNGROJ V. "What can ChatGPT do?" analyzing early reactions to the innovative AI chatbot on twitter[J]. Big Data and Cognitive Computing，2023，7(1)：35.

[143] 焦李成. 神经网络的应用与实现[M]. 西安：西安电子科技大学出版社，1993.

[144] AYDIN Ö, KARAARSLAN E. Is ChatGPT leading generative AI? What is beyond expectations? [J]. Academic Platform Journal of Engineering and Smart Systems，2023，11(3)：118 - 134.

[145] LIU A, FENG B, XUE B, et al. DeepSeek-v3 technical report[EB/OL]. 2024：2412. 19437. https：//arxiv. org/abs/2412. 19437.

[146] DeepSeek-AI, LIU A X, FENG B, et al. DeepSeek-v2：A strong, economical, and efficient mixture-of-experts language model [EB/OL]. 2024：2405. 04434. https：// arxiv. org/abs/ 2405/04434.

[147] SHAHRIAR S, HAYAWI K. Let's have a chat! A Conversation with ChatGPT：Technology, Applications, and Limitations[EB/OL]. 2023：2302. 13817. https：//arxiv. org/abs/2302. 13817.

[148] POWER A, BURDA Y, EDWARDS H, et al. Grokking：Generalization beyond overfitting on small algorithmic datasets[EB. OL]. 2022：2201. 02177. https：//arxiv. org/abs/2201. 02177.

[149] BUBECK S, CHANDRASEKARAN V, ELDAN R, et al. Sparks of artificial general intelligence：Early experiments with GPT-4[EB. OL]. 2023：2303. 12712. https：//arxiv. org/abs/2303. 12712.

[150] ELOUNDOU T, MANNING S, MISHKIN P, et al. Gpts are gpts：An early look at the labor market impact potential of large language models[EB/OL]. 2023：2303. 10130. https：//arxiv. org/ abs/2303. 10130.

[151] WU S, IRSOY O, LU S, et al. Bloomberggpt：A large language model for finance[EB/OL]. 2023：2303. 17564. https：//arxiv. org/abs/2303. 17564.

[152] LIANG P, BOMMASANI R, LEE T, et al. Holistic evaluation of language models[EB/OL]. 2022：2211. 09110. https：//arxiv. org/abs/2211. 09110.

[153] KAPLAN J, MCCANDLISH S, HENIGHAN T, et al. Scaling laws for neural language models [EB/OL]. 2020：2001. 08361. https：//arxiv. org/abs/2001. 08361.

[154] 焦李成，公茂果，王爽，等. 自然计算、机器学习与图像理解前沿[M]. 西安：西安电子科技大学出版社，2008.

[155] ZHOU Y, MURESANU A I, HAN Z, et al. Large language models are human-level prompt engineers[EB. OL]. 2022：2211. 01910. https：//arxiv. org/abs/2211. 01910.

[156] ZELLERS R, HOLTZMAN A, BISK Y, et al. HellaSwag：Can a machine really finish your sentence? [EB/OL]. 2019：1905. 07830. https：//arxiv. org/abs/1905. 07830.

[157] BAROCAS S, HARDT M, NARAYANAN A. Fairness in machine learning. Nips tutorial [J]，2017.

[158] LUND B D, WANG T. Chatting about ChatGPT: How may AI and GPT impact academia and libraries? [J]. Library Hi Tech News, 2023, 40(3): 26 – 29.

[159] RUDOLPH J, TAN S, TAN S. ChatGPT: Bullshit spewer or the end of traditional assessments in higher education? [J]. Journal of Applied Learning and Teaching, 2023, 6(1).

[160] BAIDOO-ANU D, OWUSU ANSAH L. Education in the era of generative artificial intelligence (AI): Understanding the potential benefits of ChatGPT in promoting teaching and learning[J]. Journal of AI, 2023, 7(1): 52 – 62.

[161] THORP H H. ChatGPT is fun, but not an author[J]. Science, 2023, 379(6630): 313.

[162] KITAMURA F C. ChatGPT is shaping the future of medical writing but still requires human judgment[J]. Radiology, 2023, 307(2): e230171.

[163] 中共中央办公厅国务院办公厅关于促进劳动力和人才社会性流动体制机制改革的意见 [J]. 中国人才, 2020(2): 1.

[164] 中华人民共和国中央人民政府. 科技部等六部门关于印发《关于加快场景创新以人工智能高水平应用促进经济高质量发展的指导意见》的通知[EB/OL]. (2022 – 07 – 29)[2023 – 05 – 17]. http://www.gov.cn/zhengce/zhengceku/2022 – 08/12/content_5705154. htm.

[165] 人民日报. 人工智能促进教育变革创新[EB/OL]. (2022 – 12 – 22)[2023 – 05 – 17]. http://www.moe.gov.cn/jyb_xwfb/s5148/202212/t20221222_1035689.html.

[166] 中国教育报. 陕西高校聚焦规范管理、聚焦教学创新、聚焦一流建设: "三个聚焦"做强本科教育[EB/OL]. (2021 – 04 – 02)[2023 – 05 – 17]. http://www.moe.gov.cn/jyb_xwfb/s5147/202104/t20210402_524196.html.

[167] 中华人民共和国教育部. 深入推进"新工科"建设[EB/OL]. (2019 – 10 – 31)[2023 – 05 – 17]. http://www.moe.gov.cn/jyb_xwfb/xw_fbh/moe_2606/2019/tqh20191031/sfcl/201910/t20191031_406260.html.

[168] 中华人民共和国工业和信息化部. 国家人工智能创新应用先导区"智赋百景"公示[EB/OL]. (2022 – 10 – 10)[2023 – 05 – 17]. https://www.miit.gov.cn/jgsj/kjs/jscx/gjsfz/art/2022/art_07ec8246e00a48819662ef3bb0f87bfa.html.

[169] 中华人民共和国中央人民政府. 中共中央办公厅 国务院办公厅印发《关于加强科技伦理治理的意见》[EB/OL]. (2022 – 03 – 20)[2023 – 05 – 17]. http://www.gov.cn/zhengce/2022 – 03/20/content_5680105. htm.

[170] HO J, JAIN A, ABBEEL P. Denoising diffusion probabilistic models[J]. Advances in Neural Information Processing Systems, 2020, 33: 6840 – 6851.

[171] He K, Zhang X, Ren S, et al. Deep residual learning for image recognition[C]//Proceedings of the IEEE Conference on Computer Vision and Pattern Recognition. 2016: 770 – 778.

[172] RONNEBERGER O, FISCHER P, BROX T. U-net: Convolutional networks for biomedical image segmentation[C]//Medical Image Computing and Computer-Assisted Intervention-MICCAI 2015. Cham: Springer International Publishing, 2015: 234 – 241.

[173] NICHOL A Q, DHARIWAL P. Improved denoising diffusion probabilistic models [C]//

International Conference on Machine Learning. PMLR, 2021: 8162 - 8171.

[174] DHARIWAL P, NICHOL A. Diffusion models beat gans on image synthesis[J]. Advances in Neural Information Processing Systems, 2021, 34: 8780 - 8794.

[175] BROCK A, DONAHUE J, SIMONYAN K. Large scale GAN training for high fidelity natural image synthesis[EB/OL]. 2018: 1809. 11096. https://arxiv. org/abs/1809. 11096.

[176] NICHOL A, DHARIWAL P, RAMESH A, et al. Glide: Towards photorealistic image generation and editing with text-guided diffusion models[EB/OL]. 2021: 2112. 10741. https://arxiv. org/abs/ 2112. 10741.

[177] RADFORD A, KIM J W, HALLACY C, et al. Learning transferable visual models from natural language supervision [C] // International Conference on Machine Learning. PMLR, 2021: 8748 - 8763.

[178] RAMESH A, DHARIWAL P, NICHOL A, et al. Hierarchical text-conditional image generation with clip latents[EB/OL]. 2022: 2204. 06125. https://arxiv. org/abs/2204. 06125.

[179] ROMBACH R, BLATTMANN A, LORENZ D, et al. High-resolution image synthesis with latent diffusion models[C]//Proceedings of the IEEE/CVF Conference on Computer Vision and Pattern Recognition. 2022: 10684 - 10695.

[180] WIKIPEDIA. Reinforcement learning[EB/OL]. (2023 - 4 - 21)[2023 - 4 - 27]. https://en. wikipedia. org/wiki/Reinforcement_learning.

[181] OPENAI. Kinds of RL Algorithms[EB/OL]. (2018)[2023 - 4 - 27]. https://spinning up. openai. com/en/latest/spinningup/rl_intro2. html.

[182] SCHULMAN J, LEVINE S, ABBEEL P, et al. Trust region policy optimization[C]//International Conference on Machine Learning. PMLR, 2015: 1889 - 1897.

[183] KAKADE S, LANGFORD J. Approximately optimal approximate reinforcement learning[C] // Proceedings of the Nineteenth International Conference on Machine Learning. 2002: 267 - 274.

[184] LI W, LUO H, LIN Z, et al. A Survey on Transformers in Reinforcement Learning[EB/OL]. 2023: 2301. 03044. https://arxiv. org/abs/2301. 03044.

[185] BENGIO Y, DUCHARME R, VINCENT P. A neural probabilistic language model[J]. Journal of Machine Learning Research, 2003, 3: 1137 - 1155.

[186] SUTSKEVER I, VINYALS O, LE Q V. Sequence to sequence learning with neural networks[J]. Advances in Neural Information Processing Systems, 2014, 2: 3104 - 3112.

[187] GRAVES A, GRAVES A. Long short-term memory[J]. Supervised Sequence Labelling with Recurrent Neural Networks, 2012: 37 - 45.

[188] PENNINGTON J, SOCHER R, MANNING C D. Glove: Global vectors for word representation [C]//Proceedings of the 2014 Conference on Empirical Methods in Natural Language Processing. 2014: 1532 - 1543.

[189] CHO K, VAN Merriënboer B, GULCEHRE C, et al. Learning phrase representations using RNN encoder-decoder for statistical machine translation[C] // Proceedings of the 2014 Conference on

Empirical Methods in Natural Language Processing. 2014：1724 – 1734.

[190] MIKOLOV T，CHEN K，CORRADO G，et al. Efficient estimation of word representations in vector space[EB/OL]. 2013：1301. 3781. https：//arxiv. org/abs/1301. 3781.

[191] JOHNSON R，ZHANG T. Deep pyramid convolutional neural networks for text categorization[C] //Proceedings of the 55th Annual Meeting of the Association for Computational Linguistics. 2017： 562 – 570.

[192] JORDAN M I，MITCHELL T M. Machine learning：Trends，perspectives，and prospects[J]. Science，2015，349(6245)：255 – 260.

[193] GOODFELLOW I，BENGIO Y，COURVILLE A. Deep learning[M]. MIT press，2016.

[194] BISHOP C M，NASRABADI N M. Pattern recognition and machine learning[M]. New York： Springer，2006.

[195] HASTIE T，TIBSHIRANI R，FRIEDMAN J H，et al. The elements of statistical learning：data mining，inference，and prediction[M]. New York：Springer，2009.

[196] RASMUS A，BERGLUND M，HONKALA M，et al. Semi-supervised learning with ladder networks[J]. Advances in Neural Information Processing Systems，2015，2：3546 – 3554.

[197] ZHANG Y，YANG Q. An overview of multi-task learning[J]. National Science Review，2018， 5(1)：30 – 43.

[198] ZHANG Y，SUN S，GALLEY M，et al. Dialogpt：Large-scale generative pre-training for conversational response generation[EB/OL]. 2019；1911. 00536. https：//arxiv. org/abs/1911. 00536.

[199] 中国图象图形学报. 编委专访｜沈定刚，医疗 AI 创新引领者[EB/OL]. （2023 – 04 – 07)[2023 – 04 – 27]. https：//mp. weixin. qq. com/s/6KVDDW6LTMLi2V-EJwiAjA.

[200] ARORA S，LIANG Y，MA T. A simple but tough-to-beat baseline for sentence embeddings[C]// International Conference on Learning Representations. 2017.

[201] SNELL J，SWERSKY K，ZEMEL R. Prototypical networks for few-shot learning[J]. Advances in Neural Information Processing Systems，2017，30：4080 – 4090.

[202] JIAO L C，HUANG Z J，LIU X，et al. Brain-inspired remote sensing interpretation：A comprehensive survey[J]. IEEE Journal of Selected Topics in Applied Earth Observations and Remote Sensing，2023，16：2992 – 3033.

[203] 焦李成，尚荣华，马文萍，等. 多目标优化免疫算法、理论和应用[M]. 北京：科学出版社. 2010.

[204] 焦李成，杜海峰，刘芳，等. 免疫优化计算、学习与识别[M]. 北京：科学出版社. 2006.

[205] 焦李成，公茂果，王爽，等. 自然计算、机器学习与图像理解前沿[M]. 西安：西安电子科技大学 出版社，2008.

[206] ROY A，GOVIL S，MIRANDA R. A neural-network learning theory and a polynomial time RBF algorithm[J]. IEEE Transactions on Neural Networks，1997，8(6)：1301 – 1313.

[207] CARUANA R. Multitask learning[J]. Machine Learning，1997，28：41 – 75.

[208] COLLOBERT R，WESTON J. A unified architecture for natural language processing：Deep neural networks with multitask learning[C]//Proceedings of the 25th International Conference on Machine

Learning. 2008：160-167.

[209]　YANG Z，DAI Z，YANG Y，et al. Xlnet：Generalized autoregressive pretraining for language understanding[J]. Advances in Neural Information Processing Systems，2019，32：5753-5763.

[210]　ZHUANG F，QI Z，DUAN K，et al. A comprehensive survey on transfer learning[J]. Proceedings of the IEEE，2021，109(1)：43-76.

[211]　WANG C，ZHAO J，JIAO L，et al. When large language models meet evolutionary algorithms：Potential enhancements and challenges[J]. Research，2025，8：646.

[212]　CHOONG H X，ONG Y S，GUPTA A，et al. Jack and Masters of all trades：One-pass learning sets of model sets from large pre-trained models[J]. IEEE Computational Intelligence Magazine，2023，18(3)：29-40.

[213]　SUN T X，HE Z F，QIAN H，et al. BBTv2：Towards a gradient-free future with large language models[C] // Proceedings of the 2022 Conference on Empirical Methods in Natural Language Processing. 2022：3916-3930.

[214]　SUN T，SHAO Y，QIAN H，et al. Black-box tuning for language-model-as-a-service[C] // International Conference on Machine Learning. PMLR，2022：20841-20855.

[215]　PRASAD A，HASE P，ZHOU X，et al. GrIPS：Gradient-free, edit-based instruction search for prompting large language models[C]//Proceedings of the 17th Conference of the European Chapter of the Association for Computational Linguistics. 2023：3845-3864.

[216]　FERNANDO C，BANARSE D，MICHALEWSKI H，et al. Promptbreeder：Self-referential self-improvement via prompt evolution[J]. Proceedings of the International Conference on Machine Learning. 2024：13481-13544.

[217]　BORSOS Z，MARINIER R，VINCENT D，et al. AudioLM：a language modeling approach to audio generation[J]. IEEE/ACM Transactions on Audio，Speech，and Language Processing，2023，31：2523-2533.

[218]　TOUVRON H，MARTIN L，STONE K，et al. Llama 2：Open foundation and fine-tuned chat models[EB/OL]. 2023：2307.09288. https://arxiv.org/abs/2307.09288.

[219]　CHOWDHERY A，NARANG S R，DEVLIN J，et al. PaLM：Scaling language modeling with pathways[J]. Journal of Machine Learning Research，2023，24(240)：1-113.

[220]　DU Z X，QIAN Y J，LIU X，et al. GLM：General language model pretraining with autoregressive blank infilling[EB/OL]. 2021：2103.10360. https://arxiv.org/abs/2103.10360.

[221]　BAI Y，GENG X，MANGALAM K，et al. Sequential modeling enables scalable learning for large vision models[EB/OL]. 2023：2312.00785. https://arxiv.org/abs/2312.00785.

[222]　WANG X L，ZHANG X S，CAO Y，et al. SegGPT：Segmenting everything in context[EB/OL]. 2023：2304.03284. https://arxiv.org/abs/2304.03284.

[223]　ZOU X Y，YANG J W，ZHANG H，et al. Segment everything everywhere all at once[EB/OL]. 2023：2304.06718. https://arxiv.org/abs/2304.06718.

[224]　RADFORD A，KIM J W，HALLACY C，et al. Learning transferable visual models from natural

language supervision[C]//International Conference on Machine Learning. PMLR，2021：8748 – 8763.

[225]　LI L H，ZHANG P，ZHANG H，et al. Grounded language-image pre-training[C]//Proceedings of the IEEE/CVF Conference on Computer Vision and Pattern Recognition. 2022：10955 – 10965.

[226]　GIRDHAR R，EL-NOUBY A，LIU Z，et al. Imagebind：One embedding space to bind them all[C]//Proceedings of the IEEE/CVF Conference on Computer Vision and Pattern Recognition. 2023：15180 – 15190.

[227]　BAI J，BAI S，CHU Y，et al. Qwen technical report[EB/OL]. 2023：2309. 16609. https：//arxiv. org/abs/2309. 16609.

[228]　WANG D，ZHANG Q，XU Y，et al. Advancing plain vision transformer toward remote sensing foundation model[J]. IEEE Transactions on Geoscience and Remote Sensing，2023，61：1 – 15.

[229]　GUO X，LAO J W，DANG B，et al. SkySense：A multi-modal remote sensing foundation model towards universal interpretation for earth observation imagery[EB/OL]. 2023：2312. 10115. https：//arxiv. org/abs/2312. 10115.

[230]　AIBETAS-AI 工具集|最全面的 AI 绘画写作工具网站导航[EB/OL]. （2024 – 01 – 10）[2024 – 10 – 29］. https：//www. aibetas. com. cn.

[231]　BI K F，XIE L X，ZHANG H H，et al. Accurate medium-range global weather forecasting with 3D neural networks[J]. Nature，2023，619(7970)：533 – 538.

[232]　BROHAN A，BROWN N，CARBAJAL J，et al. Rt-1：Robotics transformer for real-world control at scale[EB/OL]. 2022：2212. 06817. https：//arxiv. org. abs/2212. 06817.

[233]　BROHAN A，BROWN N，CARBAJAL J，et al. Rt-2：Vision-language-action models transfer web knowledge to robotic control [EB/OL]. 2023：2307. 15818. https：//arxiv. org. abs/2307. 15818.

[234]　HUANG W L，WANG C，ZHANG R H，et al. VoxPoser：Composable 3D value maps for robotic manipulation with language models [EB/OL]. 2023：2307. 05973. https：// arxiv. org. abs/ 2307. 05973.

[235]　CHEN K，ZHANG Z，ZENG W，et al. Shikra：Unleashing Multimodal LLM's Referential Dialogue Magic [EB/OL]. 2023：2306. 15195. https：//arxiv. org. abs/2306. 15195.

[236]　JIAO L C，HUANG Z J，LU X Q，et al. Brain-inspired remote sensing foundation models and open problems：A comprehensive survey [J]. IEEE Journal of Selected Topics in Applied Earth Observations and Remote Sensing，2023，16：10084 – 10120.

[237]　PEEBLES W，XIE S N. Scalable diffusion models with transformers[C]//Proceedings of the IEEE/ CVF International Conference on Computer Vision. 2023：4172 – 4182.

[238]　JUMPER J，EVANS R，PRITZEL A，et al. Highly accurate protein structure prediction with AlphaFold[J]. Nature，2021，596(7873)：583 – 589.

[239]　THEODORIS C V，XIAO L，CHOPRA A，et al. Transfer learning enables predictions in network biology[J]. Nature，2023，618(7965)：616 – 624.

[240]　WU C，ZHANG X，ZHANG Y，et al. Towards generalist foundation model for radiology by leveraging web-scale 2D&3D medical data[EB/OL]. 2023：2308. 02463. https：// arxiv. org/abs/

2308. 02463

[241] XIE T，WAN Y，HUANG W，et al. DARWIN series：Domain specific large language models for natural science[EB/OL]. 2023：2309. 13565. https：//arxiv. org/abs/2309. 13565.

[242] 国家数据局. 十七部门关于印发《"数据要素×"三年行动计划（2024—2026 年）》的通知[EB/OL]. （2024 - 02 - 27)[2024 - 02 - 29]. https：//home. wuhan. gov. cn/zwgk/zcfg/tzgg/202402/t20240227_2364679. shtml.

[243] 国家网信办. 生成式人工智能服务管理暂行办法[EB/OL]. （2023 - 07 - 10)[2024 - 02 - 29] https：//www. gov. cn/zhengce/zhengceku/202307/content_6891752. html.

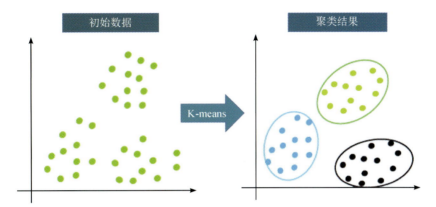

图 2.4   K-means 聚类示意图

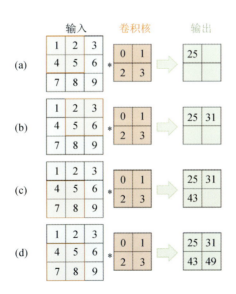

图 2.12   卷积计算过程

0	0	0	0	0
0	1	2	3	0
0	4	5	6	0
0	7	8	9	0
0	0	0	0	0

9	8	7	8	9
6	5	4	5	6
3	2	1	2	3
6	5	4	5	6
9	8	7	8	9

6	6	6	6	6
6	1	2	3	6
6	4	5	6	6
6	7	8	9	6
6	6	6	6	6

(a) 零填充 　　　　(b) 镜像填充 　　　　(c) 常数(设置为6)填充

图 2.14　不同的填充方式

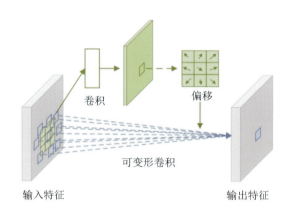

图 3.16　可变形卷积流程

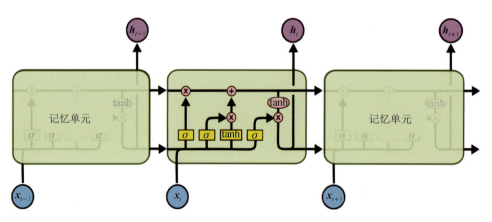

图 4.3　LSTM 的处理流程

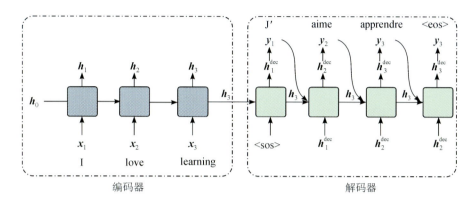

图 4.10　Seq2Seq 模型示意图

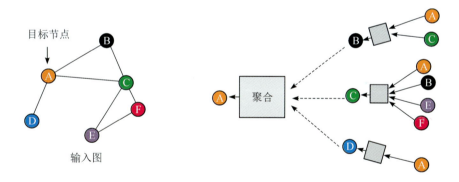

图 5.4　图神经网络的简单示例

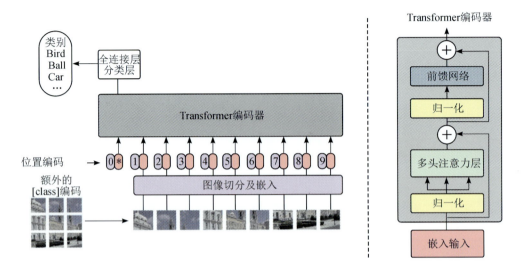

图 6.7　ViT 结构图

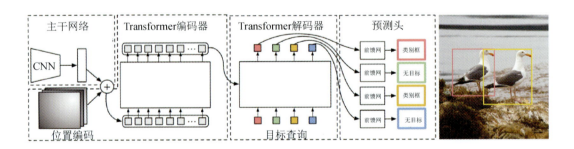

图 6.12　DETR 主要流程图

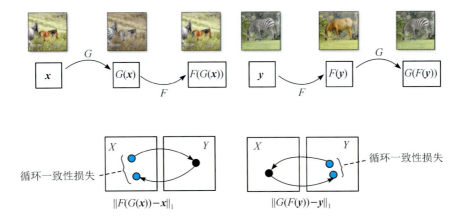

图 7.9　CycleGAN 的对抗损失与循环一致性损失

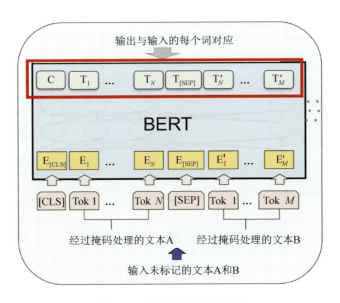

图 8.11　BERT 的输出示例

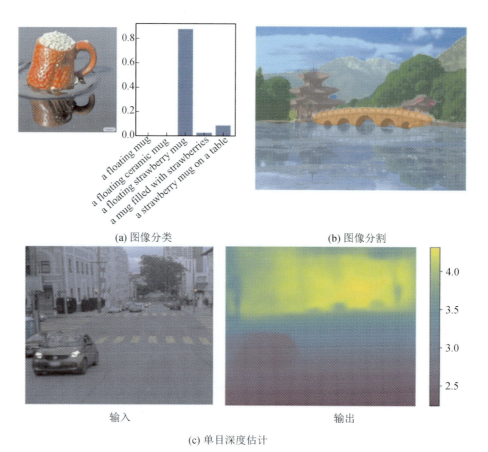

(a) 图像分类

(b) 图像分割

输入

输出

(c) 单目深度估计

图 8.13　ViT-22B 可以实现的任务示例

(a) 点交互分割　　　　　　　　　(b) 自动分割

(c) 不确定分割　　　　　　　　　(d) 文本提示分割

图 8.16　SAM 的分割示例

图 8.25　Sora 模型预测原始的"干净"块

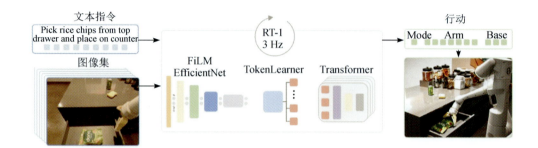

图 8.26　RT-1 的架构示意图

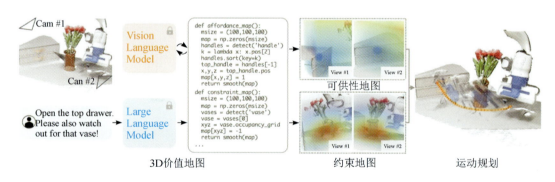

图 8.28　VoxPoser 控制机器人的过程